高职高专"十一五"规划教材

★ 农林牧渔系列

植物保护技术

ZHIWU
BAOHU JISHU

李涛 张圣喜 主编

化学工业出版社

·北京·

植物保护技术是园林园艺、农业生物技术、种子生产与经营、农村行政管理、观光农业等专业的一门重要专业必修课程。

本书将植物保护技术课程内容分三个模块进行讲解，模块一为植物病虫害识别技术，包括害虫的形态特点，病害的症状特征，识别要点；模块二为农药安全使用技术，包括农药常见种类，农药配制，检测方法，喷雾机械的维护和农药的安全使用技术；模块三为植物病虫害防治技术，包括病虫害田间调查统计方法、植物病虫害防治的原理和技术措施、粮食作物病虫害防治技术、经济作物病虫害防治技术、果树病虫害防治技术、蔬菜病虫害防治技术。

本书集科研、教学、生产的最新成果于一体，侧重于实际操作技能的培养，具有基于农业生产过程的模块式教学特色。

本书既可作为高等职业院校涉农类专业的必修课教材，也可作为新农村建设的专业技术培训教材，还可作为农业生产第一线的管理者和生产者的参考用书。

图书在版编目（CIP）数据

植物保护技术/李涛，张圣喜主编．—北京：化学工业出版社，2009.8（2023.9重印）
高职高专“十一五”规划教材★农林牧渔系列
ISBN 978-7-122-06472-1

Ⅰ．植…　Ⅱ．①李…②张…　Ⅲ．植物保护-高等学校：技术学校-教材　Ⅳ．S4

中国版本图书馆CIP数据核字（2009）第140961号

责任编辑：李植峰　梁静丽　郭庆睿　　文字编辑：张林爽
责任校对：周梦华　　装帧设计：史利平

出版发行：化学工业出版社（北京市东城区青年湖南街13号　邮政编码100011）
印　　装：北京建宏印刷有限公司
787mm×1092mm　1/16　印张14¼　彩插12　字数359千字　2023年9月北京第1版第7次印刷

购书咨询：010-64518888　　售后服务：010-64518899
网　　址：http://www.cip.com.cn
凡购买本书，如有缺损质量问题，本社销售中心负责调换。

定　　价：45.00元

"高职高专'十一五'规划教材★农林牧渔系列"建设委员会成员名单

"高职高专'十一五'规划教材★农林牧渔系列"编审委员会成员名单

“高职高专‘十一五’规划教材★农林牧渔系列”
建设单位

（按汉语拼音排列）

安阳工学院
保定职业技术学院
北京城市学院
北京林业大学
北京农业职业学院
本钢工学院
滨州职业学院
长治学院
长治职业技术学院
常德职业技术学院
成都农业科技职业学院
成都市农林科学院园艺研究所
重庆三峡职业学院
重庆水利电力职业技术学院
重庆文理学院
德州职业技术学院
福建农业职业技术学院
抚顺师范高等专科学校
甘肃农业职业技术学院
广东科贸职业学院
广东农工商职业技术学院
广西百色市水产畜牧兽医局
广西大学
广西农业职业技术学院
广西职业技术学院
广州城市职业学院
海南大学应用科技学院
海南师范大学
海南职业技术学院
杭州万向职业技术学院
河北北方学院
河北工程大学
河北交通职业技术学院
河北科技师范学院
河北省现代农业高等职业技术学院
河南科技大学林业职业学院
河南农业大学
河南农业职业学院
河西学院
黑龙江农业工程职业学院
黑龙江农业经济职业学院
黑龙江农业职业技术学院
黑龙江生物科技职业学院
黑龙江畜牧兽医职业学院
呼和浩特职业学院
湖北生物科技职业学院
湖南怀化职业技术学院
湖南环境生物职业技术学院
湖南生物机电职业技术学院
吉林农业科技学院
集宁师范高等专科学校
济宁市高新技术开发区农业局
济宁市教育局
济宁职业技术学院
嘉兴职业技术学院
江苏联合职业技术学院
江苏农林职业技术学院
江苏畜牧兽医职业技术学院
金华职业技术学院
晋中职业技术学院
荆楚理工学院
荆州职业技术学院
景德镇高等专科学校
丽水学院
丽水职业技术学院
辽东学院
辽宁科技学院
辽宁农业职业技术学院
辽宁医学院高等职业技术学院
辽宁职业学院
聊城大学
聊城职业技术学院
眉山职业技术学院
南充职业技术学院
盘锦职业技术学院
濮阳职业技术学院
青岛农业大学
青海畜牧兽医职业技术学院
曲靖职业技术学院
日照职业技术学院
三门峡职业技术学院
山东科技职业学院
山东理工职业学院
山东省贸易职工大学
山东省农业管理干部学院
山西林业职业技术学院
商洛学院
商丘师范学院
商丘职业技术学院
深圳职业技术学院
沈阳农业大学
沈阳农业大学高等职业技术学院
苏州农业职业技术学院
温州科技职业学院
乌兰察布职业学院
厦门海洋职业技术学院
仙桃职业技术学院
咸宁学院
咸宁职业技术学院
信阳农业高等专科学校
延安职业技术学院
杨凌职业技术学院
宜宾职业技术学院
永州职业技术学院
玉溪农业职业技术学院
岳阳职业技术学院
云南农业职业技术学院
云南热带作物职业学院
云南省曲靖农业学校
云南省思茅农业学校
张家口教育学院
漳州职业技术学院
郑州牧业工程高等专科学校
郑州师范高等专科学校
中国农业大学

《植物保护技术》编写人员

主　　编　李　涛　张圣喜

副 主 编　李根林

参编人员　（按姓名汉语拼音排列）

戴水莲　付元奎　贺再新　李根林　李　涛

王长安　王立新　王智课　杨明河　易稳凯

袁　全　张　立　张圣喜

序

当今，我国高等职业教育作为高等教育的一个类型，已经进入到以加强内涵建设，全面提高人才培养质量为主旋律的发展新阶段。各高职高专院校针对区域经济社会的发展与行业进步，积极开展新一轮的教育教学改革。以服务为宗旨，以就业为导向，在人才培养质量工程建设的各个侧面加大投入，不断改革、创新和实践。尤其是在课程体系与教学内容改革上，许多学校都非常关注利用校内、校外两种资源，积极推动校企合作与工学结合，如邀请行业企业参与制定培养方案，按职业要求设置课程体系；校企合作共同开发课程；根据工作过程设计课程内容和改革教学方式；教学过程突出实践性，加大生产性实训比例等，这些工作主动适应了新形势下高素质技能型人才培养的需要，是落实科学发展观、努力办人民满意的高等职业教育的主要举措。教材建设是课程建设的重要内容，也是教学改革的重要物化成果。教育部《关于全面提高高等职业教育教学质量的若干意见》（教高［2006］16号）指出“课程建设与改革是提高教学质量的核心，也是教学改革的重点和难点”，明确要求要“加强教材建设，重点建设好3000种左右国家规划教材，与行业企业共同开发紧密结合生产实际的实训教材，并确保优质教材进课堂。”目前，在农林牧渔类高职院校中，教材建设还存在一些问题，如行业变革较大与课程内容老化的矛盾、能力本位教育与学科型教材供应的矛盾、教学改革加快推进与教材建设严重滞后的矛盾、教材需求多样化与教材供应形式单一的矛盾等。随着经济发展、科技进步和行业对人才培养要求的不断提高，组织编写一批真正遵循职业教育规律和行业生产经营规律、适应职业岗位群的职业能力要求和高素质技能型人才培养的要求、具有创新性和普适性的教材将具有十分重要的意义。

化学工业出版社为中央级综合科技出版社，是国家规划教材的重要出版基地，为我国高等教育的发展做出了积极贡献，曾被新闻出版总署领导评价为“导向正确、管理规范、特色鲜明、效益良好的模范出版社”，2008年荣获首届中国出版政府奖——先进出版单位奖。近年来，化学工业出版社密切关注我国农林牧渔类职业教育的改革和发展，积极开拓教材的出版工作，2007年底，在原“教育部高等学校高职高专农林牧渔类专业教学指导委员会”有关专家的指导下，化学工业出版社邀请了全国100余所开设农林牧渔类专业的高职高专院校的骨干教师，共同研讨高等职业教育新阶段教学改革中相关专业教材的建设工作，并邀请相关行业企业作为教材建设单位参与建设，共同开发教材。为做好系列教材的组织建设与指导服务工作，化学工业出版社聘请有关专家组建了“高职高专‘十一五’规划教材★农林牧渔系列建设委员会”和“高职高专‘十一五’规划教材★农林牧渔系列编审委员会”，拟在“十一五”期间组织相关院校的一线教师和相关企业的技术人员，在深入调研、整体规划的基础上，编写出版一套适应农林牧渔类相关专业教育的基础课、专业课及相关外延课程教材——“高职高专‘十一五’规划教材★农林牧渔系列”。该套教材将涉及种植、园林园艺、畜牧、兽医、水产、宠物等专业，于2008～2009年陆续出版。

该套教材的建设贯彻了以职业岗位能力培养为中心，以素质教育、创新教育为基础的教育理念，理论知识“必需”、“够用”和“管用”，以常规技术为基础，关键技术为重点，先进技术为导向。此套教材汇集众多农林牧渔类高职高专院校教师的教学经验和教改成果，又得到了相关行业企业专家的指导和积极参与，相信它的出版不仅能较好地满足高职高专农林牧渔类专业的教学需求，而且对促进高职高专专业建设、课程建设与改革、提高教学质量也将起到积极的推动作用。希望有关教师和行业企业技术人员，积极关注并参与教材建设。毕竟，为高职高专农林牧渔类专业教育教学服务，共同开发、建设出一套优质教材是我们共同的责任和义务。

介晓磊

2008年10月

前言

进入21世纪，三农建设越来越受到人们的重视，建设社会主义新农村已家喻户晓，农业生产上档次、上规模，农作物GAP生产要求农业技术人员掌握先进的生产技术和科学方法来实现作物高产优质，为人类提供无公害的绿色食品，作物病虫害防治技术就是其中的一个重要环节。

植物保护技术是园林园艺、农业生物技术、种子生产与经营、农村行政管理、观光农业等专业的一门重要专业必修课程。其目的是培养学生识别诊断农作物病虫害的基本技能和动手能力，在理论与实践结合的基础上提高开展作物病虫害防治的综合能力。本书在介绍相关基础理论知识和基本原理的基础上，注重实验、实习和实训等专业实践项目的开展，并与岗位资格考试密切结合，及时融入新知识、新技术、新工艺和新方法，呈现教材的时代性、针对性和应用性，提高教学效果。全书分三个模块，分别为植物病虫害的识别技术，农药的安全使用技术和植物病虫害防治技术。在植物病虫害防治技术中包括病虫害田间调查统计方法、植物病虫害防治的原理和技术措施、粮食作物病虫害防治技术、经济作物病虫害防治技术、果树病虫害防治技术、蔬菜病虫害防治技术。教材紧密结合生产实际，选择性和可操作性强，同时又满足作物生产中病虫害防治的实际需要，有相应的考核项目。本书集科研、教学、生产于一体，一方面锻炼学生的实际操作技能，另一方面培养学生的创新思维能力，提高学生的科研写作水平。由于各地区作物及其病虫害种类差异很大，在教学中可根据各地区病虫害的种类和发生情况有所侧重或取舍。

本教材实践性强，适应面广，内容新，彩图多，既是高等职业院校涉农等专业的必修课教材，也适合作为新农村建设的专业技术培训教材，还可作为农业生产第一线的管理者和生产者的参考用书。

《植物保护技术》由怀化职业技术学院的李涛、张圣喜主编，河南农业职业学院李根林为副主编，其他参与编写的人员还有贺再新、张立、杨明河、易稳凯、王智课、戴水莲、付元奎、袁全、王长安和王立新等教师。本书在编写中参考了大量的国内外文献，在此谨向这些文献的作者、各位专家、同行表示衷心感谢。

由于植物保护技术涉及面广，内容繁多，编者水平和能力有限，书中难免有不妥之处，敬请读者批评指正，以便今后修改完善。

编　者

2009年4月

目
录

绪 论

纵观我国植物保护工作的发展历史，可以看出，随着人们对自然界理解和认知的不断加深，在不同的历史时期，国家分别制定了不同的植保方针。如从20世纪50年代的“治早、治小、治了”到70年代的“预防为主、综合防治”的植保方针的改变，都是人们对植保工作认识上的一次飞跃。但是，不论是哪种方针，人们都始终把植物保护工作视为农业生产中一项重要的保证农作物丰产丰收的技术措施。事实证明，我国的植物保护工作在“预防为主，综合防治”的方针指导下，通过加强生物灾害的预防与控制研究，在保障农作物安全和生态安全，提升农业综合生产能力，促进农业增效和农民增收，提升农业科技进步和可持续发展等方面做出了重大贡献！

根据我国新阶段农业发展的新特性、新任务和新环境，遵循现代农业发展规律，结合农业行政管理部门职能改革与建设，农业部提出了建设农业“七大体系”的重大战略举措。其中一大体系是动植物保护体系。我国从20世纪50年代起，就致力于农业动植物保护工作。到目前初步制定出动植物保护的法律和标准系统，建立了从中央到省、地（市）、县动植物保护机构和行政管理机构，基本控制了重大动植物病虫害的蔓延。我国加入WTO和农业发展进入新阶段后，农业要增产增效，农产品要搏击国际市场，都需要依靠完善而高效运行的体系来打破农产品国际贸易绿色壁垒，抵御国外动植物疫病的传入，提高农产品的卫生安全水平。因此，必须尽快健全我国的动植物保护体系。动植物保护体系是预防和控制动植物病虫害、保障农业生产的基础体系，是国家促进农业生产、保障农产品卫生安全和保护公众的公共服务体系。其建设是维护我国公民健康和社会稳定的必然要求，是促进农业生产安全和可持续发展的重要保障，是提高农产品竞争力的迫切需要。动植物保护体系是以提高动植物病虫灾害有效预防、快速扑灭能力和农产品卫生安全监控能力为中心，建设和完善重大病虫害监测预警、动植物病虫害防治和检疫监督、农药兽药质量监控和残留检测、技术支撑、物资保障等六大系统。种植业是农业的“本业”，植物保护也就成为农业领域中最重要的防灾减灾体系之一。而作物病虫害防治技术是植物保护的核心，在作物栽培过程中占很重要的地位，对保证农业的丰产丰收起到不可估量的作用。

我国是世界上自然灾害发生最严重的国家之一。而作物病虫害是一种较为常见的自然灾害。植物病害、有害昆虫和螨类、农田杂草、农田鼠类等农业有害生物灾害发生频繁，如玉米螟、玉米黑穗病、稻飞虱、稻曲病、棉铃虫、桃蛀螟等，危险性外来有害生物不断入侵，并成为主要灾害，如稻水象甲、美国白蛾、红火蚁及紫茎泽兰等，大有逐年增多之势，危害严重，作物受害损失巨大。据统计，全国范围内危害农作物的病虫鼠种类高达1600多种，可造成严重危害的有100多种。危险性植物有害生物20多种。我国每年因动植物病虫害造成的直接经济损失高达640亿元。随着农业改革开放的深入，又出现了一些新问题。农业有害生物增多、发生趋于复杂、国外检疫性有害生物传入概率增大、农药污染日趋严重、农业转基因生物的潜在风险等，不仅直接影响食品安全、环境安全和人类健康等重大社会与环境问题，而且也成为广大群众关注的焦点，引起了党和国家的高度重视。针对我国植保工作，明确提出了两大“问题”：一是病虫监控预警体系不够健全、病虫防治手段落后、对外来检疫性有害生物检疫能力较弱、农药安全性管理和基础条件差距明显；二是农药管理方面存在农药产品质量不高而利用率低、病虫抗药性增强而防治难度加大、植保机构管理体系还不健全和农民科技素质较低以致农药使用水平低等问题。这两大问题显示出搞好我国植物保护工作的艰巨性和迫切性。未来几年，国家将重点投资建设重大农业有害生物预警与控制、优势农产品有害生物非疫区建设、农药与农械安全监管、有害生物治理综合示范和技术创新与支撑五个领域。要牢固树立“公共植保”和“绿色植保”理念。公共植保就是把植保工作作为农业和农村公共事业的重要组成部分，突出其社会管理和公共服务职能。植物检疫和农药管理等植保工作本身就是执法工作，属于公共管理；许多农作物病虫具有迁飞性、流行性和暴发性，其监测和防控需要政府组织跨区域的统一监测和防治；如果病虫害和检疫性有害生物监测防控不到位，将危及国家粮食安全；农作物病虫害防治应纳入公共卫生的范围，作为农业和农村公共服务事业来支持和发展。绿色植保就是把植保工作作为人与自然和谐系统的重要组成部分，突出其对高产、优质、高效、生态、安全农业的保障和支撑作用。植保工作就是植物卫生事业，要采取生态治理、农业防治、生物控制、物理诱杀等综合防治措施，确保农业可持续发展；选用低毒高效农药，应用先进施药机械和科学施药技术，减轻残留、污染，避免人畜中毒和作物药害，生产“绿色产品”；植保还要防范外来有害生物入侵和传播，确保环境安全和生态安全，大力发展绿色植保技术。绿色植保技术是指对农业环境和农产品质量无污染的生物灾害监测控制技术，即环保型的植保技术。在建设社会主义新农村中探索出一系列绿色植保新技术：在柑橘园推广“以螨治螨”；应用“生物导弹”控制玉米螟；应用植物源农药防治蔬菜害虫；应用绿僵菌防治西藏飞蝗；利用生物多样性防控稻瘟病；推广新药械，实施精确施药防治技术；利用频振诱控技术控制重大农业害虫等。通过建设和完善全国农作物有害生物预警与控制、植物检疫防疫、农药安全使用与监管三大系统，将病虫害造成的损失率控制在3%～5%，降低农药的使用量30%，有效控制农产品农药残留。

我国在农作物病虫害综合治理（IPM）方面已走在世界的前列，实现了从以单病单虫为防治对象，逐渐向以生态系统为单元的多种作物、多种有害生物为对象的方向转变，并针对我国不同生态种植系统、生物群落多样性和生产水平的差异，探索组建以生态系统为单元的多种作物各种有害生物统一考虑的、并与农业可持续发展相适应的控害减灾配套技术体系。郭予元院士认为，我国以区域为单元的综合治理将是必然趋势，21世纪全世界必将迎来以区域为单元治理的时代。一个更加符合农业可持续发展要求的农业生物灾害持续控制策略正在实践和探索中进一步得到完善。

植物保护技术是研究如何诊断、识别与防治作物病虫害的一门应用科学，是以栽培植物病害和虫害为主要防治对象，学会识别不同作物上的病虫害种类特征，掌握病虫害发生规律及其防治方法。其任务是准确、及时、全面地反映作物病虫害的发生、发展趋势，采用行之有效的措施减少病虫害对作物造成的损失。通过事先预防、及时发现、准确诊断、弄清病虫种类、进行科学防治等途径确保作物正常生长发育，优质丰产。

本课程的模块一为植物病虫害的识别技术，将昆虫的形态、病害的症状和作物常见病虫害种类有机地结合起来，有利于病虫害种类的识别。模块二为农药的安全使用技术，阐述了农药的基本知识，简易鉴别技术和安全合理使用技术。模块三为植物病虫害防治技术。介绍了病虫害的发生规律、田间调查统计方法、植物病虫害防治的原理和技术措施、粮食作物病虫害防治技术、经济作物病虫害防治技术、果树病虫害防治技术、蔬菜病虫害防治技术。

本课程具有较强直观性与实践性，学习时必须按照辩证唯物主义的观点和方法，分析研究各种病虫害发生发展的规律，重视基础理论，加强实践技能，密切联系生产实际，积极参加病虫害防治的实践活动，坚持理论和实践统一的原则，不断提高防治植物病虫害的理论水平和操作技能，培养分析问题和解决问题的能力。此外，本学科还与许多其它新兴学科和技术有着密切联系，相互渗透应用是提高病虫害防治技术水平的重要途径。因此，应重视和加强本课程和其它学科的横向联系。

模块一

植物病虫害的识别技术

【学习目标】

1. 掌握昆虫一般形态，各虫期特点和作物主要害虫所属目、科的分类特征。
2. 掌握植物病害的类型和症状，了解植物病原物的类群特点。
3. 掌握作物病虫害常见种类形态特征。

第一章　昆虫形态识别

为害农作物的动物很多，有节肢动物门昆虫纲的各种昆虫；蛛形纲的螨类；软体动物门腹足纲的蜗牛；还有其它动物如田鼠，野兔，鸟类等，而绝大多数是昆虫。昆虫是动物界中种类最多，数量最大，适应能力最强，分布最广的一个类群。已知地球上的昆虫在100万种以上，约占整个动物界种的2/3。昆虫遍布人类所能到达的每一个地方，无论是冰雪覆盖的极地和高山，还是几米深的土壤中；无论是江河、湖泊、海洋，还是干热的沙漠、湿热的雨林，都能见到它们的踪迹。它们与人类的关系密切。许多昆虫为害农作物，造成重大的经济损失，如蝗虫、螟虫等，被称为农业害虫。有的寄生于人、畜体上或传播疾病，影响人、畜健康，如蚊、蝇等，被称为卫生害虫。有些昆虫可以帮助人们消灭害虫，如瓢虫、寄生蜂等，被称为天敌昆虫。有些昆虫能帮助植物传粉，为人们酿蜜、吐丝、产蜡，创造巨大财富，如蜜蜂、家蚕、白蜡虫等，被称为资源昆虫。还有些昆虫成为人们餐桌上的佳肴，被称为食用昆虫。

昆虫纲动物与其它动物最主要的区别是：成虫整个体躯分头、胸、腹3部分；胸部具有3对分节的足，通常还有2对翅；在生长发育过程中，需要经过一系列内部结构及外部形态上的变化，即变态；具外骨骼（图1-1）。

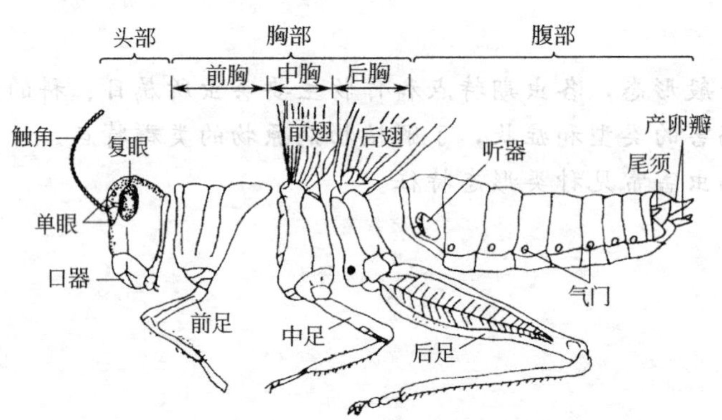

图1-1　蝗虫体躯侧面图

（仿黄少彬等《园林病虫害防治》）

在节肢动物中，与昆虫纲相近的几个主要纲的比较见表1-1。

表1-1　节肢动物门主要纲的区别

纲名	体躯分段	复眼	单眼	触角	足	翅	生活环境	代表种
昆虫纲	头、胸、腹	1对	0～3个	1对	3对	2对或0～1对	陆生或水生	蝗虫
蛛形纲	头胸部、腹部	无	2～6对	无	2～4对	无	陆生	蜘蛛
甲壳纲	头胸部、腹部	1对	无	2对	至少5对	无	水生、陆生	虾、蟹
唇足纲	头胸部、胴部	1对	无	1对	每节1对	无	陆生	蜈蚣
重足纲	头胸部、胴部	1对	无	1对	每节2对	无	陆生	马陆

第一节 昆虫的形态特征

昆虫的种类繁多，外部形态复杂。研究昆虫的外部形态就是要从变化多端的结构中，找出它们共同的基本构造，作为识别种类的依据和防治害虫的理论基础。

一、昆虫的头部

头部是体躯最前面的 1 个体段，头壳坚硬，一般呈圆形或椭圆形。在头壳的形成过程中，由于体壁内陷，表面形成一些沟和缝，将头壳分成许多小区，每个小区都有一定的位置和名称。头部的附器有触角、复眼、单眼和口器。头部是昆虫的感觉和取食中心（图 1-2）。

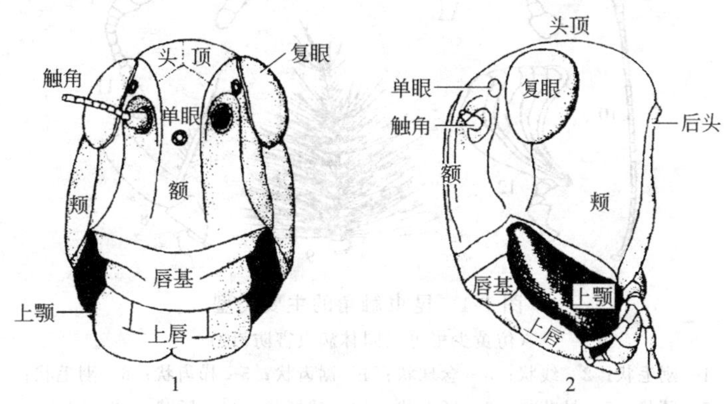

图 1-2 昆虫头部的构造

（仿黄少彬等《园林病虫害防治》）

1—正面；2—侧面

1. 昆虫的头式

昆虫种类多，取食方式各异，取食器官在头部着生的位置各不相同。根据口器在头部着生的位置，昆虫的头式可分为三种类型。

（1）下口式 口器着生在头部下方，头部的纵轴与身体的纵轴垂直。如蝗虫、螽斯等。

（2）前口式 口器着生在头部前方，头部的纵轴与身体的纵轴几乎平行。如步甲、天牛幼虫等。

（3）后口式 口器向后伸，贴在身体的腹面，头部的纵轴与身体纵轴成锐角。如蝉、蚜虫等。

昆虫的头式是识别昆虫种类的依据之一。

2. 触角

昆虫中除少数种类外，都具有 1 对触角，着生于额的两侧，是昆虫的主要感觉器官，有利于昆虫觅食、避敌、求偶和寻找产卵场所。

触角的基本构造由柄节、梗节和鞭节三个部分组成（图 1-3）。柄节是连在头部的第一节，通常粗而短，以膜质连接在触角窝的边缘上。第二节是梗节，一般比较细小。梗节以后各节通称鞭节，常分为若干小节或亚节。鞭节的形状和分节的多少随昆虫种类变化而异，因此，触角是昆虫分类的重要依据。常见的类型有刚毛状、线状或丝状、念珠状、

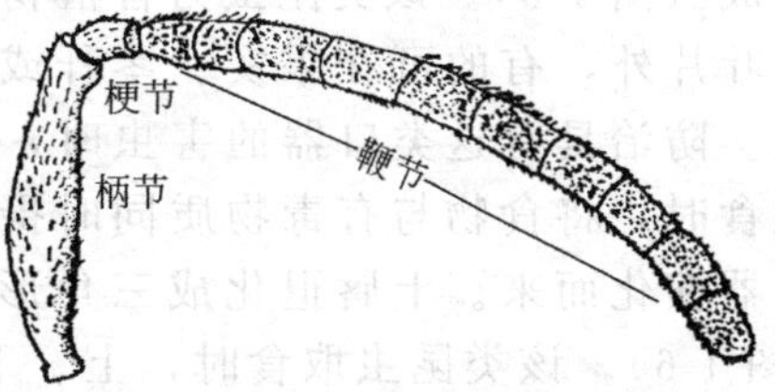

梗节
柄节
鞭节

图 1-3 触角的基本构造

（仿黄少彬等《园林病虫害防治》）

锯齿状、栉齿状、双栉齿或羽毛状、具芒状、环毛状、棍棒状或球杆状、锤状、鳃叶状等（图 1-4）。

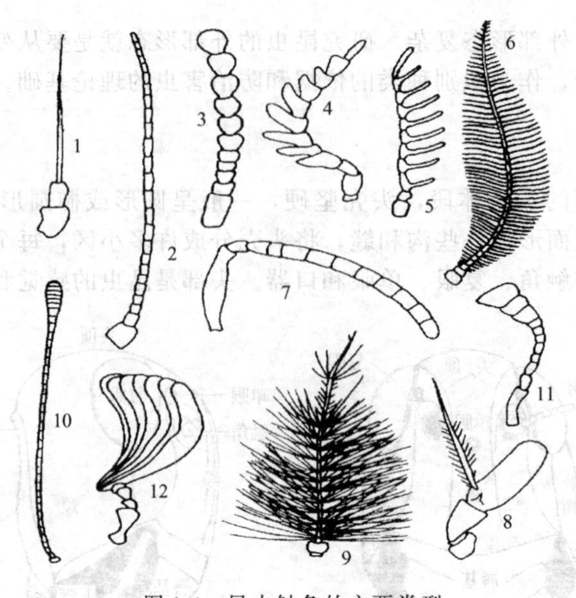

图 1-4 昆虫触角的主要类型

（仿黄少彬等《园林病虫害防治》）

1—刚毛状；2—线状；3—念珠状；4—锯齿状；5—栉齿状；6—羽毛状；7—膝状；8—具芒状；9—环毛状；10—球杆状；11—锤状；12—鳃叶状

3. 眼

眼是昆虫的视觉器官，在取食、栖息、群集、避敌、决定行动方向等活动中起着重要的作用。昆虫的眼有复眼和单眼之分。

（1）复眼　复眼 1 对，位于头顶两侧，由很多小眼组成。复眼具有分辨物体的形象和颜色的功能。

（2）单眼　成虫的单眼多为 3 个，位于两复眼之间，呈倒三角形排列。单眼主要分辨光线的强弱和方向。有无单眼和单眼的数目及其排列状况，以及着生的位置是识别昆虫种类的重要特征。

4. 口器

口器是昆虫的取食器官，昆虫因为取食方式和食物的性质不同而有不同类型的口器，但基本类型可分为咀嚼式和吸收式两大类。吸收式又因吸收方式不同分为刺吸式，如蝉类；虹吸式，如蝶蛾类；舐吸式，如蝇类；锉吸式，如蓟马；嚼吸式，如蜜蜂；刮吸式，如蝇类幼虫等。昆虫的咀嚼式口器由上唇、上颚、下颚、下唇、舌 5 个部分组成（图 1-5）。该类昆虫为害植物叶片时，常造成孔洞、缺刻，甚至将其吃光。除取食叶片外，有的可在果实、茎秆或种子内钻蛀取食。如蝗虫、黏虫及多种蝶、蛾类幼虫。防治具有这类口器的害虫时，常用胃毒剂喷洒在植物表面或制成固体毒饵，害虫取食时，将食物与有毒物质同时摄入体内，使之发挥杀虫作用。刺吸式口器由咀嚼式口器演化而来。上唇退化成三角形小片，下唇延长成管状的喙，上、下颚特化为口针（图 1-6）。该类昆虫取食时，上、下颚口针刺入植物组织内吸取植物汁液，使植物出现斑点、卷曲、皱缩、虫瘿等现象，如蚜虫、叶蝉、飞虱等。对于具有这类口器的害虫，选用内吸性杀虫剂防治效果好。

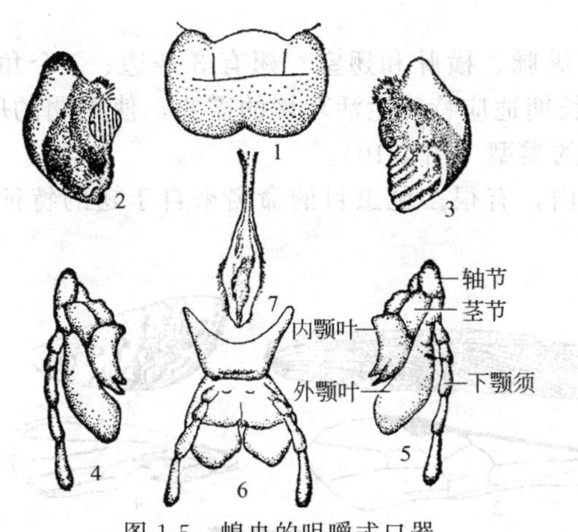

图 1-5 蝗虫的咀嚼式口器

（仿黄少彬等《园林病虫害防治》）

1—上唇；2，3—上颚；4，5—下颚；6—下唇；7—舌

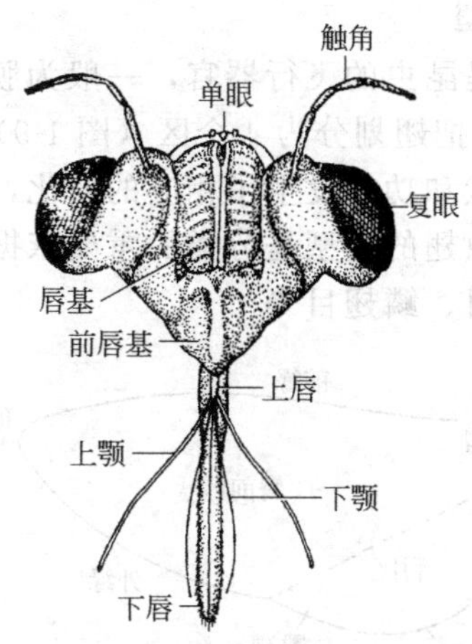

图 1-6 蝉的刺吸式口器

（仿黄少彬等《园林病虫害防治》）

二、昆虫的胸部

胸部是昆虫的第二个体段，由 3 个体节组成，依次称为前胸、中胸和后胸。每个胸节的侧下方各有 1 对分节的足，分别称为前、中、后足。多数昆虫在中胸和后胸背侧方还各有 1 对翅，依次称为前翅和后翅。足和翅都是昆虫的运动器官，所以胸部是昆虫的运动中心。

1. 胸足

昆虫的胸足由基部向端部依次称为基节、转节、腿节、胫节、跗节和前跗节（图 1-7）。一般前跗节由爪和中垫组成。

由于昆虫的生活环境和活动方式不同，胸足的形态和功能发生相应的变化，形成各种不同的类型（图 1-8）。了解昆虫胸足的构造和类型，对于识别昆虫的种类，寻找昆虫的栖息场所，了解昆虫的生活习性和为害方式，防治害虫，保护、利用益虫都有重要意义。

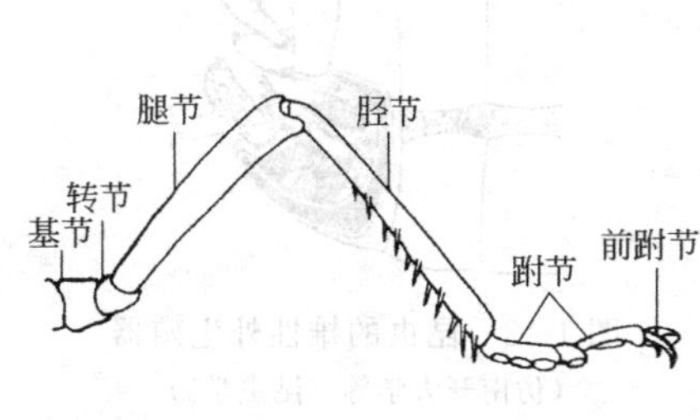

图 1-7 昆虫胸足的基本构造

（仿黄少彬等《园林病虫害防治》）

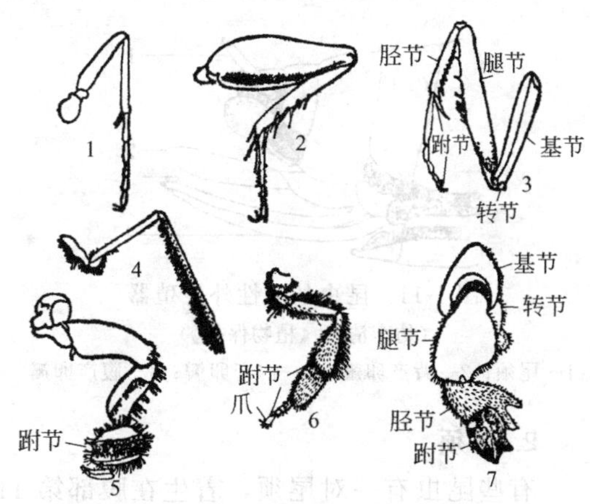

图 1-8 昆虫足的类型

（仿黄少彬等《园林病虫害防治》）

1—步行足；2—跳跃足；3—捕捉足；4—游泳足；5—抱握足；6—携粉足；7—开掘足

2. 翅

翅是昆虫的飞行器官，一般为膜质，翅上有纵脉、横脉和翅室。翅有3条边、3个角、3条褶，把翅划分为4个区（图1-9）。昆虫由于长期适应特殊生活环境的需要，使得翅的质地、形状和功能发生了相应的变化，形成了不同的类型（图1-10）。

昆虫翅的类型是分类的重要依据。在昆虫纲内，有很多昆虫目的命名来自于翅的特征。如鞘翅目、鳞翅目等。

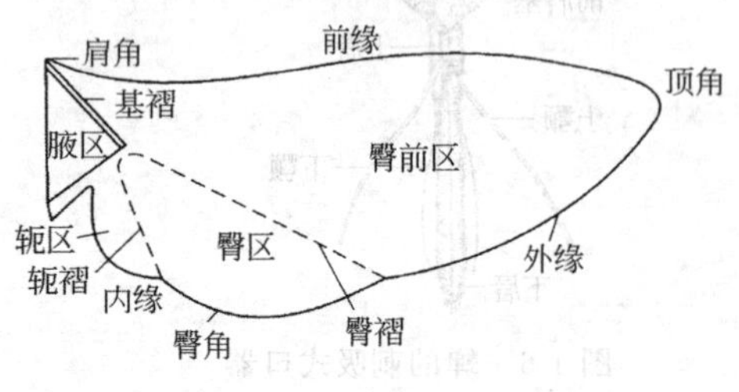

图1-9 昆虫翅的分区

（仿黄少彬等《园林病虫害防治》）

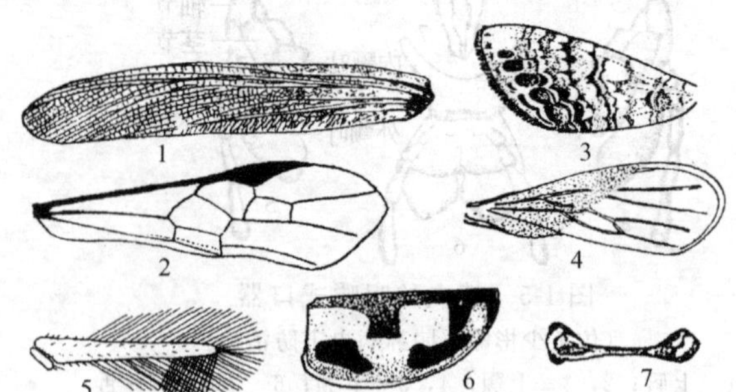

图1-10 昆虫翅的类型

（仿黄少彬等《园林病虫害防治》）

1—覆翅；2—膜翅；3—鳞翅；4—半鞘翅；5—缨翅；6—鞘翅；7—平衡棒

三、昆虫的腹部

腹部是昆虫体躯的第三个体段，通常由9～11个体节组成。腹部1～8体节两侧有气门，腹腔内着生有内部器官，末端有尾须和外生殖器。腹部是昆虫新陈代谢和生殖的中心。

1. 外生殖器

雌性外生殖器就是产卵器，位于第8～9节的腹面，主要由背产卵瓣、腹产卵瓣、内产卵瓣组成（图1-11）。雄性外生殖器就是交尾器，位于第9节腹面，主要由阳具和抱握器组成（图1-12）。

了解昆虫外生殖器的形态和构造是识别昆虫种类和性别的重要依据。

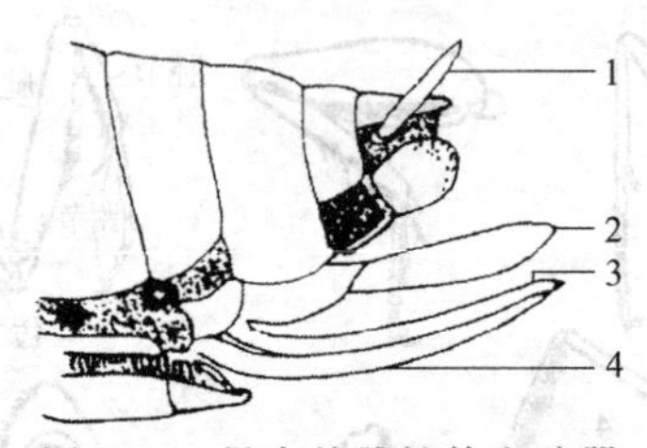

图1-11 昆虫的雌性外生殖器

（仿李清西《植物保护》）

1—尾须；2—背产卵瓣；3—内产卵瓣；4—腹产卵瓣

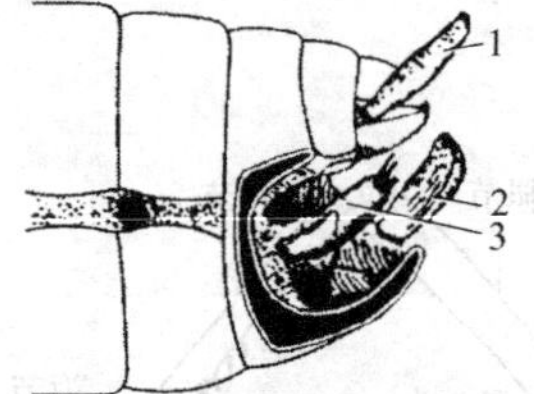

图1-12 昆虫的雄性外生殖器

（仿南开大学等《昆虫学》）

1—尾须；2—抱握器；3—阳具

2. 尾须

有些昆虫有一对尾须，着生在腹部第11节两侧，是1对须状构造，分节或不分节，具有感觉作用。

四、昆虫的体壁

体壁是昆虫骨化了的皮肤，包被于虫体之外，类似于高等动物的骨骼。昆虫体壁的功能是支撑身体、着生肌肉、保护内脏，防止体内水分过度蒸发和外界水分、微生物及有害物质的侵入。还能接受外界刺激，分泌各种化合物，调节昆虫的行为。

1. 体壁的构造和衍生物

（1）体壁的构造　昆虫的体壁由底膜、皮细胞层和表皮层 3 部分组成。皮细胞层是活细胞层，底膜为 1 层紧贴皮细胞层下的薄膜。表皮层由外向内分为上表皮、外表皮和内表皮。体壁具有延展性、坚韧性、不透性等特性（图 1-13）。

（2）体壁的衍生物　昆虫体壁常向外突出，形成外长物，如刚毛、刺、距、鳞片等。体壁向内凹入，特化出各种腺体，如唾腺、丝腺、蜡腺、毒腺、臭腺等。

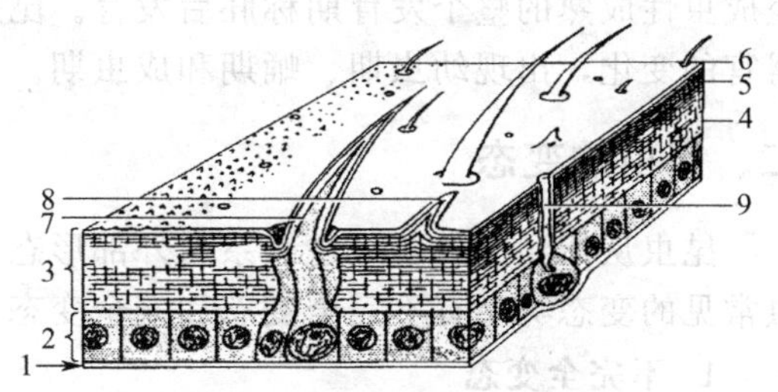

图 1-13　昆虫体壁的构造
（仿张学哲等《作物病虫害防治》）
1—底膜；2—皮细胞层；3—表皮层；
4—内表皮；5—外表皮；6—上表皮；
7—刚毛；8—表皮突起；9—皮细胞腺

2. 体壁的构造与害虫防治的关系

了解昆虫体壁的构造和特性可以在虫害防治中采取相应的措施，破坏其体壁的结构，提高化学防治效果。如在杀虫剂中加入脂溶性化学物质或在粉剂中加入惰性粉破坏体壁的不透性，可提高药剂的防治效果。

第二节　昆虫的生殖方式与发育

昆虫的数量种类很多，这与昆虫的生殖能力强和生殖方式多有关。了解昆虫的个体发育，有利于识别昆虫各虫态类型。

一、昆虫的生殖方式

昆虫在长期适应演化的历程中，生殖方式表现出多样性。常见的有两性生殖、孤雌生殖、多胚生殖和卵胎生等。

1. 两性生殖

自然界绝大多数种类的昆虫属于雌雄异体，多行两性生殖。即通过雌雄交配，受精后产生受精卵，再发育成新个体。这种繁殖方式又称为两性卵生，是昆虫繁殖后代最普通的方式。如蝗虫、蝶、蛾类等。

2. 孤雌生殖

孤雌生殖是卵不经受精就能发育成新个体，这种繁殖方式又叫单性生殖。有些昆虫完全或基本上以孤雌生殖进行繁殖，这类昆虫一般没有雄虫或雄虫极少，如介壳虫。另外，一些昆虫是两性生殖和孤雌生殖交替进行，故称异态交替，如棉蚜。这是昆虫对不良环境条件的适应，有利于昆虫种群繁衍和扩大地理分布。

3. 多胚生殖

多胚生殖是由一个卵发育成两个或更多的胚胎，每个胚胎发育成一个新个体，从而形成多个幼体，如小蜂等。

4. 卵胎生

卵胎生是卵在母体内孵化，直接从母体内产出幼体，如蚜虫等。

除两性生殖外，孤雌生殖、卵胎生、多胚生殖等均属特异生殖。

二、昆虫的发育

昆虫的个体发育过程，可分为胚胎发育和胚后发育两个阶段。胚胎发育是从卵发育成幼体的状态，在卵内进行至孵化为止的发育期，又称卵内发育，胚后发育是从卵孵化后开始，至成虫性成熟的整个发育期称胚后发育。昆虫在胚后发育过程中，要经过一系列形态和内部器官的变化，出现幼虫期、蛹期和成虫期。

三、昆虫的变态

昆虫从卵到成虫要经过一系列外部形态、内部器官和生活习性变化的现象称为变态。昆虫常见的变态类型有不完全变态和完全变态。

1. 不完全变态

昆虫一生中只经过卵、若虫、成虫 3 个阶段称为不完全变态（图 1-14）。若虫与成虫的外部形态和生活习性很相似，仅个体的大小、翅的长短、性器官发育程度等方面存在着差异，如蝗虫、蟋象、叶蝉等。

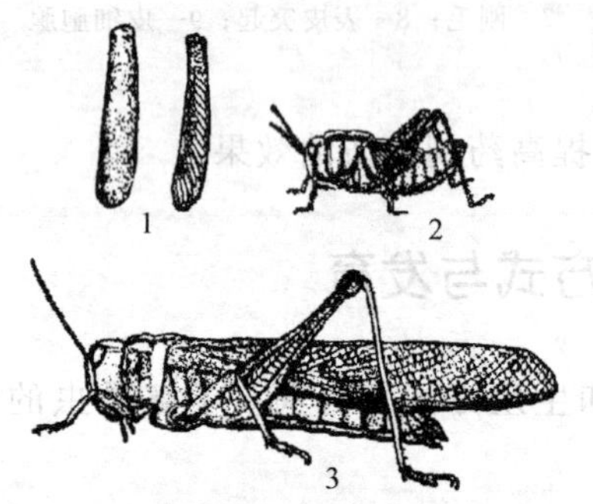

图 1-14 昆虫的不完全变态
（仿黄少彬等《园林病虫害防治》）
1—卵囊及其剖面；2—若虫；3—成虫

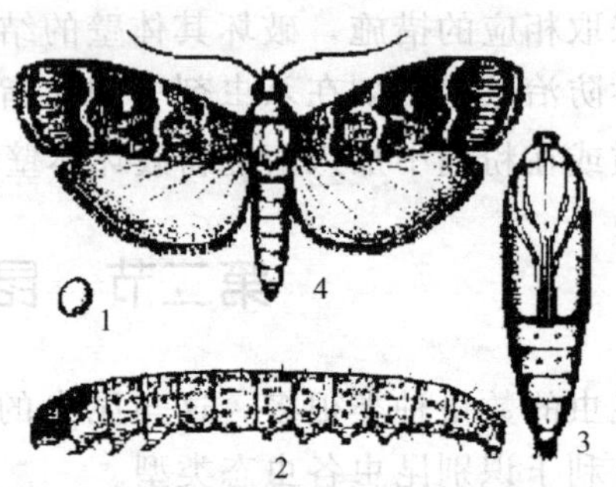

图 1-15 昆虫的完全变态
（仿黄少彬等《园林病虫害防治》）
1—卵；2—幼虫；3—蛹；4—成虫

2. 完全变态

昆虫一生中经过卵、幼虫、蛹、成虫 4 个阶段称为完全变态（图 1-15）。幼虫与成虫在外部形态、内部器官、生活习性和活动行为等方面都有很大差别，如蝶、蛾和甲虫类昆虫。

四、昆虫各虫期生命活动的特点

1. 卵期

卵期是指卵从母体产下到卵孵化所经历的时期。卵期是昆虫个体发育的第一个阶段。卵是一个大型细胞，外面是一层坚硬的卵壳。其表面常有各种花纹和突起。卵的形状、大小、产卵方式及场所随昆虫种类不同有很大变化（图 1-16）。

卵期是一个表面静止虫期。卵壳具有保护作用，成虫产卵有各种保护习性。卵期进行药剂防治效果较差。掌握害虫的产卵习性，结合农事操作采用摘除卵块等措施进行害虫防治。

2. 幼虫期

昆虫完成胚胎发育，幼虫破卵壳而出的过程称为孵化。从孵化到化蛹所经历的时期称为幼虫期。幼虫期是昆虫一生中主要取食为害的时期，也是防治害虫的关键时期。幼虫生长到一定阶段受体壁限制，必须脱去旧皮才能继续生长的现象称为蜕皮。脱下的旧皮称为“蜕”。幼虫每脱一次皮，体重、体积、食量都显著增加。幼虫每两次脱皮之间的时期称为龄期。从卵孵化到第一次蜕皮，为1龄幼虫，以后每脱1次皮就增加1龄。脱皮次数加1就是虫龄。

不同虫龄的幼虫不但形态不同，而且在食量、生活习性上都有很大差异。初孵幼虫体形小，体壁薄，常群集取食，对药剂抵抗力弱。随着虫龄的增加，虫体的食量增大，对农作物为害加剧，对药剂抵抗力增强。药剂防治幼虫的关键时期是低龄期，特别是在3龄前施药可收到理想的效果。

完全变态昆虫的幼虫，由于其对生活环境长期适应的结果，在形态上发生了很大变化。根据足的有无和数目的多少，可将幼虫分为无足型、寡足型和多足型3类（图1-17）。

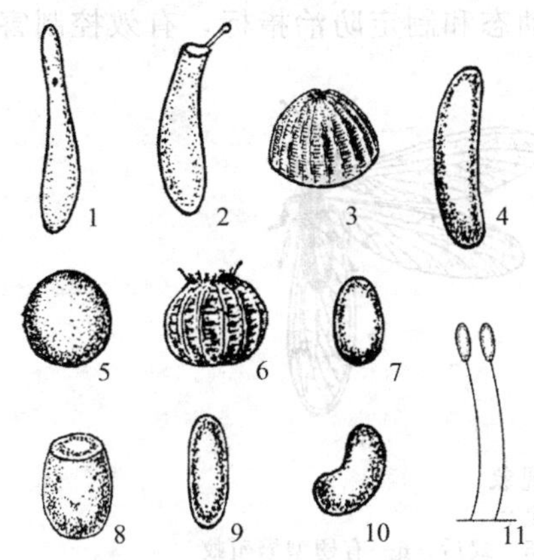

图1-16　昆虫卵的类型
（仿张学哲等《作物病虫害防治》）
1—长茄形；2—袋形；3—半球形；4—长卵形；
5—球形；6—篓形；7—椭圆形；8—桶形；
9—长椭圆形；10—肾形；11—有柄形

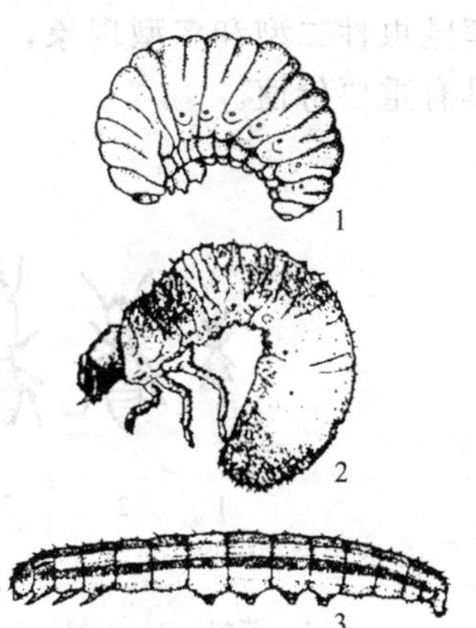

图1-17　昆虫幼虫的类型
（仿张学哲等《作物病虫害防治》）
1—无足形；2—寡足形；3—多足形

了解幼虫的类型，对于进行田间调查和设计防治方案，都具有实际意义。

3. 蛹期

末龄幼虫脱最后1次皮变为蛹的现象称为化蛹。从化蛹至羽化为成虫所经历的时期称为蛹期。蛹期是一个表面静止，内部进行着剧烈代谢活动的虫态，抗逆能力差，自身要求相对稳定的环境完成由幼虫到成虫的转变过程。老熟幼虫常寻找安全场所化蛹。如树皮下、裂缝中、枯枝落叶下、土缝中等。蛹期是开展综合治理的良好时期，如耕翻晒垡、灌水、清理田园等措施对很多害虫都能收到较好的防治效果。

昆虫蛹的类型有围蛹、被蛹和离蛹3种（图1-18）。

4. 成虫期

昆虫的蛹或不完全变态昆虫的末龄若虫脱皮变为成虫的过程称为羽化。羽化以后的虫态称为成虫。成虫期是由成虫羽化到死亡所经历的时间，是昆虫个体发育的最后阶段，是交配、产卵、繁殖后代的生殖期。

有些昆虫羽化后，性器官已经发育成熟，口器退化，不再取食即可交配产卵，不久便死亡。大多数昆虫羽化后，需要继续取食以满足性器官发育对营养的需要，称为补充营养。了解昆虫对补充营养的不同要求，可进行化学诱杀，把害虫消灭在产卵之前。

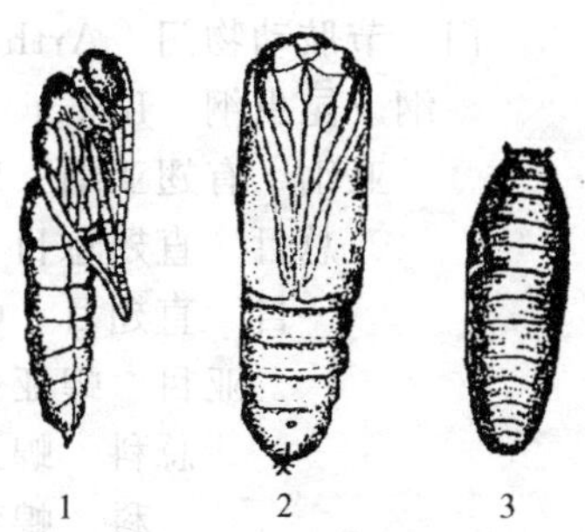

图1-18　昆虫蛹的类型
（仿黄少彬等《园林病虫害防治》）
1—离蛹；2—被蛹；3—围蛹

从羽化到第一次交配的间隔期称为交配前期。从羽化到第一次产卵的间隔期称为产卵前期。从第一次产卵到产卵终止的间隔期称为产卵期。掌握昆虫的产卵前期和产卵期在害虫测报和制定防治方案方面，都有重要的指导作用。

昆虫成虫阶段的形态结构已经固定，种的特征明显，是昆虫分类的主要依据。有的昆虫除雌雄第一性征不同外，在体形、体色及其它形态等第二性征方面也存在着差异的现象，称为性二型现象。如小地老虎雄蛾触角栉齿状，雌蛾为丝状；介壳虫雌虫无翅，定居，雄虫有翅能飞。同种同性别昆虫有两种或两种以上个体类型的现象称为多型现象。如蚜虫雌虫有有翅型和无翅型；稻飞虱雌虫有长翅型和短翅型之分；蜜蜂有蜂王、雄蜂和不能生殖的工蜂；白蚁群中除有“蚁后”、“蚁王”专司生殖外，还有兵蚁和工蚁等类型（图 1-19）。

了解昆虫性二型和多型现象，对分析害虫的种群动态和制定防治指标，有效控制害虫发生为害具有重要价值。

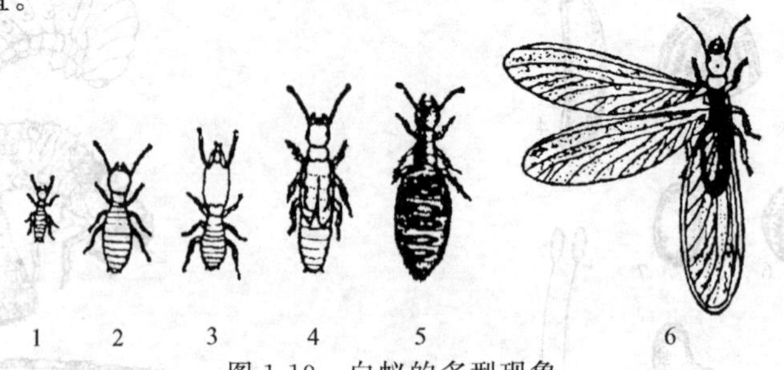

图 1-19 白蚁的多型现象
（仿黄少彬等《园林病虫害防治》）
1—若蚁；2—工蚁；3—兵蚁；4—生殖蚁若虫；5—蚁后；6—有翅型繁殖蚁

第三节 农业昆虫常见类群的识别

一、昆虫的分类及命名

昆虫分类是认识昆虫的一种基本方法。依据昆虫的形态特征和生物学、生态学、生理学特性，通过分析、对比、归纳等手段，将自然界的昆虫分门别类地加以区分，有利于控制害虫和保护利用益虫。

昆虫分类系统由界、门、纲、目、科、属、种 7 个基本阶梯所组成。纲、目、科、属、种下设“亚”级；在目、科之上设“总”级。以东亚飞蝗为例表示其分类阶梯。

界 动物界 Animalia kingdom
门 节肢动物门 Arthropoda
纲 昆虫纲 Insect
亚纲 有翅亚纲 Pterygota
总目 直翅总目 Orthopteroides
目 直翅目 Orthoptera
亚目 蝗亚目 Locustodea
总科 蝗总科 Locustoidea
科 蝗科 Locustidae
亚科 飞蝗亚科 Locustinae
属 飞蝗属 *Locusta*
亚属 （未分）
种 飞蝗 *Locusta migratoria* L.
亚种 东亚飞蝗 *Locusta migratoria manilensis* Meyen

在昆虫分类的各阶元中，种是最基本的单元。昆虫种的科学名称通称学名。昆虫学名是利用国际上统一规定的双命名法，并用拉丁文书写。每个种的学名由属名和种名组成，种名后是定名人的姓氏。属名和定名人的第一个字母大写，种名第一个字母小写。种名和属名在印刷时排斜体。

二、农业昆虫常见目科的识别

昆虫纲的分目主要根据其形态特征、口器构造、触角形状、翅的有无及质地、足的类型以及变态和生活习性等区分。目前昆虫纲的分目总数全世界没有一致意见，但根据国内多数学者的意见分为33个目，在农业生产中常见的有10个目。另外，螨类属于蛛形纲蜱螨目，习惯上作为防治对象也与昆虫一并讨论。

1. 直翅目（Orthoptera）

通称为蝗虫、蟋蟀、蝼蛄等。体中至大型，咀嚼式口器，下口式。触角多为丝状，前胸发达。前翅覆翅，后翅膜翅。后足跳跃足，有的种类前足为开掘足。雌虫产卵器发达，形状多样，呈剑状、刀状、凿状等。不完全变态，多为植食性。

直翅目主要科及其特征见图1-20、表1-2。

表1-2 直翅目昆虫主要科的特征

科	主要特征	常见种类
蝗科 Locustidae	触角短于体长；听器位于第1腹节两侧，后足跳跃足；产卵器凿状，尾须短	中华稻蝗 东亚飞蝗
螽斯科 Tettingonidae	触角长于体长；听器位于前足胫节基部，后足跳跃足，翅发达，也有无翅与短翅类型；产卵器发达，呈刀状或剑状，尾须短小	露螽斯 日本螽斯
蟋蟀科 Gryllidae	触角长于体长；听器位于前足胫节内侧，后足跳跃足；产卵器发达，呈剑状，尾须长	油葫芦 大蟋蟀
蝼蛄科 Gryllotalpidae	触角短于体长；听器位于前足胫节内侧，前足开掘足，前翅短，后翅长于体；产卵器不外露，尾须长	东方蝼蛄 华北蝼蛄

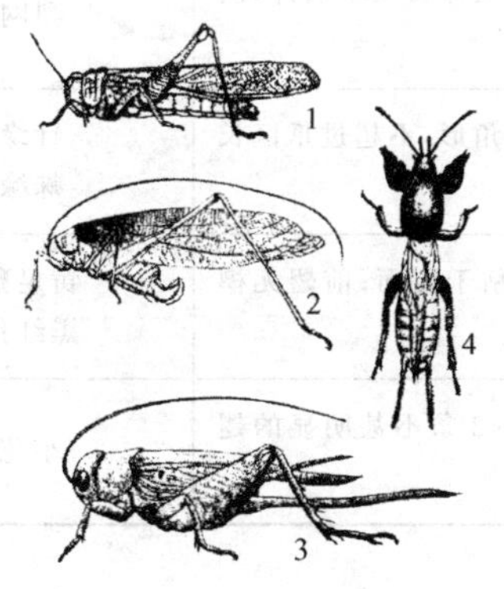

图1-20 直翅目主要代表科
（仿张学哲等《作物病虫害防治》）
1—蝗科；2—螽斯科；3—蟋蟀科；4—蝼蛄科

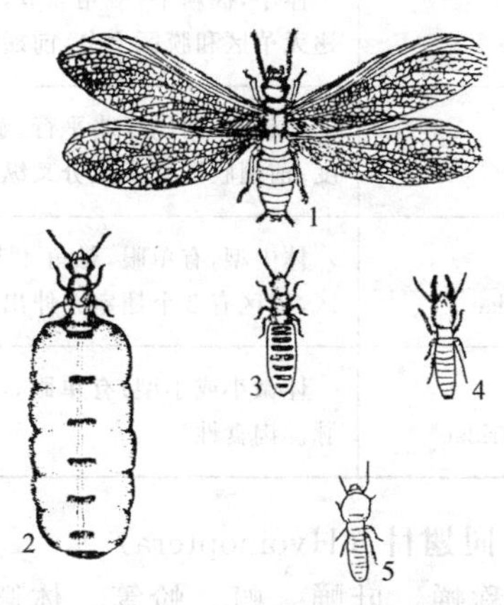

图1-21 等翅目昆虫白蚁
（仿张随榜等《园林植物保护》）
1—生殖蚁；2—蚁后；3—蚁王；4—兵蚁；5—工蚁

2. 等翅目（Isoptera）

通称白蚁。体小至大型，体软多为白色。头部坚硬。触角短，念珠状。口器咀嚼式。有

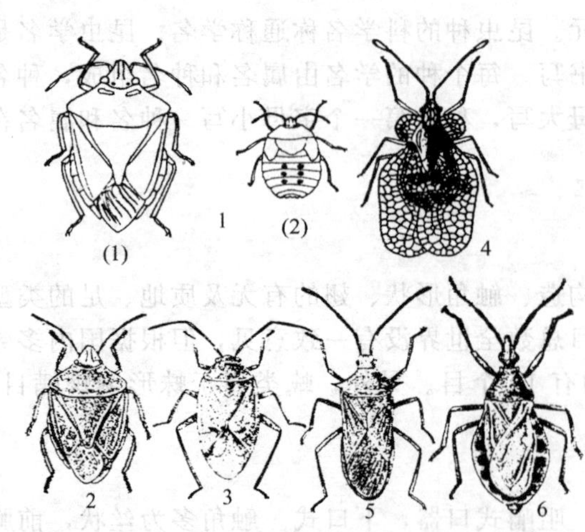

图 1-22 半翅目身躯构造及代表科
（仿张随榜等《园林植物保护》）
1—半翅目身躯构造：(1) 成虫，(2) 若虫；2—蝽科；3—盲蝽科；4—网蝽科；5—缘蝽科；6—猎蝽科

翅型前后翅大小、形状和脉序都很相似。附节 4~5 节。尾须短。渐变态。多型性、社会性昆虫。白蚁按建巢的地点可分木栖性白蚁、土栖性白蚁、土木栖性白蚁 3 类。主要分布于热带、亚热带，少数分布于温带。我国以长江以南各省分布普遍，危害较重。如白蚁科的黑翅土白蚁〔*Odontotermes. formosanus*(Shiraki)〕（图 1-21)。

3. 半翅目（Hemiptera）

通称蝽象。体小至中型，个别大型，体多扁平坚硬，刺吸式口器，触角丝状或棒状，复眼发达，单眼两个或缺，前胸背板发达，中胸小盾片三角形。陆生种类多有发达的臭腺。不完全变态，多为植食性的害虫；少数为肉食性的天敌种类，如猎蝽、小花蝽等。根据触角节数、着生位置、前翅的分区、翅脉及喙的节数等特征分科。

半翅目主要科及其特征见图 1-22、表 1-3。

表 1-3 半翅目昆虫主要科的特征

科	主 要 特 征	常见种类
蝽科 Pentatomidae	体小至中型，触角多为 5 节；中胸小盾片发达，三角形；前翅膜区有纵脉，且多出一条基横脉上	稻绿蝽 菜蝽
盲蝽科 Miridae	多数小型，触角 4 节，无单眼，前翅分为革区、楔区、爪区和膜区，膜区有 2 个翅室	绿盲蝽 中黑盲蝽
网蝽科 Tingidae	体小，极扁平；触角 4 节，末节常膨大；前胸背板向后延伸盖住小盾片；前翅无革区和膜区之分，前翅及前胸背板全部呈网状	梨网蝽
缘蝽科 Coreidae	体较狭，两侧缘略平行，触角 4 节；中胸小盾片小，三角形，不超过爪区长度；前翅膜区有多数分叉纵脉，从横脉上分出	针缘蝽 蛛缘蝽
猎蝽科 Reduviidae	体中型，有单眼，触角 4 节；喙短而呈弯钩状，不紧贴于腹面；前翅无楔区，膜区有 2 个翅室并伸出 2 条纵脉。肉食性	黄足猎蝽 黑红猎蝽
花蝽科 Anthocoridae	体微小或小型；有单眼，喙 3～4 节；前翅膜区有 1～2 条不甚明显的翅脉。肉食性	小花蝽

4. 同翅目（Hvomoptera）

通称蝉、叶蝉、蚜、蚧等。体微小至大型。触角刚毛状或丝状。刺吸式口器从头的后方伸出。喙通常 3 节。前翅革质或膜质，后翅膜质，静止时呈屋脊状。有的种类无翅。有些蚜虫和雌性介壳虫无翅，雄性介壳虫后翅退化成平衡棒。多为两性生殖，有的进行孤雌生殖。不完全变态。植食性，刺吸植物汁液，有的可传播植物病毒病或分泌蜜露，引起煤污病。

同翅目主要科及其特征见图 1-23、表 1-4。

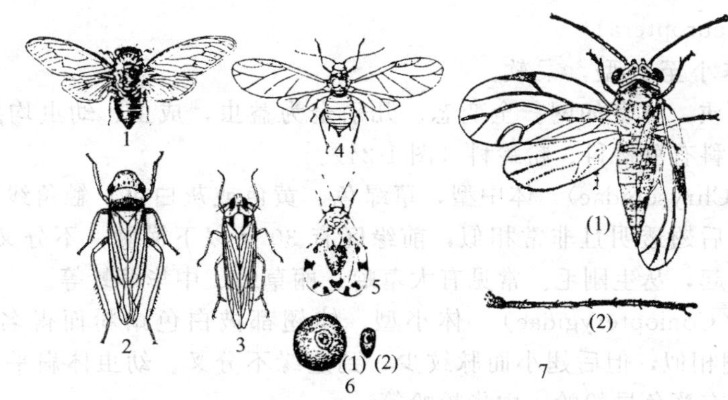

图 1-23 同翅目主要代表科

（仿张随榜等《园林植物保护》）

1—蝉科；2—叶蝉科；3—飞虱科；4—蚜科；5—粉虱科；6—盾蚧科（梨圆蚧）：(1) 雌虫，(2) 雄虫；7—木虱科：(1) 成虫，(2) 触角

表 1-4 同翅目昆虫主要科的特征

科	主要特征	常见种类
蝉科 Cicadidae	体中到大型，触角刚毛状，生于两复眼前方；翅膜质透明，翅脉粗大；雄虫腹部第一节有鸣器	蚱蝉 黄蟪蛄
沫蝉科 Cercopidae	体卵型，有2个单眼；前胸背板大，但盖不住中胸小盾片；前翅革质，长过腹部，爪区脉纹分离；后足胫节有两侧刺，第1、2跗节有端刺	稻沫蝉 鞘翅沫蝉
叶蝉科 Cicadeliidae	头部宽阔，触角刚毛状，生于两复眼间；前翅革质；后翅膜质；后足胫节密生两列刺	大青叶蝉 黑尾叶蝉
飞虱科 Delphapcidae	头部窄于胸；触角锥状，生于两复眼之下；前翅膜翅，后足胫节末端有一个能活动的距	褐飞虱 白背飞虱
蚜科 Aphididae	体小而柔软，触角丝状，膜翅，前翅有翅痣，腹部第6或第7节背面两侧有一对腹管，腹末有尾片	棉蚜 菜蚜
蚧总科 Coccoidae	形态多样，雌雄异形。雌成虫无翅，体被介壳或蜡粉、蜡块、蜡丝所覆盖，固着在植物上不动。雄成虫只有一对前翅，一条二分叉的翅脉	吹绵蚧 矢尖蚧

5. 缨翅目（Thysanoptera）

通称蓟马。体微小型，锉吸式口器，翅2对，膜质，狭长形而翅脉少，翅缘密生缨毛。足附节端部生一可突出的端泡，故又称泡足目。一般为两性生殖，有的孤雌生殖。不完全变态。大多植食性，少数肉食性（图 1-24）。

(1) 蓟马科（Thripidae） 体微小，略扁。触角6～8节，第3、4节上有感觉器，末端1～2节形成端刺。翅狭长而端部尖锐，前翅常2条纵脉，无横脉。雌虫产卵器锯齿状，从侧面观，其尖端向下弯曲。在农田常见的种类有稻蓟马和烟蓟马。

(2) 管蓟马科（Phlaeothripidae） 体黑色或暗褐色。触角4～8节。腹部末节管状，生有较长的刺毛，无产卵器。翅表面光滑无毛，前翅没有翅脉。常见有中华蓟马、稻管蓟马等。

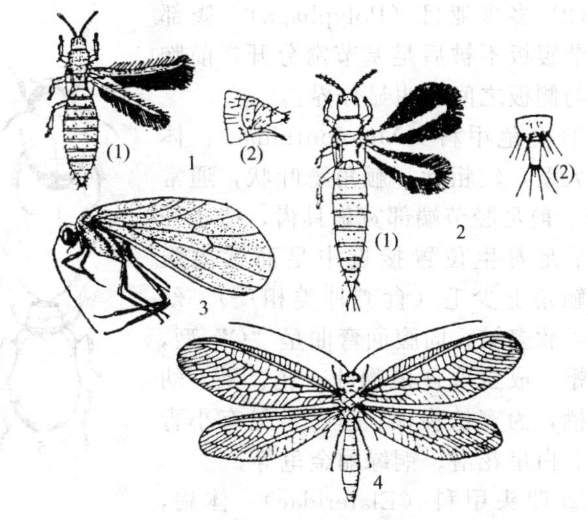

图 1-24 缨翅目及脉翅目的主要代表科

（仿张随榜等《园林植物保护》）

1—缨翅目蓟马科：(1) 成虫，(2) 腹部末端；2—缨翅目管蓟马科：(1) 成虫，(2) 腹部末端；3—脉翅目粉蛉科；4—脉翅目草蛉科

6. 脉翅目（Neuroptera）

通称草蛉。体小至大型，柔软。咀嚼式口器。翅膜质，脉多如网。全变态。几乎全为益虫，成虫、幼虫均捕食害虫，肉食性。农业上重要的科有草蛉科、粉蛉科（图 1-24）。

（1）草蛉科（Chrysopidae） 体中型，草绿色、黄色或灰白色。触角线状，比体长。复眼有金属闪光。前后翅透明且非常相似，前缘区有 30 条以下横脉，不分叉。幼虫纺锤形，体侧各节有瘤状突起，丛生刚毛。常见有大草蛉、丽草蛉、中华草蛉等。

（2）粉蛉科（Coniopterygidae） 体小型，体翅都披白色蜡粉而得名。触角念珠状，16～43 节。前后翅相似，但后翅小而脉纹少，到边缘不分叉。幼虫体扁平，纺锤形，上唇包围上下颚。常见有彩色异粉蛉、中华粉蛉等。

7. 鞘翅目（Coleoptera）

此目通称甲虫。体小型至大型，体壁坚硬。咀嚼式口器。触角形状多变，有丝状、锯齿状、锤状、膝状或鳃叶状等。复眼发达，一般无单眼。前翅鞘翅，静止时平覆体背，后翅膜质折叠于鞘翅下，少数种类后翅退化。前胸背板发达且有小盾片。多数成虫有趋光性和假死性。完全变态。幼虫寡足型或无足型。蛹为离蛹。本目包括很多栽培作物的害虫和益虫。如肉食性的虎甲科、步甲科等（图 1-25）。植食性的吉丁甲科、天牛科、叩头甲科、叶甲科、金龟甲科等（图 1-26）。

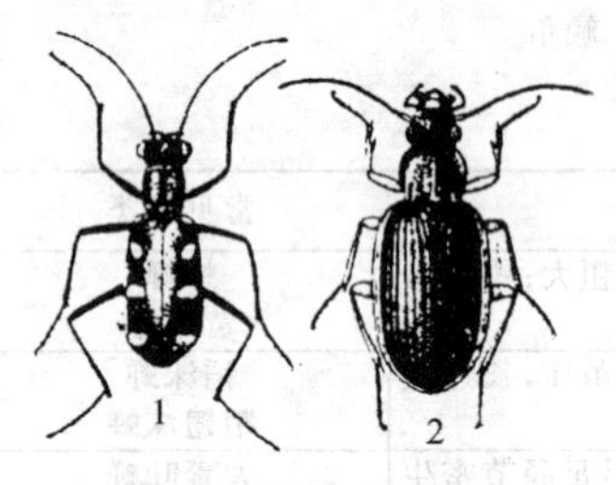

图 1-25 肉食亚目代表科
（仿张随榜等《园林植物保护》）
1—虎甲科；2—步甲科

（1）肉食亚目（Adephaga） 腹部第一节腹板被后足基节窝所分割，前胸背板与侧板之间有明显的分界。

① 步甲科（Carabidae）：体小至大型，黑褐、黑色或古铜色，具金属光泽，少绒毛。前口式，头比前胸狭。触角丝状，鞘翅多刻点或颗粒，后翅常退化。如金星步甲等。

② 虎甲科（Cicindelidae）：体小至中型，多绒毛，有鲜艳的色斑和金属光泽。下口式，头比前胸略宽，复眼突出。如中华虎甲等。

（2）多食亚目（Polyphaga） 腹部第一节腹板不被后足基节窝分开，前胸背板与侧板之间无明显分界。

① 金龟甲科（Melolonthidae）：体小至大型，较粗壮。触角鳃叶状，通常 10 节。前足胫节端部宽扁具齿，适于开掘；后足着生位置接近中足而远离腹末。触角上少毛（食粪种类相反）。幼虫体柔软多皱，向腹面弯曲呈“C”型，称蛴螬。成虫取食植物叶、花、果。幼虫土栖，为害植物根、茎。常见有小青花潜、白星花潜、铜绿丽金龟等。

② 叩头甲科（Elateridae）：体扁，中等大小，灰褐或黑褐色。触角锯状、线状或梳状。前胸背板发达，后缘两侧有刺突；前胸腹板中间有 1 齿；前胸上

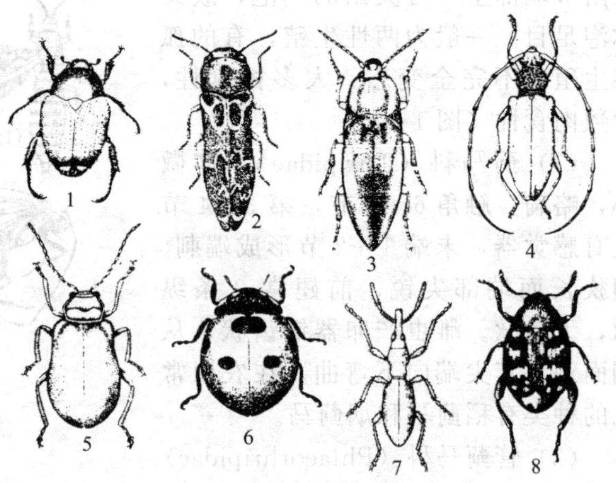

图 1-26 多食亚目代表科
（仿张随榜等《园林植物保护》）
1—金龟甲科；2—吉丁虫科；3—叩头甲科；4—天牛科；5—叶甲科；6—瓢甲科；7—象甲科；8—豆象科

下能活动，似叩头。幼虫体细长，坚硬，呈黄褐色，生活于地下，是重要的地下害虫之一。如沟金针虫、细胸金针虫等。

③ 吉丁甲科（Buprestidae）：体小至中型，成虫近似叩头甲，但体色较艳，有金属光泽。触角锯状。前胸不能上下活动（叩头），前胸背板后缘两侧无齿突。幼虫近似天牛幼虫，乳白色，无足，头小，前胸大而扁平，气门呈“C”型。幼虫多在树皮下、枝杆或根内钻蛀。如柑橘小吉丁虫、金缘吉丁虫等。

④ 天牛科（Cerabycidae）：体小至大型。触角多丝状或鞭状，与体等长甚至超过体长。复眼肾脏形，半围在触角基部。足跗节为隐 5 节（第 4 节隐）。幼虫长圆筒形，乳白或淡黄色。前胸大而扁平。足小或无。腹部前 6 或 7 节的背面及腹面常呈卵形肉质突，称步泡突，便于在坑道内行动。幼虫蛀食树干、枝条及根部。如星天牛、桃红颈天牛等。

⑤ 叶甲科（Chrysomelidae）：体小至中型，圆或椭圆形，具金属光泽，俗称金花虫。触角较短，多为丝状。复眼圆形，不环绕触角。幼虫胸足发达，体上具肉质刺及瘤状突起。成虫均为害植物叶片，幼虫还有潜叶、蛀茎及咬根的种类。如恶性叶甲、稻负泥虫等。

⑥ 象甲科（Curculionidae）：体小至大型，粗糙，色暗（少数鲜艳）。头部向前延伸成象鼻状；口器很小，着生在头端部；触角膝状，端部膨大。幼虫体柔软，肥而弯曲，头部发达，无足。成、幼虫均为害植物，成虫有假死性。如梨象甲等。

⑦ 瓢甲科（Coccinellidae）：体小至中型，体背隆起呈半球形，腹面平坦，外形似扣放圆瓢。鞘翅上常具红、黄、黑等色斑。头小，部分隐藏在前胸背板下；触角短小，棒状，11 节；跗节隐 4 节（第 3 节隐）。幼虫身体有深或鲜明的颜色，行动活泼；体被有枝刺或带毛的瘤突。肉食性成虫体表光滑、无毛，有光泽。如异色瓢虫、七星瓢虫等，植食性成虫体背有毛，无光泽，如二十八星瓢虫。

8. 鳞翅目（Lepidoptera）

此目通称蛾、蝶类。体小型至大型，复眼发达，单眼 2 或无。虹吸式口器，不用时呈发条状卷曲在头下方。触角丝状、羽毛状、棍棒状等。翅密生鳞片，并由其组成各种颜色和斑纹。前翅大，后翅小，少数种类雌虫无翅。完全变态。幼虫多足型，咀嚼式口器。蛹为被蛹，腹末有刺突。本目成虫一般不为害植物，幼虫多为植食性，有食叶、卷叶、潜叶、钻蛀茎、根、果实等，多数为农业害虫。

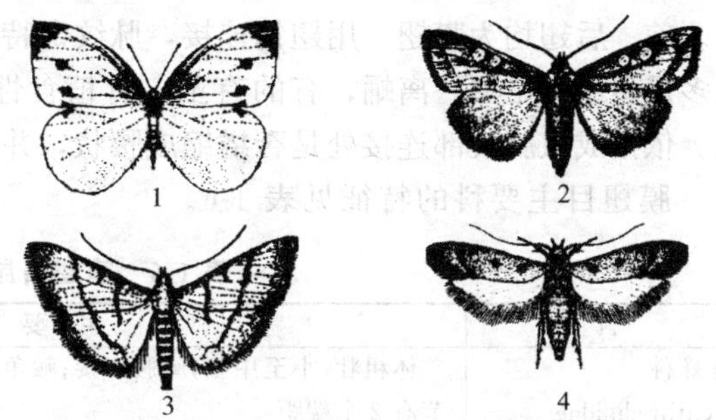

图 1-27 鳞翅目主要代表科

（仿张学哲等《作物病虫害防治》）

1—粉蝶科；2—夜蛾科；3—螟蛾科；4—麦蛾科

鳞翅目主要科及其特征见图 1-27、表 1-5。

鳞翅目昆虫按其触角类型、生活习性及静止时翅的状态分为锤角亚目和异角亚目。

（1）锤角亚目（蝶亚目，Rhopalocera） 通称蝴蝶。触角端部膨大成棒状或锤状。前后翅无特殊连接构造，飞翔时后翅肩区贴着在前翅下。白天活动，休息时翅竖立在背面或不时扇动。卵散产，多为缢蛹。如凤蝶科、粉蝶科等。

（2）异角亚目（蛾亚目，Heterocera） 通称蛾类。触角形状各异，但不成棒状或锤状。飞翔时前后翅用翅缰连接。多为夜间活动，休息时翅平放在身上或斜放在身上成屋脊状。

表 1-5 鳞翅目昆虫主要科的特征

科	主要特征	常见种类
凤蝶科 Papilionidae	体大型，颜色鲜艳，前翅三角形，后翅外缘呈波状，臀角常有尾突，幼虫体色深暗，光滑无毛，前胸背中央有一触之即外翻的臭丫腺，为红或黄色	柑橘凤蝶 樟青凤蝶
粉蝶科 Pieridae	体中型，白、黄、橙色；翅面有黑色或红色斑纹。前翅三角形，后翅卵圆形	菜粉蝶 山楂粉蝶
蛱蝶科 Nymphalidae	体中至大型，翅上有各种鲜艳的色斑。前足退化，足的跗节均无爪。前翅三角形，后翅卵圆形，翅外缘呈波状，飞翔迅速	紫闪蛱蝶 苎麻赤蛱蝶
弄蝶科 Hesperidea	体小至中型、粗壮，颜色深；触角端部呈钩状；幼虫体纺锤形，头大胸细呈颈状	直纹稻弄蝶 香蕉弄蝶
眼蝶科 Satyidae	体中型，色暗而不艳；翅上常有眼状斑纹，前足退化；幼虫体与弄蝶幼虫相似，但头部有 2 个显著角状突起	稻眼蝶 大眼蝶
螟蛾科 Pyralidae	体细长，腹末尖削，触角丝状，下唇须发达前伸或上弯	二化螟 豆荚螟
夜蛾科 Noctuidae	体中至大型、粗壮多毛，色暗；触角丝状或齿状；前翅狭，后翅宽，斑纹明显，幼虫腹足 3～5 对	黏虫 斜纹夜蛾
尺蛾科 Geometridae	体小至大型，细长；翅大而薄，前后翅颜色相似并常有条纹连接，静止时，前后翅平展，有些种类雌成虫无翅；幼虫 2 对腹足	棉大造桥虫 柑橘尺蠖
麦蛾科 Gelechiidae	体小型，色深暗；下唇须向上弯曲，伸过头顶；前翅呈柳叶形，后翅菜刀型，翅后缘有长缘毛	甘薯麦蛾 棉红铃虫
天蛾科 Sphingidae	体大型，粗壮，纺锤形；触角中部加粗，末端成钩状。喙发达，有时超过体长；前翅大而窄，顶端尖，后翅小	豆天蛾 葡萄天蛾
毒蛾科 Lymantreiidae	体中型，粗壮，鳞毛蓬松；体色多为白、黄、褐等色；触角多为栉状或羽状；口器和下唇须退化；静止时多毛的前足常伸向前方，多数种类雌虫腹末有毛丛；幼虫体被长短不一的鲜艳簇毛，腹部第 6，7 节背面各具 1 翻缩腺	舞毒蛾 茶毛虫
透翅蛾科 Aegeriidae	体狭长，小至中型，外形似蜂，黑褐色，常有红或黄色斑纹；触角棒状，雄的有齿或栉状；翅狭长，大部分透明，仅在翅缘和翅脉上有鳞片；足细长，有距；腹部尾端常生毛束；幼虫钻蛀木本植物的茎、枝条	葡萄透翅蛾 苹果透翅蛾

9. **膜翅目**（Hvymenoptera）

通称蜂、蚁。体小型至大型。咀嚼式口器或嚼吸式口器；复眼发达；触角膝状、丝状或棒状等。前、后翅均为膜翅，用翅钩连接，脉纹奇特。雌虫产卵器发达，有的变成螯刺。全变态。幼虫多足型或无足型。离蛹，有的有茧。有植食性、捕食性和寄生性等各种昆虫，多数属天敌昆虫。依据成虫胸腹部连接处是否缢缩成腰状，并胸腹节明显与否，分为广腰与细腰两亚目。

膜翅目主要科的特征见表 1-6。

表 1-6 膜翅目昆虫主要科的特征

科	主要特征	常见种类
叶蜂科 Tenthredinidae	体粗壮，小至中型，胸腹广接；触角丝状或棒状；前胸背板深凹；前足胫节有 2 个端距	梨实蜂 小麦叶蜂
茎蜂科 Cephidae	体细长，小到中型，胸腹广接；触角线状；前胸背板后缘平直；前足胫节端部有 1 个距	梨茎蜂
姬蜂科 Ichneumonidae	体小到大型；触角丝状；前翅端部第二列有 1 个小翅室和第二回脉；并胸腹节常有雕刻纹；雌虫腹末纵裂从中伸出产卵器	黑尾姬蜂 袋蛾瘤姬蜂
茧蜂科 Braconidae	体小至中型；触角线状；前翅小室缺或不明显，无第二回脉；翅面上常有雾斑	螟蛉绒茧蜂 桃瘤蚜茧蜂
赤眼蜂科 Trichogrammatidae	体微小型，黑褐或黄色，腰不细；复眼红色，触角短膝状，翅脉极度退化；前翅宽，翅面有成行的微毛，后翅狭，呈刀状	稻螟赤眼蜂 松毛虫赤眼蜂
小蜂科 Chalcididae	体微小型，有黑、褐、黄、白红等颜色；头横阔，复眼大；触角膝状；前翅脉仅 1 条；后足腿节膨大	广大腿小蜂
蚁科 Formicidae	体小型，有黑色、褐色、黄或红色；触角膝状，柄节很长；腹部第 1～2 节呈结节状；雌雄生殖蚁有翅，工蚁与兵蚁无翅	褐蚁 黑蚁

(1) 广腰亚目 (Symphyta) 胸腹部连接处不缢缩。翅脉较多，后翅至少有 3 个基室，足的转节均为 2 节，产卵器锯状或管状，常不外露。全为植食性昆虫，如叶蜂科（见图 1-28)。

(2) 细腰亚目 (Apocrida) 胸、腹部连接处收缩成细腰状或延长为柄状，翅上脉纹较少，后翅最多只有 2 个基室，足的转节多为 1 节，产卵器外露于腹部末端。多数为寄生性昆虫。如姬蜂科、赤眼蜂科等（图 1-29)。

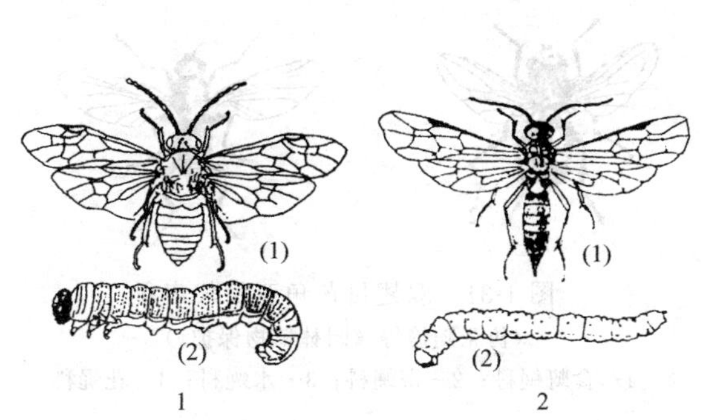

图 1-28 广腰亚目代表科
（仿张随榜等《园林植物保护》）
1—叶蜂科：(1) 成虫，(2) 幼虫；
2—茎蜂科：(1) 成虫，(2) 幼虫

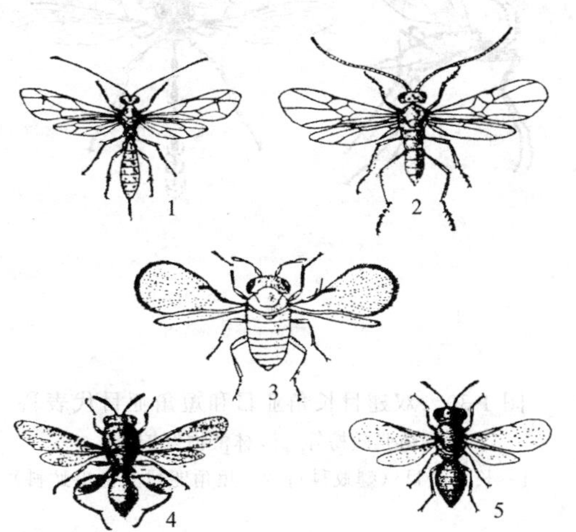

图 1-29 细腰亚目主要代表科
（仿张随榜等《园林植物保护》）
1—姬蜂科；2—茧蜂科；3—赤眼蜂科；
4—小蜂科；5—金蜂科

10. 双翅目 (Diptera)

通称蚊、蝇、虻。体小至中型。复眼发达。触角具芒状、念珠状、丝状、环毛状等。刺吸式口器或舐吸式口器。前翅 1 对，膜质，脉纹简单，后翅特化为平衡棒。幼虫蛆式，无足。多数围蛹，少数被蛹。完全变态。根据触角长短和构造，可分为长角亚目、短角亚目和芒角亚目

双翅目主要科的特征见表 1-7。

表 1-7 双翅目昆虫主要科的特征

科	主要特征	常见种类
瘿蚊科 Cecidomyiidae	体小似蚊；复眼发达，合眼式；触角念珠状，每节生有普通毛或环生放射状细毛。翅上脉纹很少，仅 3～5 条纵脉，基部仅有 1 个基室	稻瘿蚊 柑橘花蕾蛆
食蚜蝇科 Syrphidae	体小至中型，形似蜜蜂，体常有黄白相间的横斑；头大；前翅外缘有和边缘平行的伪脉。纵脉间有 1 条两端游离的伪脉	细腰食蚜蝇 黑带食蚜蝇
寄蝇科 Tachinidae	体粗多毛，小至中型，暗褐色或黑色，具褐色斑纹；中足基部后上方有一鬃毛列；腹末多刚毛	地老虎寄蝇 松毛虫寄蝇
潜蝇科 Agromyzidae	体小或微小型，淡黑或淡黄色；翅宽大，前缘近基部 1/3 有折断处	稻潜叶蝇 豌豆潜叶蝇
黄潜蝇科 Chloropidae	体小型，多绿色或黄色；触角芒生于背面基部；前翅前缘有一折断处	稻秆潜蝇 麦秆蝇
花蝇科 Anthomyiidae	体细长多毛，小至中型；复眼大；翅的后缘基部连接身体处有一片质地较厚的腋瓣；中胸背板有一横沟将其分割为前后两块	葱蝇 种蝇
实蝇科 Trypetidae	体小至中型，常有黄、棕、橙、黑等色；触角芒光滑无毛；翅宽大，常有暗色雾斑；第一条中脉向前弯曲	柑橘大实蝇 地中海实蝇

（1）长角亚目（Nematocera） 通称蚊类。成虫触角很长，6节以上，线状或念珠状，身体纤细脆弱。幼虫除瘿蚊外，都有明显骨化的头部。如瘿蚊科（图1-30）。

（2）短角亚目（Brachycera） 通称虻类。触角较短，通常3节，无触角芒。如食虫虻科（图1-30）。

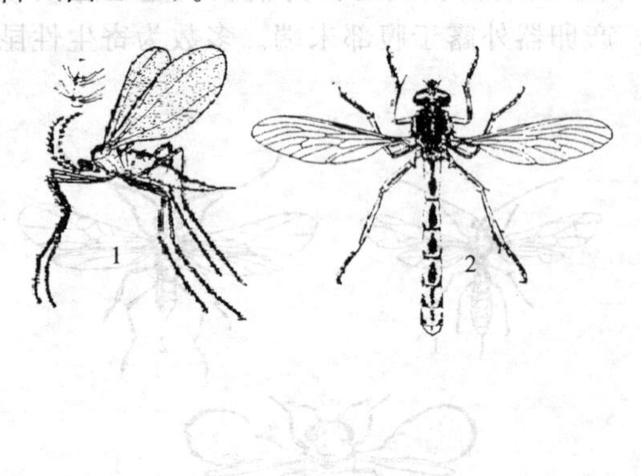

图1-30 双翅目长角亚目和短角亚目代表科
（仿张随榜等《园林植物保护》）
1—长角亚目（瘿蚊科）；2—短角亚目（食虫虻科）

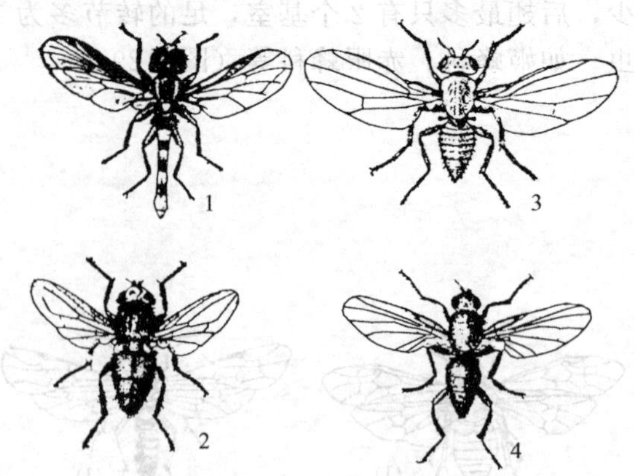

图1-31 双翅目芒角亚目代表科
（仿张随榜等《园林植物保护》）
1—食蚜蝇科；2—寄蝇科；3—水蝇科；4—花蝇科

（3）芒角亚目（Cyclorrhapha） 泛指蝇类与食蚜蝇类。触角短，3节，第3节背面具触角芒。如食蚜蝇科，寄蝇科等（图1-31）。

附：螨类

螨类属于蛛形纲，蜱螨目，在自然界分布广泛。螨类刺吸作物汁液，引起叶子变色、脱落；使柔嫩组织变形，形成虫瘿。螨类与昆虫的主要区别是：体分节不明显，无头部、胸部、腹部之分，无翅、无复眼、或只有1～2对单眼，有足4对（少数2对）。

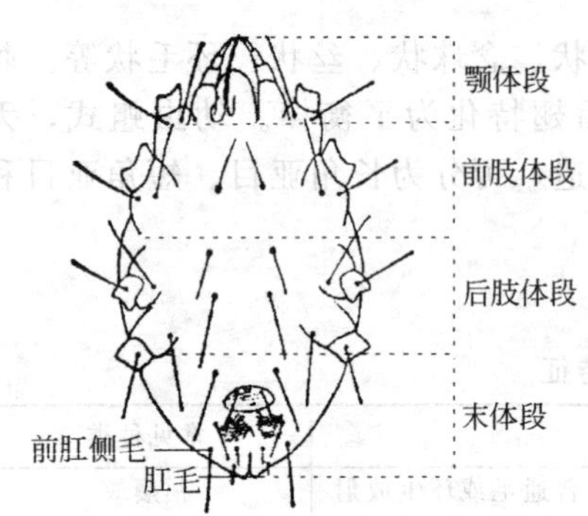

图1-32 螨类体躯分段
（仿黄少彬等《园林植物病虫害防治》）

螨类均为小型或微小型的种类，体呈圆形或卵圆形，有些种类则为蠕虫形。一般分为前体段和后体段。前体段又分颚体段和前肢体段，后体段分后肢体段和末体段（图1-32）。颚体段与前肢体段相连，着生有口器，口器由于食性不同分咀嚼式和刺吸式2类。肢体段一般着生4对足，着生前2对足的即为前肢体段，着生后2对足的即为后肢体段。末体段与后肢体段紧密联系，很少有明显的分界。肛门和生殖孔一般开口于该体段的腹面。螨类多为两性生殖，一般为卵生，亦有行孤雌生殖的。发育阶段雌雄有别：雌螨经过卵、幼螨、第1若螨、第2若螨及成螨；雄螨没有第2若螨。螨类繁殖很快，1年至少2～3代，多则20～30代，以卵或受精的雌螨在树皮缝隙或土壤等处越冬。

（1）叶螨科（Tetranychidae） 体微小型，圆形或长圆形。通常为红色、暗红色，故常称红蜘蛛。口器刺吸式。体被面拱起，背刚毛24或26根，成横排分布。植食性，吸汁液。如柑橘全爪螨等（图1-33）。

（2）瘿螨科（Eriophyidae） 体微小，蠕虫形。刺吸式口器。前半体背板呈盾形，后半体直形，分为很多环节。成螨、若螨仅有2对足。植食性。如柑橘锈螨等（图1-34）。

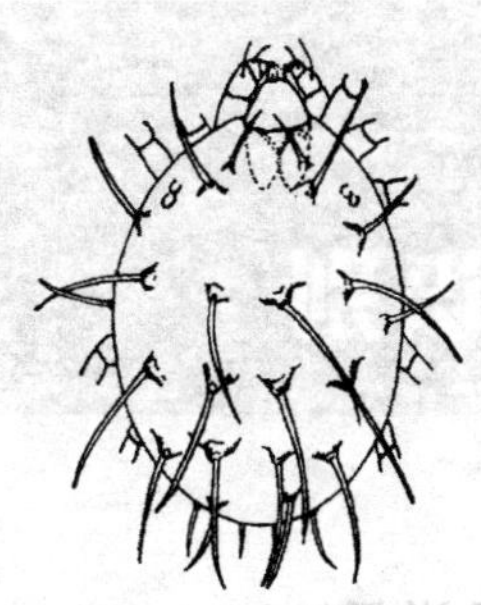

图 1-33　叶螨科

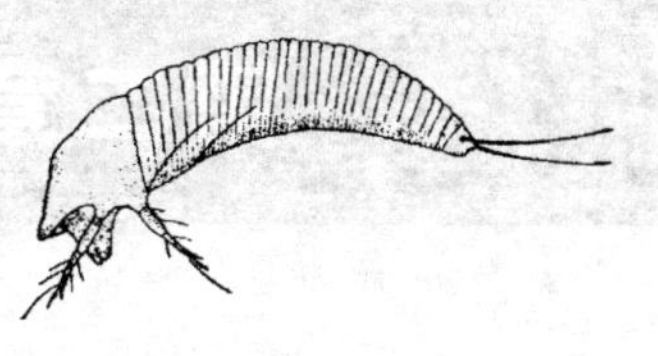

图 1-34 瘿螨科

（仿黄少彬等《园林植物病虫害防治》）

第二章 植物病害识别

第一节 植物病害的定义和类型

一、植物病害的定义

植物在生长发育和贮藏运输过程中，由于遭受病原生物的侵染或不利的非生物因素的影响，使其生长发育受到阻碍，导致产量降低、品质变劣、甚至死亡的现象，称为植物病害。植物发生病害后，在生理上、组织上、形态上发生不断变化而持续发展的过程称为病理程序，各种植物病害的发生都有一定的病理程序。风、雹、昆虫以及高等动物对植物造成的机械损伤，没有逐渐发生的病理程序，因此不属病害。菰草感染黑粉菌后幼茎形成肉质肥嫩的茭白、韭菜在弱光下栽培成为幼嫩的韭黄，是植物本身正常生理机制受到干扰而形成的异常后果，也属于植物病害。但从经济学观点考虑，其经济价值提高了，不认为是植物病害。

植物生病的原因称为病原。病原是病害发生过程中起直接作用的主导因素。能够引起植物病害的病原分为生物因素和非生物因素两大类。由生物因素导致的病害称为侵（传）染性病害，非生物因素导致的病害称为非侵（传）染性病害，又称生理病害。

生物性病原被称为病原生物或病原物。植物病原物大多具有寄生性，因此病原物也被称为寄生物，它们所依附的植物被称为寄主植物，简称寄主。

二、植物病害的类型

1. 按病原类别划分

植物病害可分为侵染性病害和非侵染性病害两大类。侵染性病害按病原物分为真菌病害、原核生物病害、病毒病害和线虫病害等。真菌病害又可细分为霜霉病、疫病、白粉病、炭疽病、锈病等。这种分类方法便于掌握同一类病害的症状特点、发病规律和防治方法。

2. 按寄主作物类别划分

植物病害可以分为农作物病害、果树病害、蔬菜病害、花卉病害以及林木病害等。农作物病害又分为水稻病害、小麦病害、玉米病害、棉花病害等。这种分类方法便于统筹制定某种植物多种病害的综合防治计划。

3. 按发病器官类别划分

植物病害可以划分为叶部病害、果实病害、根部病害等。

4. 按病害传播方式划分

植物病害可分为气流传播病害、土壤传播病害、水流传播病害、昆虫传播病害、种苗传播病害等。这种分类方法有利于依据传播方式考虑防治措施。

另外，还可以按照植物的生育期、病害的传播流行速度和病害的重要性等进行划分。如苗期病害、储藏期病害、流行性病害、主要病害、次要病害等。

第二节　植物病害的症状

症状是植物感病后表现出的异常状态。植物病害的症状包括病状和病征。植物感病后本身的不正常表现称为病状，病状的类型有变色、坏死、腐烂、萎蔫和畸形（表 2-1）。病原物在寄主植物发病部位表现的特征称为病征，病征的类型有霉状物、粉状物、粒状物和脓状物（表 2-2）。各种植物病害的症状都有一定的特征和稳定性，对于植物的常见病和多发病，可以依据症状进行识别。

表 2-1　植物病害的常见病状类型

<table>
<tr><th>病状类型</th><th colspan="2">表现形式</th><th>发生特点</th></tr>
<tr><td rowspan="5">变色</td><td rowspan="5">叶片等器官均匀变色</td><td>褪绿</td><td>叶片呈现均匀褪绿，变为浅绿色；叶脉褪绿后变为半透明状，形成明脉</td></tr>
<tr><td>褪色</td><td>植物器官失去原有色泽，呈现黄化、白化等</td></tr>
<tr><td>着色</td><td>植物器官增加了其它颜色，如红色或紫色等</td></tr>
<tr><td>花叶</td><td>叶片呈现深浅绿色不匀、浓淡镶嵌的现象。各种颜色轮廓清晰</td></tr>
<tr><td>斑驳</td><td>斑驳与花叶的不同是变色处的轮廓不清晰</td></tr>
<tr><td rowspan="7">坏死</td><td rowspan="7">植物组织受害后引起局部细胞和组织的死亡</td><td>斑点</td><td>根据斑点形状分为角斑、条斑、圆斑、轮斑等；根据斑点颜色分为褐斑、黑斑、紫斑等</td></tr>
<tr><td>穿孔</td><td>叶片病斑坏死组织后期脱落</td></tr>
<tr><td>疮痂</td><td>病斑表面粗糙，有时木栓化而稍有突起</td></tr>
<tr><td>叶枯</td><td>叶片上较大面积枯死，枯死的边缘轮廓不明显</td></tr>
<tr><td>叶烧</td><td>叶尖和叶缘枯死</td></tr>
<tr><td>立枯</td><td>幼苗近地面的茎组织坏死，死而不倒</td></tr>
<tr><td>猝倒</td><td>幼苗近地面的茎组织坏死，迅速倒伏</td></tr>
<tr><td rowspan="3">腐烂</td><td rowspan="3">植物组织较大面积的分解和破坏</td><td>干腐</td><td>组织腐烂时解体较慢，水分及时蒸发使病部表皮干缩</td></tr>
<tr><td>湿腐</td><td>组织腐烂时解体很快，不能及时失水</td></tr>
<tr><td>软腐</td><td>中胶层受到破坏，组织的细胞离析后再发生细胞的消解</td></tr>
<tr><td rowspan="2">萎蔫</td><td rowspan="2">维管束组织受到破坏而发生的凋萎</td><td>青枯</td><td>植物根茎维管束组织受毒害或破坏，植株迅速失水，死亡后叶片仍保持绿色</td></tr>
<tr><td>枯萎</td><td>植物根、茎维管束组织受毒害或破坏，引起叶片枯黄、萎凋</td></tr>
<tr><td rowspan="9">畸形</td><td rowspan="9">植株受病原物分泌激素物质或干扰寄主代谢的刺激而表现的异常生长</td><td>徒长</td><td>病组织的局部细胞体积增大，数量不增多</td></tr>
<tr><td>发根</td><td>不定根大量萌发使根系过度分枝而成丛生状</td></tr>
<tr><td>丛枝</td><td>植物主、侧枝顶芽被抑制，侧芽受刺激大量萌发形成成簇枝条</td></tr>
<tr><td>肿瘤</td><td>病组织的薄壁细胞分裂加快，数量迅速增多</td></tr>
<tr><td>矮缩</td><td>茎秆或叶柄的发育受阻，植株不成比例地变小，叶片卷缩</td></tr>
<tr><td>矮化</td><td>枝叶等器官的生长发育均受阻，生长成比例地受到抑制</td></tr>
<tr><td>卷叶</td><td>叶片卷曲</td></tr>
<tr><td>皱缩</td><td>叶面高低不平</td></tr>
<tr><td>蕨叶</td><td>叶细长，狭小，叶肉组织退化</td></tr>
</table>

表 2-2 植物病害的常见病征类型

病征类型	表现形式	特 点	代表病害
霉状物	霉层	病部产生各种颜色的绒毛状物，如赤霉、霜霉、青霉、黑霉、绵霉及灰霉	小麦赤霉病、大豆霜霉病、稻瘟病、玉米大斑病
粉状物	粉层	病部产生各种颜色的粉末状物。如白粉、黑粉、锈粉和白锈	小麦白粉病、小麦散黑穗病、大豆锈病、油菜白锈病
粒状物	小黑点或不规则形颗粒	一种为针尖大小的小黑点，是真菌的子囊壳、分生孢子器等；另一种是菜籽形或不规则形的菌核，多为褐色	油菜菌核病、柑橘炭疽病、水稻纹枯病
脓状物	溢脓	细菌性病害所具有的脓状黏液，干燥时形成菌胶粒	水稻白叶枯病、水稻细菌性条斑病、棉花细菌性角斑病、

第三节 植物病害的病原物

一、植物病原真菌

真菌是最重要的一类病原物。真菌是真核生物，有固定的细胞核；典型的营养体是菌丝体；营养方式为异养，没有叶绿素，需要从外界吸收营养物质；繁殖方式是产生各种类型孢子。几乎所有的高等植物都受到一种或几种真菌侵染。有一些农作物如棉花、马铃薯、水稻、小麦等受到几十种真菌的危害。因此，了解真菌的一般性状对于有效地防治植物真菌病害是必不可少的。

（一）植物病原真菌的一般性状

真菌生长和发育的一般过程，先是经过一定时期的营养生长阶段，然后产生孢子繁殖。营养生长阶段的结构称为营养体，是真菌生长和营养积累时期；当营养生长进行到一定时期时，真菌转入繁殖阶段形成繁殖体，是真菌产生各种类型孢子进行繁殖的时期。大多数真菌的营养体和繁殖体形态差别明显。

1. 真菌的营养体

真菌的营养体指营养生长阶段的结构，除极少数真菌营养体是单细胞外（如酵母菌），典型的真菌营养体都是呈纤细的管状体，称为菌丝，多根菌丝交织集合成团称为菌丝体。菌丝多数无色，有的呈粉、黄、绿、褐等颜色。高等真菌的菌丝有隔膜，称为有隔菌丝；低等真菌的菌丝一般无隔膜称为无隔菌丝（图 2-1）。菌丝一般由孢子萌发产生的芽管生长而成，以顶部生长并延伸。菌丝每一部分都潜存着生长的能力，每一断裂的小段菌丝在适宜的条件下均可继续生长。

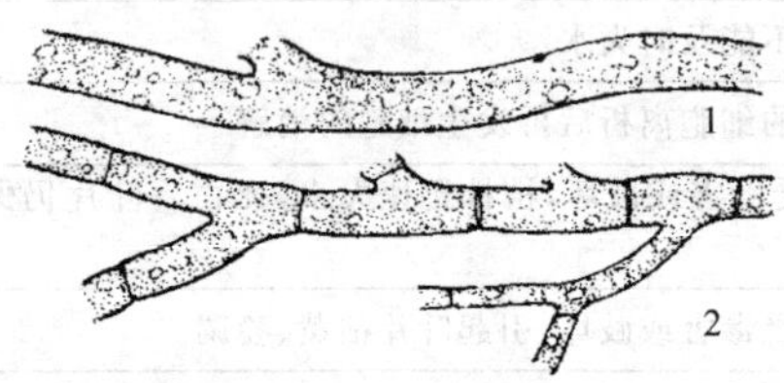

图 2-1 真菌菌丝体
（仿南京农学院《普通植物病理学》）
1—无隔菌丝；2—有隔菌丝

寄生真菌以菌丝侵入寄主的细胞间或细胞内吸收营养物质。当菌丝体与寄主细胞壁或原生质接触后，营养物质和水分进入菌丝体内。生长在细胞间的真菌，特别是专性寄生菌在菌丝体上形成吸器，伸入寄主细胞内吸收养分和水分。吸器的形状因真菌的种类不同而异，有掌状、分枝状、指状、球状等（图 2-2）。

真菌的菌丝体一般是分散的，但有时可以密集形成菌组织。真菌的菌组织还可以形成菌核、子座和菌索等变态类型。

菌核是由菌丝紧密交织而成的较坚硬的休眠体，菌核的形状和大小差异较大，通常似菜籽状、鼠粪或不规则状。菌核初期常为白色或浅色，成熟后为褐色或黑色，多较坚硬。菌核的功能主要是抵抗不良环境，当条件适宜时，菌核能萌发产生新的菌丝体或在上面形成产孢结构。子座垫状，其主要功能是形成产孢结构，也有度过不良环境的作用。菌索是由菌丝平行排列组成的绳索状物。在不良环境下呈休眠状，当环境条件适宜时顶部恢复生长，起蔓延和侵入的作用。

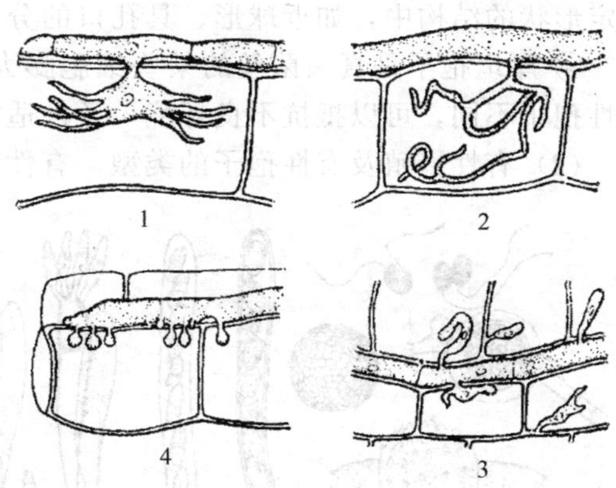

图 2-2　真菌吸器的类型
（仿湖南省长沙农校《植物病虫害防治学总论》）
1—白粉菌；2—霜霉菌；3—锈菌；4—白锈菌

2. 真菌的繁殖体

真菌经过营养生长阶段后，即进入繁殖阶段，形成各种繁殖体即子实体。大多数真菌只以一部分营养体分化为繁殖体，其余营养体仍然进行营养生长。真菌的繁殖方式分为无性和有性两种，无性繁殖产生无性孢子，有性繁殖产生有性孢子。孢子的功能相当于高等植物的种子。

(1) 无性繁殖及无性孢子的类型　无性繁殖是指真菌不经过性细胞或性器官的结合，直接从营养体上产生孢子的繁殖方式，所产生的孢子称为无性孢子（图 2-3）。无性孢子在一个生长季节中，环境适宜的条件下可以重复产生多次。是病害迅速蔓延扩散的重要孢子类型。但其抗逆性差，若环境不适宜则很快失去生活力。

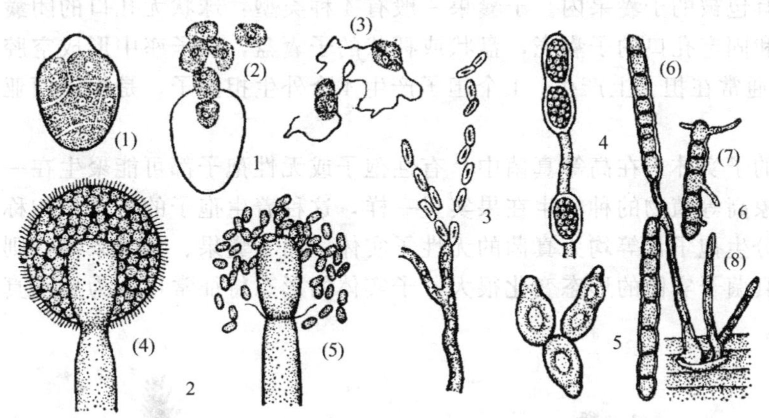

图 2-3　真菌的无性孢子类型
（仿广西壮族自治区农校《植物保护学总论》）
1—游动孢子：(1) 孢子囊，(2) 孢子囊萌发，(3) 游动孢子；2—孢囊孢子：(4) 孢子囊及孢囊梗，(5) 孢子囊破裂并释放出孢囊孢子；3—粉孢子；4—厚垣孢子；5—芽孢子；6—分生孢子：(6) 分生孢子，(7) 分生孢子梗，(8) 分生孢子萌发

① 游动孢子是在游动孢子囊中产生的内生孢子，是鞭毛菌的无性孢子。游动孢子囊由菌丝或孢囊梗顶端膨大而成，球形、卵形或不规则形。游动孢子肾形、梨形，无细胞壁，具 1～2 根鞭毛，可在水中游动。

② 孢囊孢子是在孢子囊中产生的内生孢子，是接合菌的无性孢子。孢子囊由孢囊梗的顶端膨大而成。孢囊孢子球形，有细胞壁，无鞭毛，释放后可随风飞散。

③ 分生孢子在由菌丝分化而形成的分生孢子梗上产生，成熟后分生孢子从孢子梗上脱落，是子囊菌、半知菌的无性孢子。分生孢子的种类很多，形状、大小、色泽、形成和着生的方式都有很大的差异。不同真菌的分生孢子梗散生或丛生，有些真菌的分生孢子梗着生在

特定形状的结构中，如近球形、具孔口的分生孢子器和杯状或盘状的分生孢子盘。

④ 厚垣孢子是真菌菌丝的某些细胞膨大变圆、原生质浓缩、细胞壁加厚而形成的，与无性孢子不同，可以抵抗不良环境，条件适宜时萌发形成菌丝。

(2) 有性繁殖及有性孢子的类型　有性繁殖指真菌通过性细胞或性器官的结合而产生孢子的繁殖方式。有性繁殖产生的孢子称为有性孢子（图 2-4）。真菌的性细胞，称为配子，性器官称为配子囊。真菌的有性孢子多数在一个生长季节产生一次，且多在寄主生长后期，它有较强的生活力和对不良环境的忍耐力，常是越冬的孢子类型和次年病害的初侵染来源。

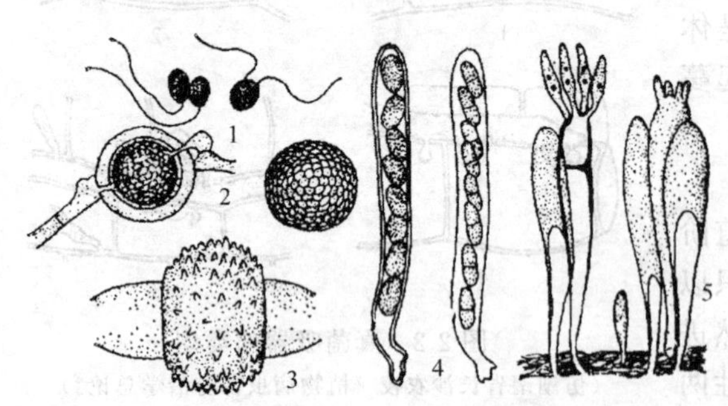

图 2-4　真菌的有性孢子类型

（仿湖南省长沙农校《植物病虫害防治学总论》）

1—结合子；2—卵孢子；3—接合孢子；4—子囊孢子；5—担孢子

① 卵孢子球形、厚壁，是鞭毛菌亚门卵菌的有性孢子。

② 接合菌亚门的有性孢子称为接合孢子。

③ 子囊孢子在子囊中产生，是子囊菌亚门的有性孢子。子囊是无色透明、棒状或卵圆形的囊状结构。每个子囊中一般形成 8 个子囊孢子，子囊孢子形态差异很大。子囊通常产生在有包被的子囊果内。子囊果一般有 4 种类型：球状无孔口的闭囊壳，瓶状或球状有真正壳壁和固定孔口的子囊壳，盘状或杯状的子囊盘，在子座中形成空腔的子囊腔。

④ 担孢子通常在担子上产生，1 个担子产生 4 个外生担孢子，是担子菌亚门真菌的有性孢子。

(3) 真菌的子实体　在高等真菌中，有性孢子或无性孢子都可能聚生在一种由菌丝构成的组织中，好象高等植物的种子生在果实里一样，这种着生孢子的特殊结构称为子实体。如分生孢子器、分生孢子盘等均为真菌的无性子实体，而子囊果、担子果等，则为真菌的有性子实体。各类真菌子实体的形态变化很大，子实体的形态特征常可作为鉴别真菌种类的主要依据（图 2-5）。

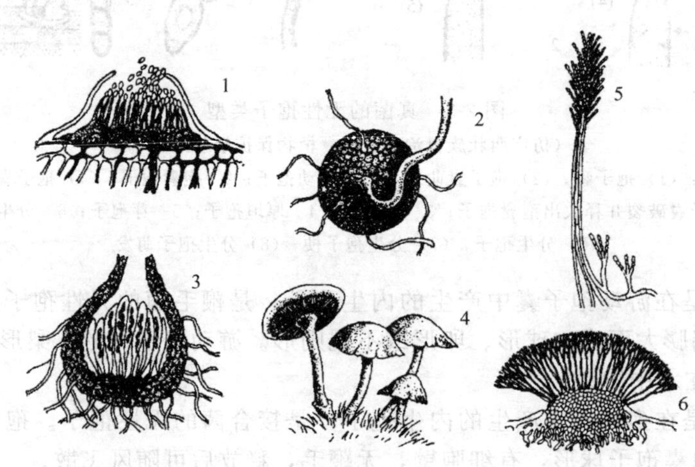

图 2-5　真菌的无性和有性子实体类型

（仿广西壮族自治区农校《植物保护学总论》）

1—分生孢子盘；2—分生孢子器；3—子囊果；4—担子果；5—分生孢梗束；6—分生孢子座

3. **真菌的生活史**

真菌从一种孢子萌发开始，经过一定的营养生长和繁殖阶段，最后又产生同一种孢子的过程，称为真菌生活史。真菌的典型生活史包括无性和有性两个阶段。真菌的菌丝体在适宜条件下生长一定时间后，进行无性繁殖产生无性孢子，无性孢子萌发形成新的菌丝体。菌丝体在植物生长后期或病菌侵染的后期进入有性阶段，产生有性孢子，有性孢子萌发产生芽管进而发育成为菌丝体，回到产生下一代无性孢子的无性阶段（图 2-6）。

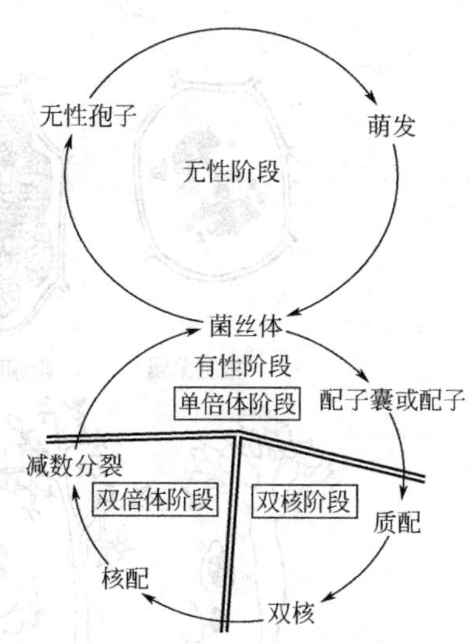

图 2-6　真菌典型生活史图解
（仿广西壮族自治区农校《植物保护学总论》）

真菌在无性阶段产生无性孢子的过程在一个生长季节可以连续循环多次，是病原真菌侵染寄主的主要阶段，对病害的传播和流行起着重要作用。而有性阶段一般只产生一次有性孢子，其作用除了繁衍后代外，主要是度过不良环境，成为翌年病害初侵染的来源。

在真菌生活史中，有的真菌不止产生一种类型的孢子，这种形成几种不同类型孢子的现象，称为真菌的多型性。典型的锈菌在其生活史中可以形成冬孢子、担孢子、性孢子、锈孢子和夏孢子 5 种不同类型的孢子，一般认为多型性是真菌对环境适应性的表现。也有些真菌根本不产生任何类型的孢子，如丝核菌的生活史中仅有菌丝体和菌核。有些真菌在一种寄主植物上就可完成生活史，称单主寄生，大多数真菌都是单主寄生；有的真菌需要在 2 种或 2 种以上不同的寄主植物上交替寄生才能完成其生活史，称为转主寄生，如锈菌。

有些真菌的有性阶段到目前还没有发现，其生活史仅指其无性阶段。了解真菌的生活史，可根据病害在一个生长季节的变化特点，有针对性地制定相应的防治措施。

（二）植物病原真菌的主要类群

真菌分布广泛，遍布地上地下和水中以及各种生物体的内外。真菌的种类繁多，在医药、农业、工业上也有各种真菌的应用。植物病原真菌主要归入五个亚门。

1. **鞭毛菌亚门**（Mastigomycotina）

鞭毛菌亚门真菌的营养体是单细胞或者是没有隔膜的菌丝体，无性繁殖产生游动孢子囊，游动孢子囊释放出游动孢子；有性繁殖形成卵孢子。大多数生于水中，少数具有两栖和陆生习性。有腐生的，也有寄生的（图 2-7、表 2-3）。

表 2-3　鞭毛菌亚门重要属及所致病害

重要属	主要特征	代表性病害
绵霉属 *Achlya*	菌丝粗壮，很少分枝，聚集在一起呈棉絮状。在菌丝顶端产生棍棒型游动孢子囊，多数腐生，少数弱寄生	稻苗绵腐病
腐霉属 *Pythium*	菌丝发达，无特殊分化的孢囊梗。在菌丝上顶生或间生球状、棒状或卵形的孢子囊，成熟时一般不脱落	瓜果腐烂病、多种植物猝倒病
疫霉属 *Phytophthora*	孢囊梗分枝在产生孢子囊处膨大，孢子囊球形、卵形或梨形，萌发时产生游动孢子或直接产生芽管。大多数是兼性寄生的	马铃薯晚疫病
霜霉属 *Peronospora*	孢囊梗主轴较明显，粗壮，顶部有 2～10 次对称的二叉状分支，分支的顶端尖锐。孢子囊近卵形，无乳突，成熟时易脱落，萌发时直接产生芽管，偶尔释放游动孢子。重要的高等植物专性寄生菌	十字花科植物霜霉病、大豆霜霉病
白锈属 *Albugo*	孢囊梗不分枝，短棍棒状，密集在寄主表皮下成栅栏状，孢囊梗顶端串生孢子囊。专性寄生菌	十字花科植物白锈病

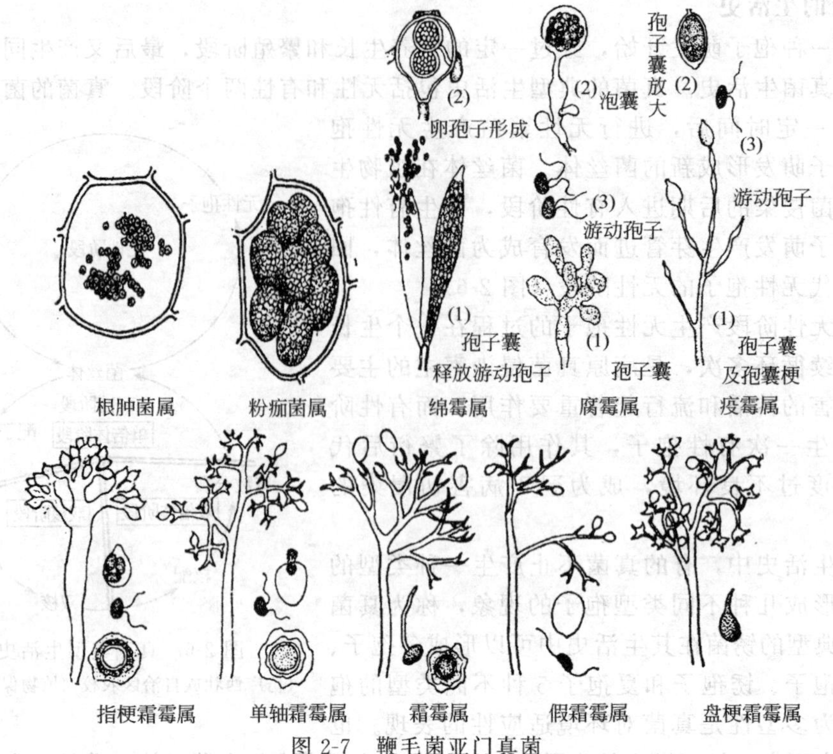

图 2-7　鞭毛菌亚门真菌

(仿广西壮族自治区农校《植物保护学总论》)

2. 接合菌亚门（Zygomycotina）

接合菌亚门真菌的营养体为无隔菌丝体；无性繁殖在孢子囊内产生孢囊孢子；有性繁殖产生接合孢子。绝大多数为腐生菌，少数为弱寄生菌。与作物病害有关的主要有根霉属（*Rhizopus*），无隔菌丝分化出假根和匍匐丝，在假根对应处向上长出孢囊梗（图 2-8）。孢囊梗单生或丛生，分支或不分支，顶端着生孢子囊。孢子囊球形，囊轴明显，成熟后囊壁消解或破裂，散出孢囊孢子。接合孢子表面有瘤状突起。引起薯类、水果和南瓜软腐病。

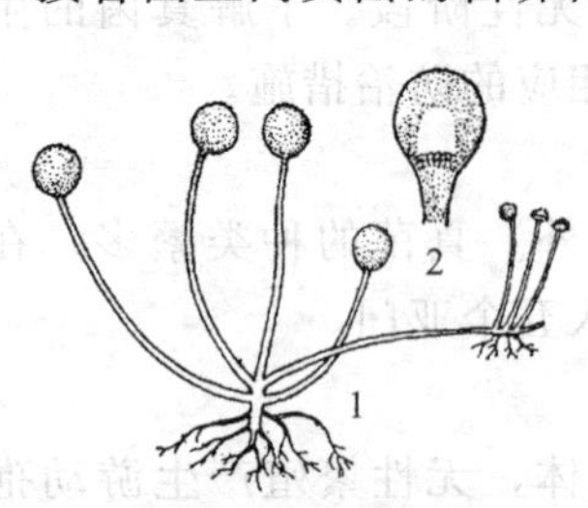

图 2-8　根霉属

(仿广西壮族自治区农校《植物保护学总论》)

1—具有假根和匍匐枝的丛生孢囊梗及孢子囊；2—放大的孢子囊

3. 子囊菌亚门（Ascomycotina）

子囊菌亚门真菌除酵母菌为单细胞外，其它子囊菌的营养体都是分枝繁茂的有隔菌丝体；无性繁殖在孢子梗上产生分生孢子，产生分生孢子的子实体有分生孢子器、分生孢子盘、分生孢子束等；有性繁

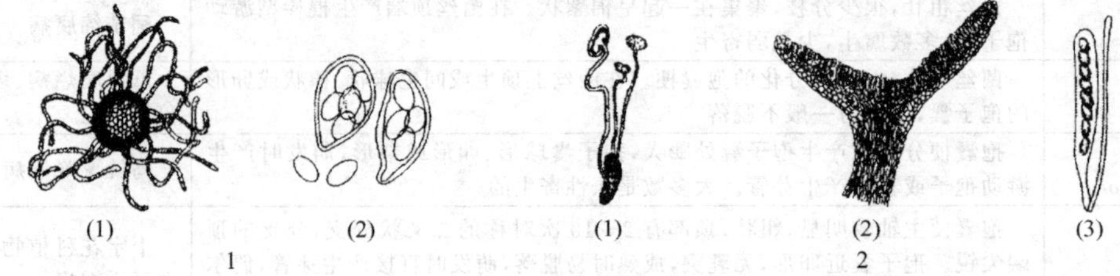

图 2-9　子囊菌亚门真菌

1—白粉菌属：(1)（仿江苏农学院《植物病害诊断》）闭囊壳和附属丝，(2) 子囊和子囊孢子；
2—核盘菌属：(1) 菌核萌发产生子囊盘，(2) 子囊盘，(3) 子囊、子囊孢子和侧丝殖产生子囊和子囊孢子，大多数子囊菌的子囊产生在子囊果内，少数是裸生的。常见的子囊果有子囊壳、闭囊壳、子囊腔和子囊盘（图 2-9、表 2-4）。

表 2-4　子囊菌亚门重要属及所致病害

重要属	主要特征	代表性病害
白粉菌属 *Erysiphe*	菌丝体大多在寄主表面，以吸器伸入表皮细胞吸收营养。分生孢子单胞，椭圆形，串生或单生，着生在分生孢子梗顶端。闭囊壳附属丝菌丝状，内含数个子囊，椭圆形或洋梨形，有柄。子囊内含 2～8 个子囊孢子，子囊孢子单细胞，无色。病部表面通常有一层白色粉状物。后期可出现许多黑色小粒点，即闭囊壳	豆类、烟草、油菜白粉病
布氏白粉菌属 *Blumiria*	分生孢子梗基部膨大呈近球形，闭囊壳附属丝不发达，呈短菌丝状。闭囊壳内含多个子囊	麦类白粉病
赤霉属 *Gibberalla*	子囊壳球形至圆锥形。子囊棍棒形，有柄。子囊孢子纺锤形，有 2～3 个分隔，无色。寄生，主要为害植物的茎、穗，引起腐烂。无性阶段为镰孢菌	小麦、玉米赤霉病，水稻恶苗病
长喙壳属 *Ceratocystis*	子囊壳有一个球形的基部和细长的颈，颈的长度可达子囊壳直径的 3 倍以上，颈的端部常裂成须状，壳壁暗色。子囊近球形，不规则地散生在子囊壳内。子囊孢子单细胞、无色、椭圆形，成熟后从长颈的孔口挤出，并在孔口聚集成团。寄生或腐生。引起组织腐烂	甘薯黑斑病
核盘菌属 *Sclerotinia*	产生在寄主表面的菌核多为黑色圆形。子囊盘由菌核产生，漏斗状或盘状，褐色。子囊圆柱形。子囊孢子单胞、无色、椭圆形。多数是腐生菌，主要引起植物茎基部、果实及贮藏器官的腐烂	油菜菌核病

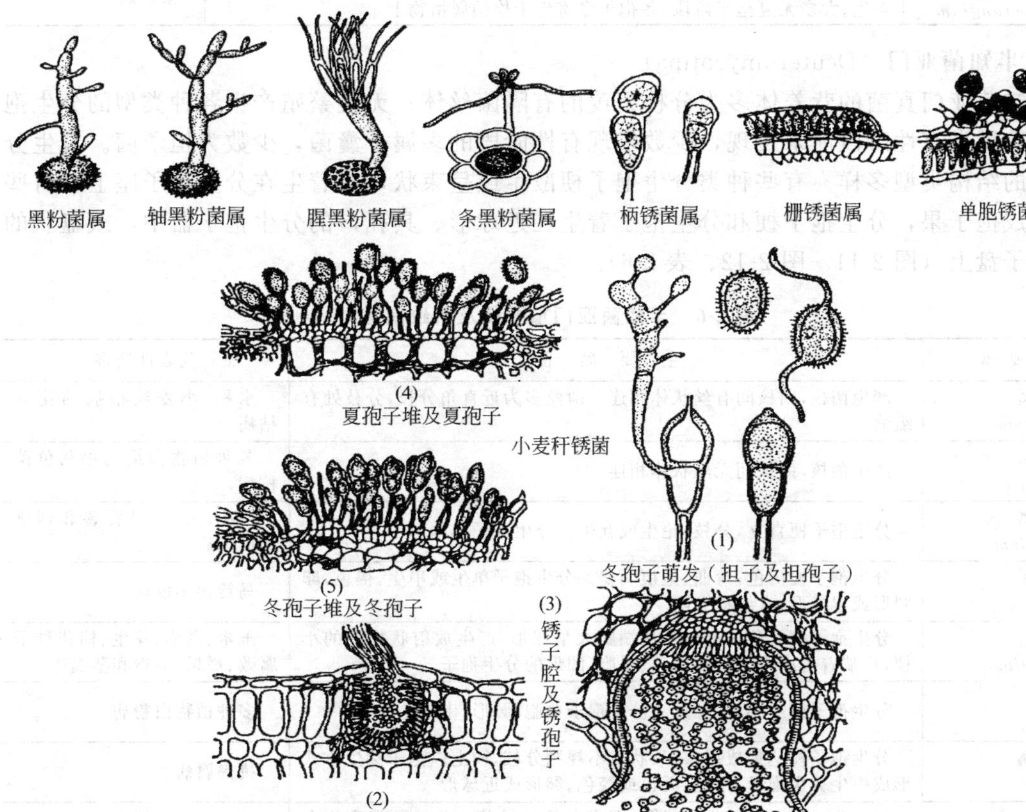

图 2-10　担子菌亚门真菌

（仿广西壮族自治区农校《植物保护学总论》）

4. 担子菌亚门（Basidiomycotina）

担子菌亚门真菌的营养体为发达的有隔菌丝体。菌丝体发育有两个阶段，由担孢子萌发产生的单核菌丝，称为初生菌丝。性别不同的初生菌丝结合形成双核的次生菌丝。双核菌丝体可以形成菌核、菌索和担子果等结构。无性繁殖一般不发达，有性繁殖除锈菌外，产生担子和担孢子。高等担子菌产生担子果，担子散生或聚生在担子果上，如蘑菇、木耳等。担子上着生4个担孢子。低等的担子菌不产生担子果，如锈菌和黑粉菌，担子从冬孢子萌发产生，不形成子实层，冬孢子散生或成堆着生在寄主组织内（图2-10、表2-5）。

表2-5 担子菌亚门重要属及所致病害

重要属	主要特征	代表性病害
黑粉菌属 *Ustilago*	在寄主的各个部位产生冬孢子堆，黑褐色，成熟时呈粉末状。冬孢子散生，单胞。球形或近球形，表面光滑或有饰纹。冬孢子萌发产生有隔担子，担孢子顶生或侧生。有些种的冬孢子直接产生芽管侵入，不产生担孢子	小麦散黑穗病、玉米瘤黑粉病
轴黑粉菌属 *Sphacelotheca*	与黑粉菌属相似。由菌丝体组成的膜包被在粉状或粒状孢子堆外面，孢子堆中间有由寄主维管束残余组织形成的中轴	玉米丝黑穗病、
腥黑粉菌属 *Tilletia*	冬孢子堆通常在寄主子房内产生，少数产生在寄主的营养器官上。谷粒成熟后破裂，散发出黑色粉末状的冬孢子堆，有腥臭味。冬孢子萌发产生无隔担子，其顶端集生多个担孢子	小麦腥黑穗病、小麦矮腥黑穗病
柄锈菌属 *Puccinia*	冬孢子堆产生在表皮下，大多突破表皮。单主或转主寄生。冬孢子双胞有柄，深褐色，椭圆，棒状；性孢子器球形；锈孢子器杯状或筒状，锈孢子单胞、球形；夏孢子黄褐色，单胞，有柄，有刺	麦类秆锈病、小麦条锈病、小麦叶锈病、玉米锈病、花生锈病
胶锈菌属 *Gymnosporangium*	冬孢子椭圆形，双胞，淡黄色或暗褐色，柄长无色，遇水膨大成胶状。转主寄生，大多无夏孢子阶段，冬孢子多寄生于桧柏属植物上	梨锈病

5. 半知菌亚门（Deuteromycotina）

半知菌亚门真菌的营养体多为分枝繁茂的有隔菌丝体；无性繁殖产生各种类型的分生孢子；多数种类有性阶段尚未发现，少数发现有性阶段的多属子囊菌，少数为担子菌。着生分生孢子的结构类型多样。有些种类分生孢子梗散生或呈束状，或着生在分生孢子座上；有些种类形成孢子果，分生孢子梗和分生孢子着生在近球形、具孔口的分生孢子器中，或盘状的分生孢子盘上（图2-11～图2-12、表2-6）。

表2-6 半知菌亚门重要属及所致病害

重要属	主要特征	代表性病害
丝核菌属 *Rhizoctonia*	产生菌核，菌核间有丝状体相连。菌丝多为近直角分枝，分枝处有缢缩	水稻、小麦纹枯病棉花立枯病
小菌核属 *Sclerotium*	产生菌核，菌核间无丝状体相连	各种植物白绢病稻灰色菌核病
轮枝孢属 *Verticillium*	分生孢子梗直立，分枝，轮生或互生。分生孢子单胞	棉花、大豆、马铃薯和烟草的黄萎病
链格孢属 *Alternaria*	分生孢子梗褐色，弯曲，孢痕明显。分生孢子单生或串生，褐色，卵圆形或棍棒形，有纵横分隔	马铃薯早疫病
曲霉属 *Aspergillus*	分生孢子梗无色，不分枝，顶端膨大呈球形，产生放射状排列的小梗，顶端着生成串无色或淡色、单胞、圆形的分生孢子	玉米、高粱、花生、棉花种子腐败、烂果、烂铃和茎腐等
粉孢属 *Oidium*	分生孢子梗短小，不分枝。分生孢子单胞，圆形，串生	多种植物白粉病
丛梗孢属 *Monilia*	分生孢子梗丛集成层，二叉状或不规则分枝，梗上以孢子芽生方式形成串生分生孢子，单胞，无色或淡色，卵形或近球形	桃褐腐病
青霉属 *Penicillium*	分生孢子梗无色单生，顶端一至多分枝呈帚状。分枝顶端产生多数瓶形小梗，其上串生单胞无色球形的分生孢子	柑橘青霉病、甘薯青霉病
梨孢属 *Pyricularia*	分生孢子梗无色或淡褐色，细长，很少分枝，单生或丛生。分生孢子无色或橄榄色，单生，梨形或倒棍棒形，大多两个隔膜	水稻稻瘟病

续表

重要属	主要特征	代表性病害
镰刀菌属 *Fusarium*	分生孢子梗短粗多分枝，上生瓶形小梗呈轮状分枝。分生孢子：大孢子小舟形或镰刀形，多胞无色，聚集时呈粉色、紫色、黄色等霉层，小孢子多单胞无色椭圆形	棉花枯萎病 稻恶苗病
尾孢属 *Cercospora*	分生孢子梗黑褐色，丛生，不分枝，有时呈屈膝状。分生孢子线形、鞭形或蠕虫形，多胞	甜菜褐斑病
平脐蠕孢属 *Bipolaris*	分生孢子梭形，直或弯曲，脐点稍突出，平截状	水稻胡麻斑病、玉米小斑病
突脐蠕孢属 *Exserohilum*	分生孢子梭形、圆筒形或倒棍棒形，直或弯曲，脐点明显突出	玉米大斑病
茎点霉属 *Phoma*	分生孢子器球形，埋生或半埋生，分生孢子梗短。分生孢子小，卵形，无色，单胞	甜菜蛇眼病、块根腐烂病
叶点霉属 *Phyllosticta*	分生孢子器埋生，以短喙穿出表皮，有孔口。分生孢子梗短。分生孢子小，单胞，无色，近卵圆形	大豆灰星病、棉花斑点病
壳针孢属 *Septoria*	分生孢子器半埋生，无分生孢子梗。分生孢子无色，线形，多隔膜	小麦颖枯病

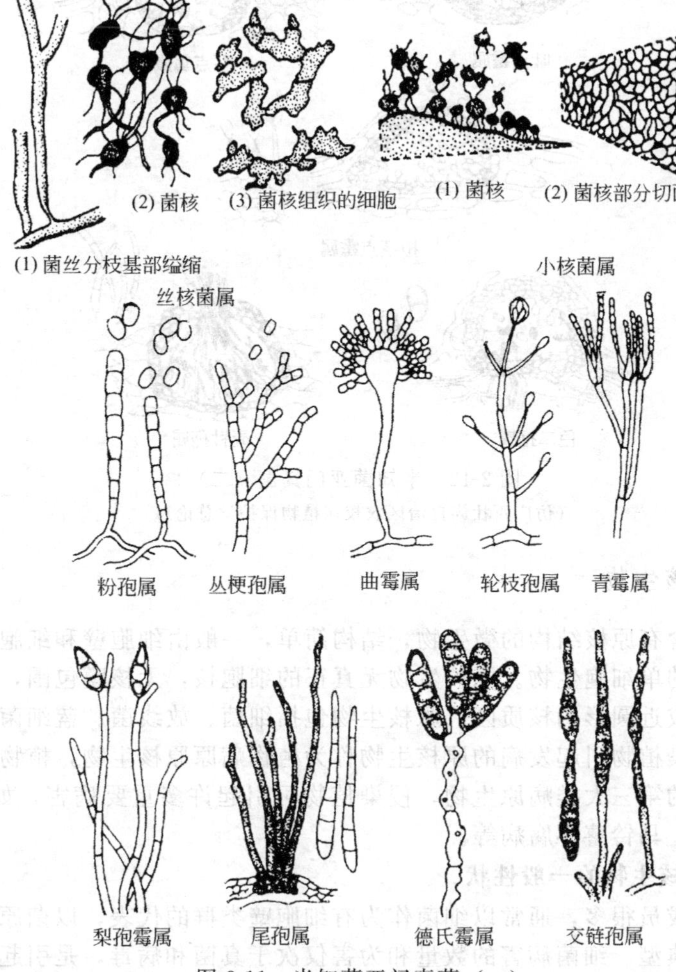

图 2-11 半知菌亚门真菌（一）
（仿广西壮族自治区农校《植物保护学总论》）

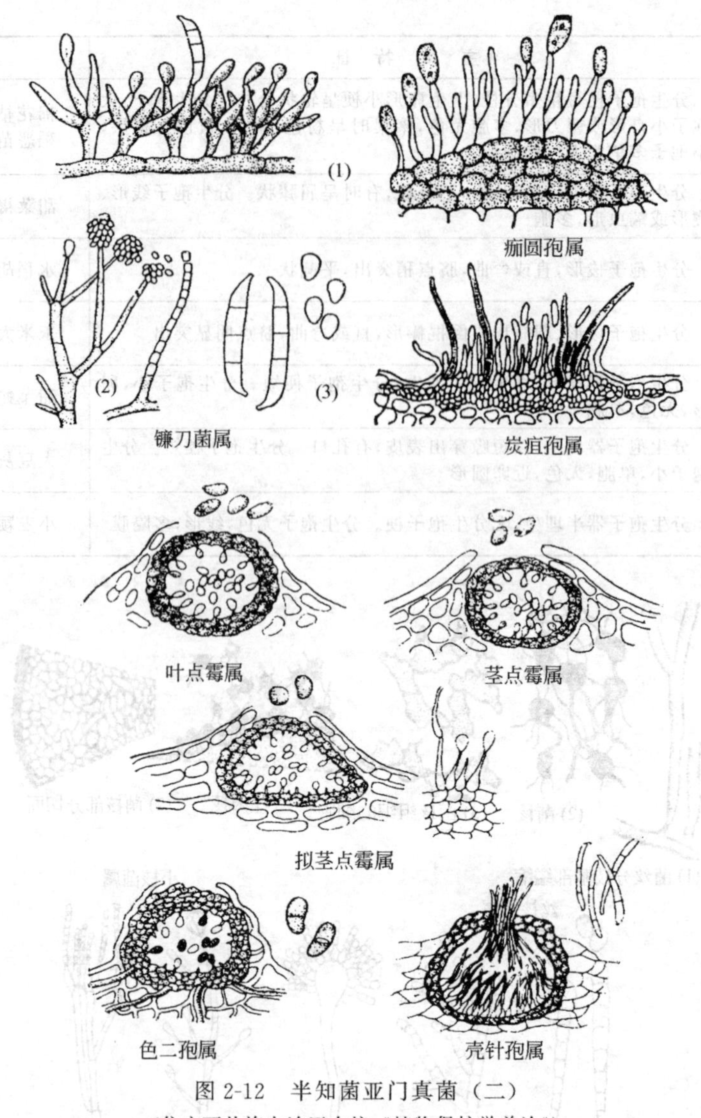

图 2-12　半知菌亚门真菌（二）
（仿广西壮族自治区农校《植物保护学总论》）

二、植物病原原核生物

原核生物是指含有原核结构的微生物，结构简单，一般由细胞壁和细胞膜或只有细胞膜包围细胞质所组成的单细胞生物。原核生物无真正的细胞核，无核膜包围，核质分散在细胞质中，形成椭圆形或近圆形的核质区。原核生物包括细菌、放线菌、蓝细菌以及无细胞壁的菌原体等。能够侵染植物引起发病的原核生物称为植物病原原核生物，植物病原原核生物是仅次于真菌和病毒的第三大类病原生物，侵染植物可引起许多重要病害，如水稻白叶枯病、水稻细菌性条斑病、马铃薯环腐病等。

1. 植物病原原核生物的一般性状

原核生物界的成员很多，通常以细菌作为有细胞壁类群的代表，以菌原体作为无细胞壁但有细胞膜类型的典型。细菌病害的数量和为害仅次于真菌和病毒，是引起植物病害最多的一类植物病原原核生物。一般细菌的形态为球状、杆状和螺旋状。植物病原细菌大多是杆状菌，大小为（0.5～0.8）μm×（1～3）μm，有鞭毛，着生在菌体一端或两端的称为极鞭，着生在菌体四周的称为周鞭（图 2-13）。细菌鞭毛的有无、着生位置和数目是细菌分类的重要依据。革兰染色反应是细菌分类的一个重要性状。植物病原细菌革兰染色反多为阴性，少数为阳性。细菌依靠细胞膜的渗透作用直接吸收寄主体内的营养。细菌以裂殖方式进行繁殖，其突出的特点是繁殖速度极快，在适宜的环境条件下，每 20～30min 可以裂殖一次。植物病原细菌可以在普通培养基上培养，生长的最适温度为 26～30℃，能耐低温，对高温较敏感，通常 48～53℃处理 10min，多数细菌即死亡。植物病原细菌绝大多数为好气性，少数为兼性厌气性。一般在中性偏碱的环境中生长良好。菌原体的形态、大小变化很大，表现为多型性。有圆形、椭圆形、哑铃形、梨形和线条形。还有些特殊的形态，如分枝形、螺旋形等。菌原体的大小一般为 80～800nm。

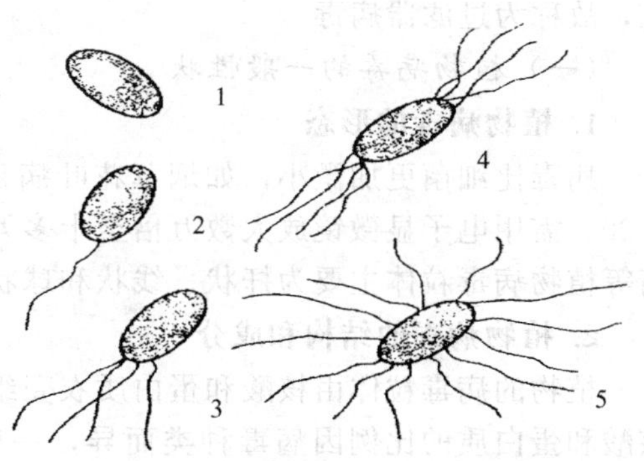

图 2-13 植物病原细菌形态及鞭毛
（仿华南农学院《植物病理学》）
1—无鞭毛；2—单极鞭毛；3—单极多鞭毛；4—双极多鞭毛；5—周生鞭毛

2. 植物病原原核生物的主要类群

植物病原原核生物分属于薄壁菌门、厚壁菌门和软壁菌门（表 2-7）。原核生物形态简单、差异较小，侵染植物并引起严重病害的原核生物很多。

表 2-7 植物病原原核生物重要属及所致病害

门		重要属	主要特征		代表病害
名称	特征	名称	鞭毛	菌落	
薄壁菌门 Gracilicutes	有细胞壁，较薄，革兰染色反应阴性	黄单胞菌属 *Xanthomonas*	极生，单鞭毛	隆起，黏稠，蜜黄色，产生非水溶性色素	水稻白叶枯病、桃细菌性穿孔病、棉角斑病、姜腐烂病、柑橘溃疡病
		欧文菌属 *Erwina*	周生，多根鞭毛	圆形、隆起、灰白色	马铃薯黑茎病、白菜软腐病
		假单胞菌属 *Pseudomonas*	极生，1～4 根或多根	圆形、隆起、灰白色，多数有荧光反应	甘薯细菌性萎蔫病、大豆细菌性疫病
		野杆菌属 *Agrobacterium*	1～4 根周生，1 根多为侧生	不产生色素，其体内也不含色素，严格好气性	果树根癌病
		布克菌属 *Burkholderia*	极生，2～4 根	一类光滑、湿润、隆起，另一类粗糙、干燥而低平	茄科植物青枯病
厚壁菌门 Fimicutes	有细胞壁，较厚，革兰染色反应阳性	棒形杆菌属 *Clavibacter*	无鞭毛	圆形、光滑、凸起、多为灰白色	马铃薯环腐病

三、植物病毒

植物病毒是仅次于真菌的重要病原物。目前已命名的植物病毒达 1000 多种，其中许多为重要的农作物病原。病毒是一类结构简单，非细胞结构的专性寄生物。病毒粒体很小，主要由核酸和蛋白质组成，也称为分子寄生物。寄生植物的病毒称为植物病毒，寄生动物的病毒称为动物病毒，寄生细菌的病毒称为噬菌体。植物病毒能通过细菌不能通过的过滤器微孔，故称为过滤器病毒。

（一）植物病毒的一般性状

1. 植物病毒的形态

病毒比细菌更加微小，如烟草花叶病毒大小为15nm×280nm，是最小杆状细菌宽度的1/20。需用电子显微镜放大数万倍至十多万倍才能观察到。形态完整的病毒称作病毒粒体。高等植物病毒粒体主要为杆状、线状和球状三种类型。

2. 植物病毒的结构和成分

植物的病毒粒体由核酸和蛋白质衣壳组成。植物病毒粒体的主要成分是核酸和蛋白质，核酸和蛋白质的比例因病毒种类而异，一般核酸占5%～10%，蛋白质占60%～95%。此外，还含有水分、矿物质元素等；一种病毒粒体内只含有一种核酸（RNA或DNA）。高等植物病毒的核酸大多数是单链RNA，极少数是双链的。植物病毒外部的蛋白质衣壳具有保护核酸免受核酸酶或紫外线破坏的作用。同种病毒的不同株系，蛋白质的结构有一定的差异。

3. 植物病毒的理化特性

病毒作为活体寄生物，在其离开寄主细胞后，会逐渐丧失侵染力，不同种类的病毒对各种物理化学因素的反应有差异。

（1）稀释限点（稀释终点） 把含有病毒的植物汁液加水稀释，使病毒保持侵染力的最大稀释限度。各种病毒的稀释限点差别很大，如菜豆普通花叶病毒的稀释限点为10^{-3}，烟草花叶病毒的稀释限点为10^{-6}。

（2）钝化温度（失毒温度） 指含有病毒的植物汁液在不同温度下处理10min后，使病毒失去侵染力的最低温度。病毒对温度的抵抗力相当稳定。大多数植物病毒钝化温度在55～70℃之间，烟草花叶病毒的钝化温度最高，为90～93℃。

（3）体外存活期（体外保毒期） 在室温（20～22℃）条件下，含有病毒的植物汁液保持侵染力的最长时间。大多数病毒的体外存活期为数天至数月。

（4）对化学因素的反应 病毒对一般杀菌剂如硫酸铜、甲醛的抵抗力都很强，但肥皂等除垢剂可以使病毒的核酸和蛋白质分离而钝化，因此常把除垢剂作为病毒的消毒剂。

4. 植物病毒的增殖

植物病毒是一种非细胞状态的分子寄生物，核酸和蛋白质的合成和复制通常在寄主的细胞质或细胞核内进行，以自身为模板，需寄主提供复制所需的原材料和能量，并利用寄主的部分酶和膜系统。

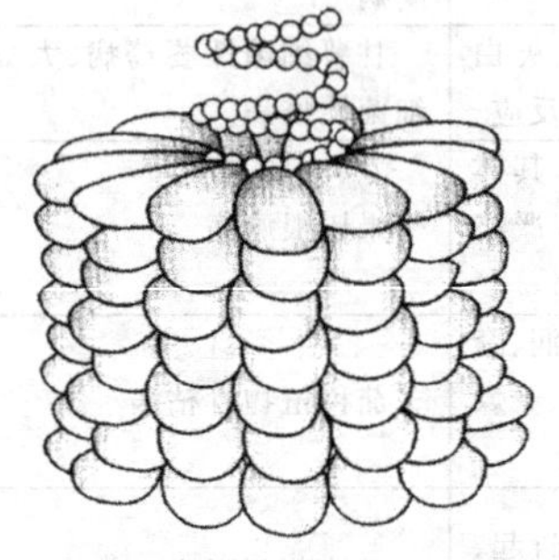

图2-14 烟草花叶病毒结构示意图
（仿张学哲等《作物病虫害防治》）

（二）重要的植物病毒及所致病害

1烟草花叶病毒属（*Tobamovirus*）

烟草花叶病毒（TMV），病毒形态为直杆状，直径18nm，长300nm，病毒基因组核酸为一条正单链RNA。寄主范围广，属于世界性分布；依靠植株间的接触、花粉或种苗传播，对外界环境的抵抗力强。引起番茄、马铃薯、辣椒等茄科植物的花叶病（图2-14）。

2. 马铃薯Y病毒属（*Potyvirus*）

马铃薯Y病毒属为线状病毒，直径11～15nm，长750nm，具有一条正单链RNA。主要以蚜虫进行非持久性传播，绝大多数可以通过接触传染，个别可以种传。所有病毒均可在寄主细胞内产生典型的风轮状内含体或核内含体和不定形内含体。大部分病毒有寄主专化性，如马铃薯Y病毒（PVY）主要侵染马铃薯、番茄等茄科植物。

3. 黄瓜花叶病毒属（*Cucumovirus*）

典型种为黄瓜花叶病毒（CMV），粒体球状，直径29nm，有大小不同的3种病毒粒体。CMV在自然界依赖蚜虫传播，也可由汁液接触传播。黄瓜花叶病毒寄主包括十余科的百种双子叶和单子叶植物，常与其它病毒复合侵染，病害症状复杂多样。

四、植物病原线虫

线虫是一类低等动物，种类多，分布广。一部分可寄生在植物上引起植物线虫病害。如花生等植物的根结线虫病，使寄主生长衰弱、根部畸形；同时，线虫还能传播其它病原物，如真菌、病毒、细菌等，加剧病害的严重程度。

1. 植物病原线虫的一般性状

大多数植物病原线虫体形细长，两端稍尖，形如线状，多为乳白色或无色透明。植物寄主性线虫大多虫体细小，需要用显微镜观察。线虫体长约0.3～1mm，个别种类可达4mm，宽约30～50μm。雌雄同型线虫的雌成虫和雄成虫都是线形的，雌雄异型线虫的雌成虫为柠檬形或梨形，但它们在幼虫阶段都是线状的。

线虫虫体分唇区、胴部和尾部。虫体最前端为唇区。胴部是从吻针基部到肛门的一段体躯。线虫的消化、神经、生殖、排泄系统都在这个体段。尾部是从肛门以下到尾尖的部分。植物寄生线虫外层为体壁，角质、有弹性，不透水，有保持体形和防御外来毒物渗透的作用，体壁下为体腔，其内充满体腔液，有消化、生殖、神经、排泄等系统，无循环和呼吸系统。植物线虫有卵、幼虫和成虫3个虫态。卵通常为椭圆形，半透明，产在植物体内、土壤中或留在卵囊内；幼虫有4个龄期，1龄幼虫在卵内发育并完成第一次脱皮，2龄幼虫从卵内孵出，再经过3次脱皮发育为成虫。植物线虫一般为两性生殖，也有孤雌生殖。多数线虫完成1代只要3～4周的时间，在一个生长季节可完成若干代。

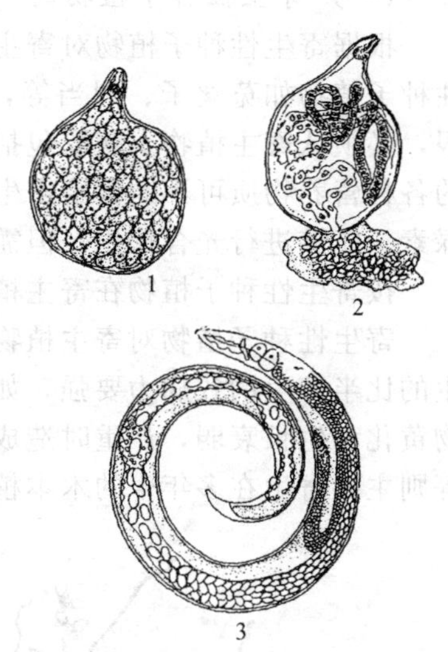

图2-15　植物病原线虫主要类群（仿广西壮族自治区农校《植物保护学总论》）1—胞囊线虫属；2—根结线虫属；3—粒线虫属

线虫在田间的分布一般是不均匀的，水平分布呈块状或中心分布；垂直分布与植物根系有关，多在15cm以内的耕作层内，特别是根围。线虫在土壤中的活动性不强，在土壤中每年迁移的距离不超过1～2m；被动传播是线虫的主要传播方式，包括水、昆虫和人为传播。在田间主要以灌溉水的形式传播；人为传播方式有耕作机具携带病土、种苗调运、污染线虫的农产品及其包装物的贸易流通等。通常人为传播都是远距离的。植物病原线虫多以幼虫或卵在土壤、田间病株、带病种子（虫瘿）和无性繁殖材料、病残体等场所越冬，在寒冷和干燥条件下还可以休眠或滞育的方式长期存活。低温干燥条件下，多数线虫的存活期可达一年以上，而卵囊或胞囊内未孵化的卵存活期更长。

2. 植物病原线虫的主要类群

植物病原线虫属动物界、线形动物门、线虫纲。为害农作物的主要属见图2-15及表2-8。

表 2-8 植物病原线虫的主要类群及所致病害

重要属	主要特征	代表病害
粒线虫属 *Anguina*	雌虫和雄虫均为蠕虫形，虫体肥大，较长。多数种类寄生在禾本科植物的地上部，在茎、叶上形成虫瘿，或者破坏子房形成虫瘿	小麦粒线虫病
茎线虫属 *Ditylenchus*	雌虫和雄虫均为蠕虫形，虫体纤细。可以为害地上部的茎、叶和地下的根、鳞茎和块根等，有的还可以寄生于昆虫和蘑菇等。该类线虫的为害症状是组织坏死，有的可在根上形成肿瘤	水稻茎线虫病、甘薯茎线虫病
异皮线虫属（胞囊线虫属） *Heterodera*	雌雄异型。成熟雌虫膨大呈柠檬状、梨形，雄虫为蠕虫形。为害植物根部的一类重要线虫	大豆根线虫病、瓜类根线虫病
根结线虫属 *Meloidogyne*	雌雄异型，成熟雌虫膨大呈梨形，表皮柔软透明，雄虫为蠕虫形。根结线虫属为害植物后，受害的根部肿大，形成瘤状根结	花生根结线虫病、柑橘根结线虫病
滑刃线虫属 *Aphelenchoides*	雌虫和雄虫均为蠕虫型。细长。主要为害寄生植物的叶片和茎	水稻干尖线虫病

五、寄生性种子植物

一些由于缺乏叶绿素或根系、叶片退化，必须寄生在其它植物上以获取营养物质的植物，称为寄生性植物。大多数寄生性植物可以开花结籽，又称为寄生性种子植物。

（一）寄生性种子植物的一般性状

根据寄生性种子植物对寄主植物的依赖程度，可将其分为全寄生和半寄生两类。全寄生性种子植物如菟丝子、列当等，无叶片或叶片已经退化，无足够的叶绿素，根系蜕变为吸根，必须从寄主植物上获取包括水分、无机盐和有机物在内的所有营养物质，寄主植物体内的各种营养物质可不断供给寄生性植物；半寄生性种子植物如槲寄生、桑寄生等本身具有叶绿素。能够进行光合作用，但需要从寄主植物中吸取水分和无机盐。

按寄生性种子植物在寄主植物上的寄生部位分为根寄生（列当）和茎寄生（菟丝子）。

寄生性种子植物对寄主植物的致病作用主要表现为对营养物质的争夺。一般来说，全寄生的比半寄生的致病力要强，如菟丝子和列当主要寄生在一年生草本植物上，可引起寄主植物黄化和生长衰弱，严重时造成大片死亡，对产量影响很大；而半寄生的如槲寄生和桑寄生等则主要寄生在多年生的木本植物上，寄生初期对寄主无明显影响，当群体较大时会造成寄主生长不良和早衰，发病速度较慢。除了争夺营养外，还能将病毒从病株传到健株上。

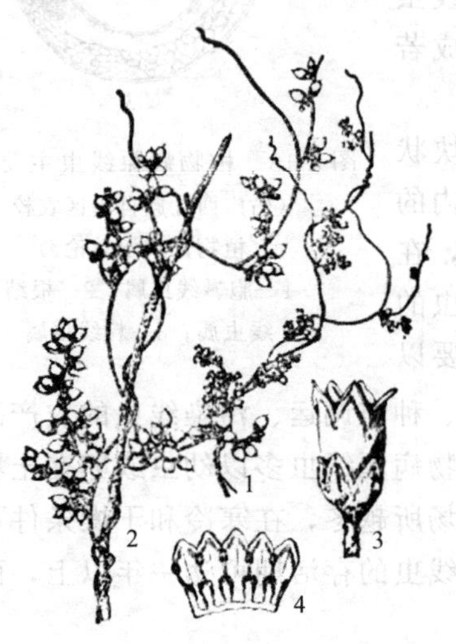

图 2-16 大菟丝子 *Cuscuta japonica Choisy*
1—花枝；2—果枝；3—花；4—花冠纵剖

寄生性种子植物靠种子繁殖。种子依靠风力或鸟类传播的，称为被动传播；当寄生植物种子成熟时，果实吸水膨胀开裂，将种子弹射出去的，称为主动传播。

（二）寄生性种子植物的主要类群

1. 菟丝子属（*Cuscuta*）

菟丝子为旋花科、菟丝子属植物，在我国各地均有发生，寄主范围广，主要寄生豆科、菊科、茄科、百合科、伞形科及蔷薇科等草本和木本植物上。全寄生。一年生攀藤寄生的草本种子植物，无根；叶片退化为鳞片状，无叶绿素；茎多为黄色丝状；花较小，白色、黄色或淡红色，头状花序；蒴果扁球形，内有 2～4 粒种子；种子卵圆形，稍扁，黄褐色至深褐色（图 2-16）。在我国主要有中国菟丝子和日本菟丝子等。中国菟丝子主要为害草本植物，日本菟丝子则主要为害木本植物。田间发生菟丝子危害后，要在开花前彻底割除，或采取深耕的方法将种子深埋，使其不能萌发。近年来用“鲁保一号”防治效果也很好。

2. 列当属（*Orobanche*）

列当为列当科、列当属一年生草本植物，叶片退化为鳞片状，无叶绿素，吸根吸附于寄主植物根的表面，以短须状次生吸器与寄主的维管束相连。列当主要寄主植物有向日葵、烟草和番茄等。

第三章 植物病虫害常见种类识别

第一节 水稻主要病虫害种类识别

一、害虫

水稻主要害虫种类成虫与幼虫的形态特征见表 3-1（彩图 3-1～彩图 3-8）。

表 3-1 水稻主要害虫形态

目	科	种类	成虫形态	幼虫形态
鳞翅目	螟蛾科	二化螟	黄褐色，前翅长方形，外缘有 6～7 个小黑点。雌蛾色稍淡	淡褐色，体背有 5 条棕色纵线
		三化螟	黄白色，前翅三角形。雌蛾前翅中央有一黑点；雄蛾黑点不显，翅顶向下有 1 条黑褐色斜纹	乳白色，或淡黄绿色，体背有 1 条透明纵线
		稻纵卷叶螟	体长 7～9mm，淡黄褐色，前翅有两条褐色横线，两线间有 1 条短线，前缘和外缘有暗褐色宽带；后翅有两条褐色横线，外缘有暗褐色宽带；雄蛾前翅前缘中部，有闪光凹陷的“眼点”，雌蛾前翅则无“眼点”	老熟时长 14～19mm，低龄幼虫绿色，后转黄绿色，成熟幼虫橘红色
	夜蛾科	大螟	灰黄色，翅展 27～30mm，前翅长方形，从翅基到外缘有 1 条深灰褐色纵纹	较粗大，背面淡紫红色
	弄蝶科	直纹稻弄蝶	体长 17～19mm，翅展 28～40mm，体和翅黑褐色，头胸部比腹部宽，略带绿色。前翅具 7～8 个半透明白斑排成半环状。后翅中间具 4 个白色透明斑，呈直线或近直线排列。翅反面色浅，斑纹与正面相同	末龄幼虫体长 27～28mm，头浅棕黄色，头部正面中央有“山”形褐纹，体黄绿色，背线深绿色，臀板褐色
	眼蝶科	稻眼蝶	体长 16.5mm，翅展 41～52mm，翅面暗褐至黑褐色，背面灰黄色；前翅正反面第 3、6 室各具 1 大 1 小的黑色蛇眼状圆斑，前小后大，后翅反面具 2 组各 3 个蛇眼圆斑	幼虫初孵时 2～3mm，浅白色，后体长 32mm，老熟幼虫草绿色，纺锤形，头部具角状突起 1 对，腹末具尾角 1 对
同翅目	飞虱科	褐飞虱	长翅型成虫体长 3.6～4.8mm，短翅型 2.5～4mm。深色型头顶至前胸、中胸背板暗褐色，有 3 条纵隆起线；浅色型体黄褐色	老龄若虫体长 3.2mm，体灰白至黄褐色
		白背飞虱	长翅型成虫体长 3.8～4.5mm，短翅型 2.5～3.5mm，头顶稍突出，前胸背板黄白色，中胸背板中央黄白色，两侧黑褐色	老龄若虫体长 2.9mm，淡灰褐色
		灰飞虱	长翅型成虫体长 3.5～4.0mm，短翅型 2.3～2.5mm，头顶与前胸背板黄色，中胸背板雄虫黑色，雌虫中部淡黄色，两侧暗褐色	老龄若虫体长 2.7～3.0mm，深灰褐色
	叶蝉科	黑尾叶蝉	体长 4～6mm，黄绿色，在头冠两复眼间有一黑色横带，前翅绿色，雄虫翅端、胸部和腹部腹面黑色，雌虫则为淡褐色	若虫头大，尾尖，呈锥形。单色不一，有黄绿、黑褐等色。掉在水面腹末端上翘

续表

目	科	种类	成虫形态	幼虫形态
鞘翅目	叶甲科	稻负泥虫	体长4～5mm，头和复眼黑色，触角细长，达体长一半；前胸背板黄褐色，后方有1明显凹缢，略呈钟罩形；鞘翅青蓝色，有金属光泽，每个翅鞘上有10条纵列刻点；足黄褐色	老熟幼虫体长4～6mm，头小，黑褐色；体背呈球形隆起，肛门向上开口，粪便排体背上，幼虫盖于虫粪之下，故称背屎虫、负泥虫
	象甲科	稻水象甲	体长2.6～3.8mm。喙与前胸背板几等长，稍弯，扁圆筒形。前胸背板宽。鞘翅侧缘平行，比前胸背板宽，肩斜，鞘翅端半部行间上有瘤突。雌虫后足胫节有前锐突和锐突，锐突长而尖，雄虫仅具短粗的两叉形锐突	老熟幼虫体长约10mm，体白色，头黄褐色，无足，腹节2～7背面有成对朝前伸的钩状气门
		稻象甲	体长5mm，暗褐色，体表密布灰褐色鳞片。头部伸长如象鼻，触角黑褐色，末端膨大，着生在近端部的象鼻嘴上，两翅鞘上各有10条纵沟，下方各有一长形小白斑	幼虫长9mm，蛆形，稍向腹面弯曲，体肥壮多皱纹，头部褐色，胸腹部乳白色，很像一颗白米饭
双翅目	瘿蚊科	稻瘿蚊	体长3.5～4.8mm，形状似蚊，浅红色，触角15节，黄色，中胸小盾板发达，腹部纺锤形隆起似驼峰。前翅透明具4条翅脉	末龄幼虫体长4～4.5mm，纺锤形；蛆状

二、病害

水稻主要病害的病原、症状特点见表3-2（彩图3-9～彩图3-12）。

表3-2 水稻主要病害

病害名称	病原	发病部位	症状特点
稻瘟病	灰梨孢菌 *Phyricularia grisea* (Cooke) Sacc. 或稻梨孢菌 *Pyricularia oryae* Cav.，半知菌亚门真菌，梨孢属	水稻地上部分	(1)苗瘟　发生在3叶期以前。初期在芽鞘上出现水渍状斑点，随后病苗基部变黑褐色，上部淡红色或黄褐色，严重时病苗枯死 (2)叶瘟　①慢性型病斑：病斑呈梭形，最外层为淡黄色晕圈，称中毒部，内圈为褐色，称坏死部，中央呈灰色，称崩溃部，叶组织细胞完全被破坏。病斑两端中央的叶脉变为褐色长条状，称坏死线，这"三部一线"是慢性型病斑的主要特征，也称典型病斑。②急性型病斑：病斑呈暗绿色、水渍状，多数为近圆形或不规则形，正反两面都能产生大量的灰色霉层。这种病斑多在品种感病、适温高湿气候条件及氮肥偏多的情况下出现。因此，该病斑的大量出现，往往是该病流行的预兆。③白点型病斑：病斑呈白色近圆形小斑点，此类病斑多在显症时遇不利气候条件时发生，很不稳定，病斑发生后，如果条件转为适宜，可发展为急性型病斑，条件继续不适时可转变为慢性型病斑。④褐点型病斑：病斑呈褐色小斑点，局限于两叶脉之间，多发生于抗病品种或稻株下部老叶上，不产生分生孢子 (3)节瘟　多发生于穗以下的第一、二节位上，病斑初呈褐色小点，以后呈环状扩展至整个节部，黑褐色，湿度大时，病部产生大量的灰色霉层。后期病节凹陷，或病节组织糜烂折断，造成植株倒伏枯死 (4)穗颈瘟　发生于穗颈、主轴及枝梗上，尤以破口至齐穗后5d最易感病。病斑初为淡褐色水渍状小点，扩散后呈暗褐色至灰黑色，可长达2～3cm。早期发病易形成白穗，发病迟的籽粒不饱满，穗颈瘟常从病部折断呈锐角状，故又名"吊颈瘟" (5)谷粒瘟　发生在稻谷和护颖上，以乳熟期症状最明显，发病早的病斑大而呈椭圆形，中部灰白色，后可蔓延整个谷粒，使稻谷呈暗灰色或灰白色的秕粒；发病晚的病斑为椭圆形或不规则形的褐色斑点，严重时，谷粒不饱满，米粒变黑 共性：潮湿时，病部可长出灰白色～灰绿色霉层

续表

病害名称	病 原	发病部位	症 状 特 点
水稻纹枯病	立枯丝核菌 *Rhizoctonia solani* Kühn，半知菌亚门真菌，丝核菌属	叶片、叶鞘、茎秆和穗	叶鞘发病先在近水面处出现水渍状暗绿色小点，扩大后形成椭圆形或云形病斑，病斑边缘暗绿色，中央灰绿色，扩展迅速，天气干燥时边缘褐色，中央草黄色至灰白色，发病叶鞘因组织坏死，引致叶片枯黄。叶片病斑和叶鞘相似，病情急剧扩展时可致叶片腐烂，导致稻株穗期不能正常抽穗，即使抽穗，病斑蔓延至穗部，造成瘪谷增加，粒重下降，并可造成倒伏或整株死亡。湿度大时，后期在病部可见白粉状霉层
水稻白叶枯病	黄单胞菌 *Xanthomonas oryzae*，细菌，黄单胞菌属	叶片，叶鞘和假茎	(1)叶枯型　先从叶尖或叶缘开始，先出现暗绿色水浸状线状斑，很快沿线状斑形成黄白色病斑，然后沿叶缘两侧或中脉扩展，变成黄褐色，最后呈枯白色，病斑边缘界限明显。在抗病品种上病斑边缘呈不规则波纹状。感病品种上病叶灰绿色，失水快，内卷呈青枯状，多表现在叶片上部 (2)凋萎型　病菌从根系或茎基部伤口侵入维管束时易发病。主茎或2个以上分蘖同时发病，心叶失水青枯，凋萎死亡，其余叶片也先后青枯卷曲，然后全株枯死，也有仅心叶枯死。病株茎内腔有大量菌脓，有的叶鞘基部发病呈黄褐或褐色，折断用手挤压溢出大量黄色菌脓。有的水稻自分蘖至孕穗阶段，剑叶或其下1～3叶中脉淡黄色，病斑沿中脉上下延伸，上可达叶尖、下达叶鞘，有时叶片折叠，病株未抽穗而死 (3)褐斑或褐变型　抗病品种上较多见，病菌通过剑叶或伤口侵入，在气温低或不利发病条件，病斑外围出现褐色坏死反应带，病情扩展停滞 (4)中脉型　病斑在叶片的中脉部分先表现出来，延中脉向上、下发展，中脉两侧的叶片仍保持绿色，有的半边叶片全部枯死。也有的叶片两边折叠粘贴在一起，不能平展 (5)黄化型　症状不多见，早期心叶不枯死，上有不规则褪绿斑，后发展为枯黄斑，病叶基部偶有水浸状断续小条斑。天气潮湿或晨露未干时上述各类病叶上均可见乳白色小点，干后结成黄色小胶粒，很易脱落。水稻白叶枯病造成的枯心苗，在分蘖期开始出现，病株心叶或心叶以下1～2层叶出现失水、卷筒、青枯等症状，最后死亡。白叶枯病形成枯心苗后，其他叶片也逐渐青枯卷缩，最后全株枯死，剥开新青卷的心叶或折断的茎部或切断病叶，用力挤压，可见有黄白色菌脓溢出，即病原菌菌脓，有别于大螟、二化螟及三化螟为害造成的枯心苗。主要发生在秧苗生长后期或本田移植后1～4星期内，主要特征为"失水、青枯、卷曲、凋萎"，形似螟害枯心。诊断方法，将枯心株拔起，切断茎基部，用手挤压，如切口处溢出涕状黄白色菌脓，即为本病。如为螟害枯心，可见有虫蛀眼
稻曲病	稻绿核菌 *Ustilaginoidea oryzae* (Patou.) Bref 即 *U. virens* (Cooke) Tak. 半知菌亚门真菌，绿核菌属	穗部的单个谷粒	受害粒菌丝在谷粒内形成块状，逐渐膨大，使颖壳张开，露出淡黄色块状物，逐步增大，包裹全颖，形成比正常谷粒大3～4倍菌块，表面平滑，最后龟裂，散出墨绿色粉末。少则1～2粒，多则每穗可有10多粒
恶苗病	串珠镰孢菌 *Fusarium moniliforme* Sheld. 半知菌亚门真菌，镰刀菌属	整株植物	发病植株的节间伸长，长得细而高，植株颜色较淡，叶片较正常株窄，节位上的叶鞘里或外有不定数的须根，稻秆内生有白色的霉层，后变成淡红色，有时是黑色的小点。发病的植株抽穗较早，穗子较小，并且谷粒少，或成为不实粒。病死的植株表面有浅红色或白粉霉层，病粒谷壳的内外颖合缝外，着生有浅红色霉层

第二节　麦类主要病虫害种类识别

一、害虫

小麦主要害虫的形态特征见表 3-3（彩图 3-13～彩图 3-14）。

表 3-3　小麦主要害虫形态

目	科	种类	形态识别
同翅目	蚜科	麦长管蚜	无翅孤雌蚜体长 3.1mm，宽 1.4mm，长卵形，草绿色至橙红色，头部略显灰色，腹侧具灰绿色斑。触角、喙端节、跗节、腹管黑色。腹部第 6～8 节及腹面具横网纹，无缘瘤。触角细长，全长不及体长，第 3 节基部具 1～4 个次生感觉圈。喙粗大，超过中足基节。尾片色浅长圆锥形，长为腹管的 1/2，有 6～8 根曲毛。有翅孤雌蚜体长 3.0mm，椭圆形，绿色，触角黑色，第 3 节有 8～12 个感觉圈排成一行。喙不达中足基节。腹管长圆筒形，黑色，端部具 15～16 行横行网纹，尾片长圆锥状，有 8～9 根毛
		麦二叉蚜	无翅孤雌蚜体长 2.0mm，卵圆形，淡绿色，背中线深绿色，腹管浅绿色，顶端黑色。中胸腹岔具短柄。额瘤较中额瘤高。触角 6 节，全长超过体之半，喙超过中足基节，端节粗短，长为基宽的 1.6 倍。腹管长圆筒形，尾片长圆锥形，长为基宽的 1.5 倍，有长毛 5～6 根。有翅孤雌蚜体长 1.8mm，长卵形。活时绿色，背中线深绿色。头、胸黑色，腹部色浅。触角黑色共 6 节，全长超过体之半。触角第 3 节具 4～10 个小圆形次生感觉圈，排成一列。前翅中脉二叉状
双翅目	瘿蚊科	小麦红吸浆虫	成虫体长 2～2.5mm，翅展约 5mm，体橘红色。雄虫触角 14 节，因每节有 2 等长的结，每个结上有 1 圈长环状毛，看似 26 节；抱雌器基节有齿，端节细，腹瓣狭，比背瓣长，前端有浅刻。雌虫触角每节只 1 结，环状毛极短。产卵器不长，伸出时不超过腹长之半，末端有 2 瓣 幼虫体长 3～3.5mm，橙黄色，体表有鳞状突起，前胸腹面有 Y 形剑骨片，前端有锐角深陷，末节末端有 4 个突起
蜱螨目	叶爪螨科	麦圆叶爪螨（麦圆蜘蛛）	成虫体长 0.6～0.98mm，宽 0.43～0.65mm，卵圆形，黑褐色。4 对足，第 1 对长，第 4 对居二，2、3 对等长。具背肛。足、肛门周围红色。若螨共 4 龄。一龄称幼螨，3 对足，初浅红色，后变草绿色至黑褐色。2、3、4 龄若螨 4 对足，体似成螨
	叶螨科	麦岩螨（麦长腿蜘蛛）	成虫体长 0.62～0.85mm，体纺锤形，两端较尖，紫红色至褐绿色。4 对足，其中 1、4 对特别长。若虫共 3 龄。一龄称幼螨，3 对足，初为鲜红色，吸食后为黑褐色，2、3 龄有 4 对足，体形似成螨

二、病害

小麦主要病害的病原、症状特点见表 3-4（彩图 3-15～彩图 3-19）。

表 3-4　小麦主要病害

病害名称	病原	发病部位	症状特点
小麦赤霉病	玉蜀黍赤霉 *Gibberella zeae* (Schw.) Petch.，子囊菌亚门真菌，赤霉属	穗部	苗枯、茎基腐烂、穗腐。潮湿时在小穗颖壳合缝处及小穗基部产生粉红色霉层，后期在病部出现紫黑色粗糙的颗粒。红色霉层是病菌的分生孢子座和分生孢子，黑色颗粒是病菌的子囊壳
小麦白粉病	禾布氏白粉菌 *Blumeria graminis* (DC.) Speer f. sp. *tritici* Marchal，子囊菌亚门真菌，布氏白粉菌属	叶片、叶鞘、茎秆和穗	一般叶正面病斑较叶背面多，下部叶片较上部叶片病害重。病部表面附有白粉状霉层，后期霉层逐渐由白色变为灰色，上生黑色颗粒。叶早期变黄，卷曲枯死，重病株常常矮缩不能抽穗

续表

病害名称	病　原	发病部位	症 状 特 点
小麦条锈病	条形柄锈菌 *Puccinia striiformis* 担子菌亚门，柄锈菌属	主要发生于叶片，对叶鞘、茎和穗也有危害	病叶初形成褪绿条斑，后逐渐形成隆起的疱疹斑。夏孢子堆在叶片上形成同心圆状排列，在成株上，排列成行，虚线状。后期表皮破裂，散出鲜黄色粉末
小麦叶锈病	小麦隐匿柄锈菌 *Puccinia recondite* Rob. ex Desm. f. sp. *tritici* Eriks et Henn.，担子菌亚门，柄锈菌属	叶片上，有时也发生在叶鞘	叶锈主要发生在叶片上，有时也发生在叶鞘上，叶片受害，产生圆形橘红色夏孢子堆，表皮破裂后，散出黄褐色粉末。夏孢子堆排列不规则散生，多发生在叶片的正面。后期在叶片背面产生暗褐色至深褐色椭圆形的冬孢子。夏孢子堆比秆锈小，较条锈大
小麦秆锈病	禾柄锈菌小麦专化型 *Puccinia graminis* Pers. f. sp. *tritici* Erikss. et. Henn，担子菌亚门，柄锈菌属	叶鞘、茎杆和叶片基部	受害部位产生的夏孢子堆较大、长椭圆形，深褐色，排列不规则，表皮破裂后外翻，锈褐色的夏孢子向外扩散，小麦近成熟时，夏孢子堆附近出现黑色椭圆形冬孢子堆。在叶片上发病时锈病菌孢子堆穿透能力较强，导致叶片正反两面都出现孢子堆
小麦散黑穗病	散黑粉菌 *Ustilago nuda* (Jens.) Rostr.，属担子菌亚门真菌，黑粉菌属	整穗	最初病小穗外面包一层灰色薄膜，成熟后破裂，散出黑粉(病菌的厚垣孢子)，黑粉吹散后，只残留裸露的穗轴。病穗上的小穗全部被毁或部分被毁，仅上部残留少数健穗。一般主茎、分蘖都出现病穗
小麦腥黑穗病	网腥黑粉菌 *Tilletia caries* (DC) Tul 和光腥黑粉菌 *Tilletia foetida* (Wallr.) Liro，担子菌亚门，腥黑粉菌属	籽粒	病株较健株稍矮，分蘖增多，病穗较短、直立、初灰绿色后变为灰白色。颖片略向外张开，露出部分病粒。病粒粗短，初暗绿色，后灰白色，外包一层灰褐色薄膜，里面充满黑褐色粉末，即病菌的厚垣孢子。厚垣孢子内含有带鱼腥味的三甲胺有机物，所以叫腥黑穗病

第三节　玉米主要病虫害种类识别

一、害虫

玉米主要害虫的形态特征见表 3-5（彩图 3-20～彩图 3-22）。

表 3-5　玉米主要害虫形态

目	科	种类	形 态 识 别
鳞翅目	螟蛾科	玉米螟	成虫黄褐色，雄蛾体长 10～13mm，翅展 20～30mm，体背黄褐色，腹末较瘦尖，触角丝状，灰褐色，前翅黄褐色，有两条褐色波状横纹，两纹之间有两条黄褐色短纹，后翅灰褐色；雌蛾形态与雄蛾相似，色较浅，前翅鲜黄，线纹浅褐色，后翅淡黄褐色，腹部较肥胖。老熟幼虫体长 25mm 左右，圆筒形，头黑褐色，背部颜色有浅褐、深褐、灰黄等多种，中、后胸背面各有毛瘤 4 个，腹部 1～8 节背面有两排毛瘤，前后各两个
鳞翅目	夜蛾科	黏虫	成虫体长 17～20mm，翅展 36～45mm，淡黄褐至淡灰褐色，触角丝状，前翅环形纹圆形，中室下角处有一小白点，后翅正面暗褐，反面淡褐，缘毛白色。幼虫 6 龄，体长 35mm 左右，体色变化很大，密度小时，4 龄以上幼虫多呈淡黄褐至黄绿色不等，密度大时，多为灰黑至黑色。头黄褐至红褐色。有暗色网纹，沿蜕裂线有黑褐色纵纹，似“八”字形，有 5 条明显背线
直翅目	蝗科	东亚飞蝗	雄成虫体长 33～48mm，雌成虫体长 39～52mm，有群居型、散居型和中间型三种类型，体灰黄褐色(群居型)或头、胸、后足带绿色(散居型)。头顶圆。颜面平直，触角丝状，前胸背板中隆线发达，沿中线两侧有黑色带纹。前翅淡褐色，有暗色斑点翅长超过后足腿节 2 倍以上(群居型)或不到 2 倍(散居型)。胸部腹面有长而密的细绒毛，后足腿节内侧基半部在上、下隆线之间呈黑色。第五龄蝗蝻体长 26～40mm，翅节长达第四、五腹节，群居型体色红褐色，散居型体色较浅，在绿色植物多的地方为绿色

二、病害

玉米主要病害的病原、症状特点见表 3-6（彩图 3-23～彩图 3-25）。

表 3-6 玉米主要病害

病害名称	病原	发病部位	症状特点
玉米大斑病	大斑刚毛座腔菌 *Setosphaeria turcica* (Luttrell) Leonard et Suggs，子囊菌亚门，毛球腔菌属	叶片、叶鞘和苞叶	叶片染病先出现水渍状青灰色斑点，然后沿叶脉向两端扩展，形成边缘暗褐色、中央淡褐色或青灰色的大斑。后期病斑常纵裂。严重时病斑融合，叶片变黄枯死。潮湿时病斑上有大量灰黑色霉层。下部叶片先发病
玉米小斑病	异旋孢腔菌 *Cochliobolus heterostrophus* Drechsl.，子囊菌亚门，旋孢腔菌属	叶片、苞叶、叶鞘、茎秆、雌穗和籽粒	在叶片上出现半透明水渍状褐色小斑点，后扩大为(5～16)mm×(2～4)mm 大小的椭圆形褐色病斑，边缘赤褐色，轮廓清楚，上有二三层同心轮纹。病斑进一步发展时，内部略褪色，后渐变为暗褐色。天气潮湿时，病斑上生出暗黑色霉状物(分生孢子盘)。可造成果穗腐烂和茎秆断折
玉米丝黑穗病	轴黑粉菌 *Sphacelotheca reiliana* (Kühn) Clint.，担子菌亚门，轴黑粉菌属	全株	苗期植株分蘖增多呈丛生型，明显矮化，节间缩短，叶色暗绿挺直，有的品种叶片上则出现与叶脉平行的黄白色条斑，有的幼苗心叶紧紧卷在一起弯曲呈鞭状。成株期病穗分两种类型。①黑穗型：受害果穗较短，基部粗顶端尖，不吐花丝；除苞叶外整个果穗变成黑粉苞，其内混有丝状寄主维管束组织。②畸形变态型：雄穗花器变形，不形成雄蕊，颖片呈多叶状；雌穗颖片也可过度生长成管状长刺，呈刺猬头状，整个果穗畸形。田间病株多为雌雄穗同时受害
玉米瘤黑粉病	玉米瘤黑粉菌 *Ustilago maydis* (DC.) Corda，担子菌亚门，黑粉菌属	幼苗、茎节、腋芽、雌穗、雄穗、叶片和根的幼嫩分生组织	病部形成形状、大小不同的瘤状物。病瘤初为白色，内部亦为白色，肉质多汁，迅速膨大后逐渐变黑，外膜破裂后散出大量黑粉。雄穗上部分小花受到侵染，则长出囊状或角状的小瘤，常数个病瘤挤在一起，穗轴上生病瘤后，引起穗轴扭折，呈各种畸形

第四节 棉花主要病虫害种类识别

一、害虫

棉花主要害虫的形态特征见表 3-7（彩图 3-26～彩图 3-28）。

表 3-7 棉花主要害虫形态

目	科	种类	形态识别
蜱螨目	叶螨科	棉叶螨	成螨梨形，0.5mm 大小，体红褐色或锈红色。雄成螨 0.3mm 大小，腹部末端稍尖。初孵幼螨 3 对足，蜕皮后变为若螨，4 对足
同翅目	蚜科	棉蚜	翅胎生雌蚜体长不到 2mm，身体有黄、青、深绿、暗绿等色。触角约为身体一半长。复眼暗红色。腹管黑青色，较短。尾片青色。有翅胎生蚜体长不到 2mm，体黄色、浅绿或深绿。触角比身体短。翅透明，中脉三岔。无翅若蚜与无翅胎生雌蚜相似，但体较小，腹部较瘦。有翅若蚜形状同无翅若蚜，二龄出现翅芽，向两侧后方伸展，端半部灰黄色
同翅目	叶蝉科	棉叶蝉	成虫体长 3mm 左右，淡绿色。头部近前缘处有 2 个小黑点，小黑点四周有淡白色纹。前胸背板黄绿色，在前缘有 3 个白色斑点。前翅端部近爪片末端有 1 明显黑点。末龄若虫体长 2.2mm 左右。头部复眼内侧有 2 条斜走的黄色隆线。胸部淡绿色，中央灰白色。前胸背板后缘有 2 个淡黑色小点，四周环绕黄色圆纹。前翅芽黄色，伸至腹部第 4 节。腹部绿色

续表

目	科	种类	形态识别
半翅目	盲蝽科	棉盲蝽	成虫触角4节，无单眼，前胸背板前缘有领片，前翅分革区、楔区、爪区、膜区4部分，膜区基部有2个翅室。绿盲蝽体型较小，长约5mm，黄绿至浅绿色，前胸背板仅有微弱小刻点。若虫体鲜绿色，体上有许多黑色绒毛，5龄若虫翅芽长达第4腹节
鳞翅目	夜蛾科	棉铃虫	成虫体长15～17mm。翅展30～38mm。前翅青灰色、灰褐色或赤褐色，线、纹均黑褐色，不甚清晰；肾纹前方有黑褐纹；后翅灰白色，端区有一黑褐色宽带，其外缘有二相连的白斑。幼虫体色变化较多，有绿、黄、淡红等，体表有褐色和灰色的尖刺；腹面有黑色或黑褐色小刺
		棉金刚钻	鼎点金刚钻(*Earias cupreoviridis*)，成虫体长6～8mm，前翅大部黄绿色，翅中央有三个鼎足排列的黄褐斑点；幼虫体长10～18mm，胸、腹各节有横列刺六个。翠纹金刚钻(*E. fabia*)，成虫体长9～13mm，前翅粉白间绿色，有翠绿纹一道；幼虫体长12～15mm。埃及金刚钻(亦称"棉斑实蛾"，*E. insulana*)，成虫体长7～12mm，前翅草绿色，有暗绿W形和V形横纹各一条；幼虫体长10～15mm
	麦蛾科	棉红铃虫	成虫为棕黑色小蛾，体长6.5mm，翅展12mm，前翅尖叶形，有4条略宽的暗褐色横带，后翅银灰色，菜刀形。幼虫体长11～13mm，头部红褐色，前胸背板及臀板黑色，体白色，体背各节有4个浅黑色毛片，毛片周围红色，粗看似全体红色，实际各斑并不相连

二、病害

棉花主要病害的病原、症状特点见表3-8（彩图3-29～彩图3-31）。

表3-8 棉花主要病害

病害名称	病原	发病部位	症状特点
立枯病	瓜亡革菌 *Thanatephorus cucumeris* (Frank) Donk.，担子菌亚门，亡革菌属	种子、幼苗	烂种，烂芽。棉苗出土后受害，初期在近土面基部产生黄褐色病斑，病斑逐渐扩展包围整个基部呈明显缢缩，病苗萎蔫倒伏枯死。拔起病苗，茎基部以下的皮层均遗留土壤中，仅存坚韧的鼠尾状木质部。子叶受害后，多在子叶中部产生黄褐色不规则形病斑，常脱落穿孔。在病苗、死苗的茎基部及周围、土面常见到白色稀疏菌丝体
炭疽病	胶孢炭疽菌 *Colletotrichum gloeosporioides* (Penz.) Penz. & Sacc.，半知菌亚门，炭疽菌属	棉籽、棉苗和棉铃	幼芽及幼根变褐腐烂。棉苗多在近土面的茎基部产生红褐色小病斑，扩大后呈褐色略凹陷的纵条斑，病斑边缘仍呈红褐色，有时病斑中部产生纵向裂痕；病重时，病斑可扩展包围整个茎基，使呈黑褐色半湿腐状，苗枯萎。子叶多在叶缘产生半圆形黄褐色或褐色病斑，外缘呈红褐色。子叶中部的病斑近圆形或不规则形，易干枯破碎。幼苗顶端被害时呈黑褐色枯死。真叶上的病斑和子叶上相似，但外缘多呈深褐色；一般发生于叶片中部。叶柄及茎秆上的症状均呈红褐色至黑褐色的纵条斑，病部容易折断。棉铃受害初期产生暗红色或褐色小斑点。小斑点逐渐扩大后呈圆形绿褐色病斑，表面皱缩，略凹陷，有时病斑边缘呈明显的暗红色。潮湿条件下，各部位的病斑表面都会产生橘红色的黏质物(分生孢子团)
棉花枯萎病	尖镰孢萎蔫专化型 *Fsarium oxysporum* f. sp. *vasinfectum* (Atk.) Synder and Hanen，半知菌亚门，镰孢属	全株	(1)黄色网纹型　叶脉变黄，叶肉部分保持绿色，叶片局部或全部呈黄色的网纹状 (2)紫红型　子叶和真叶变紫红色或出现紫红色斑块，略呈萎蔫状 (3)黄化型　子叶或真叶出现黄色或淡黄色斑块，随后逐渐变褐枯死 (4)青枯型　叶片急性失水，青枯萎蔫致死，有时仅半边植株青枯萎蔫 (5)皱缩型　植株节间缩短，株型矮小，叶片深绿变厚皱缩不平 枯萎病株的共同特征是根、茎内部的导管变黑褐色

续表

病害名称	病　　原	发病部位	症 状 特 点
棉花黄萎病	大丽轮枝菌 *Verticillium dahliae* Keel,半知菌亚门,轮枝孢属	全株	病株由下部叶片先出现症状,严重时呈掌状斑,如"西瓜皮"状。最后病叶的边缘斑驳变褐色枯死。病株茎秆及叶柄等木质部导管呈褐色。秋季多雨时,病叶斑驳上产生白色粉霉层(菌丝体及分生孢子)
疫病	苎麻疫霉 *Phytophthora boehmeriae* Sawada 鞭毛菌亚门,疫霉属	蕾铃	多发生在棉铃基部及尖端。病斑初期呈暗绿色,水渍状,迅速扩展至全铃呈黄褐色,深入铃壳内部呈青褐色,病铃表面生有白色至黄白色霉层
红腐病	串珠镰孢 *Fusarium moniliforme* Sheld 半知菌亚门,镰孢属	蕾铃	多在铃尖、铃壳裂缝或铃基部发生。病部初呈墨绿色,水渍状小斑,病斑扩展至全铃而呈黑褐色腐烂,并在裂缝及病部表面产生粉红色霉层。
黑果病	棉色二孢 *Diplodia gossypina* Coode,半知菌亚门,色二孢属	蕾铃	病铃黑色而僵硬,不易开裂,铃壳表面密生许多小黑点状的分生孢子器,并布满黑色霉状物(分生孢子)。病铃内棉絮变黑而僵硬
红粉病	玫红单端孢 *Trichothecium roseum* (Pers.) Link,半知菌亚门,单端孢属	蕾铃	棉裂缝处产生粉红色的霉层。其病的霉层厚而疏松,色泽较淡。铃壳内产生淡红色粉状物(分生孢子梗及分生孢子)
软腐病(黑霉病)	黑根霉 *Rhizopus nigricans* Ehrb,接合菌亚门,根霉属	蕾铃	多在铃壳缝隙处发生。病斑梭形,褐色或黑褐色,略凹陷,边缘红褐色,表面产生白色短毛状物,每根短毛顶端生一小黑点(孢子囊)。剥开病铃,内部呈湿腐状
曲霉病	多种曲霉菌 *Aspergillus* spp,半知菌亚门,曲霉属	蕾铃	铃壳缝隙处或虫孔处产生黄绿色、黄褐色至黑褐色的霉状物,严重时可深入棉絮使其变质
茎枯病	棉壳二孢 *Ascochyta gossypii* Syd,半知菌亚门,壳二孢属	蕾铃	受害棉铃初生黑褐色小斑。病斑扩大后使全铃呈黑褐色腐烂,并在病部产生许多小黑点状的分生孢子器

第五节　油菜主要病虫害种类识别

一、害虫

油菜主要害虫的形态特征见表 3-9（彩图 3-32～彩图 3-33）。

表 3-9　油菜主要害虫形态

目	科	种类	形 态 识 别
双翅目	潜蝇科	油菜潜叶蝇	成虫(雌)长 2.3～2.7mm,雄虫 1.8～2.1mm,体暗灰色,有稀疏刚毛。翅半透明,有紫色反光。幼虫蛆状,长 2.9～3.4mm,初为乳白色,渐转黄色
鳞翅目	粉蝶科	菜粉蝶	成虫体长 10～20mm,翅展 45～55mm,胸部灰黑色,翅白色,鳞粉细密。前翅基部灰黑色,顶角黑色;后翅前缘有一个不规则的黑斑,后翅底面淡粉黄色。幼虫又称菜青虫,体长 30mm。初孵幼虫灰黄色,后变青绿色,体圆筒形,中段较肥大,体上各节均有 4～5 条横皱纹,背部有一条不明显的断续黄色纵线,气门线黄色,每节的线上有两个黄斑

二、病害

油菜主要病害的病原、症状特点见表 3-10（彩图 3-34～彩图 3-35）。

表 3-10 油菜主要病害

病害名称	病原	发病部位	症状特点
油菜病毒病	芜菁花叶病毒（TuMV）、黄瓜花叶病毒（CMV）、烟草花叶病毒（TMV）	全株	白菜型油菜和芥菜型油菜表现为系统花叶。从心叶开始，叶脉变黄白色呈透明状。严重时叶片皱缩，颜色深浅不一，花序短缩，花器丛集，植株矮小，角果瘦小弯曲，呈鸡爪状，造成荚枯籽秕，甚至植株早期死亡。甘蓝型油菜表现为系统性黄斑和枯斑。茎上发病，往往产生水渍状、紫褐色形状大小不等的条斑，所结角果皱缩瘦小，甚至全株枯死
油菜菌核病	核盘菌 *Sclerotinia sclerotiorum*（Lib.）de Bary，子囊菌亚门，核盘菌属	茎、叶、花、角果	茎部染病初现浅褐色水渍状病斑，后为轮纹状的长条斑，边缘褐色，湿度大时表生棉絮状白色菌丝，偶见黑色菌核，病茎内髓部烂成空腔，内生很多黑色鼠粪状菌核。病茎表皮开裂后，露出麻丝状纤维，茎易折断，致病部以上茎枝萎蔫枯死
油菜霜霉病	寄生霜霉 *Peronospora parasitica*（Pers.）Fr.（异名 *P. brassicae* Gaumann），鞭毛菌亚门，霜霉属	叶、茎和角果	受害处变黄，长有白色霉状物。花梗染病顶部肿大弯曲，呈“龙头拐”状，花瓣肥厚变绿，不结实，上生白色霜霉状物。叶片染病初现浅绿色小斑点，后扩展为多角形的黄色斑块，叶背面长出白霉
油菜白锈病	白锈菌 *Albugo candida*，鞭毛菌亚门，白锈菌属	整个生育期的地上部分各器官	叶片表面初生淡绿色小斑点，后呈黄色圆形病斑，叶背面病斑处长出隆起的白漆色疱斑，疱斑破裂后散出白粉。严重时病叶枯黄脱落。幼茎和花梗受害后肿大，弯曲成“龙头”状，俗称“龙头病”。花器受害，花瓣畸形、膨大，变绿呈叶状，久不凋萎，亦不结实。均有疱斑和白色霉层

第六节 储粮害虫种类识别

储粮害虫的形态特征见表 3-11（彩图 3-36）。

表 3-11 储粮害虫形态

种类	幼虫	成虫
玉米象	乳白色，足退化，体肥大粗短，多横皱，背面隆起，腹面平坦，略呈半球形	圆筒形，暗褐色，有光泽。膝状触角，末端膨大。前胸背板前缘比后缘宽，有许多圆形小刻点，每个鞘翅上有数条纵凹纹，凹纹间纵列小圆点，近基部及末端各有 1 个赤褐色的近圆形大斑。后翅发达
印度谷螟	淡黄白色，腹部背面浅粉红色。头黄褐色，前胸背板和臀板淡黄褐色。体呈圆筒形，中间稍膨大。趾钩双序全环	头部灰褐色，腹部灰白色。下唇须发达，伸向前方。前翅狭长形，基半部约 2/5 为黄白色，外半部约 3/5 为棕褐色，并带铜色光泽。后翅灰白色，半透明
麦蛾	淡黄白色，体光滑，略有皱纹，刚毛细小。胸部较粗，腹部各节依次向后逐渐变细。胸足短小，腹足退化成小突起，趾钩微小、褐色	淡黄色，下唇须发达，向上弯曲并超过头顶，丝状触角，前翅竹叶形，后翅菜刀形，前后翅缘毛很长，相当翅的宽度
豆象	幼虫柔软肥胖，头尾向腹部弯曲，腹足退化	体小，卵圆形，被有鳞片。蚕豆象鞘翅末端 1/3 处有排成“八”字形的白色毛斑 1 列；豌豆象鞘翅末端 1/3 处有排成斜直线形的白色毛斑 1 列；绿豆象鞘翅后半部有排成横列的白色斑纹

第七节　地下害虫种类识别

地下害虫的形态特征见表 3-12（彩图 3-37～彩图 3-38）。

表 3-12　地下害虫形态

目	科	种类	形　态　识　别
鳞翅目	夜蛾科	小地老虎	成虫暗褐色，体长 16～23mm，肾形斑外有一尖端向外的楔形黑斑，亚缘线内侧有 2 个尖端向内的楔形斑，3 个斑尖端相对；触角雌丝状，雄栉齿状。幼虫体长 37～50mm，黑褐或黄褐色，臀板有两条黑褐色纵带，基部及刚毛间排列有小黑点
鞘翅目	叩头虫科	金针虫	金针虫是叩头甲类的幼虫，种类很多。其中细胸金针虫体色淡黄褐色（初孵白色半透明）细长，圆筒形；沟金针虫体色黄褐色（初孵化时白色），体形较宽，扁平，胸腹背面有 1 条纵沟
	金龟子总科	蛴螬	是金龟甲的幼虫。成虫（金龟子）椭圆或圆筒形，体色因种而异，有黑、棕、黄、绿、蓝、赤等，多具光泽。触角鳃叶状是其最主要的特征，足 3 对。蛴螬体长因种类而异，一般长约 30～40mm。乳白色，肥胖，常弯曲成马蹄形（即蛴螬型）。头部大而坚硬，红褐或黄褐色。体表多皱纹或细毛，胸足 3 对。尾部灰白色，光滑
直翅目	蝼蛄科	东方蝼蛄	成虫体较细瘦短小，长 30～35mm，体色较深，呈褐色，腹部颜色较其它部分浅些，全身密被细毛；头圆锥形，触角丝状；前胸背板背面卵圆形，中央有 1 个明显的长心脏形暗红色凹陷；前足特化成开掘足，腿节内侧外缘缺刻不明显；腹部末端近纺锤形。若虫多数 7～8 龄

第八节　柑橘病虫害种类识别

一、害虫

柑橘害虫的形态特征见表 3-13（彩图 3-39～彩图 3-44）。

表 3-13　柑橘主要害虫形态

目	科	种　类	形　态　识　别
蜱螨目	叶螨科	柑橘全爪螨	雌成螨体长 0.3～0.4mm，卵圆形，背面隆起，暗红色。背部及背侧面有疣状突起，其上各生 1 根白色长刚毛，足 4 对。雄成螨体略小，长约 0.3mm，楔形，腹部后端较尖细，鲜红色，足较长。幼螨体长约 0.2mm，淡红色，足 3 对。若螨似成螨，但体较小，足 4 对
	瘿螨科	柑橘锈螨	成螨体微小，体长约 0.15mm，胡萝卜形或楔形，淡黄色至橙黄色。前半体（头胸部）背面平滑，腹面有 2 对足，后半体（腹部）背面有环纹约 31 个，腹面约 58 个。体侧的前、后端各有一对长毛。雄螨尚未发现。幼螨楔形，灰白色，半透明，光滑，环纹不明显，2 对足。若螨体形似幼螨，约大一倍，淡黄色，足 2 对
鳞翅目	潜蛾科	柑橘潜叶蛾	成虫体长约 2mm，翅展 5mm 左右，体翅银白色。触角细长。前翅尖叶形，基部有 2 条黑纵纹，其长度达翅长之半，基部相连接；翅中后方有“Y”字形黑纹；前缘中部至外缘有橘黄色缘毛，翅尖处缘毛形成大圆形黑斑。后翅针叶形，缘毛较前翅的长。末龄幼虫体长 1.5～5.5mm，黄绿色，体亦扁平，尾端尖细，后期幼虫腹末有 1 对较长的尾状物

续表

目	科	种类	形态识别
同翅目	盾蚧科	矢尖蚧	成虫雌介壳长约2.8～3.5mm，箭头形，中央有一条纵脊，形成屋脊状，其两侧有少数向前斜伸的横刻纹，紫褐色或深褐色，略有光泽，边缘灰白色。壳点2个，淡黄色至黄褐色，依次位于介壳前端。雌成虫体长约2.5mm，扁长形，橙红色，胸部长，腹部短，胸、腹各部分节明显。雄介壳(蛹壳)长约1.2～1.6mm，长形，两侧平行，白色，蜡絮状，背面有3条明显纵脊。壳点1个，淡黄褐色，亦位于介壳前端。雄成虫体长约0.8mm，翅展1.8mm，细长，橙黄色，有一对透明前翅，腹末有长的针状交尾器。第一龄若虫椭圆形，橙黄色，触角及足均发达，尾端有一对长毛。第二龄若虫扁椭圆形，淡黄色，触角及足消失
		糠片蚧	成虫雌介壳长1.5～2mm，大多为不正椭圆形或卵圆形，灰褐色、灰白色或淡黄色，常与糠片相似；壳点2个，第一壳点甚小，椭圆形，第二壳点较大，近圆形，黄褐色或深褐色，各有一纵脊纹，重叠位于介壳前端或边缘。雌成虫体长约0.8mm，圆形或椭圆形，淡紫色。雄介壳长约0.8mm，狭长形，灰白色至淡褐色，壳点1个，椭圆形，暗绿褐色，位于介壳前端。雄成虫体长约0.4mm，淡紫色或紫红色，翅1对，腹末有长针状交尾器；初孵若虫体扁平椭圆形，淡紫色，触角和足短，固定后退化，不久分泌薄蜡质形成介壳。二龄雌若虫圆锥形，介壳较大，近圆形，黄褐色；雄若虫长椭圆形，介壳狭长形，灰白色；壳点均为1个，斜位于介壳前端
双翅目	瘿蚊科	柑橘花蕾蛆	成虫雌体长约2mm，黄褐色，被细毛。触角念珠状，14节，每节环生刚毛。前翅膜质透明，被黑褐色细毛，后翅特化为平衡棒。足细长。雄成虫体长1.2～1.4mm，灰黄色，触角鞭节和亚节呈哑铃状，形似2节，球部环生刚毛。其余同雌。幼虫体长2.8mm，长纺锤形橙黄色，前胸腹面具1褐色"Y"形剑骨片
	实蝇科	柑橘大实蝇	成虫体长10～13mm，翅展约21mm，全体呈淡黄褐色。中胸背面中央有一条黑色纵纹，从基部直达腹端，腹部第3节近前缘有一条较宽的黑色横纹，纵横纹相交成"十"字形。雌虫产卵管圆锥形，长约6.5mm，由3节组成；老熟幼虫体长15～19mm，乳白色圆锥形，前端尖细，后端粗壮。口钩黑色，常缩入前胸内
鞘翅目	天牛科	柑橘天牛	(1)柑橘褐　天牛成虫体长26～51mm，黑褐色，有光泽，被灰黄色短绒毛。头顶两复眼间有一条深纵沟，雄虫触角超过体长1/2～2/3，雌虫的较体略短或等长。前胸背板密生不规则脑状皱纹，两侧各有一个尖锐短刺突。末龄幼虫体长50～60mm，扁圆筒形，乳白色。前胸背板上有横列的4段褐纹，中间的两段较长，胸足短小。中胸腹面，后胸及腹部第1～7节背、腹面均有移动器，背面的略呈"中"字形 (2)星天牛　成虫体长19～39mm，漆黑色，有光泽。触角第3～11节基部有蓝白色绒毛斑，雄虫触角约超过体长一倍，雌虫的较体稍长。前胸背板中部有一明显瘤突，两侧各有一个粗短刺突。前翅基部密布颗粒，翅面有小白毛斑，排成不规则的5横行。末龄幼虫体长45～67mm，扁圆筒形，乳白色。前胸背板前方左右各有一个黄褐色飞鸟形纹，后方有一块略隆起的黄褐色"凸"字形大斑纹。无胸足，胸、腹部具有移动器
鞘翅目	吉丁虫科	柑橘吉丁虫	(1)柑橘爆皮虫　成虫体长约6～9mm，青铜色，有金属光泽，前胸背板密布微细皱纹。鞘翅紫铜色，有金黄色绒毛组成的不明显波状纹花斑，翅端有若干明显小齿。末龄幼虫体长18～20mm，扁平，细长，乳白色或淡黄色，表面多皱缩。前胸特别膨大，扁圆形，其背、腹面中央各有1条褐色纵沟，其后端分叉，头部和中、后胸甚小、无足，腹部各节近方形。腹末有一对黑褐色坚硬的钳状突起 (2)柑橘溜皮虫　成虫体长10mm左右，近黑色，微带金属光泽。前胸背板有较粗的横皱纹。鞘翅黑色，有白绒毛组成的不规则花斑，以翅端1/3处的白斑最清晰，翅端小齿微细。末龄幼虫体长23～26mm，扁平细长、乳白色。前胸背板大，近圆形，中央有1条深色纵沟。头部和中、后胸甚小，无足。腹部各节呈梯形。腹末有一对黑褐色坚硬的钳状突起
	叶甲科	恶性叶甲	雌成虫体长3～3.8mm，雄成虫略小。长椭圆形，蓝黑色，有金属光泽。口器、触角、足及腹部腹面黄褐色，胸部腹面黑色。前胸背板密布小点刻，鞘翅上各有10行纵列小点刻。后足腿节膨大，善跳跃。末龄幼虫体长6mm左右，头部黑色，胸腹部草黄色。前胸背板有深茶褐色半月形硬皮片，由背线分为左右两块。中、后胸两侧各有一个大的黑色突起，胸足黑色。体背常分泌有灰绿色黏液和黏附粪便

二、病害

柑橘主要病害的病原、症状特点见表 3-14（彩图 3-45～彩图 3-49）。

表 3-14 柑橘主要病害

病害名称	病原	发病部位	症状特点
柑橘溃疡病	柑橘溃疡病菌 *Xanthomonas campestris* pv. *citri* (Hasse) Dye [异名 *Xanthomonas citri* (Hasse) Dowson]，细菌，黄单胞杆菌属	叶、枝梢及果实	在叶片上的典型病斑为圆形，黄褐色，两边突起，木栓化，呈火山口开裂，病健交界处有黄色晕圈。成年结果树发病，常引起大量落叶、落果，甚至造成枝梢枯死，降低树势；未脱落的轻病果形成木栓化开裂的病斑；苗木发病后导致生长不良，延迟出圃时间
柑橘疮痂病	柑橘痂圆孢菌 *Sphaceloma fawcetti* Jenk.，半知菌亚门真菌，痂圆孢属	嫩叶、幼果、新梢	在叶片上初期产生油渍状黄色小点，以后病斑逐渐增大，颜色也随之变成蜡黄色。后期斑木栓化，在叶片正反两面都可生病斑，但多数发生在叶片背面，不穿透两面，病斑多时常连成一片，使叶片扭曲变为畸形。新梢受害与叶片病斑相似，但突起不显著，病斑分散或连成一片。果实发病在果皮上散生或密生突起病斑。开始为褐色小点，以后逐渐变为黄褐色木栓化突起，受害果实较小、皮厚、汁少、味酸，甚至变成畸形，严重时果实脱落
柑橘炭疽病	盘长孢状刺盘孢菌 *Colletotrichum gloeosporioides* Penz.，半知菌亚门真菌、刺盘孢属	果实、叶、枝梢	叶片受害时病斑常发生于叶片边缘或尖端，近圆形或不规则形，稍凹陷，病斑边缘为褐色至深褐色，中央灰褐色，上面散生或呈轮纹状排列着许多黑色小粒点上有橘红色黏液团。枝梢发病病斑呈长棱形、稍下凹，若病斑发展到绕枝一周时，病梢由上而下呈灰白色枯死，上面散生许多黑色小粒点，病梢叶片往往卷缩干枯、经久不落。幼果受害，初为暗绿色油渍状不规则病斑，后扩大至全果，病斑凹陷变黑，引起大量落果或失水僵果挂在枝上。成熟果实发病病斑呈圆形、褐色、稍凹陷的皮革状干疤型或褐色腐烂状果腐型、泪痕型
柑橘树脂病	柑橘间座壳 *Diaporthe meduscaea* Nitsohke [异名 *Diaporthe citri* (Fawcett) Wolf]，子囊菌亚门真菌、间座壳属	叶片、枝干、果实	(1)流胶型和干枯型　流胶型初期是病部皮层松软水浸状，灰褐色或深褐色，有小裂纹，常流出褐色胶液，有酒糟味，后来裂纹逐渐加深扩大，病皮坏死干硬而微翘。而干枯型症状则多发生于南丰蜜橘、朱红橘、乳橘和本地早等宽皮品种。当高温干燥时，病斑周围产生愈伤组织，死皮剥落，木质部裸露，露出四周突起的疤痕。干枯型的病斑无流胶现象，皮层红褐色，干枯略下陷，微有裂缝，但不立即脱落，在病健交界处有一条褐色明显的突起线。不论哪一种症状类，病菌都能透过皮层侵害木质部，使变为浅灰褐色，在病健交界处有一条黄褐色或黑褐色带痕。病斑发展围绕枝干1周并深入木质部时，导管阻塞，输导组织破坏，枝干枯死。将患病木质部切片镜检，在导管内可看见大量褐色胶质和菌丝体。在病部皮层和外露的木质部上，均可见到许多小黑点，此为分生孢子器，在高湿时产生黑色毛状物子囊壳。流胶型和干枯型症状在一定的条件下，可以互相转化，在适温高湿时，干枯型可以转化为流胶型症状 (2)砂皮症状　在嫩叶、青果等患病组织表面有许多散生或密集的紫褐色至黑褐色硬质粒点，散生或密集成片，略突起，似黏附许多细沙粒，因此被称为砂皮病 (3)褐色蒂腐病　果实在田间感染本病菌后，多在贮藏的后期才出现褐色蒂腐的症状

续表

病害名称	病原	发病部位	症状特点
柑橘贮藏期病害	真菌、细菌、非生物因素	果实	(1)青、绿霉病　两病的症状基本相同,初期为水渍状淡褐色圆形病斑,病部组织湿润柔软,用手指按压病部果皮易破裂。病部先长出白色菌丝,很快就转变为青色或绿色霉层。以后病部不断扩大,致全果腐烂。两病症状稍有不同。青霉病:蓝色,白色霉层带很窄、腐烂速度较慢,烂果不粘包果纸,有发霉气味。绿霉病:蓝绿色、白色霉层较宽,腐烂速度较快,紧粘包果纸,有芳香气味 (2)黑腐病　果实多从果蒂开始发病,初时出现水渍状淡褐色病斑,扩大后稍凹陷,黑褐色,病斑边缘不规则。天气潮湿时,病部长出初为白色,后变为墨绿色霉层,腐烂果心也长有墨绿色霉层。有些果实外表不表现症状,而果心和果肉已发生腐烂。腐烂果心也长有墨绿色霉层 (3)焦腐病　又称黑色蒂腐病。多发生在果实采收后贮藏前。发病初期果蒂周围的果皮出现水渍状淡褐色软腐病斑,后病斑迅速向外扩展,边缘波浪状,病部果皮呈暗紫褐色、极软,果皮易被压破。病部根快从果蒂腐烂至脐部,造成"穿心烂",病果肉黑色,味苦 (4)褐腐病　甜橙果实发生较多,发病初期,果皮上出现淡褐色斑,扩展迅速,几天内可引起全果腐烂。高湿条件下,病部长出稀疏的白色霉层,有一种芳香气味 (5)水肿病　此病是一种生理性病害,多发生在贮藏期佰柑、甜橙及蕉柑等果实上,其特征是整个果皮及果肉组织呈浅褐色水渍状浮肿,后转为深褐色,果肉产生酒精气味,完全失去商品价值。病果不表现软腐症状 (6)褐斑病　初发病仅在果皮油胞层显出褐色革质病斑,最后达到果肉,使果肉变质发生异味。病果在果皮上出现网状、片状、点状等不规则褐斑。该病是甜橙果实在贮藏后期常见的一种生理性病害

第九节　梨树病虫害种类识别

一、害虫

梨树害虫的形态特征见表 3-15 (附彩图 3-50~彩图 3-58)。

表 3-15　梨树主要害虫形态

目	科	种类	形态识别
鳞翅目	螟蛾科	梨大食心虫	成虫体长 10~12mm,翅展 24~26mm,体暗灰褐色;幼虫体淡红色,老熟幼虫体背为暗红褐色至暗绿色
	卷蛾科	梨小实心虫	成虫体长 6~7mm,翅展 10.6~15mm,灰褐色,前缘具有 10 组白色斜纹,翅面中央有一小白点,近外缘处有 10 个黑色斑点;卵扁椭圆形,淡黄白色、半透明;末龄幼虫体长 10~13mm,淡黄白色或粉红色;蛹纺锤形,黄褐色;茧为灰白色
膜翅目	叶蜂科	梨实蜂	成虫为黑色或褐色的小蜂,有光泽,体长 4~5mm,翅展 9~12mm;幼虫初孵化时为乳白色,头部淡褐色,老熟幼虫 7~9mm
鞘翅目	象甲科	梨虎	体长 12~14mm,紫红色,有金属光泽,体遍生暗褐色软毛,头略成圆筒形,头吻延长,形成管状,并略向下弯曲。触角位于喙管的中部。翅鞘上有较细的纵条点刻,前胸背板上小型凹陷较明显。幼虫老熟后黄白色,体肥大,常呈弯曲状

续表

目	科	种类	形态识别
同翅目	根瘤蚜科	梨黄粉蚜	有干母、普通型、性母和有性型4种。其中干母、普通型、性母均为雌性，行孤雌卵生繁殖，形态相似，体形略呈倒卵圆形，鲜黄色，体上有一层薄蜡粉、无翅、无尾片。雌性蚜，长椭圆形，鲜黄色，口器退化；若虫形似成虫，仅虫体较小，淡黄色
同翅目	木虱科	梨木虱	冬型成虫黑褐色，夏型成虫黄绿色至淡黄色；若虫，体扁椭圆形。初孵若虫淡黄色，夏季各代若虫体色随虫体变化由乳白色变为绿色，老若虫绿色
半翅目	网蝽科	梨花网蝽	成虫体长3.5mm，扁平，暗褐色，头小，触角丝状4节，复眼暗黑色，前胸背板与前翅均半透明，具褐色细网纹，足黄褐色，腹部金黄色，上有黑色斑纹，长椭圆形，一端略弯曲；若虫共5龄，初孵若虫乳白色，近透明，数小时后变为淡绿色至深褐色。3龄后有明显的翅芽，头部、前胸、中胸和腹部均有刺突
鳞翅目	斑蛾科	梨叶斑蛾	成虫体长9～13mm，翅展22～30mm，黑色。翅半透明，翅脉清晰可见。中脉贯穿中室。雄蛾触角双栉齿状，雌蛾双锯齿状。末龄幼虫体长20mm。初孵及越冬出蛰的小幼虫淡紫褐色，成长后体呈纺锤形，白色，有断续的黑色背线，两侧各有1排黑色斑块，每节上有6簇毛丛
膜翅目	茎蜂科	梨茎蜂	成虫体黑色并稍有光泽，体长10mm，翅展14～16mm；幼虫黄白色，体略扁，头胸部向下弯，尾部向上翘
同翅目	盾蚧科	梨圆蚧	雌成虫体背覆盖近圆形蚧壳，蚧壳直径1.8mm，有同心轮纹，蚧壳中央隆起的壳点黄色或黄褐色，虫体扁椭圆形，橙黄色。雄成蚧壳长椭圆形，较雌蚧壳小，壳点位于蚧壳的一端，橙黄色；若虫椭圆形，橙黄色，上下极扁平，口针比身体长。雌若虫蜕皮3次，雄若虫蜕皮2次，蚧壳长椭圆形，化蛹在蚧壳下；蛹淡黄色，圆锥形
鳞翅目	华蛾科	梨瘤蛾	成虫体长5～8mm，翅展12～17mm，体灰黄至灰褐色，具银色光泽；老熟幼虫体长7～8mm，头部红褐色，胴部肥大，全体布黄白色细毛，以头、前胸和尾端体节上的毛稍长而多
鞘翅目	天牛科	梨眼天牛	成虫：体长约10mm，体橙黄色，鞘翅蓝色，有金属光泽；老熟时体长18～21mm，体淡黄色，头部褐色，前胸背板方形，黄褐色

二、病害症状

梨树主要病害的病原、症状特点见表3-16（彩图3-59～彩图3-61）。

表3-16 梨树主要病害

病害名称	病原	发病部位	症状特点
梨黑星病	梨黑腥菌 *Venturia pirina* Aderh，子囊菌亚门真菌，痂圆孢属	果实、果梗、叶片、叶柄、新梢和芽鳞	(1)果实受害，先出现淡黄色圆形小病斑，病斑逐渐扩大，病部稍凹陷，上长黑霉。被害的幼果多龟裂并成干疤，易早期落果。果梗上发病多在幼果期，出现黑色椭圆形凹斑，上长黑霉。叶片上发病首先在叶背面出现圆形、椭圆形或不规则形状的淡黄色斑，以后病斑稍有扩大，出现煤烟状的黑色霉状物，为害严重时，许多病斑相互连接，在整个叶片的背面布满黑色霉层，其中叶脉上最易着生。叶柄染病时，首先出现针头大小的黑斑，后不断扩大，绕叶柄一周时，由于影响水分及养料运输，往往引起早期落叶 (2)新梢染病有两种症状。一种是由越冬芽染病所引起的病芽梢，这种病梢一般是春季在病梢的基部先变成黄褐色，继而变黑坏死，并且病部长满黑霉，终致新梢全部枯死；另一种症状是由夏季感染所致，这种病梢一般是先在新梢上出现黑色或黑褐色病斑，稍隆起如豆粒大，在病斑表面布满黑霉，最后病斑呈疮痂状，并出现龟裂。以后龟裂处，会翘起脱落，仅留疤痕。越冬芽被侵染，芽片松散，并有黑霉，第二年萌发形成病芽梢。病芽受害严重时，鳞片开裂，全芽枯死

续表

病害名称	病　　原	发病部位	症状特点
梨锈病	梨胶锈菌 *Gymnosporangium haraeanum* Syd.，担子菌亚门真菌，胶锈菌属	果实、叶、枝梢	叶片受害时，在叶正面产生有光泽的橙黄色的病斑，病斑边缘淡黄色，中部橙黄色，表面密生橙黄色小粒点，天气潮湿时，其上溢出淡黄色黏液，即性孢子。黏液干燥后，小粒点变为黑色，病斑变厚，叶正面稍凹陷，叶背面稍隆起，此后从叶背病斑处长出淡黄色毛状物，这是识别本病的主要特征。新梢和幼果染病也同样产生毛状物，病斑以后凹陷，幼果脱落。新梢上的病斑处易发生龟裂，并易折断
梨轮纹病	梨生囊孢壳菌 *Physalospora piricala* Nose，子囊菌亚门，囊孢壳属	枝干、叶、果实	枝干受害，通常以皮孔为中心产生褐色凸起的小斑点，后逐渐扩大成为近圆形或不正形的暗褐色病斑，初期病斑隆起呈现瘤状，后病斑周围有时环状下陷。第二年，病斑上出现许多黑色小粒点，即为轮纹病菌的分生孢子器，病斑与健部裂缝逐渐加深，病组织翘起，病情严重时，许多病斑连接在一起，使枝干表皮极为粗糙。果实多在近成熟期或贮藏期发病，以皮孔为中心发生水渍状褐色近圆形的斑点，后逐渐扩大，呈暗红褐色有时有明显的同心轮纹。病斑发展迅速，病果很快腐烂，并流出茶褐色黏液，有些病果最后也会干缩成僵果。叶片发病，多从叶尖上开始，产生不规则的褐色病斑，后逐渐变为灰白色，严重时，叶片提早脱落
梨树褐斑病	梨生壳针孢菌 *Septoria piricola* Desm.，半知菌亚门真菌，壳针孢属	叶片	病叶上有近圆形病斑，以后逐渐扩大。病斑中间为灰白色，其上密生黑色粒点，周围淡褐色至深褐色，最外层为紫褐色至黑色。发病严重的叶片，一片叶上往往有十多个病斑，后互相连接呈不规则大病斑，导致叶片早期落叶

第十节　桃树病虫害种类识别

一、害虫

桃树害虫的形态特征见表 3-17（彩图 3-62～彩图 3-63）。

表 3-17　桃树主要害虫形态

目	科	种类	形态识别
鳞翅目	螟蛾科	桃蛀螟	成虫体长 12mm，翅展 22～25mm，黄至橙黄色，体、翅表面具许多黑斑点似豹纹。幼虫体长 22mm，体色多变，有淡褐、浅灰、浅灰兰、暗红等色，腹面多为淡绿色。头暗褐，前胸盾片褐色，臀板灰褐，各体节毛片明显，灰褐至黑褐色，背面的毛片较大，第 1～8 腹节气门以上各具 6 个，成 2 横列，前 4 后 2。气门椭圆形，围气门片黑褐色突起。腹足趾钩不规则的 3 序环
同翅目	叶蝉科	桃一点斑叶蝉	成虫体长约 3.2mm，体黄绿色或绿色。头顶部有 1 个明显的黑色圆斑，其外周有白色晕圈。前翅白色半透明，翅脉黄绿色，后翅无色透明。若虫体淡墨绿色，复眼紫黑色
	盾蚧科	桑盾蚧	成虫雌体长 0.9～1.2mm，淡黄至橙黄色，介壳灰白至黄褐色，近圆形，长 2～2.5mm，略隆起，有螺旋形纹，壳点黄褐色，偏生一方。雄体长 0.6～0.7mm，翅展 1.8mm，橙黄至橘红色。触角 10 节念珠状有毛。前翅卵形，灰白色，被细毛；后翅特化为平衡棒。介壳细长，1.2～1.5mm，白色，背面有 3 条纵脊，壳点橙黄色位于前端。若虫初孵淡黄褐色，扁椭圆形，长 0.3mm 左右，眼、触角、足俱全，腹末有 2 根尾毛。两眼间具 2 个腺孔，分泌绵毛状蜡丝覆盖身体，2 龄眼、触角、足及尾毛均退化
鞘翅目	天牛科	桃红颈天牛	成虫体长 28～37mm，黑色，前胸大部分棕红色或全部黑色，有光泽。前胸两侧各有 1 刺突，背面有瘤状突起；幼虫体长 50mm，黄白色。前胸背板扁平方形，前缘黄褐色，中间色淡

二、病害

桃树主要病害的病原、症状特点见表 3-18（彩图 3-64～彩图 3-66）。

表 3-18 桃树主要病害

病害名称	病原	发病部位	症状特点
桃褐腐病	果栖链核盘菌 *Monilinia fructicola*（Wint.）Rehm. 和核果链核盘菌 *M. laxa*（Aderh. et Ruhl.）Honey 两种，子囊菌亚门，链核盘菌属	花、叶、枝梢及果实	花腐、枝枯。嫩叶受害，自叶缘开始，病部变褐萎垂，最后病叶残留枝上。果面产生褐色圆形病斑，果肉变褐软腐。继后在病斑表面生出灰褐色绒状霉层，常成同心轮纹状排列，病果腐烂后易脱落，但不少失水后变成僵果，悬挂枝上经久不落
桃炭疽病	长圆盘孢菌 *Gloeosporium laeticolor* Berk.，半知菌亚门，盘长孢属	果实、叶、枝梢	叶斑多始自叶尖或叶缘，半圆形或不定形，红褐色，边缘色较深，病健部分界明晰。果斑近圆形，稍下陷，初淡褐后转黑褐，病斑扩大并连合成斑块，常渗出胶液，终至软腐脱落。潮湿时病部表面现朱红色小点病征（分孢盘及分生孢子）
桃疮痂病	嗜果枝孢 *Cladosporium carpophilum* Thüm，半知菌亚门，枝孢属	果实、叶、枝梢	果实发病初期，果面出现暗绿色圆形斑点，逐渐扩大，至果实近成熟期，病斑呈暗紫或黑色，略凹陷，直径 2～3mm。病菌扩展局限于表层，不深入果肉。发病严重时，病斑密集，聚合连片，随着果实的膨大，果实龟裂。枝梢发病出现长圆形斑，起初浅褐色，后转暗褐色，稍隆起，常流胶。翌年春季，病斑表面产生绒点状暗色分生孢子丛。叶片被害，叶背出现暗绿色斑。病斑后转褐色或紫红色，组织干枯，形成穿孔。病叶易早期脱落
桃缩叶病	畸形外囊菌 *Taphrina deformans*（Berk.）Tul，子囊菌亚门，外囊菌属	叶片，严重时也可以为害花、幼果和新梢	嫩叶刚伸出时就显现卷曲状，颜色发红。叶片逐渐开展，卷曲及皱缩的程度随之增加，致全叶呈波纹状凹凸，严重时叶片完全变形。病叶较肥大，叶片厚薄不均，质地松脆，呈淡黄色至红褐色；后期在病叶表面长出一层灰白色粉状物，即病菌的子囊层
桃穿孔病	野油菜黄单胞菌桃叶穿孔病致病型 *Xanthomonas campestris* pv. *pruni*（Smith）Dye，细菌，黄单胞杆菌属	叶片、新梢及果实	叶片受害，开始时产生半透明油浸状小斑点，后逐渐扩大，呈圆形或不整圆形，紫褐色或褐色，周围有淡黄色晕环。天气潮湿时，在病斑的背面常溢出黄白色胶黏的菌脓，后期病斑干枯，在病、健部交界处发生一圈裂纹，仅有一小部分与叶片相连，因此，很易脱落形成穿孔。有时叶片边缘多数病斑互相愈合，使叶缘表现焦枯状。病叶变黄，容易早期脱落
桃树流胶病	(1)各种伤口引起 (2)葡萄座腔菌 *Botryosphaeria dothidea*（Moug. ex Fr.）Ces. et de Not.，子囊菌亚门，葡萄座腔菌属	主干和大枝	初期病部稍肿胀，后分泌出半透明、柔软的树胶，雨后流胶重，随后与空气接触变为褐色，成为晶莹柔软的胶块，后干燥变成红褐色至茶褐色的坚硬胶块，随着流胶数量增加，病部皮层及木质部逐渐变褐腐朽

第十一节　葡萄病虫害种类识别

一、害虫

葡萄害虫的形态特征见表 3-19（彩图 3-67～彩图 3-70）。

表 3-19 葡萄主要害虫形态

目	科	种类	形态识别
同翅目	根瘤蚜科	葡萄根瘤蚜	有根瘤型和叶瘿型。根瘤型无翅成蚜：长卵形，体长1.2～1.5mm，黄色或黄褐色，体背有许多黑色瘤状突起，上生1～2根刚毛。叶瘿型无翅成蚜：近圆形，长0.9～1.0mm，黄色，体背高度隆起，无小瘤，表面有细小颗粒状突起。有翅蚜：长椭圆形，长约0.9mm，橙黄色，翅无色透明。性蚜：雌成蚜长0.38mm，雄成蚜长0.31mm，无口器和翅，黄褐色
鳞翅目	透翅蛾科	葡萄透翅蛾	成虫体长18～20mm，翅展34mm左右。全体黑褐色。头的前部及颈部黄色。触角紫黑色。后胸两侧黄色。前翅赤褐色，前缘及翅脉黑色。后翅透明。腹部有3条黄色横带，以第四节的1条最宽，第六节的次之，第五节的最细。雄蛾腹部末端左、右有长毛丛1束。幼虫共5龄。老熟幼虫体长38mm左右，全体略呈圆筒形。头部红褐色，胸腹部黄白色，老熟时带紫红色。前胸背板有倒"八"形纹，前方色淡
	天蛾科	葡萄天蛾	成虫体长45mm左右、翅展90mm左右，体肥大呈纺锤形，体翅茶褐色，背面色暗，腹面色淡，近土黄色。体背中央自前胸到腹端有1条灰白色纵线，复眼后至前翅基部有1条灰白色较宽的纵线。前翅各横线均为暗茶褐色，中横线较宽，内横线次之，外横线较细呈波纹状，前缘近顶角处有1暗色三角形斑，斑下接亚外缘线，亚外缘线呈波状，较外横线宽。老熟幼虫体长80mm左右，绿色，背面色较淡。体表布有横条纹和黄色颗粒状小点。胸足红褐色，基部外侧黑色，端部外侧白色，基部上方各有1黄色斑点。前、中胸较细小，后胸和第一腹节较粗大。第八腹节背面中央具1锥状尾角。胴部背面两侧(亚背线处)有1条纵线，第二腹节以前黄白色，其后白色，止于至尾角两侧，前端与头部颊区纵线相接。中胸至第七腹节两侧各有1条由前下方斜向后上方伸的黄白色线，与体背两侧之纵线相接。第一至七腹节背面前缘中央各有1深绿色小点，两侧各有1黄白色斜短线，于各腹节前半部，呈"八"字形
鞘翅目	叶甲科	十星叶甲	成虫体长12～13mm，宽8～9mm，黄褐色，椭圆形。头小，大半缩入前胸内。鞘翅宽大，上布细密刻点，每个鞘翅上各有圆形黑色斑点5个，2个鞘翅共10个，呈4－4－2横行排列。幼虫体长12～15mm，长椭圆形略扁，土黄色。头小、胸足3对较小，除前胸及尾节外，各节背面均具两横列黑斑，中、后胸每列各4个，腹部前列4个，后列6个。除尾节外，各节两侧具3个肉质突起，顶端黑褐色
	天牛科	葡萄虎天牛	成虫体长16～28mm，体黑色。前胸红褐色，略呈球形；翅鞘黑色，两翅鞘合并时，基部有X形黄色斑纹。近翅末端又有一条黄色横纹。老熟幼虫体长约17mm，淡黄白色。前胸背板淡褐色。头甚小，无足

二、病害症状

葡萄主要病害的病原、症状特点见表3-20（彩图3-71～彩图3-75）。

表 3-20 葡萄主要病害

病害名称	病原	发病部位	症状特点
葡萄黑痘病	痂囊腔菌 *Elsinoe ampelina*，子囊菌亚门真菌、痂囊腔菌属	葡萄地上部所有绿色幼嫩组织：果实、果梗、叶片、叶柄、新梢和卷须	受害叶片产生小圆斑，初为黄色以后中央变成灰白色，外圈有紫褐色晕圈并穿孔，病斑也可沿叶脉成串发生，幼叶出现皱缩。幼蔓、卷须、叶柄及果梗病部呈暗色不规则凹斑，可造成病梢和病卷须环包而枯死，蔓上可出现溃疡斑，中部淡褐、边缘紫褐色，开裂。果实在如黄豆粒大以前最易感病，开始为一圆形深褐色小点，逐渐扩展成2～5mm大小的病斑，中心凹陷灰白色，外围深褐色，形如鸟眼状，后期病斑木栓化开裂，病果小、味酸，潮湿时病部有乳白色黏质物。葡萄从萌发至生长后期都可受害，以春和初夏最集中，是葡萄生长期出现最早的病害
葡萄白腐病	葡萄球座菌 *Guignardia bidwellii*，子囊菌亚门真菌，球座菌属	果实、枝梢、叶	通常在枝梢上先发病，病斑均发生在伤口处，开始呈水浸状淡红褐色边缘深褐色，后发展成长条形黑褐色，表面密生有灰白色小粒点。当病斑环切时，其上部叶片萎黄枯死。后期病枝皮层与木质部分离呈丝状纵裂；果穗受害，先在果梗和穗轴上形成浅褐色水浸状不规则形病斑，扩大使其下部的果穗部分干枯。发病果粒先在基部变成淡褐色软腐，逐渐发展至全粒变褐腐烂，果皮表面密生灰白色小粒点，以后干缩呈有棱角的僵果且极易脱落；叶片受害多从叶尖、叶缘开始形成近圆形、淡褐色大斑，有不明显的同心轮纹，后期也产生灰白色小粒点，最后叶片干枯很易破裂

续表

病害名称	病原	发病部位	症状特点
葡萄炭疽病	盘长孢菌 *Gloeosporium fructigenum* Berk,半知菌亚门真菌、盘长孢属	主要危害果实、叶片、新梢、穗轴、卷须较少发生	在果粒上发病初期,幼果表面出现黑色、圆形、蝇粪状斑点,但由于幼果酸度大、果肉坚硬限制了病菌的生长,病斑不扩大,不形成分生孢子,病部只限于表皮。果粒开始着色时,果粒变软,含糖量增高,酸度下降,进入发病盛期,最初在病果表面出现圆形、稍凹陷、浅褐色病斑,病斑表面密生黑色小点粒(分生孢子盘),天气潮湿时,分生孢子盘中可排除绯红色的黏状物(孢子块),后病果逐渐干枯,最后变成僵果。病果粒多不脱落,整穗僵葡萄仍挂在枝蔓上。叶片与新稍病斑主要在叶脉与叶柄上出现长圆形、深褐色斑点,天气潮湿时病斑表面隐约可见粉红色分生孢子块,但不如在果粒上表现明显
葡萄霜霉病	单轴霜霉菌 *Plasmopara uiticola* (Berk. dt Curtis) Berl. Et de Toni.,鞭毛菌亚门真菌,单轴霉属	主要危害叶片,也能侵染嫩梢、花序、幼果等幼嫩组织	叶片受害,最初在叶面上产生半透明、水渍状、边缘不清晰的小斑点,后逐渐扩大为淡黄色至黄褐色多角形病斑,大小形状不一,有时数个病斑连在一起,形成黄褐色干枯的大型病斑。空气潮湿时病斑背面产生白色霉状物(病原菌的孢子梗与孢子囊)。后病斑干枯呈褐色,病叶易提早脱落。嫩梢、卷须、叶柄、花穗梗感病,病斑初为半透明水渍状斑点,后逐渐扩大,病斑呈黄褐色至褐色、稍凹陷,空气湿度大时,病斑上产生较稀疏的白色霉状物,病梢生长停止,扭曲,严重时枯死。幼果感病,病斑近圆形、呈灰绿色,表面生有白色霉状物,后皱缩脱落,果粒长大后感病,一般不形成霉状物。穗轴感病,会引起部分果穗或整个果穗脱落
葡萄白粉病	葡萄钩丝壳菌 *Uncinula necator* (Schw.) Burr.,子囊菌亚门真菌,葡萄钩丝壳菌属	叶片、新梢及果实等幼嫩器官	葡萄展叶期叶面或叶背产生白色或褪绿小斑,病斑渐扩大,表面长出粉白色霉斑,严重的遍及全叶,致叶片卷缩或干枯。嫩蔓染病,初现灰白色小斑,后随病势扩展,渐由灰白色粉斑变为不规则大褐斑,呈羽纹状,上覆灰白色粉状物。果实染病出现黑色芒状花纹,上覆一层白粉,病部表皮变为褐色或紫褐色至灰黑色。因局部发育停滞,形成畸形果,易龟裂露出种子。果实发酸,穗轴和果实容易变脆

第十二节 蔬菜病虫害种类识别

一、害虫

蔬菜害虫的形态特征详见表3-21(彩图3-76～彩图3-80)。

表3-21 蔬菜主要害虫形态

目、科	种类	危害作物	形态识别
鞘翅目叶甲科	猿叶虫	十字花科的白菜、菜心、芥兰、黄芽白、芥菜、萝卜、西洋菜等蔬菜	成虫体呈椭圆形蓝黑色略带光泽的硬壳虫子。大猿叶虫体长约5mm,鞘翅上刻点排列不规则,后翅发达能飞翔;小猿叶虫体长约3.5mm,鞘翅上刻点排列规则(每翅刻点8行半),后翅退化不能飞翔。末龄幼虫体色灰黑而带黄,体呈弯曲,体长6～7.5mm,上长黑色肉瘤。大猿叶虫肉瘤较多(每体节20个),大小不一,瘤上刚毛不明显;小猿叶虫肉瘤较少(每体节8个),瘤上刚毛明显
	黄曲条跳甲	甘蓝、花椰菜、白菜、菜薹、萝卜、芜菁、油菜等十字花科蔬菜	成虫体长1.8～2.4mm,黑色,鞘翅上各有一条黄色纵斑,中部狭而弯曲;后足腿节膨大,胫节、跗节黄褐色,善跳。老熟幼虫体长4mm,长圆筒形,黄白色,各节有不显著肉瘤,有细毛
	黄守瓜	西瓜、南瓜、甜瓜、黄瓜等,也为害十字花科、茄科,豆科、向日葵、柑橘、桃、梨、苹果、朴树和桑树等	成虫体长7～8mm。全体橙黄或橙红色,有时略带棕色。上唇栗黑色。复眼、后胸和腹部腹面均呈黑色。幼虫长约12mm。初孵时为白色,以后头部变为棕色,胸、腹部为黄白色,前胸盾板黄色。各节生有不明显的肉瘤。腹部末节臀板长椭圆形,向后方伸出,上有圆圈状褐色斑纹,并有纵行凹纹4条

续表

目、科	种类	危害作物	形态识别
鳞翅目夜蛾科	斜纹夜蛾	白菜、甘蓝、芥菜、马铃薯、茄子、番茄、辣椒、南瓜、丝瓜、冬瓜以及藜科、百合科等多种作物	成虫体长14～20mm，翅展35～46mm，体暗褐色，胸部背面有白色丛毛，前翅灰褐色，花纹多，内横线和外横线白色、呈波浪状、中间有明显的白色斜阔带纹。幼虫体长33～50mm，头部黑褐色，胸部多变，从土黄色到黑绿色都有，体表散生小白点，各节有近似三角形的半月黑斑一对
鳞翅目螟蛾科	豆荚螟	豆科植物	成虫体长10～12mm，翅展20～24mm，前翅狭长，灰褐色，近翅基1/3处有一金黄色隆起黄带，外围有淡黄褐色宽带，前缘有一白色纵带。雄虫下唇须第3节极短，为第2节之1/5，而雌虫则为1/3。老熟幼虫体长约14mm，体背紫红色，腹面灰绿色，腹足趾钩双序全环
	茄黄斑螟	茄子、龙葵、马铃薯、豆类	成虫体长6.5～10mm，翅展约25mm。体、翅均白色，前翅具4个明显的黄色大斑纹；翅基部黄褐色；中央与后缘之间呈一个红色三角形纹；翅顶角下方有一个黑色眼形斑。后翅中室具一小黑点，后横线暗色，外缘有2个浅黄斑。老熟幼虫体长15～18mm，粉红色，幼龄期黄白色；头及前胸背板黑褐色；各节有6个黑褐色毛斑，前排4个，后排2个
蜱螨目跗线螨科	茶黄螨	茄果类、瓜类、豆类及苋菜、芥蓝、西芹、蕹菜、落葵、茼蒿、樱桃萝卜、白菜等名特优稀蔬菜	雌螨长约0.21mm，体躯阔卵形，腹部末端平截，淡黄至橙黄色，半透明，有光泽。身体分节不明显，体背部有1条纵向白带。足较短，4对，第四对足纤细，其跗节末端有端毛和亚端毛。腹部后足体部有4对刚毛。雄螨长约0.19mm，近六角形，腹部末端圆锥形。前足体3～4对刚毛，腹面后足体有4对刚毛。足较长而粗壮，第三、四对足的基节相连，第四对足胫跗节细长，向内侧弯曲，远端1/3处有1根特别长的刚毛，爪退化为纽扣状。幼螨长约0.11mm，近椭圆形，淡绿色。足3对，体背有1条白色纵带，腹末端有1对刚毛。若螨长约0.15mm，是一静止阶段，外面罩有幼螨的表皮
双翅目潜蝇科	美洲斑潜蝇	葫芦科、茄科和豆科植物	成虫体形较小，头部黄色，眼后眶黑色；中胸背板黑色光亮，中胸侧板大部分黄色；足黄色。幼虫蛆状，初孵时半透明，后为鲜橙黄色
鞘翅目瓢虫科	二十八星瓢虫	茄果类蔬菜中的茄子和马铃薯，此外还有豆类、瓜类以及白菜	马铃薯瓢虫成虫(北方)较大，身长7～8mm，赤褐色，鞘翅基部的3个黑斑后的4个黑斑不在一条线上，两鞘翅合缝处有1～2对黑斑相连。茄二十八星瓢虫成虫(南方)较小，长约6mm，黄褐色，鞘翅基部的3个黑斑后方的4个黑斑几乎在一条直线上，两翅合缝处黑斑不相连，虫体均为半球形。马铃薯瓢虫的幼虫体较长，约9mm，淡黄褐色，体表多枝刺、黑色；茄二十八星瓢虫的幼虫体较短，约7mm，由初产的淡黄色变为白色，枝刺白色

二、病害症状

蔬菜主要病害的病原、症状特点见表3-22（彩图3-81～彩图3-88）。

表 3-22 蔬菜主要病害

病害名称	病原	发病部位	症状特点
白菜软腐病	白菜软腐病菌 *Erwinia carotovora* var. Carotovora .，细菌，欧氏杆菌属	整株	当白菜柔嫩多汁的组织开始受害时，呈浸润半透明状，后变褐色，随即变为黏滑软腐状。比较坚实少汁的组织受侵染后，也先呈水渍状，逐渐腐烂，但最后病部水分蒸发，组织干缩。白菜在田间发病，多从包心期开始。起初植株外围叶片在烈日下表现萎垂，但早晚仍能恢复。随差病情的发展，这些外叶不再恢复，露出叶球。发病严重的植株结球小，叶柄基部和根茎处心髓组织完全腐烂，充满灰黄色黏稠物，臭气四溢，易用脚踢落。菜株腐烂有的从根髓或叶柄基部向上发展蔓延，引起全株腐烂；也有的从外叶边缘或心叶顶端开始向下发展，或从叶片虫伤处向四周蔓延，最后造成整个菜头腐烂。腐烂的病叶在晴暖、干燥的环境下可以失水干枯变成薄纸状
辣椒炭疽病	胶孢炭疽菌 *Colletotrichum gloeosporioides*（Penz.）Sacc.，（异名：黑刺盘孢菌 *C. nigrum* Ell. et Halst），半知菌亚门真菌，炭疽菌属	果实、叶片和茎部	叶片病斑初呈水浸状褪色绿斑，后逐渐变为褐色。病斑近圆形，中间灰白色，上有轮生黑色小点粒，病斑扩大后呈不规则形，有同心轮纹，叶片易脱落。果实染病，初呈水渍状黄褐色病斑，扩大后呈长圆形或不规则形，病斑凹陷，上有同心轮纹，边缘红褐色，中间灰褐色，轮生黑色点粒，潮湿时，病斑上产生红色黏状物，干燥时呈膜状，易破裂
辣（甜）椒疫病	辣椒疫霉菌 *Phytophthora capici* Leonian，鞭毛菌亚门真菌，疫霉属	叶片、果实和茎，特别是茎基部最易发生	幼苗期发病，多从茎基部开始染病，病部出现水渍状软腐，病斑暗绿色，病部以上倒伏。成株染病，叶片上出现暗绿色圆形病斑，边缘不明显，潮湿时，其上可出现白色霉状物，病斑扩展迅速，叶片大部软腐，易脱落，干后成淡褐色。茎部染病，出现暗褐色条状病斑，边缘不明显，条斑以上枝叶枯萎，病斑呈褐色软腐，潮湿时斑上出现白色霉层。果实染病，病斑呈水渍状暗绿色软腐，边缘不明显，潮湿时，病部扩展迅速，可全果软腐，果上密生白色霉状物，干燥后变淡褐色、枯干
甜（辣）椒病毒病	黄瓜花叶病毒（CMV）、烟草花叶病毒（TMV）	整株	（1）花叶型　病叶出现明显黄绿相间的花斑、皱缩，或产生褐色坏死斑 （2）叶片畸形或丛簇型　开始时植株心叶叶脉褪绿，逐渐形成深浅不均的斑驳、叶面皱缩，以后病叶增厚，产生黄绿相间的斑驳或大型黄褐色坏死斑，叶缘向上卷曲。幼叶狭窄、严重时呈线状，后期植株上部节间短缩呈丛簇状。重病果果面有绿色不均的花斑和疣状突起 （3）条斑型　叶片主脉呈褐色或黑色坏死，沿叶柄扩展到侧枝和主茎，出现系统坏死条斑，常造成早期的落叶、落花、落果，严重时整株枯死
番茄青枯病	青枯病菌 *Pseudomonas solanacearum*（Smith）Dowson，细菌，假单胞杆菌属	整株	植株迅速萎蔫、枯死，茎叶仍保持绿色。病茎的褐变部位用手挤压，有乳白色菌液排出。发病时，首先是顶部叶片萎蔫，接着下部叶片枯萎，中部叶片反应最迟
茄绵疫病	茄疫霉病菌 *Phytophthora melongenae* Swada，鞭毛菌亚门真菌，疫霉属	果实、叶片	果实受害多以下部老果较多，初期出现水渍状斑点，逐渐扩大，并产生茂密的白色棉絮状菌丝，果实内部变黑腐烂、易脱落，病果落地后，由于潮湿可使全果腐烂遍生白霉，最后干缩成僵果，病叶有明显轮纹
茄子黄萎病	大丽轮枝菌 *Verticillium dahliae* Kleb. 半知菌亚门真菌，轮枝菌属	叶片、茎秆及整株	初期叶缘及叶脉间出现褪绿斑，病株初在晴天中午呈萎蔫状，早晚尚能恢复，经一段时间后不再恢复，叶缘上卷变褐脱落，病株逐渐枯死，叶片大量脱落呈光秆。剖视病茎，维管束变褐。有时植株半边发病，呈半边疯或半边黄。此病对茄子生产危害极大，发病严重年份绝收或毁种。茄子苗期即可染病，田间多在坐果后表现症状。茄子受害，一般自下向上发展

续表

病害名称	病　原	发病部位	症 状 特 点
西瓜枯萎病	西瓜尖镰孢菌西瓜专化型 *Fusarium oxysporum* (Schl.) f. sp. *niveum* (Smith) Snyder，半知菌亚门真菌，镰刀孢菌属	整株	发病初期，病株茎蔓上的叶片自基部向前逐渐萎蔫，似缺水状，中午更明显，最初一二日，早晚尚能恢复正常，数日后，植株萎蔫不再恢复，慢慢枯死，多数情况全株发病，也有的病株仅部分茎蔓发病，其余茎蔓正常。发病植株茎蔓基部稍缢缩，病部纵裂，有淡红色(琥珀色)胶状液溢出，根部腐烂变色，纵切根颈，其维管束部分变褐色
西瓜炭疽病	葫芦科刺盘孢菌 *Colletotrichum orbiculare* (Berk. &Ment.)，半知菌亚门真菌，炭疽菌属	叶片、茎蔓、叶柄和果实	幼苗受害子叶边缘出现圆形或半圆形褐色或黑褐色病斑，外围常有黑褐色晕圈，其病斑上常散生黑色小粒点或淡红色黏状物。近地面茎部受害，其茎基部变成黑褐色且缢缩变细猝倒。瓜蔓或叶柄染病，初为水浸状黄褐色长圆形斑点，稍凹陷，后变黑褐色，病斑环绕茎一周后，全株枯死。叶片染病，初为圆形或不规则形水渍状斑点，有时出现轮纹，干燥时病斑易破碎穿孔。潮湿时病斑上产生粉红色黏稠物。果实染病初为水浸状凹陷形褐色圆斑或长圆形斑，常龟裂，湿度大时斑上产生粉红色黏状物
西瓜蔓枯病	瓜类黑腐球壳菌 *Didymella bryoniae*，瓜类球腔菌 *Mycosphaerella melonis* (Pass.) Chiu et Walker 子囊菌亚门真菌，球腔菌属	茎、叶、瓜及卷须等地上部受害，不危害根部	茎部发病引起瓜秧枯死，但维管束不变色，与枯萎病有区别。茎部多在茎基部和节部感病，病部初生油浸状椭圆形病斑，后变白色，流胶，密生小黑点。茎基部病斑软化后表皮龟裂和剥落，露出维管束呈麻丝状。叶片多从边缘发病，形成黄褐色或灰白色扇形大病斑，其上密生小黑点，干燥后，易破碎。病菌从花瓣、柱头侵染，引起花蒂部黄化萎缩。与西瓜炭疽病的区别是，蔓枯病病斑表面无粉红色黏质物，中心色淡，边缘有很宽的褐色带，并有明显的同心轮纹和小黑点，不易穿孔
黄瓜霜霉病	古巴假霜霉菌 *Pseudoperonospora cubensis* (B. et C.) Rostov，鞭毛菌亚门真菌，假霜霉属	主要为害叶片和茎，卷须及花梗受害较少	幼苗期发病，子叶正面发生不规则的褪绿黄褐色斑点，病斑直径 2～5mm，潮湿时病斑背面产生灰褐色霉状物，严重时子叶变黄干枯。成株发病先是中下部叶片反面出现水渍状、淡绿色小斑点，正面不显，后病斑逐渐扩大，正面显露，病斑变黄褐色，受叶脉限制，病斑呈多角形。在潮湿条件下，病斑背面出现紫褐色或灰褐色稀疏霉层。严重时，病斑连成一片，叶片干枯
瓜类白粉病	瓜白粉菌 *Erysiphe cucurbi-tacearum* Zheng et chen 和瓜单囊壳菌 *Sphaerotheca cucurbitae* (Jacz.) Z. Y. Zhao，子囊菌亚门真菌，白粉菌属和单囊壳属	叶片	叶正反面病斑圆形，较小，上生白粉状霉(病菌菌丝体、分生孢子梗和分生孢子)，逐渐扩大汇合，严重时整个叶片布满白粉，变黄褐色干枯，白粉状霉转变为灰白色。有些地区发病晚期在霉层上或霉层间产生黑色小粒(病菌闭囊壳)

第四章　植物病虫害识别实训

实训一　昆虫外部形态及虫态类型识别

1. 实训目的

掌握正确区别昆虫外部形态和各种虫态的主要特征的关键技术。

2. 实训所需条件

常见昆虫蝗虫、椿象、蛾、蝶、甲虫、蜂、蝇等成虫标本和生活史标本、扩大镜、镊子、挑针、体视显微镜等。

3. 考核内容

见表 4-1。

表 4-1　昆虫外部形态及虫态识别项目考核

项目编号	实训项目名称	考核内容	考核标准	标准分值	实际得分	综合评价	考核教师
一	昆虫外部形态及虫态类型	昆虫头部	各附器的着生位置、结构、类型	20			
		昆虫胸部	足、翅的构造、类型	20			
		昆虫腹部	雌、雄外生殖器的构造、类型	10			
		各种虫态	卵、幼虫、蛹、成虫的形态、类型	40			
		实训报告	能够正确描述、绘制昆虫外部形态并写出实训报告	10			
合计				100			

说明：

① 实训需要学时较短；

② 学生分组进行操作；

③ 考核对象是每位学生，考核同时进行评分；

④ 考核项目在实验室进行。

实训二　农业常见昆虫分类识别

1. 实训目的

掌握农业常见昆虫分类过程中的主要目、科特征识别的关键技术。

2. 实训所需条件

常见农业昆虫盒装标本、针插标本和浸渍标本、扩大镜、镊子、挑针、体视显微镜等。

3. 考核内容

见表 4-2。

表 4-2 农业常见昆虫分类识别项目考核

项目编号	实训项目名称	考核内容	考核标准	标准分值	实际得分	综合评价	考核教师
二	农业常见昆虫分类	直翅目、半翅目	认识直翅目 4 科昆虫、半翅目 5 科昆虫	15			
		同翅目、等翅目	认识同翅目 8 科昆虫、等翅目 1 科昆虫	15			
		鳞翅目、鞘翅目	认识鳞翅目 10 科昆虫、鞘翅目 10 科昆虫	30			
		膜翅目、脉翅目	认识膜翅目 5 科昆虫、脉翅目 1 科昆虫	15			
		双翅目、缨翅目	认识双翅目 6 科昆虫、缨翅目 1 科昆虫	15			
		实训报告	能够正确识别各目特征和各科特点并写出实训报告	10			
合计				100			

说明：

①实训需要学时较长；

② 学生分组进行识别；

③ 考核对象是每位学生，考核同时进行评分；

④ 考核项目在实验室进行。

实训三 植物病害症状识别

1. 实训目的

掌握植物病害的症状识别的关键技术。

2. 实训所需条件

常见植物病害标本等。

3. 考核内容

见表 4-3。

表 4-3 植物病害症状识别项目考核表

项目编号	实训项目名称	考核内容	考核标准	标准分值	实际得分	综合评价	考核教师
三	植物病害的主要症状	病状	认识变色、斑点、腐烂、萎蔫、畸形等植物症状(各占 10 分)	50			
		病征	认识真菌的霉状物、粉状物、粒状物(30)、细菌(10)	40			
		实训报告	写出植物病害症状特点实训报告	10			
合计				100			

说明：

① 实训考核时间较长；

② 学生分组进行识别；

③ 考核对象是每位学生，考核同时进行评分；

④ 考核项目在实验室进行。

实训四　植物病害病原物形态识别

1. 实训目的

掌握植物病害病原物形态识别的关键技术。

2. 实训所需条件

常见植物病害玻片标本、盒装标本、光学显微镜、扩大镜等。

3. 考核内容

见表 4-4。

表 4-4　植物病害病原物形态项目考核

项目编号	实训项目名称	考核内容	考核标准	标准分值	实际得分	综合评价	考核教师
四	植物病害病原物形态	真菌	认识营养体(5分)、繁殖体(5分)、鞭毛菌、结合菌、子囊菌、担子菌、半知菌(各8分)	50			
		细菌	在显微镜下找到细菌形态	20			
		线虫	在显微镜下找到线虫形态	10			
		寄生性种子植物	认识菟丝子的形态	10			
		实训报告	写出植物病原物特点的实训报告	10			
合计				100			

说明：

① 实训考核时间较长；

② 学生分组进行识别；

③ 考核对象是每位学生，考核同时进行评分；

④ 考核项目在实验室进行。

实训五　作物病虫害种类识别

1. 实训目的

掌握作物病虫害分类过程中的主要环节的关键技术。

2. 实训所需条件

常见作物病虫害种类生活史标本、实物标本、挂图、光碟、扩大镜、光学显微镜、体视显微镜等。

3. 考核内容

见表 4-5。

表 4-5 作物病虫害种类识别项目考核

项目编号	实训项目名称	考核内容	考核标准	标准分值	实际得分	综合评价	考核教师
五	作物病虫害种类识别(按作物分)	水稻病虫害	认识水稻害虫10种、水稻病害10种	20			
		旱粮病虫害	认识小麦病虫害10种;玉米病虫害5种	15			
		经济植物病虫害	认识棉花病虫害10种;油菜病虫害5种	15			
		果树病虫害	认识柑橘病虫害15种;葡萄病虫害5种;桃树病虫害8种;梨树病虫害10种	30			
		蔬菜病虫害	认识茄科、瓜类、白菜病虫害10种	10			
		实训报告	能够根据操作方法及步骤写出实训报告	10			
合计				100			

说明：

① 实训考核时间较长；

② 学生分组进行操作；

③ 考核对象是每位学生，考核同时进行评分；

④ 考核时间分段进行，考核的具体项目，要随着各种植物生长时期进行。

模块二

农药的安全使用技术

【学习目标】

1. 掌握农药剂型和种类的识别技术。
2. 熟悉当地常用农药的适用范围和使用方法。
3. 掌握农药的配制和质量检测技术。

农药系指用于预防、消灭或者控制危害农业、林业的病、虫、草和其它有害生物以及有目的地调节植物、昆虫生长的化学合成或者来源于生物、其它天然物质的一种物质或者几种物质的混合物及其制剂。主要包括两大类——高效、低毒的化学农药和生物农药。农药是一类生物毒剂，绝大多数对高等动物有一定的毒性，如果使用不当就可能造成人、畜中毒。我国国务院及有关部门多年来为农药的安全管理、科学使用、预防中毒，颁布了一系列通知和法令，从事农药工作的人员应熟悉有关内容并严格遵守，以防中毒事故的发生。在农药使用中还要特别注意对环境，特别是农田生态的影响。要针对病、虫、草害的发生情况，适时、适量地使用农药，不可随意进行大剂量、大面积、全覆盖式施药，以防过量的农药残留对农田、水域、地下水的污染，更要避免因大量杀伤非靶标生物而严重破坏农田生态环境。因此，必须掌握农药的基本知识，熟悉农药的性能特点及有害生物发生的基本规律，利用一切有利因素，科学、合理、适时地使用农药，才能获得比较好的防治效果。

随着人们对环保和健康的关注，高效、高毒的有机磷农药的使用在各国都受到不同程度的限制，高效、低毒、低残留是农药产业的发展方向。

第五章　农药种类识别技术

第一节　农药的分类及其剂型

一、农药的分类

农药的种类很多，按照不同的分类方式可有不同的分法，一般可按防治对象、化学成分、作用方式进行分类。

1. 按防治对象分类

（1）杀虫剂　以害虫为防治对象的农药，防治农林、卫生及仓储等害虫或有害节肢动物。

（2）杀螨剂　防治螨类的农药。多具有触杀和内吸作用。如螨完锡等。

（3）杀菌剂　能够直接杀灭或抑制植物病原菌生长和繁殖的农药，或能诱导植物产生抗病性能，抑制病害发展与危害的农药。

（4）杀线虫剂　防治植物寄生性线虫的农药。多具有熏蒸作用。如威百亩等。

（5）除草剂　能够杀灭农田杂草的农药。按对植物作用性质可分：①灭生性除草剂，施药后能杀死所有植物的药剂，如草甘膦等；②选择性除草剂，施药后有选择地毒杀某些种类的植物，而对另一些植物无毒或毒性很低的药剂，如 2,4-滴丁酯可防除阔叶杂草，而对禾本科杂草无效。按对植物作用方式分为内吸性除草剂，如西玛津等和触杀性除草剂，如除草醚。

（6）杀鼠剂　专门杀灭鼠类等啮齿动物的农药。杀鼠剂大部分是胃毒剂，用以配制毒饵诱杀。

此外，还有病毒抑制剂、杀软体动物剂、植物生长调节剂等。

2. 按农药的来源及化学性质分类

（1）无机农药　无机农药是用矿物原料加工制成的农药，其有效成分是无机化合物的种类。这类农药品种少，药效低，对植物不安全，逐渐被有机农药，生物农药取代。如硫酸铜等。

（2）有机农药　有机合成的农药，其有效成分是有机化合物的种类。这类农药具有药效高、见效快、用量少、用途广等特点，成为使用最多的一类农药。如敌敌畏、乐斯本、三唑酮、代森锰锌等。

（3）生物农药　生物农药是用生物活体或其代谢产物制成的农药。按照其成分和来源可分为微生物活体农药、微生物代谢产物农药、植物源农药、动物源农药四个部分。如：微生物农药，即用微生物或其代谢产物制成的农药，如白僵菌、苏云金杆菌等；植物性农药，用天然植物制成的农药，如烟草、鱼藤、除虫菊等。生物农药具有对人、畜毒性较低，选择性强，易降解，不易污染环境和植物产品等优点，但也存在效果慢，杀虫谱有限，受环境影响大，质量、效果不够稳定，菌剂含活菌，不易受专利保护等不足。

3. 按作用方式分类

（1）杀虫剂

① 胃毒剂，通过消化系统进入虫体内，使害虫中毒死亡的药剂。如敌百虫，适合于防治咀嚼式口器的昆虫。

② 触杀剂，通过与害虫虫体接触，药剂经体壁进入虫体内使害虫中毒死亡的药剂。如大多数有机磷杀虫剂、拟除虫菊酯类杀虫剂。触杀剂对各种口器的害虫均可使用，但对体被蜡质分泌物的介壳虫、木虱、粉虱等效果差。

③ 内吸剂，药剂易被植物组织吸收，并在植物体内运输，传导到植物的各部分，或经过植物的代谢作用而产生更毒的代谢物，当害虫取食使其中毒死亡的药剂。如乐果、吡虫啉等。内吸剂对刺吸式口器的昆虫防治效果好，对咀嚼式口器的昆虫也有一定效果。

④ 熏蒸剂，药剂以气体分子状态充斥其作用的空间，通过害虫的呼吸系统进入虫体，使害虫中毒死亡的药剂。如磷化铝、溴甲烷等。熏蒸剂应在密闭条件下使用效果才好。如用磷化铝片剂防治蛀干害虫时，要用泥土封闭虫孔；用溴甲烷进行土壤消毒时，须用薄膜覆盖等。

⑤ 其它杀虫剂，忌避剂，如驱蚊油、樟脑；拒食剂，如拒食胺；黏捕剂，如松脂合剂；绝育剂，如噻替派、六磷胺等；引诱剂，如糖醋液；昆虫生长调节剂，如灭幼脲Ⅲ。这类杀虫剂本身并无多大毒性，而是以特殊的性能作用于昆虫。一般将这些药剂称为特异性杀虫剂。

实际上，杀虫剂的杀虫作用并不完全是单一的，多数杀虫剂往往兼具几种杀虫作用。如敌敌畏具有触杀、胃毒、熏蒸三种作用，但以触杀作用为主。在选择使用农药时，应注意选用其主要的杀虫作用。

(2) 杀菌剂

① 保护剂，在植物感病前，把药剂喷布于植物体表面，形成一层保护膜，阻碍病原微生物的侵染，从而使植物免受其害的药剂。如波尔多液、代森锌等。

② 治疗剂，在植物感病后，喷布药剂，以杀死或抑制病原物，使植物病害减轻或恢复健康的药剂。如三唑酮、甲基硫菌灵（甲基托布津）。

二、农药的剂型

为了方便使用，农药被加工成不同的剂型，常见的剂型有以下几种。

1. 粉剂

粉剂是用原药加入一定量的惰性粉，如黏土、高岭土、滑石粉等，经机械加工成粉末状物，粉粒直径在100μm以下。细度为95%能通过200目筛。有效成分含量依药剂毒性而定，一般含0.5%～10%。粉剂不易被水湿润，不能兑水喷雾。一般高浓度的粉剂用于拌种、制作毒饵或土壤处理用，低浓度的粉剂用作喷粉。缺水地方使用方便。

2. 可湿性粉剂

可湿性粉剂是在原药中加入一定量的湿润剂和填充剂，经机械加工成的粉末状物，粉粒直径在70μm以下。细度为99.5%能通过200目筛。一般有效成分含量高。它不同于粉剂的是加入了一定量的湿润剂，如皂角、亚硫酸纸浆废液等，易被水湿润、分散和悬浮，可供喷雾使用，一般不用作喷粉。因为它分散性能差，浓度高，易产生药害，价格也比粉剂高。

3. 乳油（乳剂）

乳油（乳剂）是在原药中加入一定量的乳化剂和溶剂制成的透明状液体。如40%乐果乳油。适于兑水喷雾用，加水后成为乳化液。防治病虫的效果比同种药剂的其它剂型好，一般药效期较长。因此，乳油是目前生产上应用最广的一种剂型。

4. 颗粒剂

颗粒剂是在原药中加入载体（黏土、煤渣等）制成的颗粒状物。粒径一般在250～600μm之间，如3%呋喃丹颗粒剂。颗粒剂的药效期效长，用药量少，使用方便。主要用于土壤处理，也可以撒于植物心叶内或播种沟内。

5. 烟雾剂

烟雾剂是在原药中加入燃料、氧化剂、消燃剂、引芯制成。点燃后燃烧均匀，成烟率高，无明火，原药受热气化，再遇冷凝结成微粒飘于空间。一般用于防治温室大棚及仓库病虫害。

6. 超低容量制剂

超低容量制剂是在原药中加入油脂溶剂、助剂制成，专门供超低容量喷雾。使用时不用兑水而直接喷雾，单位面积用量少，工效高，适于缺水地区。

7. 可溶性粉剂（水剂）

可溶性粉剂（水剂）是用水溶性固体农药制成的粉末状物。成本低，但不宜久存，不易附着于植物表面。可兑水使用。

8. 片剂

在原药中加入填料制成的片状物。如用磷化铝片剂防蛀干害虫天牛。

此外还有种衣剂、拌种剂、浸种剂、熏蒸剂、气雾剂、缓释剂、胶悬剂、胶囊剂、毒笔、毒绳、毒纸环、毒签等。

随着农药加工技术的不断进步，各种新的制剂被陆续开发利用。如微乳剂、固体乳油、悬浮乳剂、漂浮颗粒剂、微胶囊剂等。

第二节　常用农药种类

一、常用杀虫、杀螨剂简介

（一）有机磷杀虫剂

1. 敌敌畏（dichlorvos）

具有触杀、熏蒸和胃毒作用，残效期1～2d。对人、畜中毒。对鳞翅目、膜翅目、同翅目、双翅目、半翅目等害虫均有良好的防治效果，击倒迅速。常见加工剂型有50%、80%乳油。用50%乳油1000～1500倍液或80%乳油2000～3000倍液喷雾，温室、大棚内可用于熏蒸杀虫，具体用量为0.26～0.30g/m^3。

2. 辛硫磷（肟硫磷、倍腈松，phoxim）

具触杀和胃毒作用。对人畜低毒。可用于防治鳞翅目幼虫及蚜、蚧等。常见剂型有3%、5%颗粒剂，25%微胶囊剂，50%、75%乳油。一般使用浓度为50%乳油1000～1500倍液喷雾；5%颗粒剂30kg/hm^2。防治地下害虫。

3. 速扑杀（速蚧克、杀扑磷，methidathion）

具触杀、胃毒及熏蒸作用，并能渗入植物组织内。对人、畜高毒。是一种广谱性杀虫剂，尤其对于介壳虫有特效。常见剂型有40%乳油。一般使用浓度为40%乳油稀释1000～3000倍液喷雾，在若蚧期使用效果最好。

4. 乐斯本（毒死蜱、氯吡硫磷，chlorpyrifos）

具触杀、胃毒及熏蒸作用。对人、畜中毒。是一种广谱性杀虫剂。对于鳞翅目幼虫、蚜虫、叶蝉及螨类效果好，也可用于防治地下害虫。常见剂型有40.7%、40%乳油。一般使用浓度为40.7%乳油稀释1000～2000倍液喷雾。

5. 爱卡士（喹硫磷、喹恶磷，quinalphos）

具触杀、胃毒和内吸作用。对人、畜中毒。是一种广谱性杀虫剂。对于鳞翅目幼虫、蚜虫、叶蝉、蓟马及螨类效果好。常见剂型有25%乳油、5%颗粒剂。一般使用浓度为25%乳油稀释800～1200倍液喷雾。

6. 甲基异柳磷（isofenphos-methyl）

为土壤杀虫剂，对害虫有较强的触杀及胃毒作用，杀虫谱广。主要用于防治蝼蛄、蛴螬、金针虫等地下害虫。只准用于拌种或土壤处理，不可兑水喷雾。对人、畜高毒。常见剂型有20%、40%乳油，2.5%、3%颗粒剂。一般使用方法为：首先按种子量的千分之一确定40%乳油的用量，然后稀释100倍并进行拌种处理，可防治多种地下害虫；按20%乳油4.5～7.0L/hm^2计，制成毒土300kg，均匀进行穴施或条施后覆土，可有效地防治蛴螬。

7. 乐果（dimethoate）

具有良好的触杀、内吸及胃毒作用，是广谱性的高效低毒选择性杀虫、杀螨剂。在昆虫体内能氧化成活性更高的氧乐果，其作用机制是抑制昆虫体内的乙酰胆碱酯酶，阻碍神经传导而导致死亡。在高等动物体内，则很不稳定，迅速地被酰胺酶和磷酸酯酶水解成无毒物质而排出体外。常见剂型有40%、50%乐果乳油。使用方法：主要用于棉花、果树、蔬菜及其它作物。40%乐果乳油800～2000倍喷雾防治棉蚜、蓟马、叶蝉、飞虱、豌豆潜叶蝇、梨星毛虫、木虱、柑橘红蜡蚧等。注意事项如下。①使用浓度在20℃以上效果显著，低于15℃效果较差。②啤酒花、菊科植物、高粱有些品种及烟草、枣树、桃、杏、梅树、橄榄、无花果、柑橘等作物，对稀释倍数在1500倍以下的乐果乳剂敏感，使用前应先作药害实验。③乐果对牛、羊的胃毒性大，喷过药的绿肥、杂草在1个月内不可喂牛、羊。施过药的地方7～10d内不能放牧牛、羊。对家禽胃毒更大，使用时要注意。④蔬菜在收获前不要使用该药。⑤口服中毒可用生理盐水反复洗胃，接触中毒应迅速离开现场。解毒剂为阿托品，加强心脏监护，保护心脏，防止猝死。

8. 乙酰甲胺磷（acephate）

是一种内吸性广谱杀虫剂，具有胃毒和触杀作用，并可杀卵，有一定的熏蒸作用，是缓效型杀虫剂，如果与西维因、乐果等农药混用，有增效作用并可延长持效期。剂型有30%、40%乙酰甲胺磷乳油，25%乙酰甲胺磷可湿性粉剂。适用于蔬菜、茶树、烟草、果树、棉花、水稻、小麦、油菜等作物，防治多种咀嚼式、刺吸式口器害虫和害螨及卫生害虫。30%乙酰甲胺磷乳油500～1000倍喷雾防治菜青虫、小菜蛾、棉蚜、桃小食心虫、梨小食心虫、黏虫、烟青虫等；300～500倍防治稻纵卷叶螟、棉铃虫、棉红铃虫、柑橘介壳虫等。注意事项如下。①不能与碱性物质混用。②不宜在桑、茶树上使用。③本品易燃，在运输和贮存过程中注意防火，远离火源。④中毒症状为典型的有机磷中毒症状，但病程持续时间较长，胆碱酯酶恢复较慢。用阿托品或解磷定解毒，要对症处理，注意防止脑水肿。

（二）有机氮杀虫剂

1. 吡虫啉（咪蚜胺、NTN-33893、imidacloprid）

属强内吸杀虫剂。对蚜虫、叶蝉、粉虱、蓟马等效果好；对鳞翅目、鞘翅目、双翅目昆虫也有效。由于其具有优良内吸性，特别适于种子处理和做颗粒。对人、畜低毒。常见剂型有10%、15%可湿性粉剂，10%乳油。防治各类蚜虫，每千克种子用药1g（有效成分）处理；叶面喷雾时，10%可湿性粉剂的用药量为150g/hm^2；毒土处理，土壤中的浓度为

1.25mg/kg 时，可长时间防治蚜虫。

2. 抗蚜威（辟蚜雾，pirimicarb）

具触杀、熏蒸和渗透叶面作用。能防治对有机磷杀虫剂产生抗性的蚜虫。药效迅速，残效期短，对作物安全，对蚜虫天敌毒性低，是综合防治蚜虫较理想的药剂。对人、畜中毒。常见剂型有50%可湿性粉剂、10%烟剂、5%粒剂。一般使用浓度为50%可湿性粉剂，用量150～270g/hm^2，兑水450～900L喷雾。

3. 灭多威（万灵，methomyl）

具触杀及胃毒作用，具有一定的杀卵效果。适于防治鳞翅目、鞘翅目、同翅目等昆虫。对人、畜高毒。常见剂型有24%水溶性液剂，40%、90%可溶性粉剂，2%乳油，10%可湿性粉剂。一般用量为24%的水剂0.6～0.8L/hm^2，兑水喷雾。

4. 唑蚜威（triaguron）

高效选择性内吸杀虫剂，对多种蚜虫有较好的防治效果，对抗性蚜也有较高的活性。对人、畜中毒。常见剂型有25%可湿性粉剂，24%、48%乳油。每公顷使用有效成分30g即可。

5. 丙硫克百威（安克力、丙硫威，benfuracarb）

为克百威的低毒化品种，具有触杀、胃毒和内吸作用，持效期长。可防治多种害虫。对人、畜中毒。常见剂型有3%、5%、10%颗粒剂，20%乳油。每公顷用5%颗粒剂12～18kg作土壤处理，即可防治蚜虫及多种地下害虫。

6. 丁硫克百威（好年冬、丁硫威，carbosulfan）

为克百威的低毒化品种，具有触杀、胃毒和内吸作用，杀虫谱广，也能杀螨。对人、畜中毒。常见剂型有5%颗粒剂，15%乳油。每公顷用5%颗粒剂15～60kg作土壤处理，即可防治多种地下害虫及叶面害虫。

（三）拟除虫菊酯类杀虫剂

1. 灭扫利（甲氰菊酯，fenpropathrin）

具触杀、胃毒及一定的忌避作用。对人、畜中毒。可用于防治鳞翅目、鞘翅目、同翅目、双翅目、半翅目等害虫及多种害螨。常见剂型为20%乳油。一般使用浓度为20%乳油稀释2000～3000倍液喷雾。

2. 天王星（虫螨灵、联苯菊酯，bifenthrin）

具触杀、胃毒作用。对人、畜中毒。可用于防治鳞翅目幼虫、蚜虫、叶蝉、粉虱、潜叶蛾、叶螨等。常见剂型有2.5%、10%乳油。一般使用浓度为10%乳油稀释3000～5000倍液喷雾。

3. 顺式氰戊菊酯（来福灵，esfenvalerate）

具强触杀作用，有一定的胃毒和拒食作用。效果迅速，击倒力强。对人、畜中毒。对鱼、蜜蜂高毒。可用于防治鳞翅目、半翅目、双翅目的幼虫。常见剂型为5%乳油。一般使用浓度为5%乳油稀释2000～5000倍液喷雾。

4. 氯氰菊酯（安绿宝、灭百可、兴棉宝、赛波凯，cypermethrin）

具触杀、胃毒和一定的杀卵作用。该药对鳞翅目幼虫、同翅目半翅目昆虫效果好。对人、畜中毒。常见剂型为10%乳油。一般使用浓度为10%乳油稀释2000～5000倍液喷雾。

5. 溴氰菊酯（敌杀死、凯素灵、凯安保，decamethrin）

具强烈触杀作用，兼具胃毒和一定的杀卵作用。该药对植物吸附性好，耐雨水冲刷，残效期长达7～21d，对鳞翅目幼虫和同翅目害虫有特效。对人、畜中毒。常见加工剂型有

2.5%乳油，稀释4000～6000倍液喷雾。

（四）混合杀虫剂

1. **辛敌乳油**（①phoxim＋②trichlorfon）

由25%辛硫磷和25%敌百虫混配而成。具触杀及胃毒作用，可防治蚜虫及鳞翅目害虫。对人、畜低毒。常见剂型为50%乳油。一般使用浓度为50%乳油稀释1000～2000倍液喷雾。

2. **速杀灵**（菊乐合剂，①fenvalerate＋②dimethqate）

由氰戊菊酯和乐果1∶2混配而成。具触杀、胃毒及一定的内吸、杀卵作用。可防治蚜虫、叶螨及鳞翅目害虫。对人、畜中毒。常见剂型为30%乳油，一般使用浓度为30%乳油稀释1500～2000倍液喷雾。

3. **桃小灵**（①fenvalerate＋②malathion）

由氰戊菊酯和马拉硫磷混配而成。具触杀及胃毒作用，兼有拒食、杀卵及杀蛹作用。可防治蚜虫、叶螨及鳞翅目害虫。对人、畜中毒。常见剂型为30%乳油。一般使用浓度为30%乳油稀释2000～2500倍液喷雾。

4. **增效机油乳剂**（敌蚜螨）

由机油和溴氰菊酯混配而成，具强烈的触杀作用。为一广谱性的杀虫、杀螨剂。可防治蚜虫、叶螨、介壳虫以及鳞翅目幼虫等，对人、畜低毒。常见剂型为85%乳油。每公顷需85%乳油1500～2500mL兑水喷雾；将其稀释100～300倍液喷雾，可有效地防治褐软蚧等介壳虫，但须注意药害。

5. **灭杀毙**（增效氰马，①fenvalerate＋②malathion）

由6%氰戊菊酯和15%马拉硫磷混配而成。以触杀、胃毒作用为主，兼有拒食、杀卵及杀蛹作用。可防治蚜虫、叶螨及鳞翅目害虫。对人、畜中毒。常见剂型有21%乳油。一般使用浓度为1500～2000倍液喷雾。

6. **虫螨净**（①dimethoate＋②chlordimeform）

由20%乐果和20%杀虫脒混配而成。具触杀和胃毒及内吸作用。可防治蚜虫、叶螨及鳞翅目害虫。对人、畜高毒。常见剂型有40%乳油，每公顷需600～1000mL，兑水喷雾。

（五）生物源杀虫剂

1. **阿维菌素**（灭虫灵、7051杀虫素、齐螨素、爱福丁，abamectin）

是新型抗生素类杀虫、杀螨剂。具触杀和胃毒作用。对于鳞翅目、鞘翅目、同翅目、斑潜蝇及螨类有高效。对人、畜高毒。常见剂型有1.0%、0.6%、1.8%乳油。一般使用浓度为1.8%乳油稀释1000～3000倍液喷雾。

2. **苏云金杆菌**（Bacius thuringiensis，BT）

该药剂是一种细菌性杀虫剂，杀虫的有效成分是细菌及其产生的毒素。原药为黄褐色固体，属低毒杀虫剂，为好气性蜡状芽孢杆菌群，在芽孢囊内产生晶体，有12个血清型，17个变种。它可用于防治直翅目、鞘翅目、双翅目、膜翅目，特别是鳞翅目的多种害虫。常见剂型有可湿性粉剂（100亿活芽孢/g），BT乳剂（100亿活孢子/mL）可用于喷雾、喷粉、灌心等，也可用于飞机防治。如用100亿孢子/g的菌粉兑水稀释2000倍液喷雾，可防治多种鳞翅目幼虫。30℃以上施药效果最好。苏云金杆菌可与敌百虫、菊酯类等农药混合使用，速度快。但不能与杀菌剂混用。

3. **白僵菌**（beauveria）

该药剂是一种真菌性杀虫剂，不污染环境，害虫不易产生抗性。可用于防治鳞翅目、同翅目、膜翅目、直翅目等害虫。对人、畜及环境安全，对蚕感染力很强。其常见的剂型为粉剂（每1g菌粉含有孢子50亿～70亿个）。一般使用浓度为：菌粉稀释50～60倍液喷雾。常见剂型还有1.0%、0.6%、1.8%乳油。

4. 核型多角体病毒（nuclear polyhedrosis viruses）

该药剂是一种病毒杀虫剂，具有胃毒作用。对人、畜、鸟、益虫、鱼及环境安全，对植物安全，害虫不易产生抗性，不耐高湿，易被紫外线照射失活，作用较慢。适于防治鳞翅目害虫。其常见的剂型为粉剂、可湿性粉剂。一般使用方法为每公顷用（3～45）$\times 10^{11}$个核型多角体病毒兑水喷雾。

5. 茴蒿素

该药为一种植物性杀虫剂。主要成分为山道年及百部碱。具胃毒及触杀作用。可用于防治鳞翅目幼虫。对人、畜低毒。其常见的剂型为0.65%水剂、3%茴蒿素乳油。一般使用浓度为0.65%水剂稀释400～500倍液喷雾。

6. 印楝素（azadirachtin）

该药为一种植物性杀虫剂。具有拒食、忌避、毒杀及影响昆虫生长发育等多种作用，并具有良好的内吸传导性。能防治鳞翅目、同翅目、鞘翅目等多种害虫。对人、畜、鸟类及天敌安全。生产上常用0.1%～1%印楝素种核乙醇提取液喷雾。

（六）熏蒸杀虫剂

1. 磷化铝（磷毒，aluminum phosphide）

多为片剂，每片约3g。磷化铝以分解产生的毒气杀灭害虫，对各虫态都有效。对人、畜剧毒。可用于密闭熏蒸防治种实害虫、蛀干害虫等。防治效果与密闭好坏、温度及时间长短有关。山东兖州市用磷化铝堵孔防治光肩星天牛，每孔用量1/4～1/8片，效果达90%以上。熏蒸时用量一般为12～15片/m^3。

2. 溴甲烷（甲基溴，methyl bromide）

该药杀虫谱广，对害虫各虫期都有强烈毒杀作用，并能杀螨。可用于温室苗木熏蒸及帐幕内枝干害虫、种实害虫熏蒸等。如温室内苗木熏蒸防治蚧类、蚜虫、红蜘蛛、潜叶蛾及钻蛀性害虫（表5-1）。对哺乳动物高毒。最近几年，山东的菜农普遍采用从以色列进口的听装溴甲烷（似装啤酒的易拉罐，熏蒸时用尖利物将其扎破即可）进行土壤熏蒸处理，按每1m^2用药50g计，一听681g装的溴甲烷可消毒土壤13m^2。消毒时一定要在密闭的小拱棚内进行。熏蒸2～3d后，揭开薄膜通风14d以上。该法不仅可以杀死各种病虫，而且对于地下害虫、杂草种子也十分有效。

表5-1 溴甲烷熏蒸苗木害虫

气温/℃	用药量/(g/m^2)	熏蒸时间/h	气温/℃	用药量/(g/m^2)	熏蒸时间/h
4～10	50	2～3	21～25	28	2
11～15	42	2～3	26～30	24	2
16～20	35	2～3	＞31	16	2

（七）特异性杀虫剂

1. 灭幼脲（灭幼脲三号、苏脲一号、pH6038、chlorbenzuron）

该品为广谱特异性杀虫剂，属几丁质合成抑制剂。具胃毒和触杀作用。迟效，一般药后3～4d药效明显。对人、畜低毒，对天敌安全，对鳞翅目幼虫有良好的防治效果。常见剂型有25%、50%胶悬剂。一般使用浓度为50%胶悬剂加水稀释1000～2500倍液，每公顷施药量120～150g有效成分。在幼虫3龄前用药效果最好，持效期15～20d。

2. 定虫隆（抑太保，chlorfluazuron）

是酰基脲类特异性低毒杀虫剂。主要为胃毒作用，兼有触杀作用，属几丁质合成抑制剂。杀虫速度慢，一般在施药后5～7d才显高效。对人、畜低毒。可用于防治鳞翅目、直翅目、鞘翅目、膜翅目、双翅目等害虫，但对叶蝉、蚜虫、飞虱等无效。常见剂型有5%乳油。一般使用浓度为5%乳油稀释1000～2000倍液喷雾。

3. 扑虱灵（优乐得、噻嗪酮，buprofezin）

为触杀性杀虫剂，无内吸作用，对于粉虱、叶蝉及介壳虫类防治效果好。对人、畜低毒。常见剂型为25%可湿性粉剂。一般使用浓度为25%可湿性粉剂稀释1500～2000倍液喷雾。

4. 抑食肼

对害虫作用迅速，具有胃毒作用。叶面喷雾和其它使用方法均可降低幼虫、成虫的取食能力，并能抑制产卵。适于防治鳞翅目及部分同翅目、双翅目害虫。常见剂型有5%乳油。一般使用浓度为5%乳油稀释1000倍液喷雾。

5. 锐劲特（氟虫腈，①fipronil、②Regent）

是一种苯基吡唑类杀虫剂，杀虫广谱，以胃毒作用为主，兼有触杀和一定的内吸作用，其杀虫机制在于阻碍昆虫γ-氨基丁酸控制的氯化物代谢，因此对蚜虫、叶蝉、飞虱、鳞翅目幼虫、蝇类和鞘翅目等重要害虫有很高的杀虫活性，对作物无药害。常见剂型有5%锐劲特悬浮剂、0.3%锐劲特颗粒剂，5%和25%锐劲特悬浮种衣剂，0.4%锐劲特超低量喷雾剂和0.05%蟑螂胶饵剂。该药剂可施于土壤，也可叶面喷雾。施于土壤能有效地防治玉米根叶甲、金针虫和地老虎。叶面喷洒时，对小菜蛾、菜粉蝶、稻蓟马等均有高水平防效，且持效期长。对半翅目、鳞翅目、缨翅目、鞘翅目等害虫以及对环戊二烯类、菊酯类、氨基甲酸酯类杀虫剂已产生抗药性的害虫都具有极高的敏感性。拌种：杂交稻每千克种子用5%锐劲特悬浮剂16～32mL(有效成分0.8～1.6g)；旱育秧每千克种子用20～30mL(有效成分1～1.5g)；直播稻每千克种子用20～30mL(有效成分1～1.5g)；抛秧盘每千克种子用10～15mL(有效成分0.5～0.75g)；常规稻每千克种子用4～8mL（有效成分0.2～0.4g)。拌种方法：种子浸种后，催芽至露白，与5%锐劲特悬浮种衣剂拌匀（注意勿使稻芽破损），置阴凉处阴干4～6h即可播种。一般1千克种子混25mL药液可使种子充分着药。药液不足时，用少量水补足。可控制秧田期主要害虫4～5周。防治水稻不同害虫，防治二化螟、水稻蓟马、稻黑蝽、褐飞虱、白背飞虱、稻象甲，每亩（1亩≈667m^2）用5%锐劲特悬浮剂30～40mL(有效成分1.5～2g)。防治水稻蝗虫每亩用10～15mL(有效成分0.5～0.75g)。防治三化螟每亩用40～60mL(有效成分2～3g)。防治稻水象甲每亩用60～80mL(有效成分3～4g)，防治稻纵卷叶螟每亩用30～50mL(有效成分1.5～2.5g)。

（八）杀螨剂

1. 浏阳霉素(polynactin)

为抗生素类杀螨剂。对多种叶蝉有良好的触杀作用，对螨卵也有一定的抑制作用。对人、畜低毒，对植物及多种天敌昆虫安全。兼具触杀和胃毒作用。对于鳞翅目、鞘翅目、同翅目、斑潜蝇及螨类有高效。对人、畜高毒。常见剂型为10%乳油。一般使用浓度为10%乳油稀释1000～2000倍液喷雾。

2. 尼索朗（噻螨酮、hexythiazox）

具强杀卵、幼螨、若螨作用。药效迟缓，一般施药后7d才显高效。残效达50d左右。属低毒杀螨剂。常见剂型有5%乳油、5%可湿性粉剂。一般使用浓度为5%乳油稀释

1500～2000倍液，叶均2～3头螨时喷药。

3. 扫螨净（牵牛星、哒螨酮，pyridaben）

具触杀和胃毒作用，可杀螨各个发育阶段，残效长达30d以上。对人、畜中毒。常见剂型有20%可湿性粉剂、15%乳油。20%可湿性粉剂稀释2000～4000倍喷雾，在害螨大发生时（6～7月份）喷洒。除杀螨外，对飞虱、叶蝉、蚜虫、蓟马等害虫防效甚好。但该药也杀伤天敌，1年最好只用1次。

4. 克螨特（丙炔螨特，propargite）

具有触杀、胃毒作用，无内吸作用。对成螨、若螨有效，杀卵效果差。对人、畜低毒，对鱼类高毒。常见剂型为73%乳油。一般使用浓度2000～3000倍液喷雾。

5. 四螨嗪（阿波罗，clofentezine）

具有触杀作用。对螨卵活性强，对若螨也有一定的活性，对成螨效果差，有较长的持效期。对鸟类、鱼类、天敌昆虫安全。对人、畜低毒。常见剂型有10%、20%可湿性粉剂，25%、50%、20%悬浮剂。一般使用浓度为20%悬浮剂稀释2000～2500倍液喷雾，10%可湿性粉剂稀释1000～1500倍液喷雾。

6. 三唑锡（三唑环锡、倍乐霸，azocyclotin）

触杀作用强。可杀灭若螨、成螨及夏卵，对冬卵无效。对人、畜中毒。常见剂型有25%可湿性粉剂。使用浓度1000～2000倍液喷雾。

7. 溴螨酯（螨代治，bromopropylate）

具有较强的触杀作用，无内吸作用，对成螨若螨和卵均有一定的杀伤作用。杀螨谱广，持效期长，对天敌安全。对人、畜低毒。常见剂型为50%乳油。使用浓度1000～2000倍液喷雾。

8. 唑螨酯（霸螨灵、杀螨王，fenpyroximate）

以触杀作用为主，杀螨谱广，并兼有杀虫治病作用。除对螨类有效外，对蚜虫、鳞翅目害虫以及白粉病、霜霉病等也有良好的防效。对人、畜中毒。常见剂型为5%悬浮剂。使用浓度1500～3000倍液喷雾。

二、常用杀菌剂及杀线虫剂简介

（一）非内吸性杀菌剂

1. 波尔多液

是用硫酸铜、生石灰和水配成的天蓝色胶状悬液，呈碱性，有效成分是碱式硫酸铜，几乎不溶于水，应现配现用，不能贮存。波尔多液有多种配比，使用时可根据植物对铜或石灰的忍受力及防治对象选择配制（表5-2）。

表5-2 波尔多液的几种配比（质量） 单位：g

配合式	硫酸铜	生石灰	水	配合式	硫酸铜	生石灰	水
1%石灰等量式	1	1	100	0.5%石灰等量式	0.5	0.5	100
1%石灰半量式	1	0.5	100	0.5%石灰半量式	0.5	0.25	100
0.5%石灰倍量式	0.5	1	100				

波尔多液的配制方法通常为稀铜浓灰法：以9/10的水量溶解硫酸铜，用1/10的水量消解生石灰成石灰乳，然后将稀硫酸铜溶液缓慢倒入浓石灰乳中，边倒入边搅拌即成。注意绝不能将石灰乳倒入硫酸铜溶液中，否则会产生络合物沉淀，降低药效，产生药害。

为了保证波尔多液的质量，配置时应选用高质量的生石灰和硫酸铜。生石灰以白色、质轻、块状的为好，尽量不要使用消石灰，若用消石灰，也必须用新鲜的，而且用量要增加30%左右；硫酸铜最好是纯蓝色的，不夹带有绿色或黄绿色的杂质。

波尔多液是一种良好的保护剂。防病范围很广，可以防治多种果树和蔬菜病害，如霜霉病、疫病、炭疽病、溃疡病、疮痂病、锈病、黑星病等。在使用时直接喷雾，一般药效为15d左右。在不同的作物上使用时要根据不同作物对硫酸铜和石灰的敏感程度来选择不同配比的波尔多液，以免造成药害。

2. 石灰硫黄合剂

简称石硫合剂，是由生石灰、硫黄粉和水熬制而成的一种深红棕色透明液体，具臭鸡蛋味，呈强碱性。有效成分为多硫化钙。多硫化钙的含量与药液相对密度呈正相关，因此常用波美比重计测定，以波美度（°Bé）来表示其浓度。与其它药剂的使用间隔期为15～20d。

石硫合剂的熬制方法：石硫合剂的配方也较多，常用的为生石灰1份、硫黄粉2份、水10～12份。把足量的水放入铁锅中加热，放入生石灰制成石灰乳，煮至沸腾时，把事先用少量水调好的硫黄糊徐徐加入石灰乳中，边倒边搅拌，同时记下水位线，以便随时添加开水，补足蒸发掉的水分。大火煮沸45～60 min，并不断搅拌。待药液熬成红褐色，锅底的渣滓呈黄绿色即成。按上述方法熬制的石硫合剂，一般可以达到22～28°Bé。

熬制石硫合剂一定要选择质轻、洁白、易消解的生石灰；硫黄粉越细越好；熬制时间为45～60min；水要在停火前15min加完。

石硫合剂可用于防治多种作物的白粉病及各种果树病害的休眠期防治。它的使用浓度随防治对象和使用时的气候条件而不同。在生长期一般使用0.1～0.3°Bé，果树休眠期使用5°Bé。

3. 代森锰锌（喷克、大生、大生富、速克净，mancozeb）

代森锰锌属有机硫类低毒杀菌剂。是杀菌谱较广的保护性杀菌剂。对果树、蔬菜上的炭疽病、早疫病和各种叶斑病等多种病害有效，同时它常与内吸性杀菌剂混配，用于延缓抗性的产生。制剂有70%代森锰锌可湿性粉剂，外观为灰黄色粉末。本品不要与铜制剂和碱性药剂混用。

4. 百菌清（达科宁，chlorothalonil）

百菌清属苯并咪唑类低毒杀菌剂。对鱼类毒性大。其杀菌谱广，对多种作物真菌病害具有预防作用。在植物表面有良好的黏着性，不易受雨水等冲刷，一般药效期约7～10d。常用剂型有75%百菌清可湿性粉剂，外观为白色至灰色疏松粉末；10%百菌清油剂，外观为绿黄色油状均相液体；45%百菌清烟剂，外观为绿色圆饼状物。适用于预防各种作物的真菌病害。如霜霉病、疫病、白粉病、锈病、叶斑病、灰霉病、炭疽病、叶霉病、蔓枯病、疮痂病、果腐病等。油剂对桃、梨、柿、梅及苹果幼果可致药害。烟剂对家蚕、柞蚕、蜜蜂有毒害作用。

5. 乙烯菌核利（农利灵，vinclozolin）

乙烯菌核利属二甲酰亚胺类低毒杀菌剂，有触杀性。对果树蔬菜类作物的灰霉病、褐斑病、菌核病有良好的防治效果。制剂有50%农利灵可湿性粉剂，外观为灰白色粉末。可用于防治各种花卉、蔬菜的灰霉病、蔬菜早疫病、菌核病、黑斑病。在黄瓜和番茄上的安全间隔期为21～35d。

6. 异菌脲（扑海因，iprodione）

异菌脲属氨基甲酰脲类低毒杀菌剂。是广谱性的触杀性杀菌剂，具保护治疗双重作用。制剂有50%扑海因可湿性粉剂，外观为浅黄色粉末；25%扑海因悬浮剂，外观为奶油色浆糊状物，能与除碱性物质以外的大多数农药混用。对葡萄孢属、链孢霉属、核盘菌属引起的灰霉病、菌核病、苹果斑点落叶病、梨黑星病等均有较好防效，常用稀释倍数为 1000 倍，在苹果上使用，一个生长季最多使用 3 次，安全间隔期为 7d。

7. **菌核净**(dimethachlon)

菌核净属亚胺类低毒杀菌剂。具有直接杀菌、内吸治疗作用、残效期长等特性。对于白粉病、油菜菌核病防治较好。制剂有 40%菌核净可湿性粉剂，外观为淡棕色粉末。遇碱和日光照射易分解。

8. **腐霉利**（速克灵、杀霉利，procymidone）

腐霉利属亚胺类低毒杀菌剂。具保护治疗双重作用，对灰霉病、菌核病等防治效果好。制剂有 50%速克灵可湿性粉剂，制剂为浅棕色粉末。可防治多种蔬菜、果树、农作物的灰霉病、菌核病、叶斑病。药剂配好后尽快使用；不能与碱性药剂混用，也不宜与有机磷农药混配；单一使用该药容易使病菌产生抗药性，应与其它杀菌剂轮换使用。

9. **氢氧化铜**（可杀得，copper hydroxide）

氢氧化铜属无机铜类低毒保护性杀菌剂。其中起杀菌活性的物质为铜离子。制剂有 77%可杀得可湿性粉剂，外观为蓝色粉末。可用于防治瓜类角斑病、霜霉病、番茄早疫病等真、细菌性病害。避免与强酸或强碱性物质混用；高温高湿气候条件及对铜敏感作物慎用。

10. **氯苯嘧啶醇**（乐比耕、异嘧菌醇，fenarimol）

氯苯嘧啶醇属嘧啶类低毒杀菌剂，用于叶面喷洒，具有预防治疗作用，杀菌谱广。制剂有 6%乐比耕可湿性粉剂，外观为白色粉末。可防治果树、蔬菜、油料作物的白粉病、锈病、炭疽病及多种叶斑病。在果树上使用的安全间隔期为 21d。

11. **敌磺钠**（敌克松，fenaminosulf）

保护性杀菌剂，也具有一定的内吸渗透作用，是较好的种子和土壤处理杀菌剂，也可喷雾使用，残效期长，使用时应现配现用。常见剂型有 75%、95%可溶性粉剂。土壤消毒时常用量为每公顷用 95%可湿性粉剂 3000g 对细土 45～60kg，混匀配成药土使用；拌种每 100kg 种子用药 500～800kg。

12. **福美双**（秋兰姆、赛欧散、阿锐生，thiram）

保护性杀菌剂，主要用于防治土传病害。对霜霉病、疫病、炭疽病等有较好的防治效果。对人、畜低毒。常见剂型有 50%、75%、80%可湿性粉剂。喷雾时，将 50%可湿性粉剂稀释 500～800 倍液。土壤处理，用 50%可湿性粉剂 100g，处理土壤 500kg，做温室苗床处理。

13. **百菌通**（DTM）

保护性杀菌，适用于瓜类、茄子、番茄、辣椒、芹菜等蔬菜作物。防治对象有霜霉病、炭疽病、溃疡病及其它细菌性病害。剂型为 60%可湿性粉剂，使用浓度为 500～600 倍液叶面喷施。

14. **抗霉菌素** 120（农抗 120、农用抗菌素 TF-120）

抗霉菌素 120 属农用抗菌素类低毒广谱杀菌剂，它对许多植物病原菌有强烈的抑制作用。制剂有 2%、4%抗霉菌素 120 水剂，外观为褐色液体，无霉变结块，无臭味。对蔬菜、果树、农作物、花卉上的白粉病、锈病、枯萎病等都有一定防效。本剂勿与碱性农药混用。

15. **链霉素**（streptomycin）

链霉素属低毒抗菌素类杀菌剂，对多种作物的细菌性病害有防治作用，对一些真菌病害也有效。制剂有 72%农用硫酸链霉素可溶性粉剂，外观为呈白色或灰白色粉末，低温下较稳定，高温下易分解失效，持效期 7～10d。可防治大白菜软腐病等细菌病害。该剂不能与碱性农药或碱性水混合使用；喷药 8h 内遇雨应补喷；避免高温日晒，严防受潮。

16. **混合脂肪酸**（83 增抗剂，mixed aliphatic acid）

低毒，具有使病毒钝化的作用，抑制病毒初浸染，降低病毒在植物体内增殖和扩展速度。制剂有 10%混合脂肪酸水乳剂，外观为乳黄色黏稠状液体。主要用于防治烟草花叶病毒。使用本品应充分摇匀，然后对水稀释，喷后 24h 内遇雨需补喷；宜在植株生长前期使用，后期使用效果不佳。本品在低温下会凝固，可放入温水中待制剂融化后再加水稀释。

17. **霜脲锰锌**（克露，①cymoxanil＋②mancozeb）

霜脲锰锌是霜脲氰和代森锰锌混合而成，属低毒杀菌剂，对鱼低毒。对蜜蜂无毒害作用。对霜霉病和疫病有效。单独使用霜脲氰药效期短，与保护性杀菌剂混配，可以延长持效期。制剂有 72%克露可湿性粉剂，外观为淡黄色粉末。主要用于防治黄瓜霜霉病。此药贮存在阴凉干燥处，未能及时用完的药，必需密封保存。

18. **春雷氧氯铜**（加瑞农，①kasugamycin＋②copper oxychloride）

春雷氧氯铜为春雷霉素与王铜混配而成，王铜外观为绿色或蓝绿色粉末。春雷氧氯铜属低毒杀菌剂。制剂有 50%加瑞农可湿性粉剂，外观为浅绿色粉末，除碱性农药外，可与多种农药相混。对多种作物的叶斑病、炭疽病、白粉病、早疫病和霜霉病等真菌病害及由细菌引起的角斑病、软腐病和溃疡病等有一定的防治效果。该药对苹果、葡萄等作物的嫩叶敏感，会出现轻微的卷曲和褐斑，使用时一定要注意浓度，宜在下午四时后喷药；安全间隔期为 7d。

19. **植病灵**（triacontyl）

植病灵为三十烷醇、硫酸铜、十二烷基硫酸钠混合而成，三十烷醇是生长调节物质，可促进植物生长发育，三十烷醇与十二烷基硫酸钠结合后可使寄主细胞中的病毒脱落并对病毒起钝化作用。硫酸铜通过铜离子起杀菌作用。制剂有 1.5%植病灵乳剂，外观为绿色至天蓝色液体。可用于防治番茄花叶病和蕨叶病，烟草花叶病毒。应贮存在阴凉避光处，用时充分摇匀；在作物表面无水时喷施；喷雾必须均匀，避免同生物农药混用。

（二）内吸性杀菌剂

1. **三乙膦酸铝**（疫霉灵、疫霜灵、乙磷铝，phosethyl-Al）

低毒杀菌剂，在植物体内能上下传导，具有保护和治疗作用。它对霜霉属，疫霉属等病菌引起的病害有良好的防效。制剂有 40%、80%三乙膦酸铝可湿性粉剂，外观为淡黄色或黄褐色粉末；90%三乙膦酸铝可溶性粉剂，外观为白色粉末。用于防治黄瓜霜霉病、白菜霜霉病、烟草黑胫病。勿与酸性、碱性农药混用，以免分解失效；本品易吸潮结块，但不影响使用效果。

2. **恶醚唑**（世高、敌萎丹，difenoconazole）

为低毒广谱性杀菌剂。具有治疗效果好、持效期长的特点。可用于防治子囊菌亚门、担子菌亚门和半知菌亚门病原菌引起的叶斑病、炭疽病、早疫病、白粉病、锈病等。制剂有 10%水分散粒剂，3%敌萎丹悬浮种衣剂。

3. **甲霜灵**（雷多米尔、瑞毒霜、甲霜安，metalaxy）

甲霜灵属低毒杀菌剂，是一种具有保护、治疗作用的内吸性杀菌剂，可被植物的根、茎、叶吸收，并随植物体内水分运转而转移到植物的各器官。可以作茎叶处理、种子处理和土壤处理，对霜霉菌、疫霉菌、腐霉菌所引起的病害有效。制剂有 25%雷多米尔可湿性粉剂，外观为白色至米色粉末。可用于防治蔬菜的霜霉病、晚疫病。该药易产生抗性，应与其它杀菌剂复配使用；每季施药次数不得超过三次。

4. 三唑酮（百理通、粉锈宁，triadimefon）

为低毒杀菌剂，是一种高效、低残留、持效期长、内吸性强的三唑类杀菌剂。被植物的各部分吸收后，能在植物体内传导。对锈病和白粉病具有预防、铲除、治疗、熏蒸等作用。对鱼类及鸟类比较安全。对蜜蜂和天敌无害。制剂有25%百理通可湿性粉剂，外观为白色至黄色粉末。20%三唑酮乳油，外观为黄棕色油状液体。15%三唑酮烟剂，外观为棕红色透明液体。对根腐病、叶枯病也有很好的防治效果。安全间隔期为20d。

5. 丙环唑（敌力脱、丙唑灵、氧环宁、必扑尔，propiconazole）

丙环唑属低毒杀菌剂，是一种具有保护和治疗作用的三唑类杀菌剂，可被根、茎、叶吸收，并可在植物体内向上传导。残效期一个月。制剂有25%敌力脱乳油，外观为浅黄色液体。可以防治子囊菌、担子菌和半知菌引起的病害，如白粉病、锈病、叶斑病、白绢病，但对卵菌病害如霜霉病、疫病无效。贮存温度不得超过35℃。

6. 速保利（烯唑醇，diniconazole）

速保利属中等毒性杀菌剂，具有保护、治疗、铲除和内吸向顶传导作用的广谱杀菌剂。抗菌谱广，特别对子囊菌和担子菌高效，如白粉病菌、锈菌、黑粉菌和黑星病菌等，另外还有尾孢霉菌、青霉菌、核盘菌、丝核菌等。产生抗药性较慢，程度较低，一般不致于发生田间防治失效。制剂有12.5%速保利可湿性粉剂，外观为浅黄色细粉，不易燃、不易爆。适用于防治各种作物上的白粉病、锈病、黑穗病、叶斑病。本品不能与碱性农药混用。

7. 噻菌灵（特克多，thiabendazole）

噻菌灵是白色粉末，属低毒杀菌剂，与苯菌灵等苯并咪唑药剂有正交互抗药性，具有内吸传导作用。抗菌活性限于子囊菌担子菌、半知菌，而对卵菌和接合菌无活性。制剂有45%特克多悬浮剂，外观为奶油色黏稠液体，在高温、低温水中及酸碱液中均稳定，可防治多种果树、蔬菜的白粉病、炭疽病、灰霉病、青霉病。本剂对鱼有毒。

8. 多抗霉素（多氧霉素、多效霉素、宝丽安、保利霉素，polyoxin）

多抗霉素溶于水，对紫外线稳定，在酸性和中性溶液中稳定，在碱性溶液中不稳定。多抗霉素属低毒杀菌剂，是一种广谱性抗生素杀菌剂，具有较好的内吸传导作用。该药对动物没有毒性，对植物没有药害。制剂有10%宝丽安可湿性粉剂，外观为浅棕黄色粉末及3%、2%、1.5%多抗霉素可湿性粉剂，外观为灰褐色粉末。主要防治对象有黄瓜霜霉病、瓜类枯萎病、苹果斑点落叶病、草莓和葡萄灰霉病及梨黑斑病等多种真菌病害。本剂不能与酸性或碱性药剂混用。

9. 噁霜锰锌（杀毒矾，①oxadixyl+②mancozeb）

苯基酰胺类低毒杀菌剂。对鸟和鱼类低毒。药效略低于甲霜灵，与其它苯基酰胺类药剂有正交互抗药性，属于易产生抗性的产品。具有接触杀菌和内吸传导活性。有优良的保护治疗铲除活性，药效可持续13～15d，其抗菌活性仅限于卵菌，对子囊菌、半知菌、担子无活性，噁霜锰锌为噁霜灵与代森锰锌混配而成，其抗菌谱更广，除控制卵菌病害外，也能控制其它病害。制剂有64%杀毒矾可湿性粉剂，外观为米色至浅黄色细粉末。用于防治各种蔬菜的霜霉病、疫病、早疫病、白粉病等。不要与碱性农药混用；不要放在高于30℃的地方。

10. 氟硅唑（福星、农星，nusilazole）

低毒三唑类杀菌剂。对子囊菌、担子菌和半知菌所致病害有效。对卵菌无效。对梨黑星病有特效，并有兼治梨赤星病作用。制剂有40%福星乳油，外观为棕色液体。主要防治梨黑星病。酥梨类品种在幼果期对此药敏感，应谨慎用药；为避免病菌对福星产生抗性应与其它保护性药剂交替使用。

11. 霜霉威（普力克，propamocarb）

具有内吸传导作用，低毒。对卵菌类、真菌有效。制剂有66.5%、72.2%普力克水剂，为无色、无味水溶液。可以防治多种作物苗期的猝倒病、霜霉病、疫病等病害。黄瓜作物上安全间隔期为3d。

12. 烯酰吗啉（安克，dimethomorph）

烯酰吗啉属低毒杀菌剂，对鱼中等毒性，对蜜蜂和鸟低毒，对家蚕无毒，对天敌无影响。它对藻状菌的霜霉科和疫霉属的真菌有效，有很强的内吸性。制剂有69%安克锰锌水分散粒剂、69%安克锰锌可湿性粉剂，外观分别为绿黄色粉末和米色圆柱形颗粒。其主要成分为烯酰吗啉和代森锰锌。主要防治黄瓜霜霉病。与瑞毒霉等无交互抗性，可与铜制剂、百菌清等混用。

13. 噁霉灵（土菌消，hymexazol）

为低毒的内吸土壤消毒剂，对腐霉菌、镰刀菌引起的猝倒病、立枯病等土传病害有较好的效果，对土壤中病原菌以外的细菌、放线菌影响很小，对环境安全。制剂有30%土菌消水剂、70%土菌消可湿性粉剂。闷种易产生药害。

（三）杀线虫剂

1. 二氯异丙醚

为一具熏蒸作用的杀线虫剂，由于蒸气压低，气体在土壤中挥发缓慢，对植物安全，可在播种前10～20d处理土壤，或在播种后或植物生长期使用。对人、畜低毒，残效期10d左右，但地温低于10℃时不可用。制剂有30%颗粒剂、80%乳油。施药量为60～90kg/hm²，距离15cm处开沟或穴施，深10～20cm，穴距20cm，施药后覆土。

2. 克线磷（苯胺磷、力满库、苯线磷、线威磷，fenamiophos）

具有触杀和内吸传导作用，对人、畜高毒，杀线虫效果较为理想，可在播种前、移栽时或生长期时撒在沟、穴内或植株附近土中，制剂有10%力满库颗粒剂。用量为30～60kg/hm²。

3. 丙线磷（益收宝、灭克磷、益舒宝、灭线磷，ethoprphos）

有触杀和熏蒸作用。对人、畜高毒。制剂有5%、10%、20%灭线磷颗粒剂。用量为有效成分4.5～5.25 kg/hm²。

4. 氯唑磷（米乐尔、异唑磷，isazofos）

为有机磷高毒杀线虫剂，具有内吸、触杀和胃毒作用，对水生动物高毒，对蜜蜂有毒，对鸟类口服有毒，推荐剂量对蚯蚓无毒。制剂有3%米乐尔颗粒剂适用于防治各种园艺作物上的多种线虫病害。使用量为67.5～97.5kg/hm²，播种时沟旁带施，与土混匀后播种覆土。

三、常用除草剂种类简介

（一）灭生性除草剂

1. 草甘膦（镇草宁、农达，①Roundup、②glyphosate）

为内吸传导型慢性广谱灭生性除草剂，主要抑制植物体内烯醇丙酮基莽草素磷酸合成酶，从而抑制莽草素向苯丙氨酸、酪氨酸及色氨酸的转化，使蛋白质的合成受到干扰导致植物死亡。草甘膦是通过茎叶吸收后传导到植物各部位的，可防除单子叶和双子叶、一年生和多年生、草本和灌木等40多科的植物。草甘膦入土后很快与铁、铝等金属离子结合而失去活性，对土壤中潜藏的种子和土壤微生物无不良影响。可防除桃园、葡萄园、梨园、苹果园、茶园、桑园和农田休闲地杂草，对稗、狗尾草、看麦娘、牛筋草、马唐、苍耳、藜、繁缕、猪殃殃等一年生杂草，用10%草甘膦水剂400～700g/亩；对车前草、小飞蓬、鸭跖草、双穗雀稗草，用10%水剂750～1000g/亩；对白茅、芦苇、香附子、水蓼、狗牙根、蛇莓、刺儿菜等，用10%水剂1200～2000g/亩。一般阔叶杂草在萌芽早期或开花期，禾本科在拔节晚期或抽穗早期用每亩规定药量兑水20～30kg/亩喷雾。已割除茎叶的植株应待杂草生至有足够的新生叶片时再施药。防除多年生杂草时一次药量分2次，间隔5d施用能提高防效。使用方法如下。①果园、桑园等除草。防除1年生杂草用10%水剂0.5～1kg/亩，防除多年生杂草用10%水剂1～1.5kg/亩。兑水20～30kg，对杂草茎叶定向喷雾。②农田除草。农田倒茬播种前防除田间已生长杂草，用药量可参照果园除草。棉花生长期用药，需采用带罩喷雾定向喷雾。用10%水剂0.5～0.75kg/亩，兑水20～30kg。③休闲地、田边、路边除草。于杂草4～6叶期，用10%水剂0.5～1kg/亩，加柴油100mL，兑水20～30kg，对杂草喷雾。注意事项：①草甘膦为灭生性除草剂，施药时切忌污染作物，以免造成药害；②对多年生恶性杂草，如白茅、香附子等，在第一次用药后1个月再施1次药，才能达到理想防治效果；③在药液中加适量柴油或洗衣粉，可提高药效；④在晴天、高温时用药效果好，喷药后4～6h内遇雨应补喷；⑤草甘膦具有酸性，贮存与使用时应尽量用塑料容器；⑥喷药器具要反复清洗干净。

2. 百草枯（克芜踪、对草快、野火、百朵、巴拉刹，paraquat）

是一种快速灭生性除草剂，具有触杀作用和一定内吸作用。能迅速被植物绿色组织吸收，使其枯死。对非绿色组织没有作用。在土壤中迅速与土壤结合而钝化，对植物根部及多年生地下茎及宿根无效。因而施药后杂草有再生现象。剂型有20%水剂。本产品有二氯化物、双硫酸甲酯盐两种。可防除各种一年生杂草；对多年生杂草有强烈的杀伤作用，但其地下茎和根能萌出新枝；对已木质化的棕色茎和树干无影响。适用于防除果园、桑园、胶园及林带的杂草，也可用于防除非耕地、田埂、路边的杂草，对于玉米、甘蔗、大豆以及苗圃等宽行作物，可采取定向喷雾防除杂草。使用方法如下。①果园、桑园、茶园、胶园、林带使用。在杂草出齐，处于生长旺盛期，用20%水剂100～200mL/亩，兑水25kg，均匀喷雾杂草茎叶，当杂草长到30cm以上时，用药量要加倍。②玉米、甘蔗、大豆等宽行作物田使用。可播前处理或播后苗前处理，也可在作物生长中后期，采用保护性定向喷雾防除行间杂草。播前或播后苗前处理，用20%水剂75～200mL/亩，兑水25kg喷雾防除已出土杂草。作物生长期，用20%水剂100～200mL/亩，兑水25kg，作行间保护性定向喷雾。发挥药效的条件：①应用百草枯化学除草，加水须用清水，药液要尽量均匀喷洒在杂草的绿色茎、叶上，不要喷在地上；②百草枯除草适期为杂草基本出齐，株高小于15cm时；③光照可加速百草枯发挥药效，晴天施药见效快；④药后1h下雨对药效无影响。注意事项：①百草枯为灭生性除草剂，在园林及作物生长期使用，切忌污染作物，以免产生药害；②配药、喷药时要有防护措施，戴橡胶手套、口罩、穿工作服，如药液溅入眼睛或皮肤上，要马上进行冲洗；③使用时不要将药液飘移到果树或其它作物上，菜田一定要在没有蔬菜时使用；④喷洒要均匀周到，可在药液中加入0.1%洗衣粉以提高药液的附着力。施药后30min遇雨时基本能保证药效。

（二）选择性除草剂

1. 甲草胺（拉索、澳特拉索、草不绿，Lasso、CP50144、La20、alachlor）

是一种选择性芽前除草剂，主要是通过杂草的芽鞘吸收，根部和种子也可有少量吸收。主要杀死出苗前土壤中萌发的杂草，对已出土杂草无效。能被土壤团粒吸附不易淋失，也不易挥发，但可被土壤微生物分解。有效期为35d左右。剂型有48%乳油、15%颗粒剂。适用于大豆、玉米、花生、棉花、马铃薯、甘蔗、油菜等作物田，防除稗草、马唐、蟋蟀草、狗尾草、秋稗、臂形草、马齿苋、苋、轮生粟米草、藜、蓼等1年生禾本科杂草和阔叶杂草。对菟丝子也有一定防效。使用方法：①在玉米、棉花、花生地上使用，一般于播后出苗前，用48%乳油200～250mL/亩，兑水35kg左右，均匀喷雾土表；②在大豆田使用，于播后出苗前用48% 乳油200～300mL/亩，兑水35kg，均匀喷雾土表；用于防除大豆菟丝子，一般在大豆出苗前后，喷洒菟丝子缠绕的大豆茎叶，能较好地防除菟丝子，对大豆安全；③用于番茄、辣椒、洋葱、萝卜等蔬菜田除草，在播种前或移栽前，用43%甲草胺乳油200mL/亩，兑水40～50kg，均匀喷雾土表，用耙浅混土后播种或移栽，若施药后覆盖地膜，则用药量应适当减少1/3～1/2。注意事项：①甲草胺水溶性差，如遇干旱天气又无灌溉条件，应采用播前混土法，否则药效难于发挥；②甲草胺对已出土杂草无效，应注意在杂草种子萌动高峰而又未出土前喷药，方能获得最大药效。

2. 莠去津（阿特拉津、克esaprim、克-30027，Aatrex、Primatola、atrazine）

是内吸选择性苗前、苗后除草剂。根吸收为主，茎叶吸收很少。杀草作用和选择性同西玛津，易被雨水淋洗至土壤较深层，对某些深根草亦有效，但易产生药害。持效期也较长。常见剂型有40%悬浮剂、50%可湿性粉剂。适用于玉米、高粱、甘蔗、果树、苗圃、林地防除马唐、稗草、狗尾草、莎草、看麦娘、蓼、藜、十字花科、豆科杂草，对某些多年生杂草也有一定抑制作用。注意事项：①莠去津持效期长，对后茬敏感作物小麦、大豆、水稻等有害，可通过减少用药量，与其它除草剂混用解决；②桃树对莠去津敏感，不宜在桃园使用，玉米套种豆类不能使用；③土表处理时，要求施药前地要整平整细；④施药后，各种工具要认真清洗。

3. 二氯喹啉酸（快杀稗、杀稗净、克稗星，Facet、BAS-51406-H、quinclorac）

属激素型喹啉羧酸类除草剂，杂草中毒症状与生长素类作用相似，主要用于防治稗草且适用期很长，1～7叶期均有效。对水稻安全性好。主要剂型有25%、50%可湿性粉剂。主要用于稻田防稗草。也可防治雨久花、田菁、水芹、鸭舌草、皂角。使用方法：①插秧田，稗草1～7叶期均可施用，用13.5～26g/亩有效成分，喷雾，药前将水排干，药后放水回田，保持3～5cm水层；②直播田，秧苗2.5叶期以后施药，用量同上。注意事项：①土壤中残留量较大，对后茬易产生药害，后茬可种水稻、玉米、高粱；②茄科（烟草、马铃薯、辣椒等）、伞形花科（胡萝卜、芹菜）、藜科（菠菜、甜菜）、锦葵科、葫芦科（各种瓜类）、豆科、菊科、旋花科作物对该药敏感；③可与杀草丹、苄嘧磺隆、敌稗等混用。

4. 禾草丹（杀草丹、灭草丹、稻草完，Saturn、benthiocarb、Bolero、thiobencarb）

是一种内吸传导选择性除草剂，主要通过杂草根部和幼芽吸收，作土壤处理剂使用，对水稻安全，对稗草有优良防治效果。常用剂型有50%、80%乳油，10%颗粒剂。适用于水稻、麦类、大豆、花生、玉米、蔬菜田及果园等防除稗草、牛毛草、异型莎草、千金子、马唐、蟋蟀草、狗尾草、碎米莎草、马齿草、看麦娘等。使用方法如下。①秧田使用。播种前或水稻立针期施药，用50%乳油150～250mL/亩，或10%颗粒剂960～1500g，用毒土法撒施。保持水层2～3cm，5～7d。温度高或地膜覆盖田的使用量酌减。②直播田使用。水直播田可在播前或播后稻苗2～3叶期施药。用50%乳油200～300mL/亩，兑水35kg喷雾。施药时保持水层3～5cm，5～7d。旱直播田兑水30～40kg均匀喷雾。与敌稗混用可收到更好效果。③插秧田。水稻移栽后3～7d，稗草处于萌动高峰至2叶期以前，用50%乳油200～250mL/亩，兑水35kg，或混细土潮土20kg均匀喷雾或撒施。或10%颗粒剂1～1.5kg，混细潮土或化肥均匀撒施。保持水层3～5cm，时间5～7d。自然落干，不要排水。④麦田使用。播种后出苗前，用 50%乳油 300mL/亩，兑水 35kg，均匀喷布土表。注意事项：①水田使用一定注意保持水质；②施药时杂草均应在 2 叶期以前，否则药效下降；③沙质田或漏水田不宜使用禾草丹。有机质含量高的土壤应适当增加用量。

5. 农思它（恶草酮、噁草灵，oxadiazon、Ronstar、Lonster、G315、RP17623）

芽前、芽后前期选择性除草剂，通常用于土壤处理。防除双子叶杂草，尤其适于除去水稻中野稗等禾本科杂草及阔叶一年生的杂草如稻田中的稗草、千金子、鸭舌草、节节草、牛毛草、泽泻、矮慈姑、莎草、异型莎草、日照飘拂草等。药效持续时间长，且无药害。也用于大豆、棉花、玉米及园艺作物等方面。可制成乳油、粉剂、可湿性粉剂等，如 13%乳油。用于棉花、花生、甘蔗等地时，应将药液喷洒在湿润的土地上或施药后灌溉一次。在稻田带水整地后呈泥水状态使用瓶甩法施药，保持 3～5cm 水层，施药后 1～2d 插秧。撒药后 48h 内不可排水，但插秧后水位若有所提高，则应排水，直至水层 3～5cm，以防淹没秧苗，影响生长。

6. 西玛津（simazine）

是内吸选择性除草剂，能被植物根部吸收并传导。持效期长。常见剂型有 50%、80%可湿性粉剂、40%胶悬剂。适用于玉米、高粱、甘蔗、茶园、橡胶及果园、苗圃防除狗尾草、画眉草、虎尾草、莎草、苍耳、鳢肠、野苋菜、青葙、马齿苋、灰菜、野西瓜苗、罗布麻、马唐、蟋蟀草、稗草、三棱草、荆三棱、苋菜、地锦草、铁苋菜、藜等 1 年生阔叶草和禾本科杂草。①玉米、高粱、甘蔗地使用：播种后出苗前用 40%西玛津胶悬剂 200～500mL/亩，兑水 40kg，均匀喷雾土表。②茶园、果园使用：一般在 4～5 月份，田间杂草处于萌发盛期但未出土时，进行土壤处理，用 40%胶悬剂 185～310mL/亩，或 50%可湿性粉剂 150～250g，兑水 40kg 左右，均匀喷雾土表。注意事项如下。①西玛津残效期长，可持续 12 个月左右，对后茬敏感作物有不良影响，对小麦、大麦、棉花、大豆、水稻、十字花科蔬菜等有药害。②西玛津的用药量受土壤质地、有机质含量、气温高低影响很大。一般气温高、有机质含量低、沙质土用量少，药效好，但也易产生药害。反之用量要高。③喷雾器具用后要反复清洗干净。

7. 扑草净（prometryn）

是内吸选择性除草剂。可经根和叶吸收并传导。杀草谱广，对刚萌发的杂草防效最好。常见剂型有 50%、80%可湿性粉剂。适用于棉花、大豆、麦类、花生、向日葵、马铃薯、果树、蔬菜、茶树及水稻田防除稗草、马唐、千金子、野苋菜、蓼、藜、马齿苋、看麦娘、繁缕、车前草等 1 年生禾本科及阔叶草。使用方法如下。①对稻田使用。水稻移栽后 5～7d，用 50%可湿性粉剂 20～40g/亩，或 50%扑草净可湿性粉剂加 25%除草醚可湿性粉剂 400g，拌湿润细沙土 20kg 左右，充分拌匀，在稻叶露水干后，均匀撒施全田。施药时田间保持3～5cm浅水层，施药后保水 7～10d。水稻移栽后 20～25d，眼子菜叶片由红变绿时，北方用 50%可湿性粉剂 65～100g/亩，南方用 25～50g/亩，拌湿润细土 20～30kg 撒施。水层保持同前。②棉花播种前或播种后出苗前，用 50%可湿性粉剂 100～150g/亩或用 48%氟乐灵乳油 100mL/亩与 50%扑草净可湿性粉剂 100g 混用，兑水 30kg 均匀喷雾于地表，或混细土 20kg 均匀撒施，然后混土 3cm 深，可有效防除 1 年生单、双子叶杂草。③花生、大豆、播种前或播种后出苗前，用 50%可湿性粉剂 100～150g/亩，兑水 30kg，均匀喷雾土表。④麦田于麦苗 2～3 叶期，杂草 1～2 叶期，用 50%可湿性粉剂 75～100g/亩，兑水 30～50kg，作茎叶喷雾处理，可防除繁缕、看麦娘等杂草。⑤胡萝卜、芹菜、大蒜、洋葱、韭菜、茴香等在播种时或播种后出苗前，用 50%可湿性粉剂 100g/亩，兑水 50kg 土表均匀喷雾，或用 50%扑草净可湿性粉剂 50g/亩与 25%除草醚乳油 200mL 混用，效果更好。⑥果树、茶园、桑园使用，在1年生杂草大量萌发初期，土壤湿润条件下，用50%可湿性粉剂250～300g/亩，单用或减半量与拉索，丁草胺等混用，兑水均匀喷布土表层。注意事项：施药后半月不要任意松土或耕翻，以免破坏药层影响药效。

8. **敌稗**（propanil）

是一种具高度选择性的触杀型除草剂。对稻苗安全而对稗草有很强的触杀作用。剂型有20%乳油。适用于稻田防除稗草、牛毛草。使用方法：在秧田和直播田使用，用药适期为稗草1叶1心至2叶1心期，喷药前一天排水落干，喷药后24h灌水淹稗，保水层2d。用药量为20%乳油750～1000mL/亩，兑水35kg，对茎叶喷雾。注意事项如下。①施药时最好为晴天，但不要超过30℃。水层不要淹没秧苗。②敌稗在土壤中易分解，不能作土壤处理剂使用。③不能与有机磷和氨基甲酸酯类农药混用，也不能在施用敌稗前两周或施用后两周内使用有机磷和氨基甲酸酯类农药，以免产生药害。④喷雾器具用后要反复清洗干净。

四、常用植物生长调节剂

（一）抑制植物生长调节剂

1. **多效唑**（PP333、氯丁唑，Paclobutrazol）

具有延缓植物生长、防止倒苗败苗、抑制茎秆伸长、缩短节间、促进植物分蘖、增穗增产、增加植物抗逆性能，提高产量等效果。剂型：95%多效唑原药、10%多效唑可湿性粉剂、15%多效唑可湿性粉剂。本品适用于水稻、麦类、花生、果树、烟草、油菜、大豆、花卉、草坪等作（植）物，使用效果显著（表5-3）。

表5-3 多效唑在各种植物中的用途用量

适用作物	应用范围及施用时期	用量及用法
麦类、玉米	浸种宜浅播。播种前浸10～12h	每1kg种子加1.5g药，浸3～4h搅一次
麦类	麦苗一叶一心期，小麦起身至拨节前。一叶一拨节前	20g药兑水15kg，40g药兑水50kg喷施
油菜	培育短脚壮苗。苗床肥水水平高，播种早，密度大的苗床3～4叶期	40g药兑水50kg喷施
花生、棉花	盛花期	每亩用50g药，兑水50kg喷施
水稻	培育壮秧防止倒伏。秧龄在35d左右，单季中、晚稻秧田，移栽前25d	每亩用175～200g兑水100kg喷施
	高产田块局部旺长高秆易倒伏品种。抽穗前30～40d	每亩用150～175g兑水100kg喷施
梨	新梢长至5～10cm	兑500～700倍水液隔10d喷一次，共三次
桃、山楂	秋季或春季枝展下	每株10～15g药土施
大豆、马铃薯	花期	每亩用量60g药兑水50kg喷施
柑桔	夏梢期	150倍兑水液叶面喷施

注意事项：①多效唑在土壤中残留时间较长，施药田块收获后，必须经过耕翻，以防对后作有抑制作用；②一般情况下，使用多效唑不易产生药害，若用量过高，秧苗抑制过度时，可增施氮或赤霉素解救；③不同品种的水稻因其内源赤霉素、吲哚乙酸水平不同，生长势也不相同，生长势较强的品种需多用药，生势较弱的品种则少用。另外，温度高时多施药，反之少施。

2. **矮壮素**（稻麦立，chlormequat chloride）

矮壮素具有控制植株的营养生长（即根茎叶的生长），促进植株的生殖生长（即花和果实的生长），使植株的间节缩短、矮壮并抗倒伏，促进叶片颜色加深，光合作用加强，提高植株的坐果率、抗旱性、抗寒性和抗盐碱的能力。

3. 烯效唑（uniconazole）

属广谱性、高效植物生长调节剂，兼有杀菌和除草作用。是赤霉素合成抑制剂。具有控制营养生长，抑制细胞伸长、缩短节间、矮化植株，促进侧芽生长和花芽形成，增进抗逆性的作用。其活性较多效唑高6～10倍，但其在土壤中的残留量仅为多效唑的1/10，因此对后茬作物影响小，可通过种子、根、芽、叶吸收，并在器官间相互运转，但叶吸收向外运转较少。向顶性明显。适用于水稻、小麦，增加分蘖，控制株高，提高抗倒伏能力。用于果树控制营养生长的树形。用于观赏植物控制株形，促进花芽分化和多开花等。使用方法如下。①水稻种子用50～200mg/kg，早稻用50mg/kg，单季稻或连作晚稻因品种不同用50～200mg/kg药液浸种，种子量与药液量比为1∶（1.2～1.5），浸种36（或24～28）h，每隔12h拌种1次，以利种子着药均匀。然后用少量清洗后催芽播种。可培育多蘖矮壮秧。②小麦种子用10mg/kg药液拌种，每1kg种子用10mg/kg药液150mL，边喷雾边搅拌，使药液均匀附着在种子上，然后掺少量细干土拌匀以利播种。亦可在拌种后闷3～4h，再掺少量细干土拌匀播种。可培育冬小麦壮苗，增强抗逆性，增加年前分蘖，提高成穗率，减少播种量。在小麦拔节期（宁早勿迟），每亩均匀喷施30～50mg/kg的烯效唑药液50kg，可控制小麦节间伸长，增加抗倒伏能力。③观赏植物以10～200mg/kg药液喷雾，以0.1～0.2mg/kg药液盆灌，或在种植前以10～1000mg/kg药液浸根、球茎或鳞茎，可控制株形，促进花芽分化和开花。

4. 缩节胺（甲哌嗡、助壮素、调节啶、健壮素）

是一个性情温和，在作物花期使用，对花期没有副作用的新型植物生长调节剂，不易出现药害。缩节胺可被根、嫩枝、叶片吸收，很快传导到其他部位，不残留，不致癌。对植物有较好的内吸传导作用。能促进植物的生殖生长，抑制茎叶疯长、控制侧枝、塑造理想株型，提高根系数量和活力，使果实增重，品质提高。剂型有96%原粉。广泛应用于棉花、小麦、水稻、花生、玉米、马铃薯、葡萄、蔬菜、豆类、花卉等农作物。

（二）促进植物生长调节剂

1. 三十烷醇（triacontanol）

具有促进生根、发芽、开花、茎叶生长和早熟作用，具有提高叶绿素含量、增强光合作用等多种生理功能。在作物生长前期使用，可提高发芽率、改善秧苗素质、增加有效分蘖。在生长中、后期使用，可增加花蕾数、坐果率及千粒重。剂型0.1%、0.05%悬浮剂。适用于水稻、玉米、高粱、棉花、大豆、烟草、甜菜、甘蔗、花生、蔬菜、果树、花卉等多种作物和海带养殖。使用方法如下。①水稻用0.5～1mg/kg药液浸种2d后催芽播种，可提高发芽率，增加发芽势，增产5%～10%。②大豆、玉米、小麦、谷子用1mg/kg药液浸种0.5～1d后播种，亦可提高发芽率，增强发芽势、增产5%～10%。③叶菜类、薯类、苗木、牧草、甘蔗等用0.5～1mg/kg药液喷洒茎叶，一般增产10%以上。④果树、茄果类蔬菜、禾谷类作物、大豆、棉花用0.5mg/kg药液在花期和盛花期各喷1次亦有增产作用。⑤插条苗木用4～5mg/kg药液浸泡，可促进生根。注意事项：①三十烷醇生理活性很强，使用浓度很低，配置药液要准确。②喷药后4～6h，遇雨需补喷。③三十烷醇的有效成分含量和加工制剂的质量对药效影响极大，注意择优选购。

2. 乙烯利（乙烯磷，①ethrel、②ethephon）

为促进成熟的植物生长刺激剂。在酸性介质中稳定，在pH4以上时，则分解释放出乙烯。可由植物叶、茎、花、果、种子进入植物体内并传导，放出乙烯，促进果实早熟齐熟，增加雌花，提早结果，减少顶端优势，增加有效分蘖，使植株矮壮等。剂型有40%水剂。

3. 萘乙酸（α-萘乙酸，NAA、α-naphthlcetic acid）

是广谱型植物生长调节剂，能促进细胞分裂与扩大，诱导形成不定根增加坐果，防止落果，改变雌、雄花比例等。可经叶片、树枝的嫩表皮、种子进入到植株内，随营养流输导到全株。剂型为70%钠盐原粉。适用于：谷类作物增加分蘖，提高成穗率和千粒重；棉花减少蕾铃脱落，增桃增重，提高质量；果树促开花，防落果、催熟增产；瓜果类蔬菜防止落花，形成小籽果实；促进扦插枝条生根等。使用方法如下。①小麦用20mg/kg药液浸种10～12h，风干播种，拔节前用25mg/kg药液喷洒1次，扬花后用30mg/kg药液着重喷剑叶和穗部，可防倒伏，增加结实率。②水稻用10mg/kg药液浸秧6h，插栽后返青快，茎秆粗壮。③棉花在盛花期用10～20mg/kg药液喷植株2～3次，间隔10d，防蕾铃脱落。④甘薯用10mg/kg药液浸秧苗下部（3cm）6h后栽插，提高成活率、增产。⑤番茄、瓜类用10～30mg/kg药液喷花，防止落花，促进坐果。⑥果树采前5～21d，用5～20mg/kg药液喷洒全株，防止落果。⑦茶、桑、侧柏、柞树、水杉等插条用25～500mg/kg药液浸泡扦插枝条基部（3～5cm）24h，可促进插条生根，提高成活率。

4. 赤霉素（赤霉酸、九二零，GA 、gibberellic acid）

广谱型植物生长调节剂，能促进植物生长发育，提高产量，改进品质；能迅速打破种子、块茎、鳞茎等器官的休眠，促进发芽；减少蕾、花及果实的脱落，使2年生的植物在当年开花。常见剂型有85%结晶粉、4%乳油。

5. 黄腐酸(fulvic acid)

广谱植物生长调节剂，能促进植物生长尤其能适当控制作物叶面气孔的开放度，减少蒸腾，对抗旱有重要作用，能提高抗逆能力，有增产和改善品质作用，主要应用对象为小麦、玉米、红薯、谷子、水稻、棉花、花生、油菜、烟草、蚕桑、瓜果、蔬菜等；可与一些非碱性农药混用，并常有协同增效作用。

第六章　农药的毒性与质量检查

第一节　农药的毒性

农药的毒性从广义上讲包括3个含义：对人畜而言，药剂对人畜的毒害作用称毒性；对有害生物而言称毒力；对植物而言，药剂对植物的毒害作用称药害。

一、农药的毒力与药效

农药之所以对有害生物具有防治效果，除了一些特异性杀虫剂外，基本都是由于药剂对生物体具有直接的毒杀作用或致毒效应。表示农药毒性程度常以其毒力和药效作比较和估价指标。毒力是指在室内一定条件下测定的对生物直接作用的性质和程度，是固定的。药效是指药剂在野外综合条件下，对有害生物的防治效果，是受环境条件影响的，其数值是不定的，一般用死亡率，虫口减退率或防治效果表示。毒力和药效相辅相成，毒力是药效基础，药效是毒力在综合条件下的表现。一般来说，有毒力才有药效，但有毒力不一定都有药效。毒力与药效成正相关。特殊的情况是有药效而无毒力，如拒食剂。

二、农药对植物的药害

农药施于植物后，如果使用不当或其它原因，会对植物产生不良影响，甚至造成药害，轻者减产，重者可使植物死亡。但也有一些药剂，在正确使用的情况下，除起到防治病虫害的效果外，还有刺激植物生长的良好作用。农药是否产生药害，要由许多因素来决定。主要是药剂本身的性质和植物的种类、生长发育阶段、生理状态以及施药后的环境条件等因素的综合效应。各种农药的化学组成不同，对植物的安全程度有时差别很大。一般来说无机药剂较容易产生药害，有机合成药剂要安全得多，除非使用浓度和次数超出正常范围，一般不会产生药害，但少数作物对某种或某类药剂特别敏感者除外。加工制剂或原药中的杂质有时是产生药害的主要原因，制剂质量不良或喷洒不均匀也可能造成植物的局部药害。如波尔多液含铜离子浓度较高，多用于木本植物，草本植物由于组织幼嫩，易产生药害。石硫合剂防治白粉病效果颇佳，但由于其具有腐蚀性及强碱性，用于草本植物时易生药害。不同种类植物对药剂的敏感性不同，主要是由于其组织形态和生理的差别所致。例如叶面蜡层厚薄、茸毛多少以及气孔多少、开闭程度等，都与是否容易产生药害有关。此外，还与施药时的环境条件有密切关系，主要是施药当时和以后一段时间的温度、湿度、露水等因素。一般情况下高温较易产生药害，高湿有时（如喷粉法施药时）也易引起作物产生药害。药害表现的症状可因作物、药剂不同，有种种复杂变化，在田间常常不易与其它症状区别（例如植物病害等）。药害是指用药不当对植物造成的伤害。药害一般可分为急性药害和慢性药害。急性药害指的是用药几小时或几天内，叶片很快出现斑点、失绿、黄化等；果实变褐，表面出现药斑；根系发育不良或形成黑根、鸡爪根等。慢性药害是指用药后，药害现象出现相对缓慢，如植株矮化、生长发育受阻、开花结果延迟等。植物由于种类多，生态习性各有不同，加之有些种类长期生活于温室、大棚，组织幼嫩，常因用药不当而出现药害。为防止植物出现药害，除针对上述原因采取相应措施预防发生外，对于已经出现药害的植株，可采用下列方法处理：①根据用药方式如根施或叶喷的不同，分别采用清水冲根或叶面淋洗的办法，去除残留毒物；②加强肥水管理，使之尽快恢复健康，消除或减轻药害造成的影响。

三、农药对有益生物的药害

主要是指杀死害虫的天敌和其它有益昆虫。使用农药应尽可能选择对害虫有效而对天敌和有益昆虫不易杀伤的农药品种。如防治刺吸式口器害虫，可选用内吸剂，减少触杀剂的使用。其次是改进施药方法，选择最低有效浓度和适合的施药时间，有利于天敌的存在。

四、农药的毒性

人们在使用农药过程中及作物施药后，可通过人的口食入、皮肤接触、呼吸道吸入等途径，使农药到达人体内而引起中毒。

1. 急性中毒

指一次口服、皮肤接触或通过呼吸道吸入一定剂量的农药在短期内（数十分钟或数小时内）表现恶心、头痛、呕吐、出汗、腹泻和昏迷等中毒症状甚至死亡。衡量农药急性毒性的大小，通常以供试动物的致死中量（LD_{50}）或致死中浓度（LC_{50}）表示，即给大白鼠或小白鼠一次的药量能杀死群体中50%个体所需的剂量（mg/kg体重）或浓度（mL/kg）。一种农药的致死中量或致死中浓度的数值越大，其毒性越低；数值越小，则毒性越高。近年来发现，只用大白鼠一次口服致死中量的数值作农药急性毒性分级的依据不全面，因中毒尚来自呼吸和皮肤吸收等方面。我国卫生部门制定的农药急性毒性分级暂行标准见表6-1。

表6-1 我国卫生部门制定的农药急性毒性分级暂行标准

给药途径	级别		
	Ⅰ(高毒)	Ⅱ(中毒)	Ⅲ(低毒)
LD_{50}(大白鼠经口)(mg/kg)	<50	50～500	>500
LD_{50}(大白鼠经皮肤)(mg/kg,24h)	<200	200～1000	>1000
LD_{50}(大白鼠吸入)(g/m^3,1h)	<2	2～10	>10

2. 亚急性毒性

即在3个月以上较长时间内经常接触、吸入或食物带有农药，最后导致人、畜发生与急性中毒类似症状。

3. 慢性毒性

指长期服用或接触少量药剂后，逐渐引起内脏机能受损，阻碍正常生理代谢而表现出中毒症状。此种毒害还可延续给后代，主要引起致癌、致畸、致突变。有些化学性质稳定、脂溶性高的农药，通过食物链的相互转移，最后累积在人体内，造成慢性累积中毒。

第二节 农药质量检查

一、农药包装检查

1. 从农药标签或说明书上判断优劣

标签或者说明书上应当注明中文通用名称、企业名称、产品批号、农药登记证号或者农药临时登记证号、农药生产许可证号，或者农药生产批准文号，农药的有效成分、含量、重量、产品性能、毒性、用途、使用技术、使用方法，生产日期、有效期和注意事项。农药分装的，还应注明分装单位。

2. 从农药标签特征颜色标志带进行判断

各类农药采用在标签底部加一条与底边平行的、不褪色的农药类别特征颜色标志带，以表示不同类农药（卫生用农药除外）。杀虫（螨、软体动物）剂为“红色”；杀菌剂（线虫）为“黑色”；植物生长调节剂为“深黄色”；除草剂为“绿色”；杀鼠剂为“蓝色”。

3. 从农药产品的外观判断优劣

粉剂、可湿性粉剂如有结块，可能受潮，不仅细度达不到要求，有效成分含量也发生了变化。如有较高颗料感，一般来说是细度不符合要求；如色泽不均可能存在质量问题。乳油如有分层浑浊、结晶析出，且在常温下放一段时间结晶不消失，表示存在质量问题。乳油加水乳化后的乳状液不均匀或者浮油、有沉淀物、沉油均表示存在质量问题。

4. 从农药包装质量上判断优劣

农药包装是否破损，标签是否残缺不全或不明确，这多半存在质量问题。

二、简易鉴别农药的方法

每种农药都有其固有的特征，依据它固有特征的变化，可以鉴别农药是否失效。按照农药不同品种和剂型，可以分别选用下列1种或2种简便有效的方法来鉴定农药是否失效。

1. 直观法

先看产品是否过了有效期，农药的有效期一般是从产品生产日期算起，时间为2年。若过了有效期，农药就会变质失效。在有效期内的产品，要看外观特征的变化：粉剂农药如果已明显受潮结块，药味不浓或有其它异味时说明已失效；乳剂农药要先将药瓶静置观察，如果药液浑浊不清或出现分层或有沉淀或有絮状悬浮物等现象时，表明药剂的失效可能性很大。

2. 振荡法

对出现上下分层的乳剂农药，可采取上下摇荡法使之混合均匀后静置1h，若出现分层，表明该产品已经失效。

3. 烧灼法

取粉剂农药5～10g放在一块金属片上用火加热，如果产生大量白烟，并有较浓烈的刺鼻气味，说明药剂良好。

4. 热溶法

适用于乳剂农药。把发生沉淀的农药连瓶放入50～60℃的热水中，经过1h后观察，若沉淀物很难溶开或不溶解，说明该药已失效。

5. 漂浮法

适用于可湿性粉剂农药。先取200mL干净的清水放入透明度好的玻璃杯内，再取1g药轻轻撒在水面上，随后仔细观察药粉的变化：在1min内湿润并溶于水的是未失效农药。

第三节　禁止使用的农药

为了从源头上解决农产品尤其是蔬菜、水果、茶叶的农药残留超标问题，我国农业部于2002年5月24日发布了第199号公告。

一、国家明令禁止使用的农药

国家明令禁止使用的农药是六六六（HCH），滴滴涕（DDT），毒杀芬、二溴氯丙烷，杀虫脒，二溴乙烷（EDB），除草醚，艾氏剂（aldrin），狄氏剂（dieldrin），汞制剂，砷、铅类，敌枯双，氟乙酰胺，甘氟，毒鼠强，氟乙酸钠，毒鼠硅。

二、在蔬菜、果树、茶叶、中草药材上不得使用和限制使用的农药

在蔬菜、果树、茶叶、中草药材上不得使用和限制使用的农药如下。甲胺磷，甲基对硫磷，对硫磷，久效磷，磷胺，甲拌磷，甲基异柳磷，特丁硫磷，甲基硫环磷，治螟磷，内吸磷，克百威（呋喃丹），涕灭威，灭线磷，硫环磷，蝇毒磷，地虫硫磷，氯唑磷，苯线磷 19 种高毒农药不得用于蔬菜、果树、茶叶、中草药材上；三氯杀螨醇、氰戊菊酯不得用于茶树上；任何农药产品都不得超农药登记批准的使用范围使用。

三、生产 A 级绿色食品禁止使用的农药

在绿色食品生产过程中，许多农药是禁止使用的见表 6-2。

表 6-2　生产 A 级绿色食品禁止使用的农药

种　类	农　药　名　称	禁用作物	禁用原因
有机氯杀虫剂	滴滴涕、六六六、林丹、甲氧 DDT、硫丹	所有作物	高残毒
有机氯杀螨剂	三氯杀螨醇	蔬菜、果树、茶叶	工业品中含有一定数量的滴滴涕
有机磷杀虫剂	甲拌磷、乙拌磷、久效磷、对硫磷(1605)、甲基对硫磷(甲基 1605)、甲胺磷、甲基异柳磷、治螟磷、氧化乐果、磷胺、地虫硫磷、灭克磷(益收宝)、水胺硫磷、氯唑磷、硫线磷、杀扑磷、特丁硫磷、克线丹、苯线磷、甲基硫环磷	所有作物	剧毒、高毒
二甲基甲脒类杀虫杀螨剂	杀虫脒	所有作物	慢性毒性、治癌
拟除虫菊酯类杀虫剂	所有拟除虫菊酯类杀虫剂	水稻及其它水生作物	对水生生物毒性大
卤代烷类熏蒸杀虫剂	二溴乙烷、环氧乙烷、二溴氯丙烷、溴甲烷	所有作物	致癌、致畸、高毒
阿维菌素		蔬菜、果树	高毒
克螨特		蔬菜、果树	慢性毒性
有机砷杀菌剂	甲基胂酸锌(稻脚青)、甲基胂酸钙(稻宁)、甲基胂酸铵(田安)、福美甲胂、福美胂	所有作物	高残毒
有机锡杀菌剂	三苯基醋酸锡(薯瘟锡)、三苯基氯化锡、三苯基烃基锡(毒菌锡)	所有作物	高残留、慢性毒性
有机汞杀菌剂	氯化乙基汞(西力生)、醋酸苯汞(赛力散)	所有作物	剧毒、高残留
有机磷杀菌剂	稻瘟净、异稻瘟净	水稻	异臭
取代苯类杀菌剂	五氯硝基苯、稻瘟醇(五氯苯甲醇)	所有作物	致癌、高残留
2,4-D 类化合物剂	除草剂或植物生长调节剂	所有作物	杂质致癌
二苯醚类除草剂	除草醚、草枯醚	所有作物	慢性毒性
植物生长调节剂	有机合成的植物生长调节剂	所有作物	
除草剂	各类除草剂	蔬菜生长期(可用于土壤处理与芽前处理)	

注：引自 NY/T 393—2000《绿色食品　农药使用准则》

第七章 农药安全使用技术

第一节 农药的使用方法

农药的品种繁多，加工剂型也多种多样，同时防治对象的危害部位、危害方式、环境条件等也各不相同。因此，农药的使用方法也随之多种多样。常见方法如下。

一、喷雾法

喷雾是借助于喷雾器械将药液均匀地喷布于防治对象及被保护的寄主植物上，是目前生产上应用最广泛的一种方法。适合于喷雾的剂型有乳油、可湿性粉剂、可溶性粉剂、胶悬剂等。在进行喷雾时，雾滴大小会影响防治效果，一般地面喷雾直径最好在 50～80μm 之间。喷雾时要求均匀周到，使目标物上均匀地有一层雾滴，并且不形成水滴从叶片上滴下为宜。喷雾时最好不要在中午进行，以免发生药害和人体中毒。

二、喷粉法

喷粉是利用喷粉器械产生的风力，将粉剂均匀地喷布在目标植物上的施药方法。此法最适于干旱缺水地区使用。适于喷粉的剂型为粉剂。此法的缺点是用药量大，粉剂黏附性差，效果不如同药剂的乳油和可湿性粉剂好，而且易被风吹失和雨水冲刷，污染环境。因此，喷粉时，宜在早晚叶面有露水或雨后叶面潮湿且无风条件下进行，使粉剂易于在叶面沉积附着，提高防治效果。

三、土壤处理法

是将药粉用细土、细沙、炉灰等混合均匀，撒施于地面，然后进行犁耙翻耕等。主要用于防治地下害虫或某一时期在地面活动的昆虫。如用 5%辛硫磷颗粒剂 1 份与细土 50 份拌匀，制成毒土。

四、拌种、浸种或浸苗、闷种

拌种是指在播种前用一定量的药粉或药液与种子搅拌均匀，用以防治种子传染的病害和地下害虫。拌种用的药量，一般为种子质量的 0.2%～0.5%。浸种和浸苗是指将种子或幼苗浸泡在一定浓度的药液里，用以消灭种子、幼苗所带的病菌或虫体。闷种是把种子摊在地上，把稀释好的药液均匀地喷洒在种子上，并搅拌均匀，然后堆起熏闷并用麻袋等物覆盖，经一昼夜后，晾干即可。

五、毒谷、毒饵

利用害虫喜食的饵料与农药混合制成，引诱害虫前来取食，产生胃毒作用将害虫毒杀而死。常用的饵料有麦麸、米糠、豆饼、花生饼、玉米芯、菜叶等。饵料与敌百虫、辛硫磷等胃毒剂混合均匀，撒布在害虫活动的场所。主要用于防治蝼蛄、地老虎、蟋蟀等地下害虫。毒谷是用谷子、高粱、玉米等谷物作饵料，煮至半熟有一定香味时，取出晾干，拌上胃毒剂。然后与种子同播或撒施于地面。

六、熏蒸法

熏蒸是利用有毒气体来杀死害虫或病菌的方法。一般应在密闭条件下进行。主要用于防治温室大棚、仓库、蛀干害虫和种苗上的病虫。例如用磷化锌毒签熏杀天牛幼虫、用溴甲烷熏蒸棚内土壤等。

七、涂抹、毒笔、根区撒施

涂抹是指利用内吸性杀虫剂在植物幼嫩部分直接涂药，或将树干刮老皮露出韧皮部后涂药，让药液随植物体运输到各个部位。此法又称内吸涂环法。如在李树上涂 40%乐果 5 倍液，用于防治桃蚜，效果显著。毒笔是采用触杀性强的拟除虫菊酯类农药为主剂，与石膏、滑石粉等加工制成的粉笔状毒笔。用于防治具有上、下树习性的幼虫。毒笔的简单制法是用 2.5%的溴氰菊酯乳油按 1∶99 与柴油混合，然后将粉笔在此油液中浸渍，晾干即可。药效可持续 20d 左右。根区施药是利用内吸性药剂埋于植物根系周围。通过根系吸收运输到树体全身，当害虫取食时使其中毒死亡。如用 3%呋喃丹颗粒剂埋施于根部，可防治多种刺吸式口器的害虫。

八、注射法、打孔法

用注射机或兽用注射器将内吸性药剂注入树干内部，使其在树体内传导运输而杀死害虫或用触杀剂直接接触虫体。一般将药剂稀释 2～3 倍。可用于防治天牛等。打孔法是用木钻、铁钎等利器在树干基部向下打一个 45°角的孔，深约 5cm，然后将 5～10mL 的药液注入孔内，再用泥封口。药剂浓度一般稀释 2～5 倍。对于一些树势衰弱的古树名木，也可用注射法给树体挂吊瓶，注入营养物质，以增强树势。

总之，农药的使用方法很多，在使用农药时可根据药剂的性能及病虫害的特点灵活运用。

第二节 农药的稀释计算

一、药剂浓度表示法

目前，我国在生产上常用的药剂浓度表示法有倍数法、百分比浓度法。

倍数法是指药液（药粉）中稀释剂（水或填料）的用量为原药剂用量的多少倍，或者是药剂稀释多少倍的表示法。生产上往往忽略农药和水的相对密度差异，即把农药的相对密度看作 1，通常有内比法和外比法两种配法。用于稀释 100 倍（含 100 倍）以下时用内比法，即稀释时要扣除原药剂所占的 1 份。如稀释 10 倍液，即用原药剂 1 份加水 9 份。用于稀释 100 倍以上时用外比法，计算稀释量时不扣除原药剂所占的 1 份。如稀释 1000 倍液，即可用原药剂 1 份加水 1000 份。

百分比浓度（%）是指 100 份药剂中含有多少份药剂的有效成分。百分比浓度又分为质量百分浓度和体积百分浓度。固体与固体之间或固体与液体之间，常用质量百分浓度，液体与液体之间常用体积百分浓度。

百万分浓度（ppm）是指一百万份药液中含农药有效成分的份数。百万分之一为1ppm。此种浓度虽为非标准计量方式，但行业中常习惯采用。

二、农药的稀释计算

1. 按有效成分的计算

通用公式：原药剂浓度×原药剂质量＝稀释药剂浓度×稀释药剂质量

(1) 求稀释剂质量

① 计算100倍以下时：

$$\text{稀释剂质量}=\text{原药剂质量}\times\frac{(\text{原药剂浓度}-\text{稀释药剂浓度})}{\text{稀释药剂浓度}}$$

【例】 用40％福美砷可湿性粉剂10kg，配成2％稀释液，需加水多少？

计算：10×[(40％－2％)/2％]＝190(kg)

② 计算100倍以上时：

$$\text{稀释剂质量}=\text{原药剂质量}\times\frac{\text{原药剂浓度}}{\text{稀释药剂浓度}}$$

【例】 用100mL80％敌敌畏乳油稀释成0.05％浓度，需加水多少？

计算：100×80％/0.05％＝160(kg)

(2) 求用药量

$$\text{原药剂质量}=\text{稀释药剂质量}\times\frac{\text{稀释药剂浓度}}{\text{原药剂浓度}}$$

【例】 要配制0.5％乐果药液1000mL，求40％乐果乳油用量。

计算：1000×0.5％/40％＝12.5（mL）

2. 根据稀释倍数的计算法

此法不考虑药剂的有效成分含量。

(1) 计算100倍以下时

稀释药剂质量＝原药剂质量×稀释倍数－原药剂质量

【例】 用40％乐果乳油10mL加水稀释成50倍药液，求稀释液质量。

计算：10×50－10＝490(mL)

(2) 计算100倍以上时

$$\text{稀释药剂质量}=\text{原药剂质量}\times\text{稀释倍数}$$

【例】 用80％敌敌畏乳油10mL加水稀释成1500倍药液，求稀释液质量。

计算：10×1500＝15(kg)

第三节　农药的合理使用与安全使用

一、农药的合理使用

农药的合理使用就是要求贯彻“经济、安全、有效”的原则，从综合治理的角度出发，运用生态学的观点来使用农药。在生产中应注意以下几个问题。

1. 正确选药

各种药剂都有一定的性能及防治范围，即使是广谱性药剂也不可能对所有的病害或虫害都有效。因此，在施药前应根据实际情况选择合适的药剂品种，切实做到对症下药，避免盲目用药。

2. 适时用药

在调查研究和预测预报的基础上，掌握病虫害的发生规律，抓住有利时机用药，既可节约用药，又能提高防治效果，而且不易产生药害。如一般药剂防治害虫时，应在初龄幼虫期，若防治过迟，不仅害虫已造成损失，而且虫龄越大，抗药性越强，防治效果也越差，且此时天敌数量较多，药剂也易杀伤天敌。药剂防治病害时，一定要用在寄主发病之前或发病早期，尤其需要指出保护性杀菌剂必须在病原物接触侵入寄主前使用，除此之外，还要考虑气候条件及物候期。

3. 适量用药

施用农药时，应根据用量标准来实施。如规定的浓度、单位面积用量等，不可因防治病虫心切而任意提高浓度、加大用药量或增加使用次数。否则，不仅会浪费农药，增加成本，而且还易使植物体产生药害，甚至造成人、畜中毒。另外，在用药前，还应搞清农药的规格，即有效成分的含量，然后再确定用药量。如常用的杀菌剂福星，其规格有10%乳油与40%乳油，若10%乳油稀释2000～2500倍液使用，40%乳油则需稀释8000～10000倍液。

4. 混合用药

将两种或两种以上的对病虫具有不同作用机制的农药混合使用，以达到同时兼治几种病虫、提高防治效果、扩大防治范围、节省劳力的目的。如灭多威与菊酯类混用、有机磷制剂与拟除虫菊酯混用、甲霜灵与代森锰锌混用等。农药之间能否混用，主要取决于农药本身的化学性质。农药混合后它们之间应不产生化学和物理变化，才可以混用。

5. 轮换用药

长期使用一种农药防治某种害虫或病菌，易使害虫或病菌产生抗药性，降低防治效果，病虫越治难度越大。这是因为一种农药在同一种病虫上反复使用一段时间后，药效会明显降低。为了提高防治效果，不得不增加施药浓度、用量和次数，这样反而更加重了抗药性的发展。因此应尽可能地轮回用药，所用农药品种也应尽量选用不同作用机制的类型。

二、农药的安全使用

在使用农药防治植物病虫害的同时，要做到对人、畜、天敌、植物及其它有益生物的安全，要选择合适的药剂和准确的使用浓度。在人口稠集的地区、居民区等处喷药时，要尽量安排在夜间进行，若必须在白天进行，应先打招呼，避免发生矛盾和出现意外事故。要谨慎用药，确保对人、畜及其它有益动物和环境的安全，同时还应注意尽可能选用选择性强的农药、内吸性农药及生物制剂等，以保护天敌。防治工作的操作人员必须严格按照用药的操作规程、规范工作。

1. 防止用药中毒

为了安全使用农药，防止出现中毒事故，需注意下列事项。

(1) 用药人员选择　用药人员必须身体健康，如有皮肤病、高血压、精神失常、结核病患者，药物过敏者，孕期、经期、哺乳期的妇女等，不能参加该项工作。

(2) 安全防护　用药人员必须做好一切安全防护措施，配药、喷药时应穿戴防护服、手套、风镜、口罩、防护帽、防护鞋等标准的防护用品。

(3) 看风向施药　喷药应选在无风的晴天进行，阴雨天或高温炎热的中午不宜用药。有微风的情况下，工作人员应站在上风头，顺风喷洒，风力超过4级时，停止用药。

(4) 安全喷药　配药、喷药时，不能谈笑打闹、吃东西、抽烟等，如果中间休息或工作完毕时，需用肥皂洗净手脸，工作服也要洗涤干净。

(5) 喷药不适的处理　喷药过程中，如稍有不适或头疼目眩时，应立即离开现场，寻一通风阴凉处安静休息，如症状严重，必须立即送往医院，不可延误。

(6) 清楚药品性能　用药前还应搞清所用农药的毒性，是属高毒、中毒还是低毒，做到心中有数，谨慎使用。用药时尽量选择那些高效、低毒或无毒、低残留、无污染的农药品种。污染严重的化学农药不用。

2. 安全保管农药

(1) 农药建账　农药应设立专库贮存，专人负责。每种药剂贴上明显的标签，按药剂性能分门别类存放，注明品名、规格、数量、出厂年限、入库时间，并建立账本。

(2) 健全领发制度　领用药剂的品种、数量，需经主管人员批准，药库凭证发放；领药人员要根据批准内容及药剂质量进行核验。

(3) 药品领取　药品领出后，应专人保管，严防丢失。当天剩余药品需全部退还入库，严禁库外存放。

(4) 药品存放　药品应放在阴凉、通风、干燥处，与水源、食物严格隔离。油剂、乳剂、水剂要注意防冻。

(5) 药品的包装材料的处理　药品的包装材料（瓶、袋、箱等）用完后一律回收，集中处理，不得随意乱丢、乱放或派作它用。

三、农药使用情况记录

对农药使用情况进行记录，这是安全生产、科学管理、收获绿色产品必不可少的措施(表 7-1)。

表 7-1　种植生产农药使用情况

作物名称					种植面积	公顷			
播种时间	年　月　日				收获时间	年　月　日			
农药名称	登记证号	类型	剂型规格	防治对象	使用方法	使用量	一个生产周期使用次数	末次使用时间	安全间隔期

第四节　药械的使用与维护

目前广泛使用的农药械主要有手动喷雾器和机动喷雾器两类。手动喷雾器是用手动方式产生压力来喷洒药液的施药机具，具有使用操作方便、适应性广等特点。可用于水田、旱地及丘陵山区，防治水稻、小麦、棉花、蔬菜和果树等作物的病、虫、草害，也可用于防治仓储害虫和卫生防疫。通过改变喷片孔径大小，手动喷雾器既可作常量喷雾，也可作低容量喷雾。我国生产的手动喷雾器主要有背负式喷雾器、压缩喷雾器、单管喷雾器、吹雾器和踏板式喷雾器。背负式机动喷雾器是指由汽油机作动力，配有离心风机的采用气压输液、气力喷雾的植保机具，它具有轻便、灵活、高效率等特点。主要用于大面积农林作物的病虫害防治。下面以背负式手动喷雾器为例介绍其使用与维修。

一、施药前的准备

1. 测试气象条件

进行低量喷雾时，风速应在1～2m/s；进行常量喷雾时，风速应小于3m/s，当风速≥4m/s时不可进行农药喷雾作业。降雨和气温超过32℃时不允许喷洒农药。

2. 机具的调整

背负式喷雾器装药前，应在喷雾器皮碗及摇杆转轴处，气室内置的喷雾器应在滑套及活塞处涂上适量的润滑油。压缩喷雾器使用前应检查并保证安全阀的阀芯运动灵活，排气孔畅通。根据操作者身材，调节好背带长度。药箱内装上适量清水并以每分钟10～25次的频率摇动摇杆，检查各密封处有无渗漏现象；喷头处雾型是否正常。根据不同的作业要求，选择合适的喷射部件。喷头选择：喷除草剂、植物生长调节剂用扇形雾喷头；喷杀虫剂、杀菌剂用空心圆锥雾喷头。单喷头：适用于作物生长前期或中、后期进行各种定向针对性喷雾、飘移性喷雾。双喷头：适用于作物中、后期株顶定向喷雾。小横杆式三喷头、四喷头：适用于蔬菜、花卉及水、旱田进行株顶定向喷雾。

二、施药中的技术要求

1. 作业前先配制好农药

向药液桶内加注药液前，一定要将开关关闭，以免药液漏出，加注药液要用滤网过滤。药液不要超过桶壁上的水位线。加注药液后必须盖紧桶盖，以免作业时漏药液。

2. 背负式喷雾器作业要求

背负式喷雾器作业时，应先压动摇杆数次，使气室内的气压达到工作压力后再打开开关，边走边打气边喷雾。如压动摇杆感到沉重，就不能过分用力，以免气室爆炸。对于工农-16型喷雾器，一般走2～3步摇杆上下压动1次；每分钟压动摇杆18～25次即可。

3. 作业时空气室中的药液要求

作业时，空气室中的药液超过安全水位时，应立即停止压动摇杆，以免气室爆裂。

4. 压缩喷雾器作业要求

压缩喷雾器作业时，加药液不能超过规定的水位线，保证有足够的空间储存压缩空气。以便使喷雾压力稳定、均匀。

5. 按产品使用说明书上操作

没有安全阀的压缩喷雾器，一定要按产品使用说明书上规定的打气次数打气（一般30～40次），禁止加长杠杆打气和两人合力打气，以免药液桶超压爆裂。压缩喷雾器使用过程中，药箱内压力会不断下降，当喷头雾化质量下降时，要暂停喷雾，重新打气充压，以保证良好的雾化质量。

6. 针对不同的作物、病虫草害和农药选用正确的施药方法

土壤处理喷洒除草剂，要求易于飘失的小雾滴少，以避免除草剂雾滴飘移引起的作物药害；药剂在田间沉积分布均匀，以保证防治效果，避免局部地区药量过大造成的除草剂药害。因此，应采用扇形雾喷头，操作时喷头离地高度、行走速度和路线应保持一致；也可用安装二喷头、三喷头的小喷杆喷雾。当用手动喷雾器喷雾防治作物病虫害时，最好选用小喷片，这是因为小喷片喷头产生的农药雾滴较粗大喷片的雾滴细，防治效果好。但切不可用钉子人为把喷头冲大。使用手动喷雾器喷洒触杀性杀虫剂防治栖息在作物叶背的害虫（如棉花苗蚜），应把喷头朝上，采用叶背定向喷雾法喷雾。使用喷雾器喷洒保护性杀菌剂，应在植物被病原菌侵染前或侵染初期施药，要求雾滴在植物靶标上沉积分布均匀，并有一定的雾滴覆盖密度。使用手动喷雾器行间喷洒除草剂时，一定要配置喷头防护罩，防止雾滴飘移造成的邻近作物药害；喷洒时喷头高度保持一致，力求药剂沉积分布均匀，不得重喷和漏喷。几架药械同时喷洒时，应采用梯形前进，下风侧的人先喷，以免人体接触药液。

三、背负式喷雾器常见故障的排除

见表 7-2。

表 7-2　背负式喷雾器常见故障的排除

故障现象	故障原因	排除方法
手压摇杆(手柄)感到不费力，喷雾压力不足，雾化不良	(1)进水阀被污水搁起 (2)牛皮碗干缩硬化或损坏 (3)连接部位未装密封圈或密封圈损坏 (4)WS-16 型吸水管脱落 (5)WS-16 型密封球失落	(1)拆下进水阀、清洗 (2)牛皮碗放在动物油或机油里软化；更换新品 (3)加装或更换密封圈 (4)拧开胶管螺帽、装好吸水管 (5)装好密封球
手压摇杆(手柄)时用力正常，但不能喷雾	(1)喷头堵塞 (2)套管或喷头滤网堵塞	(1)拆开清洗，注意不能用铁丝等硬物捅喷孔，以免扩大喷孔，使喷雾质量变差 (2)拆开清洗
泵盖处漏水	(1)药液加得过满，超过泵筒上的回水孔 (2)皮碗损坏	(1)倒出些药液，使液面低于水位线 (2)更换新皮碗
各联结处漏水	(1)螺旋未旋紧 (2)密封圈损坏或未垫好 (3)直通开关芯表面油脂料少	(1)旋紧螺旋 (2)垫好或更换密封圈 (3)在开关芯上薄薄地涂上一层油脂
直通开关拧不动	开关芯被农药腐蚀而粘住	拆下在煤油或柴油中清洗；如拆不开，可将开关放在煤油中浸泡一些时间再拆

第八章 农药安全使用实训

实训一 农药质量检查

1. 实训目的

掌握农药质量检查中的主要环节的关键技术。

2. 实训所需条件

各种农药样品、试管、烧杯、量筒、玻棒、电炉、石蕊试纸等。

3. 考核内容

见表 8-1。

表 8-1 农药质量检查项目考核

项目编号	实训项目名称	考核内容	考核标准	标准分值	实际得分	综合评价	考核教师
一	农药质量检查	剂型观察	各种剂型在外观上的差别	30			
		乳油质量	乳油在水中的性能状态	30			
		剂型鉴别	粉剂和可湿性粉剂的区别	30			
		实训报告	能够根据操作方法及步骤写出实训报告	10			
合计				100			

说明：

① 实训考核时间较长；

② 学生分组进行操作；

③ 考核对象是每位学生，考核同时进行评分；

④ 考核项目在实验室进行。

实训二 常见农药种类识别

1. 实训目的

掌握农药种类识别过程中的主要环节的关键技术。

2. 实训所需条件

常见农药种类样品等。

3. 考核内容

见表 8-2。

表 8-2　常见农药种类识别项目考核

项目编号	实训项目名称	考核内容	考核标准	标准分值	实际得分	综合评价	考核教师
二	农药种类识别(按防治对象分)	杀虫剂	认识 30 种防治害虫的农药品种	40			
		杀螨剂	认识 10 种防治螨类农药品种	10			
		杀菌剂	认识 20 种防治病害的农药品种	20			
		除草剂	认识 5 种防治杂草的农药品种	10			
		植物生长调节剂	认识 5 种促进植物生长的农药品种	10			
		实训报告	能够根据操作方法及步骤写出实训报告	10			
合计				100			

说明：

① 实训考核时间较长；

② 学生分组进行操作；

③ 考核对象是每位学生，考核同时进行评分；

④ 考核项目在实验室进行。

实训三　农药配制

1. 实训目的

掌握农药配制过程中的主要环节的关键技术。

2. 实训所需条件

硫酸铜、石灰、硫黄粉、烧杯、量筒、玻棒、电炉、研钵、波美比重计、石蕊试纸等。

3. 考核内容

见表 8-3。

表 8-3　农药配制项目考核

项目编号	实训项目名称	考核内容	考核标准	标准分值	实际得分	综合评价	考核教师
三	农药配制	石硫合剂	配方、制作过程、注意事项	30			
		波尔多液	配方、制作过程、注意事项	30			
		质量检查	物态、颜色、度数	30			
		实训报告	能够根据操作方法及步骤写出实训报告	10			
合计				100			

说明：

① 实训考核时间较长；

② 学生分组进行操作；

③ 考核对象是每位学生，考核同时进行评分；

④ 考核项目在实验室进行。

实训四　农药使用

1. 实训目的

掌握农药使用的主要环节的关键技术。

2. 实训所需条件

常见农药种类、喷雾器、量筒、水桶、天平等。

3. 考核内容

见表 8-4。

表 8-4　农药使用项目考核

项目编号	实训项目名称	考核内容	考核标准	标准分值	实际得分	综合评价	考核教师
四	农药使用技术	剂型	农药剂型种类、物态、包装、防治目标	20			
		浓度配制	农药称量、浓度计算	10			
		喷雾器	结构、各零件、使用前后的检查	20			
		使用技术	选取农药、配药、喷雾器的使用、田间操作等	40			
		实训报告	能够根据操作方法及步骤写出实训报告	10			
合计				100			

说明：

① 实训考核时间较长；

② 学生分组进行操作；

③ 考核对象是每位学生，考核同时进行评分；

④ 考核项目在实验田中进行。

模块三

植物病虫害防治技术

【学习目标】

1. 掌握病虫害的发生和发展规律以及综合防治原理。
2. 学会常见植物病虫害田间调查方法。
3. 掌握当地植物主要病虫害的防治技术。

第九章 昆虫的发生规律

第一节 昆虫的生活周期与习性

一、昆虫的世代和年生活史

1. 昆虫的世代

昆虫自卵或幼虫离开母体到性成熟为止的个体发育史称为世代。各种昆虫或同种昆虫在不同的地区，世代的长短及1年中发生的世代数不尽相同。如大豆食心虫1年发生1代，黏虫、螟虫1年发生多代，17年蝉多年发生1代。这是受种性遗传的支配，也是气候因素的影响所造成的。在1年多代的昆虫中，由于发生期和产卵期长，在同一时期内，存在前后世代相互重叠、不同虫态并存的现象称为世代重叠。计算昆虫的世代以卵期为起点。1年发生多代的昆虫，依先后顺序称第1代，第2代……凡是上一年未完成生活周期，如以幼虫、蛹越冬，第二年继续发育为成虫，是上年最后1代的继续，一般称为越冬代。而以卵越冬，次年发育为幼虫的才可称为第一代幼虫。

2. 昆虫的年生活史

昆虫由当年越冬虫态开始活动起，到第二年越冬结束为止的发育过程，称为年生活史。昆虫年生活史包括昆虫的越冬虫态、1年中发生的世代数以及各世代、各虫态的发生时间和历期，常用图表的方式来表示（表9-1）。

3. 休眠和滞育

昆虫在生活周期中，常发生生长发育和繁殖暂时停止的现象，这种现象多发生在严冬和酷暑来临之前，分别称为越冬或越夏。从生理上可区分为休眠与滞育。

（1）休眠　休眠是由不良环境条件引起昆虫生长发育暂时停止的现象，当不良环境消除时，就可以恢复生长发育。引起昆虫休眠的环境因素主要是温度和湿度。在温带和寒带地区，低温是引起休眠的主要原因。

（2）滞育　滞育是昆虫生长发育暂时停止的现象，由环境条件和昆虫遗传特性决定。当昆虫进入滞育后，即使给予适宜的外界条件，也不会立即恢复生长发育，必须通过一定的刺激因素（如低温）和时间才能解除滞育状态。引起昆虫滞育的主要因素是光周期。

二、昆虫的主要习性

习性是昆虫在长期演化过程中，由于外界环境条件的刺激与内部生理活动的复杂联系，使昆虫获得的赖以生存的一种生物学特性，昆虫的习性包括昆虫的活动和行为，即食性、趋性、假死性、群集性、迁飞和扩散等。

1. 食性

昆虫对食物的特殊要求称为食性。根据食物的性质不同，昆虫的食性可分为以下几种。

① 植食性：以活的植物为食料。植食性昆虫包括绝大多数农业害虫和少部分益虫。如

表 9-1　葱斑潜蝇生活史

世代＼月旬	1～3	4	5	6	7	8	9	10	11	12
	上中下	上中下	上中下	上中下	上中下	上中下	上中下	上中下	上中下	上中下
越冬代	△△△	△△△ ＋＋＋	△△△ ＋＋＋	△△△ ＋＋＋	△ ＋＋＋					
1		○○ — △	○○○ — △△△ ＋＋＋	○○○ — △△△ ＋＋＋	○○○ — △△△ ＋＋＋	△ ＋＋				
2			○○ — △	○○○ — △△△ ＋＋＋	○○○ — △△△ ＋＋＋	○○○ — △△△ ＋＋＋	△ ＋＋			
3				○○○ — △△ ＋	○○○ — △△△ ＋＋＋	○○○ — △△△ ＋＋＋	○○○ — △△△ ＋＋＋	△ ＋＋		
4				○	○○○ — △△△ ＋＋＋	○○○ — △△△ ＋＋＋	○○○ — △△△ ＋＋＋	○○ — △△△ ＋＋＋	△△△	△△△
5					○○ — △	○○○ — △△△ ＋＋＋	○○○ — △△△ ＋＋＋	○○○ — △△△ ＋＋＋	△△△	△△△
6						○○○ — △△ ＋	○○○ — △△△ ＋＋＋	○○○ — △△△ ＋＋＋	— △△△	△△△
越冬代						○ —	○○○ — △△△	○○○ — △△△	— △△△	△△△

注：○卵；—幼虫；△蛹；＋成虫（引自潘秀美等《葱斑潜蝇生物学特性研究》）

蝗虫、螟虫、家蚕等。

② 肉食性：以活的动物为食料。肉食性昆虫大多数是天敌昆虫。如瓢虫、赤眼蜂等。

③ 粪食性：以动物的粪便为食料。如蜣螂。

④ 腐食性：以死的动植物组织及腐败物质为食料。如某些金龟甲、蝇类幼虫等。

⑤ 杂食性：既可以植物性也可以动物性食物为食料。如胡蜂、芫菁等。

根据取食范围的广窄，昆虫食性又可分为以下几种。

① 单食性：以一种植物或动物为食料。如三化螟、澳洲瓢虫等。

② 寡食性：以一科或近缘科的植物为食料。如二化螟、菜粉蝶等。

③ 多食性：以多科的植物或动物为食料。如小地老虎、草蛉等。

了解昆虫的食性对采取相应的栽培技术措施有效地防治农业害虫，选择利用天敌昆虫都有实用价值。

2. 趋性

昆虫对外界刺激产生的定向反应称为趋性。凡是向着刺激来源方向运动的称为正趋性，背避刺激来源方向运动的称为负趋性。按照刺激物的性质，趋性可分为趋光性、趋化性和趋温性等。

（1）趋光性　是昆虫通过视觉器官趋向光源而产生的反应行为。一般夜出性的夜蛾、螟蛾等对灯光为正趋光性；而蜚蠊经常藏于黑暗场所，见光便躲避，称为负趋光性。一般短波光对具有趋光性的昆虫诱集性强。虫情测报用的黑光灯就是根据这个原理制成的。

（2）趋化性　是昆虫通过嗅觉器官对化学物质的刺激而产生的反应行为。如菜粉蝶趋向在含芥子苷的十字花科植物上产卵；糖、酒、醋混合液可诱集多种地老虎；雌性昆虫在交配前分泌性外激素，引诱同种异性交配等。防治时可利用害虫的趋化性进行食饵或性诱剂诱杀。

（3）趋温性　昆虫是变温动物，其体温随所在环境而变化。当环境温度变化时，昆虫就趋向适宜其生活的温度条件的场所，这就是趋温性。如地下害虫蝼蛄等随土温的变化而升降，冬季钻入深土层，春季又到土表层为害植物的种子和根。

（4）趋色性　是指昆虫对颜色产生的反应行为。如蚜虫喜欢黄色，而对银灰色呈负趋性。

3. 假死性

假死性是昆虫受到外界刺激产生的一种抑制性反应。如黏虫幼虫、多种叶甲，当受到触及或震动，立即坠地假死。生产上可利用假死性进行震落捕杀。

4. 群集性

同种昆虫的个体高密度地聚集在一起的习性称为群集性。有些昆虫终身群集在一起，而且成群向一个方向迁移，称为永久性群集，如飞蝗。还有一些昆虫只在某一虫态和某一段时间内群集在一起，之后便分散，称为临时性群集，如黏虫、瓢虫等。了解昆虫的群集性，可为集中防治害虫提供可靠依据。

5. 迁飞与扩散

某些昆虫在成虫期有成群地从一个发生地长距离迁到另一个发生地的特性称为迁飞，如黏虫、东亚飞蝗，稻纵卷叶螟等。有些昆虫在环境条件不适宜或营养条件恶化时，由一个发生地近距离向另一个发生地迁移的特性称为扩散，如多种蚜虫、蝽等。了解昆虫迁飞与扩散规律，对害虫的测报与防治具有重要意义。

6. 社会性

社会性是指昆虫亲代和子代相互合作，共同居住在一起营社会生活的现象。这类昆虫群体中个体有多型现象，有不同分工。如蜜蜂（有蜂王、雄蜂、工蜂）、白蚁（有蚁王、蚁后、有翅生殖蚁、兵蚁、工蚁）等。

7. 拟态和保护色

竹节虫、尺蛾的一些幼虫等昆虫的形态与植物某些部位的形态很相像，从而获得保护的现象，称拟态；保护色是指某些昆虫具有同它的生活环境中的背景相似的颜色，这有利于躲避捕食性动物的视线而达到保护自己的效果，如枯叶蝶成虫、菜粉蝶蛹等。

掌握昆虫的生活习性可以更好地利用害虫的某些薄弱环节，制定有效的防治措施，消灭害虫。

第二节　昆虫发生与环境的关系

昆虫在自然界的分布、生长发育和消长规律不仅取决于其本身的生物学特性，而且与周围环境因素有着密切联系。专门研究昆虫与周围环境关系的科学，称昆虫生态学。它是害虫测报、防治和益虫利用的理论基础。

每一种生物都有相当数量的个体，同种的个体在生活环境内，组成一个相对独立的生殖繁衍单位，称“种群”。在生态环境中，各生物群落间相互联系的总体，构成“生物群落”。种群、生物群落与环境组成一个相互关联的体系，称“生态系”。如农业生态系、果园生态系、茶园生态系等。其中农业生态系是指人类农业活动条件下形成的生态系。昆虫是参与生态系中的成员。生态系统中诸因素的变化，常导致昆虫群落组分和种群数量的变动。反之，昆虫种群和群落的改变，也影响生态系统。因此，研究农田、果园、茶园生态系统的构成和动态，对控制害虫数量和增加天敌种群数量，减少农药施用和污染，提高害虫种群的管理水平，具有重要意义。

构成昆虫生活环境的因素称为生态因素。生态因素错综复杂，并综合作用影响昆虫种群的兴衰，其中以气候因素、土壤因素、生物因素和人为因素等影响最大。

一、气候因素

气候因素与昆虫个体生命活动及种群消长关系密切的有温度、湿度、光、风等。

1. 温度

昆虫是变温动物，其体温的变化取决于周围环境的温度，环境温度对昆虫的生长发育和繁殖都有很大的影响。

（1）昆虫对温度的反应　昆虫的生长发育，需要一定的温度范围，称为有效温区。一般为 8～40℃。其中最适合昆虫生长发育和繁殖的温度范围，称为最适温区，一般为 22～30℃。如果温度太低就停止发育，过低就会死亡；反之，如果温度太高就会使其发育速度放慢，过高则引起死亡。使昆虫开始生长发育的温度，称为发育起点温度，一般为 8～15℃，有效温度的上限称临界高温，一般为 35～45℃。温度直接影响昆虫的生长发育、繁殖、寿命、活动及分布，从而影响昆虫的发生期、发生量及其地理上的分布。应当指出，不同种类的昆虫对环境温度的反应是不同的，例如稻纵卷叶螟卵期的适宜温度为 22～28℃，而黏虫却在 19～22℃较适宜。所以对任何一种害虫都应研究和了解其对环境温度的反应，才能较好地抓住防治适期。温带和寒带地区昆虫的越冬虫态，往往抗寒力强，能够经受严寒的袭击，是因为冬季来临前进行了越冬准备，减少体内水分，增加碳水化合物与脂肪的积累；但是，秋末气温骤降，昆虫常因准备未绪，抗寒力弱而大量死亡。春季骤寒昆虫已解除越冬虫态，避寒能力差，也易死亡。

（2）有效积温法则及应用　昆虫的发育速度与温度在有效温区内呈正相关。温度越高，发育速度越快，发育所需天数越少。昆虫完成一个虫期或世代所需的天数与同期内的有效温度的乘积是一个常数，这一常数称为有效积温，这一规律称为有效积温法则，公式为：

$$N=K/(T-C) \text{或} K=N(T-C)$$

式中，K 为有效积温常数、N 为发育日数、T 为实际温度、C 为发育起点温度。

有效积温法则在害虫综合治理中的应用较广泛，主要应用如下。

① 推算昆虫发育起点温度和有效积温数值。

② 推算某种昆虫在某地可能发生的世代数。

世代数＝某地全年有效积温总和（℃）/该地某虫完成 1 代所需的有效积温（℃）

③ 预测害虫的发生期。

公式：
$$N=\frac{K}{(T-C)}$$

④ 控制昆虫发育速度。如人工繁殖寄生蜂防治害虫时，按释放日期的需要，可根据公式计算出室内饲养寄生蜂所需要的温度。通过调节温度来控制寄生蜂的发育速度，在适当的时期释放。

⑤ 预测害虫在地理上分布的北限。如果当地全年有效积温总和不能满足某种昆虫完成1个世代所需要有效积温，此地就不能发生这种昆虫。

有效积温法则在实际应用中有一定局限性，在应用时要注意各种因素对昆虫生长发育的综合影响。

2. 湿度和降水

湿度实质上是水的问题，水是昆虫体的组成成分和生命活动的最要物质与媒介。不同种类昆虫或同种昆虫的不同发育阶段，对水的要求不同。湿度主要影响昆虫的成活率、生殖力和发育速度，从而影响昆虫种群的消长。有些昆虫，如稻纵卷叶螟、小地老虎等对湿度要求较高。湿度越大，产卵越多，卵孵化率明显增高，幼虫成活率高，发生最大。但有些昆虫如蚜虫，在干旱的情况下，由于植物汁液浓度增高，提高了营养水平，更有利于繁殖，因此在干旱年份蚜虫为害猖獗。

降雨不仅影响湿度，还直接影响昆虫种群的数量变化。春季降雨有助于一些在土壤中以幼虫或蛹越冬的昆虫顺利出土；暴雨对许多初孵幼虫和小型昆虫有机械冲刷和杀伤作用；阴雨连绵，不但影响昆虫的活动取食，还会导致昆虫病害流行而使种群数量减少。

3. 光照

光的性质、强度、光周期主要影响昆虫的活动与行为，起信号作用。

光的性质通常用波长表示，不同波长的光显示出不同的颜色。昆虫的可见光区，偏于短波光。很多昆虫对紫外光有正趋性。利用黑光灯诱杀害虫，就是这个道理。昆虫的昼夜活动节律就是光强度对昆虫活动和行为影响的结果。如蝶类、蝇类等昆虫喜欢白天活动，蛾类、蚊类等昆虫喜欢夜间活动。光周期对昆虫生理活动有明显的影响。如短日照的来临，预示着冬季即将到来，对某些昆虫越冬、滞育起信号作用。桃蚜在长日照条件下，产生大量无翅蚜，在秋季短日照条件下则产生两性蚜，并飞向越冬寄主产卵越冬。

4. 气流

气流主要影响昆虫的迁飞和扩散。如蚜虫能借气流传播到很远的地力。黏虫、稻飞虱能借助大气环流远距离迁飞。气流对大气温度和湿度都有影响，从而影响昆虫的生命活动。

二、土壤因素

土壤是昆虫的一个特殊生态环境，对昆虫的影响主要表现在以下几方面。

1. 土壤温度

不同的昆虫可以在不同的土壤深度找到所需温度，加上土壤本身的保护作用，土壤成了昆虫越冬和越夏的良好场所。随着季节的更替和土壤温度的变化，土壤中生活的昆虫，如蛴螬、蝼蛄等地下害虫常作上下垂直移动。如生长季节到土表下为害，严冬季节可潜入土壤深处越冬等。

2. 土壤湿度

土壤空隙中的湿度，除表层外，一般处在饱和的状态。昆虫的卵、蛹及休眠状态的幼虫等，多以土壤作栖息地。在土壤中生活的昆虫，对土壤湿度的变化有一定适应能力。灌水或雨水会造成土壤耕作层水分暂时过多，可以迫使昆虫向下迁移或大量出土，甚至可以造成不活动虫态死亡。春季出土的成虫，如果正逢此时干旱少雨，则延迟出土期和减轻为害。

3. 土壤理化性质

土壤酸碱度及含盐量，对土栖昆虫或半土栖昆虫的活动与分布有很大影响。如麦红吸浆虫幼虫适生于pH值为7～11的土壤中，在pH值小于6的土壤中不能生存。土壤结构对土栖昆虫也有影响。如黄守瓜幼虫在黏土中化蛹及蛹羽化率均比沙土地高。

了解土壤因素对昆虫的影响，有利于通过各种栽培措施造成有利于作物生长发育而不利于害虫的活动、繁殖的土壤环境，达到减轻作物受害和控制害虫的目的。

三、生物因素

生物因素包括食物因素和天敌因素。

1. 食物因素

(1) 食物对昆虫的影响　食物的种类、数量和质量可直接影响昆虫的生长、发育、繁殖和分布。食物数量充足，质量高，昆虫取食后生长发育快，生殖力强，自然死亡率低。当食物数量不足或质量不高时会导致昆虫种群中的个体大量死亡或引起种群中个体的大规模迁移。如东亚飞蝗能取食多个科植物，但最适宜的是禾本科和莎草科的一些植物种类。取食这类植物，不仅发育好，且产卵量高。如果让其取食不喜欢吃的油菜，则死亡率增加，发育期延长，若饲喂棉花和豌豆，则不能完成发育而死亡。二化螟取食茭白比取食水稻长得好。棉铃虫取食棉铃长得最好。单食性昆虫的生存决定于食物种类。同种植物的不同器官，不同生育期，由于其组成成分差异较大，对昆虫的作用也不相同。例如，稻苞虫幼虫取食分蘖、圆杆期的水稻成活率为32.4%，而取食孕穗期的水稻成活率仅为3.3%。由此可见，食物的种类和成分，直接影响昆虫的发育速度、成活率、生殖力等。当寄主植物营养条件恶化之后，不但造成大量害虫死亡，而且使许多害虫变形，迁移和进入休眠。据此，在生产实践中可采取合理的栽培技术措施，恶化害虫的食物条件；或利用食物诱集害虫，集中歼灭；或创造有利于天敌昆虫发育和繁殖的条件，达到防治害虫的目的。

(2) 食物链　自然界同一区域内生活着各种生物，构成一个生物群落。凡是未经过人们开垦而自然形成的，称原始生物群落，反之称次生生物群落。两种群落各有特点。前者生物种类多，但优势种不很明显，后者种类少但优势种明显。在一块棉田里，除棉花外，还有各种杂草及以棉花为食物的害虫，又有以害虫为食物的天敌，这种动物与植物，害虫与益虫之间取食与被取食的关系，恰如一条链条，一环扣一环，称为食物链。它通常开始于植物而终止于猛禽或猛兽。在一个链条中，各种生物都占有一定的比重，相互制约和依存，达到生物间的相对平衡即生态平衡，其中任何一环的变动（减少或增加），都会影响整个食物链。如棉田蚜虫大发生后，便会有瓢虫大发生，瓢虫消灭了蚜虫，棉田便恢复平衡。反之滥用农药，大量杀伤瓢虫，棉蚜又会猖獗为害。了解当地食物链的特点及内在联系，选择最佳的综合治理措施，确保有益生物兴旺，达到控制或减轻害虫发生和为害的目的。

(3) 植物抗虫性　昆虫可以取食植物，植物对昆虫的取食也会产生抵抗性，甚至有的植物还可以“取食”昆虫。植物对昆虫的取食为害所产生的抗性反应，称为植物的抗虫性。植物的抗虫性机制分为排趋性、抗生性和耐害性。排趋性是由于植物的形态、组织上的特点和生理生化上的特性，或体内的某些特殊物质的存在，阻碍昆虫对植物的选择，或由于植物生长期与害虫的为害期不吻合，使植物局部或全部避免于害的特性。抗生性是指植物被昆虫取食后不能全面满足昆虫的营养需要或者含有对昆虫有毒的物质，导致昆虫发育不良，寿命缩短，生殖力下降，甚至死亡的特性。耐害性是指有些植物被昆虫取食后，自身具有很强的补偿能力，可减轻被侵害损失的特性。利用植物的抗虫性来选育种植抗虫高产作物品种在农业害虫防治上具有重要意义。

2. 天敌因素

害虫在自然界的生物性敌害，通称为天敌。天敌因素主要影响害虫的种群数量。

(1) 天敌昆虫　包括捕食性与寄生性两类。捕食性天敌昆虫种类很多，如螳螂、瓢甲、步甲、虎甲及草蛉等。寄生性天敌昆虫主要有寄生蜂和寄生蝇等。天敌昆虫在害虫的生物防治中发挥了很大作用。

(2) 昆虫病原微生物　昆虫在生长发育过程中，常因致病微生物的侵染而生病死亡。能使昆虫致病的病原微生物主要有真菌、细菌、病毒等，如白僵菌、蚜霉菌、杀螟杆菌、核型多角体病毒等，在农业生产中应用越来越广泛。

(3) 其它有益动物　蜘蛛、两栖类、鸟类等都是食虫动物，很好地保护和利用它们，能有效地防治农业害虫。

四、人为因素

1. 改变一个地区昆虫的组成

在从事农业生产活动中，人类频繁地调运种子、苗木，可能将一些当地从未发生过的害虫调入，或者有目的地引进天敌昆虫，都会使当地昆虫组成发生变化。如葡萄根瘤蚜随种苗传入我国；成功引进澳洲瓢虫，有效地控制了柑橘吹绵蚧的为害。

2. 改变昆虫生存环境

兴修水利，改变耕作制度，选用抗虫品种，中耕除草，施肥灌溉，整枝打杈等农业措施，改变了昆虫生长发育的环境条件，创造了不利于害虫生存而有利于天敌和作物生长发育的条件，达到控制害虫的目的。

3. 直接控制害虫

保护农作物不受或少受害虫的危害，常用农业、化学、物理、生物的办法，直接或间接地消灭害虫，达到既控制害虫种群数量，保证农业生产安全，又保护环境的目的。

第十章　植物侵染性病害的发生和发展

植物病害的发生是在一定的环境条件下寄主与病原物相互作用的结果，植物病害的发展是在适宜环境条件下病原物大量侵染和繁殖，造成植物减产或品质下降的过程。要认识病害的发生发展规律，就必须了解病害发生发展的各个环节，深入分析病原物、寄主植物和环境条件在各个环节中的作用。

第一节　病原物的寄生性与致病性

一、病原物的寄生性

病原物的寄生性是指病原物从寄主体内获取营养物质而生存的能力。根据病原物获取营养物质能力的强弱一般可划分为四种类型。

1. 专性寄生物

专性寄生物是寄生性最强的一类生物。只能从活的有机体中吸取营养物质，而不能在无生命的物体上生长发育。植物病原物中，所有植物病毒、寄生性种子植物、大部分植物病原线虫、霜霉病、白粉病和锈菌等都是专性寄生物。

2. 强寄生物（兼性腐生物）

强寄生物以寄生生活为主，当条件改变时也具有一定的腐生能力。大多数真菌和叶斑性病原细菌属于这一类。

3. 弱寄生物（兼性寄生物）

弱寄生物以腐生生活为主，在适宜条件下也能兼营寄生生活。如引起猝倒病的腐霉菌、炭疽病的炭疽菌、瓜类腐烂的根霉菌和引起腐烂的细菌等，在生活史中的大部分时间营腐生生活。

4. 专性腐生物

专性腐生物只能以无生命的有机体或无机物质作为营养来源，不能侵害活的生物有机体，专营腐生生活。

了解病原物的寄生性很重要，与病害的防治关系密切。如抗病品种主要是针对寄生性较强的病原物所引起的病害；弱寄生物引起的病害一般很难获得理想的抗病品种，应采取栽培管理措施提高植物的抗病性。

二、病原物的致病性

病原物的致病性是指病原物所具有的破坏寄主和引起病害的能力。病原物对寄主植物的致病和破坏作用，一方面表现在对寄主体内养分和水分的大量掠夺与消耗。同时，病原物分泌各种酶、毒素、有机酸和生长刺激素等，直接或间接地破坏植物细胞和组织，使寄主植物发生病变。

病原真菌、细菌、病毒、线虫等病原物，其种内常存在致病性的差异，依据其对寄主属的专化性可区分为不同的专化型；同一专化型内又根据对寄主种或品种的专化性分为生理小种，病毒称为株系，细菌称为菌系。了解当地病原物的生理小种，对选择抗病品种、分析病害流行规律和预测预报具有重要的实践意义。

病原物的致病性，只是决定植物病害严重性的一个因素，病害发生的严重程度还与病原物的发育速度、传染效率等因素有关。在一定条件下，致病性较弱的病原物也可能引起严重的病害，如炭疽菌的致病性较弱，但引起的炭疽病是多种作物的重要病害。

病原物的寄生性与致病性是两个不同的概念，前者是指病原物对寄主的依赖程度，后者是指病原物对寄主破坏性的大小。两者可以是一致的，也可以是不一致的。一般说来，寄生性强的病原物对寄主破坏性小，寄生性弱的病原物反而对寄主的破坏性大。

第二节　寄主植物的抗病性

一、植物抗病性的一些概念

植物抗病性是指植物对病原物的抵抗能力。垂直抗病性是指一个植物品种只对病原物的某些生理小种起作用。水平抗病性是指一个植物品种对相应病原物的所有生理小种都起作用。

垂直抗性由主基因或寡基因控制，其抗性水平高，稳定性不如水平抗性。但通过抗性基因的聚合，可以育成抗性高而持久的品种。水平抗性由多基因控制，抗性水平低等或中等，但稳定性持久。

二、植物的抗病类型

寄主植物对病原物侵染的反应，一般可分为感病、避病、耐病、抗病和免疫等类型。一种植物对某一种病原物完全不发病或无症状称免疫，表现为轻微发病的称抗病，发病极轻称高抗；植物可忍耐病原物侵染，虽然表现发病较重，但对植物的生长、发育、产量、品质没有明显影响称耐病；寄主植物发病严重，对产量和品质影响显著称感病；寄主植物本身是感病的，但由于形态、物候或其它方面的特性而避免发病的称避病。

三、植物的抗病机制

植物抗病性有的是植物先天具有的被动抗病性，也有因病原物侵染而引发的主动抗病性。抗病机制包括形态结构和生理生化方面的抗性。

植物固有的抗病机制是指植物本身所具有的物理结构和化学物质在病原物侵染时形成的结构抗性和化学抗性。如植物的表皮毛不利于形成水滴，也不利于真菌孢子接触植物组织；角质层厚不利于病原菌侵入；植物表面气孔的密度、大小、构造及开闭习性等常成为抗侵入的重要因素；皮孔、水孔和蜜腺等自然孔口的形态和结构特性也与抗侵入有关；木栓层是植物块茎、根和茎等抵抗病原物侵入的物理屏障；植物体内的某些酚类、单宁和蛋白质可抑制病原菌分泌的水解酶。

主动抗病性是指在病原物侵入寄主后，寄主植物会从组织结构、细胞结构、生理生化方面表现出主动的防御反应。如病原物的侵染常引起侵染点周围细胞的木质化和木栓化；植物受到病原物侵染的刺激产生植物保卫素，对病原菌的毒性强，可抑制病原菌生长；过敏性反应是在侵染点周围的少数寄主细胞迅速死亡，抑制了专性寄生病原物的扩展。

获得抗病性是指对植物预先接种某种微生物或进行化学、物理因子的处理后产生的抗病性。如病毒近缘株系间的"交互保护作用"，当寄主植物接种弱毒株系后，再感染强毒株系，寄主对强毒株系表现出抗性。

第三节　植物侵染性病害的侵染过程

从病原物与寄主感病部位接触侵入，到引起植物表现症状所经历的全部过程，称为病害的发病过程，简称病程。包括侵入前期、侵入期、潜育期和发病期。

一、侵入前期（接触期）

侵入前期是指从病原物同寄主植物的感病部位接触到开始萌发产生侵入机构的阶段。病原物处在寄主体外，必须克服各种不利于侵染因素才能侵入。病毒、植原体和类病毒的接触和侵入是同时完成的；细菌从接触到侵入几乎也是同时完成的，都没有明显的接触期。而真菌接触期的长短因种类而异。若能创造不利于病原物与寄主植物接触和生长繁殖的生态条件可有效地防治病害。

二、侵入期

侵入期是指从病原物侵入寄主到建立寄生关系这一段时期。病原物的侵入途径主要有伤口（如机械伤、虫伤、冻伤、自然裂缝及人为创伤）侵入、自然孔口（气孔、水孔、皮孔、腺体及花柱）侵入和直接侵入。各种病原物往往有特定的侵入途径，如病毒只能从伤口侵入；细菌可以从伤口和自然孔口侵入；大部分真菌可从伤口和自然孔口侵入；少数真菌、线虫、寄生性种子植物可从表皮直接侵入。病原物能否侵入寄主建立寄生关系，这与病原物的种类、寄主的抗病性和环境条件有密切关系。环境条件中，影响最大的因素是湿度和温度。湿度决定孢子能否萌发和侵入。绝大多数气流传播的真菌病害，其孢子萌发率随湿度增加而增大，在水滴（膜）中萌发率最高。如真菌的游动孢子和细菌只有在水中才能游动和侵入；而白粉菌的孢子在湿度较低的条件下萌发率高。在水滴中萌发率反而很低。另外，在高湿条件下，寄主愈伤组织形成缓慢，气孔开张度大，水孔吐水多而持久，植物组织柔软，抗侵入能力大大降低。温度影响孢子萌发和侵入的速度。真菌孢子在适温条件下萌发只需几小时的时间。如马铃薯晚疫病菌孢子囊在12～13℃的适宜温度下萌发仅需1h，而在20℃以上时需要5～8h。在植物的生长季节，温度一般都能满足病原物侵入的需要，而湿度的变化较大，常常成为病害发生的限制因素。所以在潮湿多雨的气候条件下病害严重，而雨水少或干旱季节病害轻或不发生。同样，恰当的栽培管理措施，如灌水适时适度、合理密植、合理修剪、适度打除底叶、改善通风透光条件、田间作业尽量避免机械损伤植株和注意促进伤口愈合等，都有利于减轻病害发生程度。但是，植物病毒病在干旱条件下发病严重，这是因为干旱有利于传毒昆虫（如蚜虫）的繁殖。

保护性杀菌剂的作用主要是防止病原物侵入。喷洒保护剂、减少和保护伤口、控制侵染发生的条件，都是防治植物病害的重要措施。

三、潜育期

潜育期是指从病原物与寄主建立寄生关系开始到寄主表现症状为止这一段时期。潜育期是病原物在植物体内进一步繁殖和扩展的时期，也是寄主植物调动各种抗病因素积极抵抗病原危害的时期。对潜育期长短的影响，环境条件中起主要作用的是温度。在一定范围内，温度升高，潜育期缩短。在病原物生长发育的最适温度范围内，潜育期最短。

潜育期的长短还与寄主植物的生长状况密切相关。凡生长健壮的植物，抗病力强，潜育期相应延长；而营养不良，长势弱或氮素肥料施用过多、徒长的，潜育期短，发病快。在潜育期采取有利于植物正常生长的栽培管理措施或使用合适的杀菌剂可减轻病害的发生。病害流行与潜育期的长短关系密切。有重复侵染的病害，潜育期越短，重复侵染的次数越多，病害流行的可能性越大。

四、发病期

发病期是指从寄主开始表现症状而发病到症状停止发展为止这一段时期。病部常呈现典型的症状。病原物开始产生大量繁殖体，加重危害或病害开始流行。病原物繁殖体的产生也需要适宜的温度和湿度。

掌握病害的侵染过程及其规律性，有利于开展病害的预测预报和制定防治措施。

第四节　植物病害的侵染循环

病害的侵染循环是指从前一个生长季节开始发病，到下一个生长季节再度发病的过程(图 10-1)。包括病原物的越冬与越夏、病原物的传播以及病原物的初侵染和再侵染等环节，切断其中任何一个环节，都能达到防治病害的目的。

一、病原物的越冬与越夏

绝大多数植物病原物在寄主植物体上寄生，作物收获后，病原物以寄生、休眠、腐生等方式越冬和越夏，病原物越冬和越夏的场所一般也是下一个生长季节的初侵染来源。病原菌越冬和越夏情况直接影响下一个生长季节的病害发生。越冬和越夏时期的病原物相对集中，可以采取经济简便的方法压低病原物的基数，用最少的投入收到最好的防治效果。

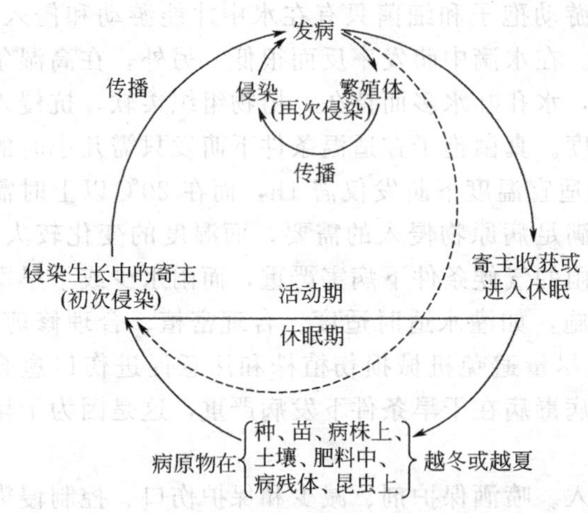

图 10-1　植物病害侵染循环示意图

(仿广西壮族自治区农校《植物保护学总论》)

1. 田间病株

越冬或越夏的被侵染植物本身是其寄生物的越冬或越夏场所。冬小麦在秋苗阶段被锈菌、白粉菌或黑穗病菌侵染后，病菌以菌丝体的状态在寄主体内越冬。夏季在小麦收获后，田间的自生麦苗成为锈菌、白粉菌等病原菌的越夏场所。

2. 种子、苗木和其它繁殖材料

种子、苗木、块根、块茎、鳞茎和接穗等繁殖材料是多种病原物重要的越冬或越夏场所。这些繁殖材料不仅会使植物本身发病，其自身还会成为田间的发病中心，造成病害的蔓延；繁殖材料的远距离调运还会使病害传入新区。如菟丝子的种子、小麦粒线虫的虫瘿等混杂在种子中，小麦腥黑穗病菌的冬孢子附着在种子表面，小麦散黑穗病菌潜伏在种胚内，马铃薯环腐病菌在块茎中，甘薯黑斑病菌在块根中越冬。

在播种前应根据病原物在种苗上的具体位置选用最经济有效的处理方法，如水选、筛选、热处理或药剂处理等。对种子等繁殖材料实行检疫检验，也是防止危险性病害扩大传播的重要措施。

3. **病残体**

病残体包括寄主植物的根、茎、枝、叶、花和果实等残余组织。大部分非专性寄生的真菌和细菌能以腐生的方式在病残体上存活一段时期。某些专性寄生的病毒也可随病残体休眠。但病残体腐烂分解后，多数种类的病原物会死亡。

4. **土壤**

各种病原物能以休眠或腐生的方式在土壤中存活。如鞭毛菌的休眠孢子囊和卵孢子、黑粉菌的冬孢子、线虫的胞囊等，可在干燥土壤中长期休眠。在土壤中腐生的真菌和细菌，可分为土壤寄居菌和土壤习居菌两类。土壤寄居菌的存活依赖于病株残体，当病残体腐败分解后，不能单独存活在土壤中，如大多数寄生性强的真菌、细菌；土壤习居菌在土壤中能长期存活和繁殖，寄生性较弱，如腐霉属、丝核属和镰孢霉属真菌等，常引起多种植物的幼苗发病。连作能使土壤中某些病原物数量逐年增加，使病害不断加重。合理的轮作可阻止病原物的积累，有效地减轻土传病害的发生。

5. **粪肥**

作物的枯枝落叶、杂草等是堆肥、垫圈和沤肥的材料，病原物可随各种病残体混入肥料，有的病原物虽然经过牲畜消化，但仍能保持生活力而使粪肥带菌。粪肥未经充分腐熟.可能成为初侵染来源，因此使用农家肥必须充分腐熟。

6. **传病介体**

多数循回型病毒能在介体内保存，而增殖型的植物病毒，既能在传病介体内长期存活，又能在介体内进行增殖，从而使介体成为这类病原的初侵染来源。稻普通矮缩病毒存在于黑尾叶蝉体内，小麦丛矮病毒存在于灰飞虱体内，都是病原在传病介体内越冬的例证。

二、病原物的传播

病原物传播的方式，有主动传播和被动传播之分。如很多真菌有强烈的放射孢子的能力，又如具有鞭毛的游动孢子，细菌可在水中游动，线虫和菟丝子可主动寻找寄主，但其活动的距离十分有限，自然条件下一般以被动传播为主。

1. **气流传播**

真菌产孢数量大、孢子小而轻，气流传播最为常见。气流传播的距离远、范围大，容易引起病害流行。气流传播病害的防治方法比较复杂，要注意大面积联防。另外，可根据某些病害的传播距离确定相邻作物的种类和距离。利用抗病品种是防治气流传播病害的有效防治方法。典型的气流传播病害有小麦条锈病、小麦白粉病等。

2. **水流传播**

水流传播病原物的形式很常见，传播距离没有气流传播远。雨水、灌溉水的传播都属于水流传播。如鞭毛菌的游动孢子、炭疽病菌的分生孢子和病原细菌在干燥条件下无法传播，必须随水流或雨滴传播。在土壤中存活的病原物，如苗期猝倒病、立枯病和水稻白叶枯病等的病原物随灌溉水传播，在防治时要注意采用正确的灌溉方式。

3. **昆虫和其它介体传播**

昆虫等介体的取食和活动也可以传播病原物。如蚜虫、叶蝉、木虱等刺吸式口器的昆虫可传播大多数病毒病害和植原体病害，咀嚼式口器的昆虫可以传播真菌病害，线虫可传播细菌、真菌和病毒病害，鸟类可传播寄生性种子植物的种子，菟丝子可传播病毒病等。大多数病原物都有较固定的传播方式，如真菌和细菌病害多以风、雨传播；病毒病常由昆虫和汁液传播。

4. 人为传播

人类在从事各种农事操作和商业活动中，常常导致病原物的传播。如使用带病原菌的种子等繁殖材料会将病原物带入田间；在育苗、移栽、打顶去芽、疏花、疏果等农事操作中，手、衣服和工具会将病菌由病株传播至健株上；种苗、农产品及植物性包装材料所携带的病原物都能随着贸易运输进行远距离传播。

病原物的传播是侵染循环各个环节联系的纽带。借助于传播，植物病害得以扩展蔓延和流行。了解病害的传播途径和条件，设法杜绝传播，可以中断侵染循环，控制病害的发生与流行。

三、初侵染和再侵染

越冬以后的病原物，在植物开始生长发育后进行的第一次侵染，称为初侵染。在同一个生长季节中，初侵染以后发生的各次侵染，称为再侵染。在植物的一个生长季节中，只有一个侵染过程的病害，称单病程病害，如黑粉病。在植物的一个生长季节中，有多个侵染过程的病害，称多病程病害，如白粉病。有无再侵染是制定防治策略和方法的重要依据。对于只有初侵染的病害，应设法减少或消灭初侵染来源，可获得较好的防治效果。对于有再侵染的病害，除清除越冬病原物外，及时铲除发病中心，消灭再侵染源，是行之有效的防治措施。

第五节 植物病害的流行

植物病害在一个时期，一个地区内，发生普遍而且严重，使某种植物受到巨大损失，这种现象称为植物病害的流行。植物病害流行的三要素是寄主、病原和环境条件。

一、病原物

病原物的致病性强、数量多并能有效传播是病害流行的主要原因。病毒病还与蚜虫等介体的发生数量有关。

二、寄主植物

品种布局不合理，大面积种植感病寄主植物或品种，会导致病害的流行。

三、环境条件

环境条件包括气象条件和耕作栽培条件。只有长时间存在适宜的环境条件，病害才能流行。气象因素中温度、相对湿度、雨量、雨日、结露和光照时间的影响最为重要。同时要注意大气候与田间小气候的差别。耕作栽培条件中土壤类型、含水量、酸碱性及营养元素等也会影响病害的流行。

病害的流行是上述三方面因素综合作用的结果。但由于各种病害发病规律不同，每种病害都有各自的流行主导因素。如苗期猝倒病，品种抗性无明显差异，土壤中存在病原物，只要苗床持续低温高湿就会导致病害流行，低温高湿就是病害流行的主导因素。

病害流行的主导因素有时是可变化的。在相同栽培条件和相同气象条件下，品种的抗性是主导因素；已采用抗性品种且栽培条件相同的情况下，气象条件就是主导因素；相同品种、相同气象条件下，肥水管理可成为主导因素。防止病害流行，必须找到流行的主导因素，采取相应的措施。

第十一章 植物病虫害田间调查技术

要制定正确的病虫害防治方案，必须对病虫害的种类、发生发展规律及危害程度等基本情况，进行田间调查和统计，掌握必要的资料和数据，做到心中有数。调查统计时，要有明确的调查目的，充分了解当地的基本情况，采用科学的取样方法，并认真记载。对调查数据进行科学整理和准确统计，从而得出正确结论。

第一节 植物病虫害田间调查类型与内容

一、调查类型

一般分普查和专题调查两种。普查主要是了解一个地区或某一作物上病虫发生的基本情况，如病虫种类、发生时间、危害程度、防治情况等。通过普查，可以掌握病虫害的基本情况，克服工作中的盲目性。专题调查是有针对性地对病虫害进行重点系统调查。从中发现问题，进一步开展试验研究，验证补充，不断提高对病虫发生规律的认识。

二、调查内容

1. 发生和危害情况调查

在病虫害普查的基础上，对常发性或暴发性的病虫进行专题调查。尚要调查其始发、盛发及盛末期和数量消长规律。若要调查研究某种病虫，除调查发生时间和数量、危害程度外，还要详细调查该病虫的生活习性、发生特点、侵染循环、发生代数、寄主范围等。为病虫防治提供依据。

2. 病虫、天敌发生规律的调查

专题调查某种病虫或天敌的寄主范围、发生世代、主要习性及不同农业生态条件下数量变化的情况，为制定防治措施和保护利用天敌提供依据。

3. 越冬情况调查

专题调查病虫越冬场所、越冬基数、越冬虫态、病原越冬方式等，为制定防治计划和开展预测预报提供依据。

4. 防治效果调查

包括防治前与防治后病虫发生程度的对比调查；防治区与不防治区的发生程度对比调查和不同防治措施、时间、次数的发生程度对比调查等，为选择有效防治措施提供依据。

第二节 植物病虫害田间调查方法

根据病虫害发生的各自规律性，在田间分布的特点，选择有代表性的各种类型田，采取适宜的取样方法，选取一定形状与数量的样点，使取样结果能反映病虫害在田间发生的实际情况，从而采取相应的防治措施。

一、病虫的田间分布型

见图 11-1。

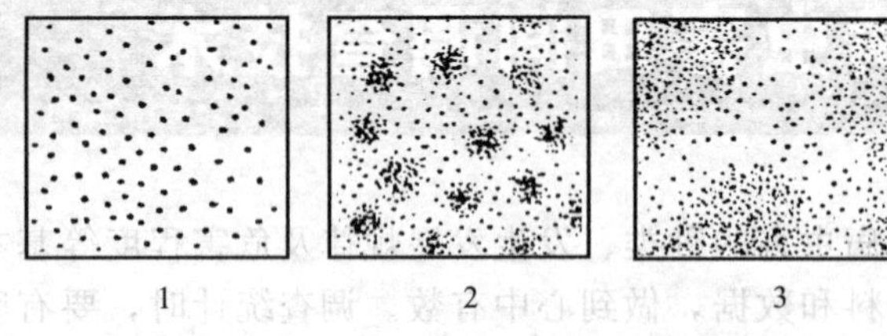

图 11-1 病虫的田间分布类型
（仿广西壮族自治区农校《植物保护学总论》）
1—随机分布；2—核心分布；3—嵌纹分布

1. 随机分布型

病虫在田间分布是稀疏的，每个个体之间的距离不等，但比较均匀。如玉米螟卵块和稻瘟病流行期多属此类型。

2. 核心分布型

病虫在田间不均匀地呈多个小集团核心分布。核心内为密集的，而核心间是随机的。如玉米螟幼虫及其被害植株在玉米田内的分布、水稻白叶枯病由中心病株向外蔓延的初期均属此类。

3. 嵌纹分布型

病虫在田间呈不规则的疏密相间的不均匀分布。如棉叶螨在虫源田四周的棉田分布即属此类。

二、调查取样方法

田间调查取样必须有充分的代表性，以尽可能反映整体情况，最大限度地缩小误差。常用的方法有五点取样法、对角线取样法（单对角线、双对角线）、棋盘式取样法、平行线取样法（抽行式）、“Z”字形取样法等（图 11-2）。不同的取样方法，适用于不同的病虫分布类型。一般来说，五点式、棋盘式、对角线式适用于随机分布型；平行线式、棋盘式适用于核心分布型；而“Z”字形则适用于嵌纹分布型。

取样单位应根据不同情况而定。常用的有：①长度单位，一般用 m，适于调查生长密集的条播作物上的病虫害；②面积单位，一般用 m^2，适用于调查地下害虫和密植作物上的病虫害；③以植株和部分器官为单位，常用于调查全株或茎、叶、果等部位上的病虫害；④网捕单位，以一定大小口径捕虫网的扫捕次数为单位，多用于调查虫体小而活动性大的害虫。还有以灯光或糖醋盘、草把等为单位诱集蛾类等。

取样的数量决定于病虫害的分布均匀程度、密度及人力和时间的允许情况。在面积小、作物生长整齐、病虫分布均匀、密度大的情况下，取样点可以适当少些，反之应多些。在人力和时间充裕的情况下，取样点可适当增多。在检查害虫发育进度时，一般活虫数不少于20～50 头，否则得到的数据误差大。

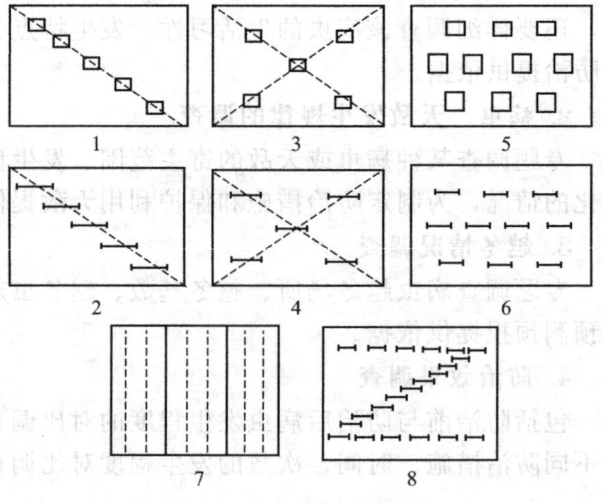

图 11-2 病虫调查取样法
（仿广西壮族自治区农校《植物保护学总论》）
1，2—单对角线式（面积或长度）；3，4—双对角线式或五点式（面积或长度）；5，6—棋盘式（面积或长度）；7—平行线式；8—“Z”字形式

三、病虫害调查的记载方法

记载是田间调查的重要工作。无论哪种内容的调查都应有记载。记载是摸清情况，分析问题和总结经验的依据。记载要求准确、简明、有统一标准。田间调查记载内容，根据调查的目的和对象而定，一般多采用表格方式，对于较深入的专题调查，记载的内容应更详尽。常用的调查记载表格形式如表 11-1 和表 11-2。根据调查结果，确定需要防治的田块和时间，即“两查两定”。

表 11-1　地下害虫调查记载表　　　　年　　月　　日

地 点	土壤植被概况	样坑号	样坑深度	害虫名称	虫 期	害虫数量	备注

调查者：

表 11-2　枝干病害调查记载表　　　　年　　月　　日

病害名称	树(品)种	总株数	病株数	发病率/%	严重度分级					感病指数	备注
					0	1	2	3	4		

调查地点：　　　　　　　　　　调查者：

例如，防治玉米螟要进行如下调查。①查卵块，定防治田块。卵块多的田块要防治。②查卵色和孵化程度，定防治时期。当卵粒出现黑点和孵化卵块占一半左右时，定为防治适期。玉米螟的“两查两定”的调查记载表见表 11-3；又如稻瘟病叶瘟发生情况的调查，通常是查病斑类型，定防治田块；查发病程度，定施药时间。其调查记载表格见表 11-4。

表 11-3　玉米螟产卵及孵化情况调查记载表

调查日期	田块类型	作物生育期	调查株数	卵块数	百株平均卵块数	已孵化和将孵化卵块数			已孵和将孵卵块百分率/%	备注
						已孵化卵块	有黑点卵块	合计		

表 11-4　叶稻瘟发生情况调查记载表

调查日期	稻田类型	品种	生育数	调查总叶数	发病叶数	发病级数					病叶率/%	病情指数	有无急性型病斑	备注
						0	1	2	3	4				

第三节　调查资料的计算和整理

调查记载的数据和资料，要进行整理、简化、计算、比较、分析，从中找出规律，才能说明问题。

一、调查资料的计算

1. 被害率

被害率反映病虫危害的普遍程度。

$$被害率=\frac{有虫(发病)单位数}{调查单位总数}\times 100\%$$

2. 虫口密度

虫口密度表示在一个单位内的虫口数量，常换算为每亩虫数。

$$虫口密度=\frac{调查总虫数}{调查总单位数}\times 每亩单位数$$

虫口密度也可用百株虫数表示：

$$百株虫数=\frac{调查总虫数}{调查总株数}\times 100$$

3. 病情指数

在植株局部被害情况下，各受害单位的受害程度是不同的。可按照被害的严重程度分级，再求病情指数。

$$病情指数=\frac{\sum(各级病情数\times 各级样本数)}{最高病情级数\times 调查总样本数}\times 100\%$$

4. 损失情况估计

除少数病虫如小麦散黑穗病的危害率与损失率接近外，一般病虫的危害与造成损失不一致。损失是指产量或经济效益的减少。所以，病虫所造成的损失应该以生产水平相同的受害田与未受害田的产量或经济总产值对比来计算，也可用防治区与不防治的对照区产量或经济总产值对比来计算。

$$损失率=\frac{未受害田平均产量或产值-受害田平均产量或产值}{未受害田平均产量或产值}\times 100\%$$

有时也可在田间直接抽样调查，挑选若干未受害和受害植株直接测产，求出单株平均产量，计算出损失系数，然后调查受害植株比例，从而计算出产量损失率。

$$单株平均损失率=\frac{未受害植株平均单株产量-受害植株平均单株产量}{未受害植株平均单株产量}\times 100\%$$

$$株被害率=\frac{被害株数}{调查株数}\times 100\%$$

$$产量损失率=单株平均损失率\times 株被害率$$

单位面积实际损失产量=未受害植株平均单株产量×单位面积总株数×产量损失率

二、调查资料的整理

调查取得的大量资料，必须去粗取精、综合分析，进一步指导实践。为了使调查材料便于以后整理和分析，调查工作必须坚持按计划进行，调查记录要尽量精确、清楚，特殊情况要加以注明。调查记载的资料，要妥善保存，注意积累，最好建立病虫档案，以便总结病虫发生规律，指导防治。

第十二章　植物病虫害防治途径

植物病虫害防治的基本原理概括起来便是"以综合防治为核心，实现对植物病虫害的可持续控制。"

植物病虫害的防治方法很多，有植物检疫、农业防治、物理机械防治、生物防治和化学防治。各种方法都有其优点和局限性，单靠其中某一种措施往往不能达到防治的目的，有时还会引起其它的一些不良反应。因此，植物病虫害的防治要遵循"预防为主、综合防治"的植保工作方针。病虫害综合治理是一种防治方案，它能控制病虫害的发生，避免各类防治法相互矛盾，尽量发挥其有机协调作用，保持经济允许水平之下的防治体系。

第一节　植物检疫

植物检疫也叫法规防治，是防治病虫害的基本措施之一，也是实施"综合治理"措施的有利保证。

一、植物检疫的概念

植物检疫是指一个国家或地方政府颁布法令，设立专门机构，禁止或限制危险性病、虫、杂草等人为地传入或传出，或者传入后为限制其继续扩展所采取的一系列措施。

二、植物检疫的任务

植物检疫的任务主要有以下 3 个方面。

一是禁止危险性病虫害及杂草随着植物及其产品由国外输入或国内输出。

二是将国内局部地区已发生的危险性病虫害及杂草封锁在一定的范围内，防止其扩散蔓延，并采取积极有效的措施，逐步予以清除。

三是当危险性病虫害及杂草传入新的地区时，应采取紧急措施，及时就地消灭。

三、植物检疫的措施

1. 对外检疫和对内检疫

对外检疫（国际检疫）是国家在对外港口、国际机场及国际交通要道设立检疫机构，对进出口的植物及其产品进行检疫处理，防止国外新的或在国内还是局部发生的危险性病、虫及杂草的输入；同时也防止国内某些危险性的病、虫及杂草的输出。对内检疫（国内检疫）是国内各级检疫机关，会同交通运输、邮电、供销及其它有关部门根据检疫条例，对所调运的植物及其产品进行检验和处理，以防止仅在国内局部地区发生的危险性病、虫及杂草的传播蔓延。我国对内检疫主要以产地检疫为主，道路检疫为辅。对内检疫是对外检疫的基础，对外检疫是对内检疫的保障，二者紧密配合，互相促进，从而达到保护农业生产的目的。

2. 植物检疫对象的确定

植物检疫对象确定的依据及原则：①本国或本地区未发生的或分布不广，局部发生的病、虫、杂草；②危害严重，防治困难的病、虫、杂草；③可借助人为活动传播的病、虫、杂草，即可以随同种子、果实、接穗、包装物等运往各地，适应性强的病、虫、杂草。

检疫对象的名单并不是固定不变的，应根据实际情况的变化及时修订或补充。

3. 划分疫区和保护区

有检疫对象发生的地区划分为疫区，对疫区要严加控制，禁止检疫对象传出，并采取积极的防治措施，逐步消灭检疫对象。未发生检疫对象但有可能传播进来的地区划定为保护区，对保护区要严防检疫对象传入，充分做好预防工作。

4. 其它措施

包括建立和健全植物检疫机构、建立无检疫对象的种苗繁育基地、加强植物检疫科研工作等。

四、植物检疫的程序

1. 对内检疫程序

报检→检验→检疫处理→签发证书

2. 对外检疫的程序

我国进出口检疫包括以下几个方面：进口检疫、出口检疫、旅客携带物检疫、国际邮包检疫、过境检疫等。应严格执行《中华人民共和国进出口动植物检疫条例》及其实施细则的有关规定。

五、检疫方法

植物检疫的检验方法：现场检验、实验室检验和栽培检验三种。具体方法多种多样，如直接检验法、解剖检验法、种子发芽检验、隔离试种检验、分离培养检验、比重检验、漏斗分离检验、洗涤检验、荧光反应检验、染色检验、噬菌体检验、血清检验、生物化学反应检验、电镜检验、DNA 探针检验等。植物检疫工作一般由检疫机构进行。

第二节　农业防治与化学防治

一、农业防治

农业防治就是通过改进栽培技术，使环境条件不利于病虫害的发生，而有利于植物的生长发育，直接或间接地消灭或抑制病虫害的发生与危害。这种方法不需要额外投资，而且又有预防作用，可长期控制病虫害，因而是最基本的防治方法。但这种措施也有一定的局限性，病虫害大发生时必须依靠其它防治措施。农业防治的主要措施有：清洁田园、合理轮作、间作、选育抗病虫品种、育苗措施、栽培措施和管理措施等。

二、化学防治

化学防治是指用各种有毒的化学药剂来防治病虫、杂草等有害生物的一种方法。

化学防治具有快速高效，使用方法简单，不受地域限制，便于大面积机械化操作等优点。但也具有容易引起人、畜中毒，环境污染，杀伤天敌，引起次要害虫再猖獗，并且长期使用同一种农药，可使某些害虫产生不同程度的抗药性等缺点。当病虫害大发生时，化学防治可能是唯一的有效方法。今后相当长时期内化学防治仍然占重要地位。至于化学防治的缺点，可通过发展选择性强、高效、低毒、低残留的农药以及通过改变施药方式、减少用药次数等措施逐步加以解决，同时还要与其它防治方法相结合，扬长避短，充分发挥化学防治的优越性，减少其毒副作用。

第三节　物理机械防治

利用各种简单的器械和各种物理因素来防治病虫害的方法称为物理机械防治。

一、捕杀法

利用人工或各种简单的器械捕捉或直接消灭害虫的方法称捕杀法。人工捕杀适合于具有假死性、群集性或其它目标明显易于捕捉的害虫。

二、阻隔法

根据害虫的活动习性，人为设置各种障碍，切断病虫害的侵害途径，这种方法称为阻隔法，也称障碍物法。包括：涂毒环或胶环、干基部绑扎塑料薄膜环、在温室及各种塑料拱棚内采用纱网覆罩、早春地表覆膜或盖草等可有效控制病虫害的发生。

三、诱杀法

利用害虫的趋性，人为设置器械或饵物来诱杀害虫的方法称为诱杀法。

1. 灯光诱杀

利用害虫趋光性，人为设置灯光诱杀害虫。如黑光灯、高压电网灭虫灯等。

2. 食物诱杀

利用害虫的趋化性进行诱杀。如毒饵诱杀。

3. 潜所诱杀

利用害虫在某一时期喜欢某一特殊环境的习性，人为设置类似的环境来诱杀害虫的方法。

4. 色板诱杀

将黄色黏胶板设置于栽培区域，可诱到大量的有翅蚜、白粉虱、斑潜蝇等成虫。

四、汰选法

利用健全种子与被害种子在体形、大小、比重上的差异进行分离，剔除带有病、虫种子的方法称为汰选法。汰选种子可用手选、器械选（风车、筛子）或水选。

五、高温处理法

通过提高温度来杀死病菌或害虫的方法称为高温处理法，也称热处理法。热处理有干热和湿热两种。种子热处理有日光晒种、温水浸种、冷浸日晒等方法。种苗的热处理：有病虫的苗木可用热风处理，温度为35～40℃，处理时间1～4周；也可用40～50℃的温水处理，浸泡时间为10min～3h。种苗热处理的关键是温度和时间的控制，一般对休眠器官处理比较安全。土壤热处理是使用热蒸汽（90～100℃），处理时间为30min。在发达国家，蒸汽热处理已成为常规管理。利用太阳能热处理土壤也是有效的措施，在7～8月份将土壤摊平作垄，垄为南北向。浇水并覆盖塑料薄膜（25μm厚为宜），在覆盖期间要保证有10～15d的晴天，耕层温度可高达60～70℃，能基本上杀死土壤中的病原菌。温室大棚中的土壤也可照此法处理，当夏季花木搬出温室后，将门窗全部关闭并在土壤表面覆膜，能较彻底地消灭温室中的病虫害。

六、微波、高频、辐射处理

1. 微波、高频处理

微波和高频都是电磁波。因微波的频率比高频更高，微波波段的频率又称超高频。用微波处理植物果实和种子杀虫是一种先进的技术，其作用原理是微波使被处理的物体内外的害虫或病原物温度迅速上升，当达到害虫与病原物的致死温度时，即起到杀虫、灭菌的作用。

微波、高频处理杀虫灭菌的优点是加热、升温快，杀虫效率高，快速、安全、无残留，操作方便，处理费用低，在植物检疫中很适合于旅检和邮检工作的需要。

2. 辐射处理

辐射处理杀虫主要是利用放射性同位素辐射出来的射线杀虫，如放射性同位素^{60}Co辐射出来的γ射线。这是一种新的杀虫技术，它可以直接杀死害虫，也可以通过辐射引起害虫雄性不育，然后释放这种人工饲养的不育雄虫，使之与自然界的有生殖能力的雌虫交配，使之不能繁殖后代而达到灭除害虫的目的。

此外，还可利用红外线、紫外线、X射线以及激光技术进行害虫的辐射诱杀、预测预报及检疫检验等。近代生物物理学的发展，为害虫的预测预报及防治技术水平的提高创造了良好的条件。

第四节　生物防治

利用生物及其代谢物质来控制病虫害的方法称为生物防治。生物防治的特点：对人、畜、植物安全，害虫不产生抗性，天敌来源广，且有长期抑制作用。但作用慢、成本高，技术要求比较严格。因此，必须与其它防治措施相结合，才能充分发挥其应有的作用。

典型的生物防治有以虫治虫、以菌治虫、以鸟治虫、以菌治病等。

一、天敌昆虫的利用

天敌昆虫依其生活习性的不同，可分为捕食性和寄生性两大类。

1. 捕食性天敌昆虫

专以其它昆虫或小动物为食物的昆虫，称为捕食性昆虫。这类昆虫用它们的咀嚼式口器直接取食虫体的一部分或全部，有些则用刺吸式口器刺入害虫体内吸食害虫体液使其死亡。常见的捕食性天敌昆虫有蜻蜓、螳螂、瓢虫、草蛉、猎蝽、食蚜蝇等。这类天敌一般个体较被捕食者大，在其生长发育过程中捕食量很大，对害虫有明显的控制作用。

2. 寄生性天敌昆虫

一些昆虫种类，在某个时期或终身寄生在其它昆虫的体内或体外，以其体液和组织为食来维持生存，最终导致寄主昆虫死亡，这类昆虫一般称为寄生性天敌昆虫。这类昆虫一般较寄主小，数量比寄主多，在1个寄主上可育出1个或多个个体。

寄生性天敌昆虫的常见类群有：姬蜂、小茧蜂、蚜茧蜂、肿腿蜂、黑卵蜂、小蜂类及寄生蝇类。

3. 天敌昆虫利用的途径和方法

(1) 当地自然天敌昆虫的保护和利用　自然界中天敌的种类和数量很多，在野外对害虫的种群密度起着重要的控制作用，因此要善于保护和利用。具体措施有如下。

① 对害虫进行人工防治时，把采集到的卵、幼虫、茧蛹等放在害虫不易逃走而各种寄生性天敌昆虫能自由飞出的保护器内，待天敌昆虫羽化飞走后，再将未被寄生的害虫进行处理。

② 化学防治时，应选用选择性强或残效期短的杀虫剂，选择适当的施药时期和方法，尽量减少用药次数，喷施杀虫剂时尽量避开天敌活动盛期，以减少杀虫剂对天敌的伤害。

③ 保护天敌过冬。瓢虫、螳螂等越冬时大多在树干基部、枯枝落叶层、树洞、石块下等处，在寒冷地区常因低温的影响而大量死亡。因此，收集越冬成虫在室内保护，翌春天气温暖时再放回野外，这样可保护天敌安全越冬。

④ 改善天敌的营养条件和栖息场所。一些捕食螨、寄生蜂、寄生蝇成虫羽化后常需补充花蜜。如果成虫羽化后缺乏蜜源，常造成死亡。例如，在橘园中栽植白花草可以改善捕食螨的生存条件。

(2) 人工大量繁殖释放天敌昆虫　在自然条件下，天敌的发展总是以害虫的发展为前提，在害虫发生初期由于天敌数量少，对害虫的控制力低，再加上化学防治的影响，田间的天敌数量减少，因此，采用人工大量繁殖的方法，繁殖一定数量的天敌，在害虫发生初期释放到田间，可取得较显著的防治效果。目前繁殖利用已成功的有赤眼蜂、异色瓢虫、黑缘红瓢虫、草蛉、平腹小蜂等。

(3) 移植、引进外地天敌　天敌移殖是指天敌昆虫在本国范围内移地繁殖。天敌引进是指把天敌昆虫从一个国家移入另一个国家。从国外或外地引进天敌昆虫防治本地害虫，是生物防治中常用的方法。我国曾从英国引进的丽蚜小蜂，在北京等地试验，控制温室白粉虱的效果十分显著。湖北省从浙江移植大红瓢虫防治柑橘吹绵蚧，获得成功，后来四川、福建、广西等地也引入了这种瓢虫，均获成功。在天敌昆虫的引移过程中，要特别注意引移对象的一般生物学特性，选择好引移对象的虫态、时间及方法，应特别注意两地生态条件的差异。

(4) 购买商品化的天敌昆虫　目前世界上正开展天敌昆虫人工饲养大量繁殖技术、工厂化商品生产工艺及抗药性天敌昆虫培育的研究。我国自行开发的管氏肿腿蜂、川硬皮肿腿蜂、赤眼蜂、白蛾周氏小蜂和斯氏线虫等均实现了规模化生产。已经商品化的种类有：松毛虫赤眼蜂、丽蚜小蜂、微小花蝽、食蚜瘿蚊、中华草蛉、七星瓢虫、智利小植绥螨和斯氏线虫等。随着研究的深入和不断发展，我国的天敌昆虫的商品化大规模应用时代即将到来。

二、病原微生物的利用

1. 以微生物治虫

利用病原微生物来控制害虫，对人、畜、作物和水生动物安全，无残毒，不污染环境。微生物农药制剂使用方便，并能与化学农药混合使用。能使昆虫得病而死的病原微生物有：真菌、细菌、病毒、原生动物和线虫等。目前生产上应用较多的是前3种。

(1) 细菌　昆虫病原细菌已经发现的有90余种。病原细菌主要通过消化管侵入虫体内，导致败血症或由于细菌产生的毒素使昆虫死亡。被细菌感染的昆虫，食欲减退，口腔和肛门具黏性排泄物，死后虫体颜色加深，并迅速腐败变形、软化、组织溃烂，有恶臭味，通称软化病。

目前我国应用最广的细菌制剂主要有苏云金杆菌（BT制剂。松毛虫杆菌、青虫菌均为其变种），可与其它农药混用，并且对温度要求不严，对鳞翅目幼虫防效好。

(2) 真菌　病原真菌的类群较多，约有750种，但研究较多且实用价值较大的主要是接合菌中的虫霉属、半知菌中的白僵菌属、绿僵菌属、拟青霉属、轮枝菌属及多毛孢属。真菌以其孢子或菌丝自体壁侵入昆虫体内，以虫体各种组织和体液为营养，随后虫体上长出菌丝，产生孢子，随风和水流进行再侵染。感病昆虫常出现食欲减退、虫体萎缩，死后虫体僵硬，体表布满菌丝和孢子。

目前应用较为广泛的真菌制剂是白僵菌，可以有效地控制鳞翅目、同翅目、膜翅目和直翅目等害虫。

(3) 病毒　昆虫的病毒病在昆虫中很普通，利用病毒来防治害虫，其主要特点是专化性强，在自然情况下，病毒往往只寄生1种害虫，不存在污染与公害问题。昆虫感染病毒后，虫体多卧于或悬挂在叶片及植株表面，后期流出大量液体，但无臭味，体表无丝状物。

在已知的昆虫病毒中，防治应用较广的有核型多角体病毒（NPV）、颗粒体病毒（GV）和质型多角体病毒（CPV）三类。这些病毒主要感染鳞翅目、双翅目、膜翅目和鞘翅目等的幼虫。如上海使用大袋蛾核型多角体病毒防治大袋蛾效果很好。

(4) 线虫　目前国内已经商品化生产的有斯氏线虫等。

(5) 杀虫素　某些微生物在代谢过程中能够产生杀虫的活性物质，称为杀虫素。目前大批量生产并取得显著成效的为阿维菌素、浏阳霉素等。

2. 以菌除草

利用真菌来防治杂草是以菌治草中最有发展前途的一类。利用鲁保一号菌防治菟丝子是我国早期杂草生物防治最典型最突出的一例。

3. 以菌治病

抗生作用的利用，如一些真菌、细菌、放线菌等微生物，在其新陈代谢的过程中能分泌抗生素，杀死或抑制微生物的现象。交互保护作用的利用，寄主植物被病毒的无毒系或低毒系感染后，可增强寄主对强毒系的抗性，或不被侵染。如对植物病毒病的防治，先将弱毒系接种到寄主上后，就能抑制强毒系的侵染。利用真菌防治植物病原真菌，如利用哈氏木霉防治白绢病等。重寄生作用，是指有益微生物寄生在病原物上，从而抑制了病原物的生长发育，达到防病的目的。竞争作用，是指益菌和病原物相比在养分及空间的竞争上占有优势，从而抑制病原物的现象。

三、利用昆虫激素防治害虫

1. 外激素的应用

诱杀法，是利用性诱剂将雄蛾诱来，配以黏胶、毒液等方法将其杀死。迷向法，是在成虫发生期，在野外喷洒适量的性诱剂，使其弥漫在大气中，使雄蛾无法辨认雌蛾，从而干扰正常的交尾活动。绝育法，是将性诱剂与绝育剂配合，用性诱剂把雄蛾诱来，使其接触绝育剂后仍返回原地，这种绝育后的雄蛾与雌蛾交配后就会产下不正常的卵，起到灭绝后代的作用。

2. 内激素的应用

人为改变昆虫内激素的含量，可阻碍害虫正常的生理功能，造成畸形，甚至死亡。

四、益鸟的利用

保护、招引与人工驯化各种食虫鸟类用以防治害虫。

五、蛛螨类的利用

1. 蜘蛛

蜘蛛为肉食性，主要捕食昆虫，食料缺乏时也有相互残杀现象。根据蜘蛛是否结网，通常分为游猎型和结网型两大类。游猎型蜘蛛不结网，在地面、水面及植物体表面行游猎生活。结网型蜘蛛借网捕捉飞翔的昆虫。

2. 捕食螨

可捕食叶螨和植食性害虫的螨类。重要科有植绥螨科、长须螨科。

第十三章　作物病虫害防治技术

第一节　水稻病虫害防治技术

一、水稻害虫防治技术

（一）种类、发生与危害

参见彩图 3-1～彩图 3-8。

1. 稻螟

稻螟包括二化螟 *Chilo suppressalis*（Walker）、三化螟 *Tryporyza incertulas*（walker）和大螟 *Sesamia inferens* 危害都是钻蛀水稻茎秆，在苗期和分蘖期造成枯心苗；在孕穗初期侵入，造成枯孕穗；在孕穗末期和抽穗初期侵入，咬断穗颈，造成白穗或虫伤株。二化螟初孵幼虫还会在叶鞘取食造成枯鞘。二化螟还有群集危害的习性，每株可多达数十头。这是田间识别二化螟最简单的方法。

二化螟在我国每年发生 1～5 代。以老熟幼虫在稻桩、稻草、茭白及稻田周围、田埂上的杂草茎秆中越冬。有世代重叠现象。春季，越冬幼虫还会转移蛀入麦类、蚕豆、油菜的茎秆内取食。成虫昼伏夜出，趋光性强。在水稻分蘖期和孕穗期产卵较多；刚插秧的稻苗，拔节期及抽穗灌浆期的稻株产卵量少。高秆、茎粗、叶片宽大、叶色浓绿的稻田最易诱蛾产卵。分蘖前，卵块主要产在叶正面离叶尖 3～7cm 处；分蘖后期至抽穗期，多产在离水面 7cm 以上的叶鞘上。初孵幼虫称"蚁螟"，蚁螟孵出后，一般沿稻叶向下爬行或吐丝下垂，从叶鞘缝隙侵入。幼虫 3 龄以后食量增大，并转株危害，蛀孔离地面 3～13cm。越冬代幼虫在稻桩和稻草中化蛹，其它世代幼虫在稻茎内或叶鞘与茎秆间化蛹。

三化螟因在江浙一带每年发生 3 代而得名。在我国每年发生 2～7 代。以老熟幼虫在稻桩内越冬。春季气温 16℃时，化蛹羽化飞往稻田产卵。在安徽每年发生 3～4 代，各代幼虫发生期和为害情况大致为：第 1 代在 6 月上中旬，为害早稻和早中稻造成枯心；第 2 代在 7 月份为害单季晚稻和迟中稻造成枯心，为害早稻和早中稻造成白穗；第 3 代在 8 月上中旬至 9 月上旬为害双季晚稻造成枯心，为害迟中稻和单季晚稻造成白穗；第四代在 9、10 月份，为害双季晚稻造成白穗。螟蛾夜晚活动，趋光性强，特别在闷热无月光的黑夜会大量扑灯。产卵具有趋嫩绿习性，水稻处于分蘖期或孕穗期，或施氮肥多，长相嫩绿的稻田，卵块密度高。蚁螟，从孵化到钻入稻茎内需 30～50min。蚁螟蛀入稻茎的难易及存活率与水稻生育期有密切的关系：水稻分蘖期，稻株柔嫩，蚁螟很容易从近水面的茎基部蛀入；孕穗期稻穗外只有 1 层叶鞘蚁螟也易侵入；孕穗末期，当剑叶叶鞘裂开，露出稻穗时，蚁螟极易侵入，其它生育期蚁螟蛀入率很低。因此，分蘖期和孕穗至破口露穗期这两个生育期，是水稻受螟害的"危险生育期"。被害的稻株，多为 1 株 1 头幼虫，每头幼虫多转株 1～3 次，以 3、4 龄幼虫为盛。幼虫一般 4 或 5 龄，老熟后在稻茎内下移至基部化蛹。春季，在越冬幼虫化蛹期间，如经常阴雨，稻桩内幼虫因窒息或因微生物寄生而大量死亡。温度 24～29℃、相对湿度 90％以上，有利于蚁螟的孵化和侵入为害，超过 40℃，蚁螟大量死亡，相对湿度 60％以下，蚁螟不能孵化。

大螟在我国每年发生2～8代。云、贵高原2～3代，江苏、浙江3～4代，江西、湖南、湖北、四川年生4代，福建、广西及云南4～5代，广东南部、台湾6～8代。在温带以幼虫在茭白、水稻等作物茎秆或根茬内越冬，翌春老熟幼虫在气温高于10℃时开始化蛹，15℃时羽化，越冬代成虫把卵产在春玉米或田边看麦娘、李氏禾等杂草叶鞘内侧，幼虫孵化后再转移到邻近水稻上蛀入叶鞘内取食，蛀入处可见红褐色锈斑块。3龄前常十几头群集在一起，把叶鞘内层吃光，后钻进心部造成枯心。3龄后分散，为害田边2～3墩稻苗，蛀孔距水面10～30cm，老熟时化蛹在叶鞘处。成虫飞翔力弱，常栖息在株间，每雌可产卵240粒，卵历期1代为12d，2、3代5～6d；幼虫期1代约30d，2代28d，3代32d；蛹期10～15d。

就栽培制度而言，纯双季稻区比多种稻混栽区螟害发生轻；而在栽培技术上，基肥足，水稻健壮，抽穗迅速、整齐的稻田螟害轻；追肥过迟和偏施氮肥，水稻徒长，螟害重。一般糯稻受害高于粳稻，粳稻高于籼稻。稻茎坚韧，抽穗快、整齐，成熟早的品种较抗螟害。品种混杂，生长参差不齐，受害重。

2. 稻纵卷叶螟

稻纵卷叶螟 *Cnaphalocrocis medialis* Guenee，是一种迁飞性害虫，自北而南每年发生1～11代；南岭山脉一线以南，常年有一定数量的蛹和少量幼虫越冬，北纬30°以北稻区不能越冬，故广大稻区初次虫源均自南方迁来。成虫有趋光性，栖息趋荫蔽性和产卵趋嫩性，适温高湿产卵量大，一般每雌产卵40～70粒；卵多单产，也有2～5粒产在一起，气温22～28℃、相对湿度80%以上，卵孵化率可达80%～90%以上。初孵幼虫大部分钻入心叶为害，进入2龄后，则在叶上结苞，在虫苞里取食，啃食叶片上表皮和叶肉，使被害叶片看上去是长短不一的条状白斑。随虫体长大，幼虫不断将虫苞向前延长。虫苞一般是叶片向正面纵卷成筒状，也有少数将叶尖折向正面或只卷一叶缘的。孕穗后期可钻入穗苞取食。幼虫一生食叶5～6片，多者达9～10片，食量随虫龄增加而增大，1～3龄食叶量仅在10%以内，幼虫老熟多数离开老虫苞，在稻丛基部黄叶及无效分蘖嫩叶上结满茧化蛹。稻纵卷叶螟发生轻重与气候条件密切相关，适温高湿情况下，有利成虫产卵、孵化和幼虫成活，因此，多雨日及多露水的高湿天气，有利于猖獗发生。

3. 稻弄蝶

稻弄蝶 *Parnara guttata* Bremer et Grey，别名一字纹稻弄蝶、稻苞虫。寄主有水稻、茭白、玉米、高粱、大麦、谷子、竹子、芦苇、稗、狗尾草等。幼虫孵化后，爬至叶片边缘或叶尖处吐丝缀合叶片，做成圆筒状纵卷虫苞，潜伏在其中为害。在我国每年发生2～8代，同一地区，海拔高度不同，发生代数也不同。南方以中、小幼虫在背风的田埂、渠边、沟边的茭白、小竹丛等禾本科植物上结苞越冬，气温高于12℃能取食，第一代主要发生在茭白上，以后各代主要在水稻上。各虫态发育起点温度：卵12.6℃、幼虫9.3℃、蛹14.9℃。气温15～16℃，卵期15～16d，21～26℃为5d。幼虫期26～28℃，18～20d，低于24℃、高于30℃为21d。越冬幼虫期长达180d。蛹期7～16d，成虫寿命2～19d。成虫昼伏夜出，清晨羽化，卵散产，初孵幼虫先咬食卵壳，爬至叶尖或叶缘，吐丝缀叶结苞取食，清晨或傍晚爬至苞外，田水落干时，幼虫向植株下部老叶转移，灌水后又上移，末龄幼虫多缀叶结苞化蛹。冬春气温低或前一个月雨量大、雨日多易流行。

4. 稻眼蝶

稻眼蝶 *Mycalesis gotama* Mooreshu 的寄主有稻、茭白、甘蔗、竹子等。幼虫沿叶缘为害叶片成不规则缺刻，影响水稻、茭白等生长发育。浙江、福建每年发生4～5代，华南5～6代，世代重叠，以蛹或末龄幼虫在稻田、河边、沟边及山间杂草上越冬。成虫白天飞舞在花丛或竹园四周，晚间静伏在杂草丛中，经 5～10d 补充营养，交尾后次日把卵散产在叶背或叶面，产卵期 30 多天，每雌可产卵 96～166 粒，初孵幼虫先吃卵壳，后取食叶缘，3 龄后食量大增。老熟幼虫经 1～3d 不食不动，便吐丝黏着叶背倒挂半空化蛹。天敌有弄蝶绒茧蜂、螟蛉绒茧蜂、广大腿小蜂及步甲、猎蝽等。

5. 稻飞虱

稻飞虱在各地每年发生的世代数差异很大，褐飞虱 *Nilaparvata lugens*，每年发生 1～13 代，白背飞虱 *Sogatella furcifera*，每年发生 1～11 代，灰飞虱 *Laodelphax striatellus*，每年发生 4～8 代。褐飞虱在 21°N 以南、白背飞虱在 26°N 以南地区越冬，灰飞虱抗寒力强，在各发生区以卵在杂草组织中或以若虫在田边杂草丛中越冬。前两者属迁飞性害虫。由南方稻区迁飞而至。以稻褐飞虱和白背飞虱危害较重，白背飞虱在水稻生长前中期发生，与二代稻纵卷叶螟发生的时间接近，在防治稻纵卷叶螟的同时可得到控制。而有些年份在水稻生长中后期造成危害最重的是褐飞虱。该虫有群集为害的习性，为害时群集在稻株的下部取食，用刺吸式口器刺进稻株组织吸食汁液，虫量大时引起稻株下部变黑，瘫痪倒伏，叶片发黄干枯。能传播水稻病毒病。成虫趋光性强，喜在嫩绿且湿的稗草上和稻丛下部叶鞘及嫩茎组织内产卵。一头雌虫能产卵 200～300 粒。长翅型与短翅型成虫的比例主要受温度及营养条件的影响，短翅型繁殖力较强，大量出现时说明环境条件对其有利，是大发生的预兆。水稻在孕穗期到乳熟期，温度 25～30℃时，相对湿度 80%～85%，是飞虱发生的有利条件。虫害发生时多呈点片状现象，先在下部为害，很快暴发成灾。导致严重减产或失收。在亚洲已发现褐飞虱有 5 种生物型。水稻田间管理措施也与褐飞虱的发生有关。凡偏施氮肥和长期浸水的稻田，较易暴发。褐飞虱的天敌已知 150 种以上，卵期主要有缨小蜂、褐腰赤眼蜂和黑肩绿盲蝽等，若虫和成虫期的捕食性天敌有草间小黑蛛、拟水狼蛛、拟环纹狼蛛、黑肩绿盲蝽、宽黾蝽、步行虫、隐翅虫和瓢虫等；寄生性天敌有稻飞虱螯蜂、线虫、稻虱虫生菌和白僵菌等。

6. 黑尾叶蝉

黑尾叶蝉 *Nephotettix bipunctatus*（Fabricius）分布在长江中上游和西南各省。寄主水稻、茭白、慈姑、小麦、大麦、看麦娘、李氏禾、结缕草、稗草等。成虫、若虫取食或成虫产卵时刺伤寄主茎叶，破坏输导组织，受害处呈现棕褐色条斑，致植株发黄或枯死。江、浙一带每年发生 5～6 代，以 3～4 龄若虫及少量成虫在田边绿肥、塘边、河边的杂草上越冬。成虫把卵产在叶鞘边缘内侧组织中，每雌产卵 100～300 多粒，若虫喜栖息在植株下部或叶片背面取食，有群集性，3～4 龄若虫尤其活跃。越冬若虫多在 4 月羽化为成虫，迁入稻田或茭白田为害，少雨年份易大发生。主要天敌有褐腰赤眼蜂、捕食性蜘蛛等。

7. 稻负泥虫

稻负泥虫 *Oulema oryzae Kuwayama* 又名背屎虫，在山区或丘陵区稻田发生较多，主要为害水稻秧苗。幼虫和成虫沿叶脉食害叶肉，留下透明的表皮，形成许多白色纵痕，严重时全叶发白、焦枯或整株死亡。一般受害植株表现为生育迟缓，植株低矮，分蘖减少，通常减产 5%～10%，严重时达 20%。除水稻外，还为害多种禾本科作物与杂草。每年发生 1 代，以成虫在背风向阳的稻田附近山坡、田埂、堤岸或塘边等杂草间或根际土内越冬。第二年，越冬成虫在 3～4 月份出现，先群集在沟边禾本科杂草上取食，当秧苗露出水面时，便迁移到秧田为害。卵常产在近叶尖处。4～5 月份幼虫盛发，为害早稻本田。5 月底 6 月初开始化蛹，老熟幼虫脱去背上屎堆，分泌白色泡沫凝结成茧，在里面化蛹。6～7 月份成虫大量羽化，新羽化的成虫当年不交尾，取食一段时间，入秋后迁飞到越冬场所。成虫寿命可长达一年，每只雌虫能陆续产卵约 200 粒。卵期 7～8d；幼虫期 15～20d；蛹期 10～15d。

8. 稻水象甲

稻水象甲 *Lissorhoptrus oryzophilus* 属鞘翅目，水象甲科，是我国危害较大的外来入侵物种之一。该虫是半水生昆虫，成虫在地面枯草上越冬，3 月下旬交配产卵。卵多产于浸水的叶鞘内。初孵幼虫仅在叶鞘内取食，后进入根部取食。羽化成虫从附着在根部上面的蛹室爬出，取食稻叶或杂草的叶片。成虫平均寿命 76d，雌虫寿命更长，可达 156d。危害时虫口密度可达 200 头/m^2 以上。该虫随稻秧、稻谷、稻草及其制品、其它寄主植物、交通工具等传播。原产美国东部、古巴等地。1976 年进入日本，1988 年扩散到朝鲜半岛。我国 1988 年首次发现于河北省唐山市，1990 年在北京清河发现。到 1997 年，它已在 8 省（直辖市）54 个县、市出现，破坏了 310000hm^2 农田。飞翔的成虫可借气流迁移 10000m 以上。此外，还可随水流传播。寄主种类多，危害面广。成虫蚕食叶片，幼虫为害水稻根部。为害秧苗时，可将稻秧根部吃光。

9. 稻象甲

稻象甲 *Echinocnemus squameus* Billberg 属鞘翅目，象甲科。为害水稻，瓜类、番茄，成虫偶食麦类、玉米和油菜作物。成虫以管状喙咬食秧苗茎叶，被害心叶抽出后，轻的呈现一横排小孔，重的秧叶折断，飘浮水面。幼虫食害稻株幼嫩须根，致叶尖发黄，生长不良。严重时不能抽穗，或造成秕谷，甚至成片枯死。每年发生 1～2 代，一般在单季稻区发生 1 代，双季稻或单、双季混栽区发生两代。以成虫在稻桩周围、土隙中越冬为主，也有在田埂，沟边草丛松土中越冬，少数以幼虫或蛹在稻桩附近土下 3～6cm 深处做土室越冬。成虫早晚活动，白天躲在秧田或稻丛基部株间或田埂的草丛中，有趋光性和假死性，善游水，好攀登。卵产于稻株近水面 3cm 左右处，成虫在稻株上咬一小孔产卵，每处约 3～20 余粒不等。幼虫孵出后，在叶鞘内短暂停留取食后，沿稻茎钻入土中，一般都群聚在土下深约 2～3cm 处，取食水稻的幼嫩须根和腐殖质，一丛稻根处多时有几十条害虫。一般丘陵，半山区比平原多，沙质土比黏质土多。

10. 稻瘿蚊

稻瘿蚊 *Orseoia oryzae*（Wood-Mason），分布在广东、广西、福建、云南、贵州、海南、江西、湖南、台湾等地。寄主有水稻、李氏禾等。水稻从秧苗至幼穗形成期都可被害，以幼虫吸食水稻生长点汁液，致受害稻苗基部膨大，称“大肚秧”，随后心叶停止生长且由叶鞘部伸长形成淡绿色中空的葱管，葱管向外伸形成“标葱”。所以，水稻“标葱”是稻瘿蚊为害水稻后出现的典型症状。受害稻株不能抽穗，对产量影响极大。在我国每年发生 6～13 代，世代重叠，以幼虫在李氏禾、野生稻、再生稻和落谷苗上越冬；成虫夜间羽化，当晚交配，次晚产卵，有趋光性。雌虫平均寿命为 36h，雄虫为 12h。每雌平均产卵 130～230 粒。卵多散产在叶片上，少数产在叶鞘、心叶、穗部。雌虫有趋光性，因此诱虫灯上出现的高峰日就意味着田间产卵高峰日。幼虫多在天亮前孵化，初孵幼虫借助露水爬行，由叶舌的缝隙或心叶侵入叶鞘内侧，进入生长点及附近的腋芽取食为害；老熟后在苞管内化蛹。越冬代成虫于 3 月下旬～4 月上旬出现，羽化后成虫飞到附近的早稻上为害，该虫从第二代起世代重叠，很难分清代数，但各代成虫盛发期较明显。一般 1、2 代数量少，3 代后数量增加，7～10 月份，中稻、单季晚稻、双季晚稻的秧田和本田极易遭到严重为害。水稻的栽培制度对稻瘿蚊发生有重要的影响。单季中、晚稻区，稻—稻—麦区以及稻—稻—稻区，因存在中间稻作桥梁田，使水稻在连续较长的时期内，均存在幼嫩的稻株（包括无效分蘖），满足稻瘿蚊的食料要求，繁殖率大大提高。在稻瘿蚊发生期间，秧苗至分蘖期是幼虫最适宜的侵害阶段，其它生育期受害较轻，抽穗期不再受害。若稻瘿蚊盛发期与分蘖期相吻合，则受害严重。水秧比旱秧发生多，该虫喜潮湿不耐干旱，气温 25～29℃，相对湿度高于 80%，多雨有利于发生。夏秋多雨高湿年份发生重。黄柄黑蜂、东方长距旋小蜂等是其主要天敌。此外还有蜘蛛、食虫螨、蚂蚁、步行甲、青蛙等。

（二）防治措施

1. 农业防治

选用抗虫品种。铲除田边杂草，消灭越冬害虫。把单、双季稻混栽区因地制宜改为纯双季稻区，调整播种期和栽插期，避开成虫产卵高峰期。合理搭配种植中、早熟杂交稻。如汕桂34、博优49等组合。栽培管理上实行同品种连片种植；对不同的品种或作物进行合理布局，避免害虫辗转为害。同时要加强肥水管理，适时适量施肥和适时露田，避免长期浸水。进行人工采苞灭幼虫。夏收夏种季节，及时耙沤已收早稻田块，铲除田基、沟边杂草，用烂泥糊田埂等，可消灭蓉草、稻根腋芽及再生稻上的虫源，减少虫口基数。

2. 生物防治

（1）利用赤眼蜂防治水稻纵卷叶螟　赤眼蜂是卵寄生蜂，种类很多。我国研究利用较多的有稻螟赤眼蜂，是稻纵卷叶螟的天敌。一般可采用人工繁殖赤眼蜂，在26～28℃温度下，6～8d即可完成一代。在害虫产卵始盛期开始放蜂，每隔2～3d放一次，连续放三次。放蜂量要根据害虫卵的密度大小而定，一般放蜂1～3万头。放蜂应均匀，放蜂点的多少应根据蜂虫的扩散能力和温度高低、风向、风速等条件而定，一般每亩为3～5处。放蜂的方法：多采用即将羽化出蜂的卵卡放入竹筒或用大而厚的植物叶片制成的放蜂筒内，并用小棍连接成“T”字形，插于田间，略高于作物。放蜂10d后，即可根据卵色变化检查寄生情况。注意寄生卵呈黑色，大面积防治效果一般应达70%以上。

（2）利用蜘蛛防治水稻害虫　蜘蛛属节肢动物门，蛛形纲，蜘蛛目。种类多，数量大，都为肉食性。分布在农田、果园、森林等处，能捕食多种害虫。农田蜘蛛是水稻害虫的主要捕食性天敌。主要有草间小黑蛛、拟水狼蛛、拟环纹狼蛛等，占蜘蛛总量的70%～80%。稻田蜘蛛捕食稻飞虱、稻叶蝉、稻螟、稻纵卷叶螟、稻苞虫、稻螟蛉和蚜虫等。1头拟环纹狼蛛可捕食4～6头/d；1头草间小黑蛛可捕食2～3头/d。据观察，稻田蜘蛛与稻飞虱、稻叶蝉之比为1∶4的情况，可以起到控制作用。对稻田蜘蛛的利用，主要采取保护自然资源，加以必要的人工助迁，并尽可能在田埂种植大豆作物，以便在春耕时作蜘蛛的暂避场所。农田施用化学农药应尽量选用高效、低毒，具有选择性的农药，并改进施药方法，减少施药面积和次数。如防治稻螟可用巴丹、杀虫双，既可防治害虫，又可保护蜘蛛及其它天敌少受杀伤。

（3）利用食虫脊椎动物防治水稻害虫　养鸭防治水稻害虫。在我国主产稻区开展养鸭防治水稻害虫效果很好。鸭能捕食稻田的稻飞虱、稻叶蝉、螟蛾、黏虫、稻苞虫、叶甲等。养鸭防治水稻害虫的经验是：根据禾苗生长特点和害虫发生规律，分批养鸭。禾苗刚插未活前不能放鸭下田，分蘖期宜放小鸭下田；圆秆孕穗期大小鸭可混放；抽穗灌浆期只能放中、小鸭，不能放大鸭。养鸭数量，按每亩2～3只小鸭即可。放鸭前稻田应放7～8cm深的水，以利鸭的浮动而震动害虫落水。值得注意的是，稻白叶枯病流行区及保护利用蜘蛛和蛙类治虫的田，则不宜放鸭。保护蛙类防治水稻害虫。两栖动物中的蟾蜍、雨蛙和青蛙等统称为蛙类。它们主要以昆虫及其它小动物为食料。蛙类捕食的水稻害虫有：大螟、二化螟、三化螟、稻飞虱、稻叶蝉、稻蝗等。食量也大，如1只黑斑蛙能吃70～90头/d稻叶蝉和稻飞虱。泽蛙1天最多可吃稻叶蝉266头。因此，要严禁捕捉青蛙，采取措施，保护蛙类。在春季采集蛙卵，建立蝌蚪繁殖基地，待其长至3cm左右即分养到大田中去，要保持田里有水和注意改进施肥方法，以保护蝌蚪。

3. 药剂防治

(1) 稻螟虫防治　治枯心苗和枯鞘一般在卵孵化前1～2d防治1次，大发生年份，在孵化高峰前3d用药1次，7～10d后再用药一次。治白穗：在孵化盛期内应掌握在水稻破口期(5%～10%的水稻破口露穗时)用药防治。水稻抽穗后，三化螟一般不易侵入危害，但如稻穗尚未抽齐，又遇上盛孵期，要防治一次。防治二化螟危害的虫伤株，在水稻灌浆后仍要在盛孵期施药。可选用的药剂有：25%杀虫双水剂200g/亩；50%杀螟硫磷(杀螟松)乳油100g/亩；50%杀螟丹(巴丹)可溶性粉100g；90%乐果乳油100～150g。以上药剂加水50～75kg喷雾防治。锐劲特5%悬浮剂用25～30mL/亩，加水50kg喷雾；80%乐·杀单可湿性粉剂(螟杀净、千安)50g/亩，加水50kg喷雾；50%杀虫双可溶性粉剂施药1次即可，后两种农药用药7d后，还须第二次用药。施药时田内要保持3～5cm水层，维持5～7d。

(2) 稻纵卷叶螟防治　一般在水稻孕穗期或抽穗期只需施药一次，即可达到防治的目的。可选用的药剂有：90%晶体敌百虫100g/亩，兑水75～100kg喷雾；50%辛硫磷乳油1000倍液喷雾；50%久效磷乳油2000倍液喷雾，50mL乳油兑水300～400kg泼浇，或每亩对60kg水喷雾；50%杀螟硫磷(杀螟松)乳油50～60mL/亩，兑水60～70kg喷雾。18%杀虫双水剂(每亩用200mL)或50%杀虫双可溶性粉剂(每亩用70g)，兑水50kg喷雾，用锐劲特防螟虫，有很好的兼治稻纵卷叶螟的作用。

(3) 稻飞虱防治　在分蘖期到圆秆拔节期，平均每丛稻有虫1头；或孕穗、抽穗期，每丛有虫10头左右；或灌浆乳熟期，每丛有虫10～15头；或蜡熟期，每丛有虫15～20头时进行防治。可选用的药剂种类有：在低龄若虫盛期用25%扑虱灵(噻嗪酮)30～50g/亩；10%异丙威(叶蝉散)200～250g/亩；25%速灭威75～100g/亩；50%混灭威200g/亩；80%敌敌畏100g/亩；目前防治稻飞虱有很好的药剂，如大功臣、扑虱蚜、蚜虱净等。若用大功臣(10%吡虫啉可湿性粉剂)，采用20g/亩(即2小包)，加水50～60kg，先进行分厢，然后将喷头对准水稻基部进行喷雾。喷药时，田间一定要保持3cm左右的水层，防治效果可达95%以上，药效时间长达30d左右。所以，用此类农药，施药1次，基本上可以控制1代的为害。

(4) 其它害虫的防治　①稻瘿蚊。防治稻瘿蚊的策略是"抓秧田，保本田，控为害，把三关，重点防住主害代"。秧田用药防治主要采用毒土畦面撒施方法。于秧苗起针到二叶一针期或移栽前5～7d，每亩用10%益舒宝或5%爱卡士、3%米乐尔颗粒剂1.25～1.5kg，也可用3%甲基异柳磷颗粒剂3.5～4kg拌土10～15kg均匀撒施。施药秧田要保持浅薄水层，并让其自然落干，让田土带药，为了防止秧苗带虫，用90%晶体敌百虫800倍液或40%乐果乳油500倍液浸秧根后用薄膜覆盖5h后移栽。在成虫盛发至卵孵化高峰期田间开始出现大肚秧时，每亩用90%晶体敌百虫200g加40%乐果乳油100mL，拌土20kg后撒施。也可用3%呋喃丹颗粒剂3kg，进行深层施药，保持3cm浅水层。本田防治在本田禾苗回青后到有效分蘖期，即播后7～20d内施药。一般只对有效分蘖期与稻瘿蚊入侵期相吻合的田块实行重点施药防治。药肥兼施，以药杀虫，以肥攻蘖，促蘖成穗。用药方法同秧田期，但应适当增加用药量。注意选用内吸传导性强兼杀卵的杀虫剂。36%克螨蝇乳油1000～1500倍液喷洒，喷兑好的药液50～60kg/亩，防治稻瘿蚊，兼治稻秆蝇，防效90%～95%。②稻弄蝶。必要时喷洒50%辛硫磷乳油1500倍液或25%爱卡士乳油1500倍液、2.5%敌杀死乳油2000倍液、10%吡虫啉可湿性粉剂1500倍液、35顺丰2号乳油1000倍液，每亩喷兑好的药液70L，隔10d左右1次，防治1次或2次。③稻负泥虫。本田期施药则掌握在幼虫盛孵期。主要的药剂有：50%杀螟松800倍液；或90%晶体敌百虫1000倍液。

二、水稻病害防治技术

（一）发病规律

1. 稻瘟病

稻瘟病（参见彩图 3-9）以菌丝和分生孢子在病稻草、病谷上越冬。翌年当气温回升到20℃左右时，遇降雨，便可产生大量分生孢子，分生孢子借气流传播，也可随雨滴、流水、昆虫传播。孢子达到稻株，在有水和适温条件下，萌发形成附着孢，产生菌丝，侵入寄生，摄取养分，迅速繁殖，产生病斑。在适宜温湿度条件下，产生新的分生孢子，进行再侵染，逐步扩展蔓延。一般高氮肥地块发病重；增施磷、钾肥有利提高植株抗病能力，减轻危害。长期灌深水冷水，土壤缺氧均有利发病。温湿度对发病影响大。当气温在 20～30℃，田间湿度达 90%以上，植株体表面保持 6～10h 的水膜，易发病；当温度大于 32℃或小于 15℃时病害受抑制。北方稻区在水稻抽穗期，遇 20℃以下，兼有降雨天气，易流行穗颈瘟。

2. 水稻纹枯病

水稻纹枯病（参见彩图 3-10）以菌核在土壤中越冬，也可以菌丝和菌核在稻草、田边杂草或其它寄主上越冬。翌年耙地后，菌核浮在水面，插秧后，菌核随流水附在植株基部叶鞘上，待温度适宜，菌核萌发，产生菌丝，从叶鞘内侧表皮气孔或表皮侵入。一般在本田分蘖盛期以横向发展为主，孕穗至抽穗期则从纵向发展为主。在水稻生长的一生中，分蘖期、孕穗期至抽穗期抗病能力降低，病菌侵染最快。该病发生流行适温为 22～28℃，相对湿度为 90%以上。当气温低于 22℃，湿度低于 85%时，病情趋于停止状态。偏施、迟施氮肥、重化肥轻有机肥、高密植、长期深水灌溉或污水灌溉的地块发病重；适时适量施肥、增施磷钾肥、浅水勤灌、适时晒田发病轻。一般阔叶型品种比窄叶型品种发病重；大穗高秆松散型品种发病较重。

3. 稻白叶枯病

稻白叶枯病（参见彩图 3-11）主要在稻种、稻草和稻桩上越冬，重病田稻桩附近土壤中的细菌也可越年传病。播种病谷，病菌可通过幼苗的根和芽鞘侵入。病稻草和稻桩上的病菌，遇到雨水就渗入水流中，秧苗接触带菌水，病菌从水孔、伤口侵入稻株。用病稻草催芽，覆盖秧苗、扎秧把等有利病害传播。早、中稻秧田期由于温度低，菌量较少，一般看不到症状，直到孕穗前后才暴发出来。病斑上的溢脓，可借风、雨、露水和叶片接触等进行再侵染。气温为 26～30℃，相对湿度 90%，多雨、少日照，风速大的气候条件，特别是台风暴雨造成稻叶大量伤口并给病菌扩散提供极为有利的条件。在 20℃以下或 33℃以上病害停止发生发展。秧苗淹水，本田深水灌溉，串灌、漫灌，施用过量氮肥等均有利发病；水稻一生中不同生育期抗病性不同，分蘖末期抗病力开始下降，孕穗阶段最易感病。品种抗性有显著差异，一般情况下籼稻发病重于粳稻；矮秆品种发病重于高秆窄叶型品种；不耐肥品种发病重于耐肥品种。大面积种植感病品种，有利病害流行。

4. 稻曲病

稻曲病（参见彩图 3-12）主要以菌核在土壤中越冬，其次也可借厚垣孢子在被害谷粒内或健谷颖壳上越冬。次年 7～8 月，当菌核和厚垣孢子遇到适宜条件时，即可萌发产生子囊孢子和分生孢子，借气流传播，侵染花器和幼颖。厚垣孢子萌发后也能直接侵染水稻幼芽、幼根，引起系统性发病。在温度为 24～32℃均能发育，以 26～28℃最为适宜，34℃以上不能生长。降雨是主要发病条件。在水稻抽穗扬花期雨日、雨量偏多，田间湿度大，日照少一般发病较重。北方水稻栽培区每年只发生一次；南方水稻栽培区以早稻上的厚垣孢子为再侵染源，早抽穗水稻上的厚垣孢子可能成为迟抽穗水稻的侵染源。不同水稻品种间的抗病性存在明显差异。抗病性表现一般为早稻品种>中熟品种>晚熟品种，糯稻>籼稻>粳稻。秆矮、穗大、叶片较宽而角度小，耐肥抗倒伏和适宜密植的品种，有利于稻曲病的发生。此外，颖壳表面粗糙无茸毛的品种发病重。栽培管理粗放，密度过大，灌水过深，排水不良，尤其在水稻颖花分泌期至始穗期，稻株生长茂盛，若氮肥施用过多，造成水稻贪青晚熟，剑叶含氮量偏多，会加重病情的发展，病穗病粒亦相应增多。

5. 稻恶苗病

水稻恶苗病（参见彩图3-12）在谷粒和稻草上越冬，次年使用了带病的种子或稻草，病菌就从秧苗的芽鞘或伤口侵入，引起秧苗发病徒长。带病的秧苗移栽后，把病菌带到大田，引起稻苗发病。当水稻抽穗开花时，病菌经风雨传到花器上，使谷粒和稻草带病菌，循环侵染为害水稻。

（二）防治措施

1. 农业防治

彻底清除稻田周围杂草，以消灭野生寄主。选用抗病品种，如发生过白叶枯病的田块和低洼易涝田都要种植抗病品种。适时播种，抢寒流尾暖头播种，播种要均，覆土以草木灰最好，保温保湿。处理病稻草，将病稻草作燃料或沤肥（充分腐熟），切不可直接还田或扎秧等用。打捞菌核，减少菌源，春季灌水、耙地后，打捞浮渣深埋。施足底肥，多施P、K肥，不要过量过迟追施氮肥。病稻草及杂草要经过高温堆沤腐熟后，才能作肥料施用。培育无病壮秧，选好秧田位置，加强灌溉水管理，防止淹苗。做到科学排灌，防止串灌，浅水勤灌，平整稻田，适时适度晒田，以降低田间湿度，湿润壮秆，干干湿湿到成熟。

2. 药剂防治

种子消毒，用强氯精浸种或80%“402”浸种。在三叶一心期和移栽前施药预防，每亩用25%叶枯宁（又叫川化018）或叶青双可湿性粉剂100g兑水喷雾。大田施药保护，水稻拔节后，对感病品种要及早检查，如发现发病中心，应立即施药防治；感病品种稻田在大风雨后要施药。

(1) 水稻纹枯病　在水稻分蘖期和破口期各喷一次药进行防治。可选用的药剂有：20%氟酰胺可湿性粉剂每亩100～125g，兑水75kg喷雾；5%田安200g/亩，兑水100kg喷雾或兑水400kg浇泼或500g/亩拌细土20kg撒施；5%井岗霉素100mL/亩，兑水50kg喷雾或加水400kg泼浇。注意：喷雾时重点喷在水稻基部。

(2) 稻瘟病　对于生长嫩绿，叶瘟发生普遍而又感病的品种，分别在破口和齐穗期各治一次；叶瘟发生轻，生长较差的，或抽穗期气候干旱的，一般可不治，但如天阴多雨可在破口期防治一次。防治药剂有：20%三环唑可湿性粉剂1000倍液；50%甲基硫菌灵可湿性粉剂1000倍液；50%稻瘟肽可湿性粉剂1000倍液；40%克瘟散乳剂1000倍液或5%菌毒清水剂500倍液。需掌握在病菌侵染前施用，可兼治穗枯病。40%稻瘟灵（富士一号）乳油1000倍液，需在发病前施用，能兼治小球菌核病和小黑菌核病和云形病。50%多菌灵可湿性粉剂1000倍液，可兼治纹枯病、小球菌核病和稻窄条斑病，或22%瘟博克可湿性粉剂35g，兑水60L喷雾防治。

(3) 白叶枯病　20%叶青双可湿性粉剂100g/亩，25%叶枯宁可湿性粉剂100g/亩，10%氯霉素可湿性粉100g/亩，50%代森铵100mL/亩（此药抽穗后不得使用），90%克菌壮可溶性粉剂75g/亩或72%农用链霉素10g/亩。以上药剂兑适量清水叶面喷雾，如无以上药剂时，可用草木灰和石灰粉按1∶1比例配制成黑白粉15kg/亩，在有露水时撒施，也有一定控制效果。

(4) 稻曲病　抽穗前用18%多菌酮粉剂150～200g或于水稻孕穗末期每亩用14%络氨

铜水剂250g、稻丰灵200g或5%井冈霉素水剂100g，对水50L喷洒。施药时可加入三环唑或多菌灵兼防穗瘟。施用络氨铜时用药时间提前至抽穗前10d，进入破口期因稻穗部分暴露，易致颖壳变褐，孕穗末期用药则防效下降。此外也可用50%DT可湿性粉剂100～150g，兑水60～75L，于孕穗期和始穗期各防治一次，效果良好。也可选用40%禾枯灵可湿性粉剂60～75g/亩，兑水60kg还可兼治水稻叶尖枯病、云形病、纹枯病等。

第二节　麦类主要病虫害防治技术

一、麦类害虫防治技术

（一）种类、危害及发生

参见彩图3-13～彩图3-14。

1. 麦蚜

麦蚜包括麦长管蚜 *Macrosiphum avenae*（Fabricius）、麦二叉蚜 *Schizaphis graminum*（Rondani）、禾谷缢管蚜 *Rhopalosiphum padi*（Linnaeus）、麦无网蚜 *Acyrthosiphum dirhodum*（Walker）。危害：麦苗期，麦蚜多群集在叶背、叶鞘及心叶吸食；拔节期、抽穗期和灌浆期集中在茎、叶和穗部吸食，并排泄蜜露，被害处呈浅黄色斑点，严重时叶片发黄，甚至整株枯死。穗部受害，造成麦粒干瘪，千粒重下降，严重减产。以乳熟期受害对产量影响最大。麦蚜可以传播小麦黄矮病毒等小麦病毒病。四种麦蚜每年均可发生十至二十余代。麦长管蚜在南方以成、若虫越冬，在最冷月份月均温10℃以上地区冬季尚可为害。江淮及华北地区有少量越冬。冬季－10℃以下的地方不能越冬。每年春季3～4月随气温的回升，小麦由南至北逐渐成熟，越冬区麦长管蚜产生大量有翅蚜，随气流迁入北方冬麦区进行繁殖为害。麦二叉蚜在北方以卵在麦苗枯叶、土缝及杂草上越冬。禾谷缢管蚜在李属植物上以卵越冬。麦无网长管蚜以卵在野生寄主上越冬。初夏飞至麦田。小麦返青至乳熟初期，麦长管蚜种群数量最大，占田间总蚜量95%以上，随植株生长向上部叶片扩散为害，最喜在嫩穗上吸食，故也称“穗蚜”。麦二叉蚜分布在下部，叶片背面为害。乳熟后期禾谷缢管蚜数量有明显上升，主要为害叶片。小麦生育后期麦无网长管蚜数量增大，主要为害茎和叶鞘。麦长管蚜及二叉蚜最适气温6～25℃，禾谷缢管蚜在30℃左右发育最快，无网长管蚜则喜低温条件。麦长管在相对湿度50%～80%最适，二叉蚜则喜干旱。麦蚜的主要天敌有瓢虫、食蚜蝇、草蛉、蜘蛛、蚜茧峰、蚜霉菌十余种，天敌数量大时，常控制后期麦蚜种群数量的增长。冬春麦成熟期，麦蚜飞离麦田到其它禾本科作物和杂草上，秋季再迁回麦田越冬，周年循环。各种麦蚜越夏存活量与对当地气候条件适应能力有关，又与作物布局、越夏寄主植物组成及天敌数量等有关。

2. 小麦吸浆虫

小麦吸浆虫为世界性害虫，广泛分布于亚洲、欧洲和美洲主要小麦栽培国家。是一种毁灭性害虫。国内的小麦吸浆虫亦广泛分布于全国主要产麦区。我国的小麦吸浆虫主要有两种，即红吸浆虫 *Sitodiplosis mosellana* 和黄吸浆虫 *Comtarinia tritci*（Kiby）。

小麦红吸浆虫主要发生于平原地区的渡河两岸，而小麦黄吸浆虫主要发生在高原地区和高山地带。主要以幼虫为害花器、籽实和麦粒，潜伏在颖壳内吸食正在灌浆的麦粒汁液，造成秕粒、空壳。每年发生1代或多年完成一代，以末龄幼虫在土壤中结圆茧越夏或越冬。翌年当地下10cm处地温高于10℃时，小麦进入拔节阶段，越冬幼虫破茧上升到表土层，10cm地温达到15℃左右，小麦孕穗时，再结茧化蛹，蛹期8～10d；

10cm 地温 20℃上下，小麦开始抽穗，麦红吸浆虫开始羽化出土，当天交配后把卵产在未扬花的麦穗上，各地成虫羽化期与小麦进入抽穗期一致。该虫畏光，中午多潜伏在麦株下部丛间，多在早、晚活动，卵多聚产在护颖与外颖、穗轴与小穗柄等处，每雌产卵 60～70 粒，成虫寿命约三十多天，卵期 5～7d，初孵幼虫从内外颖缝隙处钻入麦壳中，附在子房或刚灌浆的麦粒上为害 15～20d，经 2 次蜕皮，幼虫短缩变硬，开始在麦壳里蛰伏，抵御干热天气，这时小麦已进入蜡熟期。遇有湿度大或雨露时，苏醒后再蜕一层皮爬出颖外，弹落在地上，从土缝中钻入 10cm 处结茧越夏或越冬。该虫有多年休眠习性，遇有春旱年份有的不能破茧化蛹，有的已破茧，又能重新结茧再次休眠，休眠期有的可长达 12 年。

小麦黄吸浆虫年生 1 代，以成长幼虫在土中结茧越夏和越冬，翌年春季小麦拔节前后，有足够的雨水时越冬幼虫开始移向土表，小麦孕穗期，幼虫逐渐化蛹，小麦抽穗期成虫盛发，并产卵于麦穗上。成虫发生较麦红吸浆虫稍早，雌虫把卵产在初抽出的麦穗上内、外颖之间，幼虫孵化后为害花器，以后吸食灌浆的麦粒，老熟幼虫离开麦穗时间早，在土壤中耐湿、耐旱能力低于麦红吸浆虫。其它习性与麦红吸浆虫近似。吸浆虫发生与雨水、湿度关系密切，春季 3～4 月份雨水充足，利于越冬幼虫破茧上升土表、化蛹、羽化、产卵及孵化。此外麦穗颖壳坚硬、扣和紧、种皮厚、籽粒灌浆迅速的品种受害轻。抽穗整齐，抽穗期与吸浆虫成虫发生盛期错开的品种，成虫产卵少或不产卵，可逃避其为害。主要天敌有宽腹姬小蜂、光腹黑蜂、蚂蚁、蜘蛛等。

3. 小麦害螨

小麦害螨主要有麦圆叶爪螨 *Penthaleus major*(Duges)（又称麦圆红蜘蛛，属蜱螨目叶爪螨科）和麦岩螨（又称麦长腿红蜘蛛，属蜱螨目叶螨科）两种。它们均以成、若螨刺吸小麦叶片、叶鞘的汁液，于春秋两季吸取麦株汁液，被害麦叶先呈白斑，后变黄，轻则影响小麦生长，造成植株矮小、穗少粒轻，重则整株干枯死亡。株苗严重被害后，抗害力显著降低。

麦岩螨主要发生在黄河以北的旱作麦地。每年发生 3～4 代，以成螨或卵在麦田土块下、土缝中越冬。危害盛期正值小麦孕穗至始穗期，对产量影响较大。小麦进入黄熟期，产卵越夏。该虫喜温暖、干燥，多分布于平原、丘陵、山区、干旱麦田，一般春旱少雨年份易于猖獗成灾。对大气湿度较为敏感，遇小雨或露水大时即停止活动。行孤雌生殖，有群集性和假死性。成虫喜爬行，也可借风力扩大蔓延为害。越冬越夏的滞育卵能耐夏季的高温多湿和冬季的干燥严寒，且有多年滞育的习性。麦岩螨的适温为 15～20℃，适宜湿度在 50%以下，所以秋雨少，春暖干旱，以及在壤土、黏土麦田发生重。

麦圆叶爪螨多发生在北纬 37°以南黄淮地区的水浇麦地或低洼麦地，长江流域各省也有发生。每年发生 2～3 代，以雌性成螨或卵在小麦植株或田间杂草上越冬。2 月下旬雌性成螨开始活动并产卵繁殖，越冬卵也陆续孵化，3 月下旬至 4 月中旬是危害盛期。小麦孕穗后期产卵越夏。10 月上旬越夏卵孵化，危害冬小麦幼苗或田边杂草。11 月上旬出现成螨并陆续产卵，随气温下降进入越冬阶段。麦圆叶爪螨喜阴湿，怕高温、干燥，多分布在水浇地或低洼潮湿阴凉的麦地。麦圆叶爪螨亦行孤雌生殖，有群集性和假死性，春季其卵多产于麦丛分蘖茎近地面或干叶基部，秋季卵多产于麦苗和杂草近根部的土块上，或产于干叶基部及杂草须根上。麦圆叶爪螨的适温为 8～15℃，适宜湿度为 80%以上，因此，秋雨多，春季阴凉多雨，以及沙壤土麦田易严重发生。

小麦害螨在连作麦田，靠近村庄、堤坝等杂草较多的地块发生为害严重。水旱轮作和收麦后深翻的地块发生轻。两种害螨也可以在同一地区混合发生，为害猖獗。

（二）防治措施

1. 农业防治

选用抗虫品种。要选用穗形紧密，内外颖毛长而密，麦粒皮厚，浆液不易外流的小麦品种，对吸浆虫成虫的产卵、幼虫入侵和为害均不利。早春耙压，清除杂草。适时灌溉，麦收后深耕灭茬，可大量消灭越夏卵，压低秋苗的虫口密度。轮作倒茬，麦田连年深翻，小麦与油菜、豆类、棉花和水稻等作物轮作，对压低虫口数量有明显的作用。在小麦吸浆虫严重田及其周围，可实行棉麦间作或改种油菜、大蒜等作物，待两年后再种小麦，就会减轻为害。

2. 药剂防治

(1) 拌种　用75%甲拌磷（3911）乳油100～200mL，兑水5kg，喷拌50kg麦种，对两种害螨防效均较理想。

(2) 土壤处理　时间掌握在：①小麦播种前，最后一次浅耕时；②小麦拔节期；③小麦孕穗期。使用药剂有：2%甲基异柳磷粉剂，4.5%甲敌粉，4%敌马粉，每亩用2～3kg，或80%敌敌畏乳油50～100mL兑水1～2kg，或用50%辛硫磷乳油200mL，加水5kg喷在20～25kg的细土上，拌匀制成毒土施用，边撒边耕，翻入土中。

(3) 田间喷粉　用3%混灭威粉剂，或1.5%乐果粉剂或1.5%甲基1605粉1.5～2kg/亩。

(4) 田间喷雾　用40%氧化乐果乳油2000倍；50%马拉硫磷2000倍；抗蚜威可湿性粉剂4000倍液；2.5%溴氰菊酯3000倍；40%杀螟松可湿性粉剂1500倍液等喷雾。每亩施75kg药液。在小麦抽穗至开花前，每亩用80%敌敌畏150kg，兑水4kg稀释，喷洒在25kg麦糠上拌匀，每亩隔行撒一堆，此法残效期长，防治效果好。

二、小麦病害防治技术

（一）发生规律

1. 小麦赤霉病

小麦赤霉病（参见彩图3-15）是世界性病害。感病麦粒内含有多种毒素，可引起人畜中毒，发生呕吐、头昏、腹痛等症状。由于我国南北麦区耕作制度和气候条件不同，病害侵染循环也不一样。在南方稻麦轮作区，主要初侵染源是稻桩上的子囊壳。在北方以玉米—小麦或棉花—小麦为主的轮作区，主要初侵染源为遗弃在田间的玉米根茬、残秆、棉铃和堆放在田边地头的玉米秆或棉花秆等，以及未腐熟厩肥中的玉米秆等残体。种子内部潜伏的菌丝体存活率很高，主要引起苗枯和茎腐，但对穗腐无影响。造成穗腐的主要初侵染源，是病残体上产生的子囊壳中的子囊孢子落在穗子上侵染所致，重复侵染主要是分生孢子。不论是南方麦区或是北方麦区，带菌残体上产生的子囊壳，一般年份到小麦扬花前均可成熟。因此，除品种本身抗病性外，小麦扬花期遇雨发病就重，反之则轻。同一品种，低洼湿度大的田块较湿度小的田块发病重。

2. 小麦白粉病

小麦白粉病（参见彩图3-16）是世界性病害。为专性寄生菌，必须在活的寄主组织上才能生长发育，病菌分生孢子随气流远距离传播，扩大再侵染。在小麦秋苗至成株期均可发病，5～6月份为暴发流行期。在小麦孕穗期至抽穗期温度不高于25℃，其分生孢子均可萌发。适宜温度10～18℃。在18℃左右，相对湿度在80%～97%时易发生。相对湿度越高，分生孢子萌发率也越高，病害发生就越严重。一般阴雨天多、湿度较大、光照不足是白粉病严重流行的主要生境条件。分生孢子不耐高温，夏季寿命很短，一般只有4d左右。在10～

20℃下，子囊孢子形成、萌发和侵入都较适宜。多种栽培管理措施对小麦白粉病流行有不同程度影响。在病菌越夏地区秋播，小麦早播田较迟播田发病重；在平原地区群体过大较群体合理的田块发病重；不合理施肥会加重病害发生，高肥水特别是偏施氮肥田块，病害发生较重。小麦生长后期大量施氮肥，发病也严重。

3. 麦类锈病

麦类锈病（参见彩图3-17）包括条锈（*Puccinia striiformis* West）、叶锈（*P. recondita* var. *tritici* Erikss et Henn）和杆锈（*P. graminis* var. *tritici* Erikss et Henn）。为世界性病害。三种锈菌在我国都是以夏孢子世代在小麦为主的麦类作物上逐代侵染而完成周年循环。是典型的远程气传病害。当夏孢子落在寄主叶片上，在适合的温度（条锈1.4～17℃、叶锈2～32℃、秆锈3～31℃）和有水膜的条件下，萌发产生芽管，沿叶表生长，遇到气孔，芽管顶端膨大形成附着胞，进而侵入气孔在气孔下形成气孔下囊，并长出数根侵染菌丝，蔓延于叶肉细胞间隙中，并产生吸器伸入叶肉细胞内吸取养分以营寄生生活。菌丝在麦叶组织内生长15d后，便在叶面上产生夏孢子堆，每个夏孢子堆可持续产生夏孢子若干天，夏孢子繁殖很快。这些夏孢子可随风传播，甚至可通过强大气流带到1599～4300m的高空，吹送到几百公里以外的地方而不失活性进行再侵染。因此在不同时期，条锈菌就可以借助东南风和西北风的吹送，在高海拔冷凉地区春麦上越夏在低海拔温暖地区的冬麦上越冬，构成周年循环。锈病发生为害分秋季和春季两个时期。秋季发病：小麦条锈病，在高海拔地区越夏的菌源随秋季东南风吹送到以东的冬麦地区进行为害，在陇东、陇南一带10月初就可见到病叶，黄河以北平原地区10月下旬以后可以见到病叶，淮北、豫南一带在11月份以后可以见到病叶。在我国黄河、秦岭以南较温暖的地区，小麦条锈菌不需越冬，从秋季一直为害到小麦收获前。但在黄河、秦岭以北冬季小麦生长停止地区，病菌在最冷月日均温不低于－6℃，或有积雪不低于－10℃的地方，主要以侵入后未及发病的、潜育菌丝状态在未冻死的麦叶组织内越冬，待第二年春季温度适合生长时，再繁殖扩大为害。

小麦叶锈病对温度的适应范围较大。在所有种麦地区，夏季均可在自生麦苗上繁殖，成为当地秋苗发病的菌源。冬季在小麦停止生长但最冷月气温不低于0℃的地方，同条锈菌一样，以休眠菌丝体潜存于麦叶组织内越冬，春季温度合适再扩大繁殖为害。秆锈病同叶锈基本一样，但越冬要求温度比叶锈高，一般在最冷月日均温在10℃左右的闽、粤东南沿海地区和云南南部地区越冬。

小麦锈病不同于其它病害，由于病菌越夏、越冬需要特定的地理气候条件，像条锈病和秆锈病，还必须按季节在一定地区间进行规律性转移，才能完成周年循环。叶锈病虽然在不少地区既能越夏又能越冬，但区间菌源相互关系仍十分密切。所以，三种锈病在秋季或春季发病的轻重主要与夏、秋季和春季雨水的多少，越夏越冬菌源量和感病品种面积大小关系密切。一般地说，秋冬、春夏雨水多，感病品种面积大，菌源量大，锈病就发生重，反之则轻。

4. 麦类黑穗病

麦类黑穗病（参见彩图3-18、彩图3-19）常见的有小麦散黑穗病和小麦腥黑穗病。小麦腥黑穗病病菌孢子含有毒物质及腥臭的三甲胺等，使面粉不能食用。如将混有大量病粒的小麦作饲料，还会引起禽、畜中毒。

小麦散黑穗病属花器侵染病害，1年只侵染1次。带菌种子是病害传播的唯一途径。病菌以菌丝潜伏在种子胚内，外表不显症。当带菌种子萌发时，潜伏的菌丝也开始萌发，随小麦生长发育经生长点向上发展，侵入穗原基。孕穗时，菌丝体迅速发展，使麦穗变为黑粉（厚垣孢子）。厚垣孢子随风落在扬花期的健穗上，落在湿润的柱头上萌发产生先菌丝，先菌丝产生4个细胞分别生出丝状结合管，异性结合后形成双核侵染丝侵入子房，在珠被未硬化前进入胚珠，潜伏其中，种子成熟时，菌丝胞膜略加厚，在其中休眠，当年不表现症状，次年发病，并侵入第二年的种子潜伏，完成侵染循环。刚产生厚垣孢子24h后即能萌发，温度范围5～35℃，最适20～25℃。厚垣孢子在田间仅能存活几周，没有越冬（或越夏）的可能性。小麦扬花期空气湿度大，阴雨天多有利于孢子萌发侵入，形成病种子多，翌年发病重。

小麦腥黑穗病以厚垣孢子附在种子外表或混入粪肥、土壤中越冬或越夏。当种子发芽时，厚垣孢子也随即萌发，厚垣孢子先产生先菌丝，其顶端生6～8个线状担孢子，不同性别担孢子在先菌丝上呈"H"状结合，然后萌发为较细的双核侵染线。从芽鞘侵入麦苗并到达生长点，后以菌丝体形态随小麦而发育，到孕穗期，侵入子房，破坏花器，抽穗时在麦粒内形成菌瘿即病原菌的厚垣孢子。小麦腥黑穗病菌的厚垣孢子能在水中萌发，有机肥浸出液对其萌发有刺激作用。萌发适温16～20℃。病菌侵入麦苗温度5～20℃，最适9～12℃。湿润土壤（土壤持水量40%以下）有利于孢子萌发和侵染。一般播种较深，不利于麦苗出土，增加病菌侵染机会，病害加重发生。阴坡发病重，阳坡发病轻。冬小麦播种过晚和春小麦播种过早发病均重。

（二）防治措施

1. 农业防治

选用抗病品种是防治小麦锈病最经济而有效的办法。清除初侵染源。南方麦区重点抓稻田灭茬，清除表面稻桩稻草等病残体，北方麦区重点抓玉米根茬、棉铃和田边地头的玉米等病残体的清除。对病残体进行堆沤腐熟或烧毁。春麦不宜播种过早，冬麦不宜播种过迟。播种不宜过深。播种时施用硫铵等速效化肥做种肥，可促进幼苗早出土，减少侵染机会。冬麦提倡在秋季播种时，基施长效碳铵1次，可满足整个生长季节需要，减少发病。南方多雨麦区开沟排水，降低田间湿度，北方干旱麦区要及时灌水，可减轻产量损失。

2. 种子处理

(1) 温汤浸种

① 变温浸种：先将麦种用冷水预浸4～6h，捞出后用52～55℃温水浸1～2min，使种子温度升到50℃，再捞出放入56℃温水中，使水温降至55℃浸5min，随即迅速捞出经冷水冷却后晾干播种。

② 恒温浸种：把麦种置于50～55℃热水中，立刻搅拌，使水温迅速稳定至45℃，浸3h后捞出，移入冷水中冷却，晾干后播种。

(2) 石灰水浸种　用优质生石灰0.5kg，溶在50kg水中，滤去渣滓后静浸选好的麦种30kg，要求水面高出种子10～15cm，种子厚度不超过66cm，浸泡时间气温20℃浸3～5d，气温25℃浸2～3d，30℃浸1d即可，浸种以后不再用清水中洗，摊开晾干后即可播种。

(3) 药剂拌种　每100kg种子用12.5%粉唑醇乳油200～300mL拌种；或用12.5%速保利可湿性粉剂160～320g拌种；或用25%三唑酮可湿性粉剂120g；也可用40%拌种双可湿性粉剂200g拌种。或用50%多菌灵可湿性粉剂200g，兑水10kg，拌麦种100kg，拌后堆闷6h。

3. 喷药防治

在小麦初花期至盛花期用80%多菌灵微粉剂50g/亩，或40%多菌灵胶悬剂50～75g/亩或50%多菌灵可湿性粉剂100g/亩；70%甲基托布津可湿性粉剂50～75g/亩；兑水50～70kg或兑水10～15kg进行低容量喷雾。如果扬花期间连续下雨，第一次用药后7d下雨，则趁间断时再用药一次。在病害流行年如果病叶率在25%以上，严重度超过10%，就要加大用药量，视病情严重程度，用以上药量的2～4倍浓度喷雾。

第三节 玉米主要病虫害防治技术

一、玉米害虫种类、危害及发生

(一) 害虫的种类及危害

参见彩图 3-20～彩图 3-22。

1. 玉米螟

玉米螟在国内分布有亚洲玉米螟 *Ostrinia furnacalis*(Guenée) 和欧洲玉米螟 *O. nubilalis* (Hübner)，属鳞翅目、螟蛾科。其中以黄淮平原春、夏玉米栽培区和北方春玉米栽培区发生最严重。欧洲玉米螟仅分布在西北等地区。玉米螟为多食性害虫。主要危害玉米、高粱、粟等禾本科旱粮作物，玉米心叶期，初孵幼虫啃食叶肉，留下表皮俗称“花叶”；后钻入纵卷的心叶，心叶展开后，在叶片上形成整齐的横排圆孔，俗称“排孔”；4 龄以后蛀食茎秆。玉米抽雄期，幼虫先取食雄穗，抽雄后转移钻蛀雄穗柄，雄穗枯死或折断；玉米抽丝期，幼虫取食雌穗的花丝、穗轴。大龄幼虫向下转移蛀入穗柄和茎节，也可蛀入雌穗取食籽粒。

2. 黏虫

黏虫 *Mythimna separata*(Walker) 属鳞翅目、夜蛾科。是典型的暴食性、迁飞性、食叶性害虫。叶片出现缺刻、空洞、甚至食光叶片。大发生年份，常将作物叶片全部吃光，造成严重减产或绝产。主要取食禾本科作物和杂草。

3. 东亚飞蝗

东亚飞蝗 *Locusta migratoria* L.属直翅目、蝗科。历史上蝗灾发生频繁。经常发生及适合发生的地区称蝗区，飞蝗迁入后不能定居繁殖的地区称扩散区。根据蝗区的生态环境，我国将蝗区分为滨湖蝗区、沿海蝗区、内涝蝗区和河泛蝗区四种类型。该虫喜欢取食小麦、玉米、粟、稻、高粱等禾本科作物和禾本科、莎草科杂草。一般不取食双子叶植物。成虫和蝗蝻取食叶片和嫩茎，大发生时可将作物吃光，造成颗粒无收。

(二) 发生规律

玉米害虫的发生规律 (表 13-1)。

表 13-1 玉米害虫的发生规律

种类	代数	越冬虫态	越冬场所	发生条件	备注
玉米螟	1～6 代	老熟幼虫	玉米、棉花枯铃、茎秆及枯枝落叶中	25～30℃，相对湿度 60%以上	天敌有 70 多种
黏虫	1～8 代	蛹和幼虫	土中、稻桩	19～22℃，相对湿度 70%	趋化性；假死性
东亚飞蝗	1～4 代	卵囊	在 4～6cm 深的土壤中	干旱 28～34℃	群集、跳跃、迁移、迁飞

二、玉米病害发生规律

1. 玉米大斑病

玉米大斑病 (参见彩图 3-23) *Helminthosporium turcicum* Pass. 又称玉米条斑病、玉米煤纹病、玉米斑病、玉米枯叶病。是玉米重要叶部病害。在我国以东北、西北和南方山区、华北北部的冷凉玉米产区发病较重。一般减产 15%～20%，大发生年减产 50%以上。

病原菌以菌丝或分生孢子附着在病残组织内越冬。成为翌年初侵染源，种子也能带少量病菌。田间侵入玉米植株，经10～14d在病斑上可产生分生孢子，借气流传播进行再侵染。玉米大斑病的流行除与玉米品种感病程度有关外，还与当时的环境条件关系密切。温度20～25℃、相对湿度90%以上利于病害发展。气温高于25℃或低于15℃，相对湿度小于60%，持续几天，病害的发展就受到抑制。在春玉米区，从拔节到出穗期间，气温适宜，又遇连续阴雨天，病害发展迅速，易大流行。玉米孕穗、出穗期间氮肥不足发病较重。低洼地、密度过大、连作地易发病。

2. 玉米小斑病

玉米小斑病（参见彩图3-23）在全世界玉米产区都有发生，是温暖潮湿玉米栽培区的重要叶部病害。从苗期到成株期均可发生。玉米抽雄后发病逐渐加重。我国近年来由于高感病品种的大面积应用，在河北、河南、北京、山东、广东、广西等地区都严重为害，对产量影响很大。1970年美国由于普遍推广一种感病类型配制的杂交种，遭到一种致病力强的病原菌T小种的侵袭，造成玉米小斑病大流行，损失达165亿千克，是近几十年来国际上因植物病害流行造成巨大损失的一大教训。该病主要靠病菌的菌丝体在病叶、病秆上越冬。这类带菌病残体内的病菌在田间能存活1年以上，但如果病残体腐烂，菌丝体就不能存活。越冬的病菌在第二年遇到适宜的温湿度，产生大量分生孢子，分生孢子靠风雨传播到玉米时上，然后萌发浸染，引起发病，出现病斑，病斑上的病菌遇潮湿多雨气候，再次产生分生孢子，进行再侵染，使田间病害扩大。由于早播春玉米上的小斑病菌能够侵染夏玉米，所以，春夏玉米混播地区发病就重。

3. 玉米丝黑穗病

玉米丝黑穗病（参见彩图3-24）遍布世界各玉米产区。此病自1919年在我国东北首次报道以来，扩展蔓延很快，每年都有不同程度发生。从全国来看，以北方春玉米区、西南丘陵山地玉米区和西北玉米区发病较重。一般年份发病率在2%～8%，个别地块达60%～70%，损失惨重。20世纪80年代，此病已基本得到控制，但仍是玉米生产的主要病害之一，近年有上升趋势。玉米丝黑穗病病菌还可为害高粱等禾谷类作物及杂草。

玉米丝黑穗病以冬孢子散落在土壤中、混入粪肥里或黏附在种子表面越冬。冬孢子在土壤中能存活2～3年，甚至7～8年。种子带菌是病害远距离传播的重要途径，尤其对于新区，带菌种子是重要的第一次传播来源。带菌的粪肥也是重要的侵染来源，冬孢子通过牲畜消化道后不能完全死亡。总之，土壤带菌是最重要的初侵染来源，其次是粪肥，再次是种子。成为翌年田间的初次侵染来源。病菌的冬孢子萌发后在土壤中直接侵入玉米幼芽的分生组织，病菌侵染最适时期是从种子破口露出白尖到幼芽生长至1～1.5cm时，幼芽出土前是病菌侵染的关键阶段。由此，幼芽出土期间的土壤温湿度、播种深度、出苗快慢、土壤中病菌含量等，与玉米丝黑穗病的发生程度关系密切。此病发生适温为20～25℃，适宜含水量为18%～20%，土壤冷凉、干燥有利于病菌侵染。促进幼芽快速出苗、减少病菌侵染概率，可降低发病率。播种时覆土过厚、保墒不好的地块，发病率显著高于覆土浅和保墒好的地块。玉米不同品种以及杂交种和自交系间的抗病性差异明显。病苗矮化、叶片密集、叶色浓绿、节间缩短、株形弯曲，第5片叶以上开始出现与叶脉平行的黄条斑等。穗期：除苞叶外整个果穗变成一个大黑粉苞，黑粉常黏结成块，内部夹杂丝状的寄主维管束组织。

4. 玉米黑粉病

玉米黑粉病（参见彩图3-25）又称瘤黑粉病，是玉米重要病害。一般山区比平原、北方比南方发生普遍而且严重。产量损失程度与发病的时期、发病的部位及病瘤的大小有关，发生早而且病瘤大，在果穗上及植株中部发病的对产量影响大，减产15%以上。病菌以厚垣孢子在土壤中和病株残体上越冬，春季条件适宜时，萌发产生担孢子，随气流传播，陆续引起苗期和成株期发病，种子带菌是发病的主要原因。孢子萌发适温26～30℃，玉米植株密度过大、氮肥施用偏多、菌源多、降水多、湿度大，发病较重。组织伤口有利于病菌入侵。地上部具有分生能力的幼嫩组织均可受害。叶片上先形成褪绿斑，病斑日渐皱缩，然后形成病瘤，较小，常串生，内部很少形成黑粉。茎秆、穗部可形成大小不等的畸形病瘤。病瘤成熟后，外膜破裂，散出大量黑粉。

三、玉米病虫害防治方法

1. 选种抗病品种

根据当地优势小种选择抗病品种，注意防止其它小种的变化和扩散。选用不同抗性品种及兼抗品种。如：京早1号、北大1236、中玉5号、津夏7号、冀单29、冀单30、冀单31、冀单33、长早7号、西单2号、本玉11号、本玉12号、辽单22号、绥玉6号、龙源101、海玉89、海玉9号、鲁玉16号、鄂甜玉1号、滇玉19号、滇引玉米8号、农大3138、农单5号、陕五911、西农11号、中单2号、吉单101、吉单131、C103、丹玉13、丹玉14、四单8、郑单2、群单105、群单103、承单4、冀单2、京黄105、京黄113、沈单5、沈单7、本玉9、锦单6、鲁单15、鲁单19、思单2、掖单12、陕玉9号。

2. 人工防治

人工采卵、捕杀幼虫，能在短时间内压低虫口密度。还可利用草把诱卵，在成虫产卵盛期前，选叶片完好的稻草、高粱干叶、玉米干叶10～20根扎成小把插在田中，500～800个/hm^2，3d更换1次，可将黏虫密度压低50%左右。

3. 农业防治

适期早播，避开病害发生高峰。整地保墒，提高播种质量，合理密植。施足基肥，增施磷钾肥。合理灌溉，减少损伤。做好中耕除草培土工作，摘除底部2～3片叶，降低田间相对湿度，使植株健壮，提高抗病力。玉米收获后，清洁田园，将秸秆集中处理，经高温发酵用作堆肥。实行轮作。

4. 生物防治

利用赤眼蜂、白僵菌和苏云金杆菌等防治玉米螟。在玉米螟卵孵化初盛期设放蜂点75～150个/hm^2，利用赤眼蜂蜂卡放蜂15～45万头；在玉米心叶中期每株使用2g孢子含量为50～100亿个/g的白僵菌粉，按1∶10的比例制成的颗粒剂。

5. 药剂防治

（1）种子处理　50%多菌灵、50%萎锈灵，100kg种子用药量为250～350g或5.5%浸种灵Ⅱ号，每100kg种子用药量为1g。

（2）防病用药　玉米出苗前可选用50%克菌丹200倍液，或25%三唑酮750～1000倍液1500kg/hm^2进行土表喷雾，在发病初期喷药70%代森锰锌1000倍液、10%世高、77%可杀得、50%扑海因、50%菌核净、50%敌菌灵、75%百菌清可湿性粉剂800倍液、25%苯菌灵乳油800倍液、40%克瘟散乳油800～1000倍液、农抗120水剂200倍液，隔10d防一次，连续防治2～3次。

（3）防治害虫　可选用0.5%辛硫磷颗粒剂撒施、或用40%乐果、80%敌敌畏、50%马拉硫磷、2.5%溴氰菊酯等，用量为1500mL/hm^2喷雾。

第四节 棉花主要病虫害防治技术

一、棉花主要害虫防治技术

(一) 种类、危害及发生

参见彩图 3-26～彩图 3-28。

1. 棉叶螨

棉叶螨主要是朱砂叶螨 *Tetranychus cinnatarinus* (Boisduval)，此外，还有截型叶螨 *Tetranychus truncatus* Ehara、土耳其斯坦叶螨 *Tetranychus turkestani* (Ugarov et Nikolski) 等，均属蛛形纲，蜱螨目，叶螨科。棉叶受害初期叶正面出现黄白色斑点，3～5d 以后斑点面积扩大，斑点加密，叶片开始出现红褐色斑块（单是截型叶螨危害，只有黄色斑点，叶片不红）。随着危害加重，棉叶卷曲，最后脱落，受害严重的，棉株矮小，叶片稀少甚至光杆，棉铃明显减少，发育不良。在辽河流域棉区一年约发生 12 代，在黄河流域 12～15 代，长江流域 15～18 代，华南棉区 20 代以上。以雌成螨在土缝中、杂草、枯枝落叶下或树皮裂缝中蛰伏过冬。早春越冬雌螨开始活动，将卵产在杂草上，孵化后在杂草上取食和生长、繁殖，棉花苗期转移到棉苗上为害，在棉花生长中期有几次发生高峰。棉花衰老后转移到杂草上生活。棉叶螨在 20～28℃温幅中，温度越高发育越快。少雨有利于其发生。高温干旱的年份或季节，发生危害严重。大雨有抑制作用，小雨对它扩散有利。棉花与粮、油作物间作套种，会加重它在棉花上的危害。合理增施氮、磷肥和及时除草可以减轻危害。天敌有塔六点蓟马、草蛉、食螨瓢虫和捕食螨等。

2. 棉蚜

棉蚜 *Aphisgossypii Glover* 俗称腻虫、蜜虫，属同翅目，蚜科。全国各棉区均有发生，以黄河流域棉区、辽河流域棉区和西北内陆棉区发生早、为害重。苗期受害，叶片卷缩，推迟开花结铃。成株期受害后，上部叶片卷缩，中部叶片呈现油光，下部叶片枯黄脱落。蕾铃受害，引起蕾铃脱落。并引起煤污病，传播病毒病，对作物会造成更大的危害和损失。每年发生 10～30 代，全周期型以卵在冬寄主上越冬，不全周期型可全年繁殖危害。在棉蚜的生活史中，按发生时期可将其分为苗蚜、伏蚜和秋蚜。苗蚜是指从棉苗出土至现蕾阶段发生的棉蚜，发生最普遍而严重。伏蚜是棉蚜种群在夏季形成的生物型，体小、色黄、耐高温，棉株上蚜露展布，枝叶卷缩，蕾铃脱落，损失十分严重。秋蚜是棉花吐絮期，因局部地区气候反常，加之施肥、喷药不当，致使棉田虫口密度迅速增长而出现的秋季种群，不仅造成较严重的危害，还会加大性蚜的虫量，增加越冬卵量。棉蚜寄主植物多，繁殖力强。有翅蚜有趋黄色的习性，每年迁飞扩散 3～5 次。迁移蚜随着气温增高，棉苗出土前后，迁飞到棉花等寄主上，形成棉蚜在棉田中的点片发生。其迁飞高峰常和春播棉的始蕾、始花和棉铃始裂期相吻合。棉蚜适应温度范围较广，在北方寒冷地区耐寒性较强，发育适宜温度较低，为16～22℃；在 17～28℃范围内，随温度的升高而发育速度加快，棉蚜种群数量急剧上升；29℃以上对发育才能起延缓作用。在亚热带地区的棉蚜则较耐暑热，适应较高温度。秋季9～10月间若气温偏高，有利于蚜虫数量上升，引起秋蚜危害，产生性蚜虫口密度大，越冬卵量多。天敌在棉花苗期有蚜绒螨、蚜茧蜂和多种瓢虫迁入棉田，能有效降低苗蚜虫口，控制蚜害。6、7 月有多种瓢虫、食虫蜘蛛、小花蝽、草蛉等对棉蚜有一定抑制作用。此外，栽培棉叶光滑少毛、单宁含量低的品种，偏施氮肥、植株徒长均会加重发生和危害。

3. 棉叶蝉

棉叶蝉（cotton leafhopper）属于同翅目，叶蝉科，又名棉叶跳虫、棉浮尘子、棉二点叶蝉等。我国除新疆外均有分布，其分布北限为辽宁、山西，但极少见；甘肃南北、四川西部和淮河以南，密度逐渐提高；长江流域及其以南地区，特别是湖北、湖南、江西、广西、贵州等省区发生密度较高，棉花生长后期几乎每片叶上都有。棉叶蝉以成、若虫在棉叶背面刺吸汁液。棉叶被害初期由叶尖经叶缘变为枯黄，叶片向背面皱缩，随后由叶尖及叶缘逐渐向中部扩展，最后全叶变红，渐渐焦枯，棉铃瘦小，甚至脱落，影响产量和品质。寄主植物除棉花外还有木棉、茄子、豆类、烟草、花生、甘薯、锦葵等29科66种植物。每年发生6～14代，世代重叠。在长江流域和黄河流域不能越冬，在华南以成虫和卵在茄子、马铃薯、蜀葵、木芙蓉、梧桐等的叶柄、嫩尖或叶脉周围及组织内越冬。在棉田的发生期各地不尽相同。淮河以南和长江以北一般在7月上旬成虫开始迁入棉田，发生为害盛期在8月下旬至9月下旬。长江流域5月中、下旬迁入棉田，8月中旬后虫量增多，9月上、中旬形成为害高峰。成虫白天活动，晴天高温时特别活跃，有趋光性，受惊后迅速横行或逃走。该虫喜欢高温、高湿的环境。温度23℃以上，相对湿度70％～80％适于棉叶蝉繁殖。特别是随着温度的升高，棉叶蝉繁殖速度加快，数量迅速增加，为害加重。温度下降到15℃以下时，成虫活动迟缓，6℃以下进入休眠状态，初霜后绝大多数若虫不能存活。大雨或久雨能阻碍棉株上部棉叶蝉卵的孵化和成虫的羽化，并且能杀死一部分若虫。早期易遭受水渍的低洼地或易受干旱的山坡及高燥地，发生均比较严重。杂草多的棉田环境棉叶蝉食物丰富，有利于发生。因此，丘陵地区、零星棉田及周围多草的棉田常比平原地、成片棉田及周围杂草少的棉田发生数量多，为害也重。叶片上多毛和毛长的品种不利于棉叶蝉取食，具有抗虫性。

天敌有蜘蛛、草蛉、隐翅虫、瓢虫、蚂蚁、柄翅小蜂、寄生真菌等，对棉叶蝉的数量有一定的抑制作用。

4. 棉盲蝽

在我国棉区为害棉花的盲蝽有5种：绿盲蝽、苜蓿盲蝽、中黑盲蝽、三点盲蝽、牧草盲蝽。其中绿盲蝽分布最广，南北均有分布，且具一定数量，中黑盲蝽和苜蓿盲蝽分布于长江流域以北的省份；而三点盲蝽和牧草盲蝽分布于华北、西北和辽宁。棉盲蝽以成虫、若虫刺吸棉株汁液，造成蕾铃大量脱落、破头叶和枝叶丛生。棉株不同生育期被害后表现不同，子叶期被害，表现为枯顶；真叶期顶芽被刺伤则出现破头疯；幼叶被害则形成破叶疯；幼蕾被害则由黄变黑，2～3d后脱落；中型蕾被害则形成张口蕾，不久即脱落；幼铃被害伤口呈水渍状斑点，重则僵化脱落；顶心或旁心受害，形成扫帚棉。棉盲蝽由南向北发生代数逐渐减少，因种类和地区的差异，每年可发生3～7代。在大部分地区，棉盲蝽以卵在苜蓿、苕子、蒿类的茎组织内越冬，少数地区则以成虫在杂草间、胡萝卜、蚕豆、树木树皮裂缝及枯枝落叶、藜科杂草等下越冬。春季棉盲蝽主要集中在越冬寄主和早春作物上为害，棉花幼苗期转移到棉苗上为害，为害盛期在棉花现蕾到开花盛期。成虫在棉花上的产卵部位一般为棉花叶柄、嫩组织，甚至嫩茎秆上。一般6～8月降雨偏多的年份，有利于棉盲蝽的发生为害；棉花生长茂盛，蕾花较多的棉田，发生较重。再者，靠近冬寄主和早春繁殖寄主的棉田，常发生早而重。

棉盲蝽的天敌有蜘蛛、寄生螨、草蛉以及卵寄生蜂等，以点脉缨小蜂、盲蝽黑卵蜂、柄缨小蜂3种寄生蜂的寄生作用最大，自然寄生率可达20％～30％。

5. 棉铃虫

棉铃虫 *Helicoverpa armigera* Hubner 属鳞翅目，夜蛾科，俗名：棉铃实夜蛾。成虫白天隐藏在叶背等处，黄昏开始活动，取食花蜜，有趋光性，卵散产于棉株上部。幼虫5～6

龄。初龄幼虫取食嫩叶，其后为害蕾、花、铃，多从基部蛀入蕾、铃，在内取食，并能转移为害。受害幼蕾苞叶张开、脱落，被蛀青铃易受污染而腐烂。棉铃虫是多食性害虫，除取食棉花外，还可取食小麦、豌豆、蚕豆、油菜、芝麻、花生、番茄、辣椒、向日葵等200多种植物。在我国每年发生3～8代，1月份－15℃最低温度等温线以南地区以蛹在土中越冬，其它地区是从异地迁入的。在棉田严重危害世代因地而异，在辽河流域和新疆棉区以第2代为主；黄河流域棉区一般第2代危害最重，3代次之；长江流域棉区以第3、4代危害重；华南棉区则以第3、4、5代危害重。成虫昼伏夜出，趋光性和趋化性强，2～3年生的杨树枝对成蛾的诱集能力很强。成蛾有吸食花蜜的习性。成虫一般喜在嫩尖、嫩叶等幼嫩部分产卵。幼虫孵化后有取食卵壳习性，初孵幼虫有群集限食习性，二三头、三五头在叶片正面或背面，头向叶缘排列、自叶缘向内取食，结果叶片被吃光，只剩主脉和叶柄，或成网状枯萎，造成干叶。1～2龄幼虫沿柄下行至苗顶芽处自一侧蛀食或沿顶芽处下蛀入嫩枝，造成顶梢或顶部簇生叶死亡，危害十分严重。3龄前的幼虫食量较少，较集中，随着幼虫生长而逐渐分散，进入4龄食量大增，可食光叶片，只剩叶柄。幼虫7～8月份为害最盛。棉铃虫有转移危害的习性，一只幼虫可危害多株苗木。早晨露水干后至9时前，幼虫常在叶面静伏，触动苗木即会坠落地面，是人工捕捉的好时机。棉铃虫以蛹在地下约5～10cm深处越冬，可结合冬季松土追肥将部分虫蛹翻至地面，直接杀死或为天敌所食。该虫适宜于偏干环境条件，最适温度为25～28℃，相对湿度70%～90%。大雨和暴雨对其卵和初孵幼虫有冲刷作用。因此，长江流域棉区梅雨偏少、伏旱的年份发生重；黄河流域棉区常年气候干旱，成为棉铃虫的常发区。棉铃虫的天敌很多，有赤眼蜂、姬蜂、寄蝇等寄生性天敌和草蛉、黄蜂、猎蝽、瓢虫、蜘蛛、鸟类等捕食性天敌及一些细菌、真菌、病毒等，可对棉铃虫的种群数量有明显的抑制作用。

6. 棉金刚钻

棉金刚钻属于鳞翅目，夜蛾科，是棉花蕾铃期的一类重要害虫。主要有鼎点金刚钻（*Earias cupreoviridis*）、翠纹金刚钻（*E. fabia*）、埃及金刚钻（*E. insulana*）3种。鼎点金刚钻除西北棉区外，其它棉区均有分布；国外分布于亚洲南部、非洲和南美。翠纹金刚钻主要分布于长江流域以南棉区；国外分布于东南亚、夏威夷及大洋洲。埃及金刚钻分布于华南棉区；国外在欧亚大陆南部、非洲、大洋洲均有分布。寄主植物除棉花外，还有冬葵、赛葵、木芙蓉等多种锦葵科和田麻科植物。在棉花上以幼虫蛀食嫩头、蕾、花和铃，造成棉苗断头、侧枝丛生和蕾、花、铃脱落。鼎点金刚钻在黄河流域棉区一年发生4代，长江流域棉区4～6代，以蛹在棉秸、枯铃、土缝等处越冬。翠纹金刚钻在长江流域棉区一年发生4～6代，华南棉区8～10代，无明显休眠现象，部分地区可以蛹或老熟幼虫越冬。埃及金刚钻在云南棉区一年发生5～11代，视气温高低而增减，在温度高的地方可不越冬，在温度略低的地方以蛹或结茧的老熟幼虫越冬。金刚钻成虫交配产卵多在夜间，卵散产，以棉株嫩顶、群尖及幼蕾苞叶上偏多。在干旱年份或稀植棉田发生较重。幼虫在3龄前就能转移为害，抗药力也较弱，是防治的有利时机。

7. 棉红铃虫

棉红铃虫 *Pectinophora gossypiella*（Saunders）属于鳞翅目，麦蛾科。是世界性重要害虫。我国除甘肃的黄河两岸、河西走廊以及山西和陕西的北部、宁夏、辽宁、青海和新疆外，其它棉区均有分布。以幼虫为害棉花的蕾、花、铃和种子，引起蕾铃脱落，导致僵瓣、黄花等。为害蕾时，从顶端蛀入造成蕾脱落；为害花时，吐丝牵住花瓣，使花瓣不能张开，形成“扭曲花”或“冠状花”；在铃长到10～15mm时钻入，侵入孔很快愈合成一小褐点，有时在铃壳内壁潜行成虫道，呈水青色；为害种子时，吐丝将两个棉籽连在一起形成“双连籽”。该虫在黄河流域棉区每年发生2～3代，南方棉区每年发生4～7代，以老熟幼虫结茧在棉花仓库（占80%）、棉籽里（占15%）和枯铃里（占5%）越冬。第一代幼虫主要取食蕾；第二代幼虫为害花、蕾和青铃；第三代幼虫绝大部分集中在青铃上为害。初孵幼虫必须在24h内钻入蕾或铃中，否则会死亡。老熟幼虫化蛹前，在铃壁上咬一个羽化孔，有的直接出铃在土缝等处化蛹。绝大部分成虫在白天羽化，成虫产卵期长，能延续15d之久。成虫产卵部位常因代别和棉株的生长发育阶段不同而各异，第一代的卵往往集中产在棉株嫩头及其附近的果枝、未展开的心叶、嫩叶、幼蕾的苞叶上等；第二代产卵于青铃上，其中以产在青铃的萼片和铃壳间最多，其次在果枝上；第三代卵多产在棉株中、上部的青铃上。成虫飞翔力强，趋光性强，昼伏夜出。喜高温高湿，当气温为25～30℃，相对湿度80%～100%时，对成虫羽化最为有利，而温度在20℃以下或35℃以上对棉红铃虫均不利；气候干旱，则对成虫产卵和卵的孵化均有一定的抑制作用。棉红铃虫的繁殖与食料关系密切，幼虫喜食青铃，田间青铃出现早，伏桃或秋桃多，有利于其繁殖。棉红铃虫的越冬基数直接影响第一代的发生轻重，越冬死亡率高，基数小则第一代发生轻，反之，则重。

（二）防治措施

1. 农业防治

（1）减少虫源　清除田间及四周杂草，集中烧毁或泥封沤肥；深翻灭茬，促使病残体分解，减少越冬虫源。及时集中处理僵瓣，枯铃，晒花时放鸡啄食或人工扫除帘架下的幼虫等。推广收花不进家和冷库存花，在收花结束后彻底清扫仓库，消灭潜伏仓内的幼虫。

（2）栽培管理　选种叶片多毛、毛长的抗虫品种；选用优质的包衣种子，如未包衣则须把种子用除虫灭菌药处理后才播种。适时早播，早移栽、早间苗、早培土、早施肥，及时中耕培土，培育壮苗，重施基肥，重施腐熟的有机肥，适时追肥，增施磷钾肥，育苗移栽，播种后用药土做覆盖土，移栽前喷施一次除虫灭菌药，这是治虫防病的关键。合理密植，及时剪除空枝、顶心、边心、老叶，拔除病株，减少害虫产卵地方，增加田间通风透光度，病株、残体集中烧毁，病穴施药。最好水、旱轮作。

2. 物理防治

成虫盛发期在田间设置黑光灯或红铃虫性诱剂诱杀成虫，或设置性诱剂迷向干扰交配。应用人工合成的红铃虫雌虫性信息素，悬挂或粘贴在棉株上，干扰雄蛾寻找雌蛾交配，可以减少棉红铃虫的虫口密度及为害。进行杨树枝诱杀、建立玉米诱集带诱杀棉铃虫等。

3. 生物防治

保护利用棉田间各种天敌，发挥自然天敌对棉花害虫的控制作用。人工助迁瓢虫，及时释放赤眼蜂，在天敌发生高峰期慎用化学药剂。4月份在仓库内每100kg籽棉释放2000头金小蜂。

4. 化学防治

（1）土壤处理　大田直播的，要用土壤灭虫剂进行土壤处理，如用5%紫丹颗粒剂2kg/亩，穴施；3.3%天丁乳油1000～1500倍液，喷施，10%克线丹颗粒剂4～5kg/亩，穴施；3%护地净颗粒剂3～4kg/亩，撒施。任一种土壤颗粒灭虫剂1份＋干细土200份，拌匀。

（2）种子处理　用50%辛硫磷乳油50～100倍液，再加入适量防病药剂拌种。

（3）田间喷药　在棉花生长期间，当害虫发生达到防治指标时，及时用药。常用的药剂有：73%克螨特乳油1200倍液、70%艾美乐水分散颗粒剂10000～15000倍液、20%康复多水溶剂5000～6000倍液、2.5%功夫乳油2000～3000倍液、2.5%保得乳油1500～2000倍液、48%乐斯本乳油1000～1500倍液、52.25%农地乐乳油1000～2000倍液、10%施可净可湿性粉剂1500～2000倍液或75%潜克5000倍液等药剂。2%叶蝉散粉剂或5%甲萘威粉剂 30kg/hm²，50%西维因可湿性粉剂或25%伏杀磷乳油1000倍、2.5%溴氰菊酯乳油2000倍、10%吡虫啉可湿性粉剂2500倍、20%扑虱灵乳油或50%辛硫磷乳油1000倍等。50%辛硫磷35～50mL/亩；80%敌敌畏乳油50～75mL/亩，兑水1.5～2.5kg，喷在15～25kg细土上拌匀，傍晚撒于田间，可熏杀成虫。

(4) 棉仓灭虫 空仓全面喷洒20%林丹可湿性粉剂和2.5%溴氰菊酯乳油的稀释液，墙壁、房顶里面都要喷到。实仓时用80%敌敌畏乳油800倍稀释喷洒，喷后封仓2～3d。

二、棉花主要病害防治技术

(一) 棉花苗期病害发生情况

参见彩图3-29。

棉花苗期病害有20余种。其中危害严重的有立枯病、炭疽病、红腐病等。在南方棉区，立枯病和炭疽病危害较重、北方棉区立枯病和红腐病危害较重。棉苗受害后，轻者影响生长，重者造成缺苗断垄，甚至成片枯死。此外，炭疽病和红腐病等还能侵染棉铃，引起烂铃。

立枯病菌为土壤习居菌，菌核在土壤中可存活2～3年；红腐病菌能在土壤及病残体中越冬；炭疽病和红腐病菌主要以分生孢子黏附在棉籽短绒上或以菌丝体潜伏在棉籽内越冬，此外还可在其它寄主上越冬。因此，土壤、病残体、棉籽等是病菌的初侵染源。通过农事操作、流水和地下害虫在田间扩散蔓延。分生孢子借气流和雨水进行再侵染。低温多雨、地势低洼、连作、蚜虫危害严重的棉田、播种过早、过深或覆土过厚等发病严重。

(二) 棉花生长期病害发生情况

参见彩图3-30。

棉花生长期病害主要是棉花枯萎病和黄萎病。棉花枯萎病是棉花重要的毁灭性病害之一，一旦发生很难根治，除少数地区为纯枯萎病区外，多数地区为枯萎病和黄萎病混发区。重病株在苗期或蕾铃期枯死，轻病株发育迟缓，结铃少，吐絮不畅，纤维品质和产量下降。

1. 棉花枯萎病

棉花枯萎病菌以菌丝体、分生孢子和厚垣孢子在棉籽、病残体、土壤和未腐熟的堆肥中越冬，成为次年的初侵染源，土壤带菌是主要初侵染源。棉籽外部短绒带菌率高于种壳和种胚带菌率。病菌在棉籽内、外部一般可分别存活8个月和5个月左右。在田间，病菌主要分布在1～20cm耕作层中，病残体分解后，病菌仍能在土壤中存活6～7年，厚垣孢子可存活15年。在田间，病菌主要靠流水、农事操作和地下害虫传播。施用未腐熟的带菌粪肥也能传病。病菌通过带菌种子、棉籽壳和棉籽饼的调运而远距离传播。病菌主要从根鞘及土壤线虫等造成的根部伤口入侵，先在表皮组织内扩展，再由初生根侵入次生根，最后进入导管组织。在导管内，菌丝向上纵向扩展，并在导管内产生小型分生孢子。小型分生孢子随液流进一步扩展到枝、叶和种子。发病适温为20～28℃，高于28℃病情发展受到抑制。雨水多，土壤湿度大，发病重；干旱年份发病较轻。当土壤10cm土温达到20℃时棉苗开始发病，达到25～30℃时正值现蕾期前后，形成发病高峰。现蕾期过后，夏季土温达到33～35℃时，病情暂停发展，轻病株恢复生长，表现隐症，但如遇暴雨天气，引起土壤温度降低，也会加重病情。秋季正值现蕾中后期，当土壤温度下降到25℃左右时，再次出现发病高峰。连作棉田的土壤中累积大量病菌，病情逐年加重。地势低洼，排水不良的地块，不利于棉花生长，发病较重。大水漫灌则可加速病菌的传播。耕作粗放的棉田，影响根系发育，抗病力降低。不同品种对枯萎病的抗病性存在差异，中棉抗病性强，陆地棉中度感病，木棉和海岛棉高度感病。同时棉花的不同品种间也存在抗病性的差异。土壤线虫侵染根部造成伤口，有利于病菌的入侵。

2. 棉花黄萎病

棉花黄萎病与棉花枯萎病常混合发生。受害植株叶片枯萎、蕾铃脱落、棉铃变小，一般减产 20%～60%，纤维强度降低。病菌以菌丝体及微菌核在棉籽短绒及病残体中越冬，也可在土壤中或田间杂草等其它寄主植物上越冬。微菌核抗逆能力强，在土壤中能存活 8～10 年。

棉花黄萎病发生最适温度为 25～28℃，低于 25℃或高于 30℃则发展缓慢，35℃以上隐症。花蕾期降雨较多导致土温降低，发病往往严重。棉田冬季淹水，微菌核不易存活，翌年发病轻。连作棉田土壤中积累大量病菌，发病严重。偏施氮肥或施用带菌土杂肥往往加重病害的发生。大水漫灌，有利于病害的发生。棉花现蕾期后较感病，棉花种间抗病性有显著差异，一般海岛棉抗病、耐病能力较强，陆地棉次之，中棉较感病。

（三）棉铃病害发生情况

参见彩图 3-31。

在棉花结铃期常受到多种病原菌的侵染，引起烂铃或形成僵瓣。我国棉铃病害发生普遍，一般南方棉区发病重于北方棉区。主要铃病有炭疽病、疫病、红腐病、黑果病，其次为红粉病、软腐病和曲霉病。南方棉区多雨的年份，烂铃率严重的地块达 30%～40%左右。铃病流行年份，皮棉产量损失达 10%～20%。使纤维缩短，强度下降，种子变劣。病原菌主要随残体在土壤中越冬，也可以孢子附在种子表面或以菌丝体潜伏在种子内部越冬。病菌的侵入方式可分为两类：侵染力较强的棉炭疽病菌、疫病菌和黑果病菌等从棉铃苞叶和角质层直接侵入引起发病；侵染力较弱的红腐病菌等从铃尖裂口、铃壳缝隙、虫孔、伤口或病斑处侵入。

棉花结铃吐絮期间，田间湿度大，有利于病菌的繁殖和侵染；多雨低温使棉株长势衰弱，纤维发育不良，铃壳增厚，开裂困难，有利铃病发生。当日平均气温为 25～30℃、相对湿度在 80%以上时，铃病发生重。台风易使棉铃擦伤，增加病菌的侵染机会，加重发病。在蕾铃期害虫危害严重的棉田，棉铃病害加重。

一般陆地棉铃病较重，亚洲棉较轻，同种不同品种间的发病程度也有差异，陆地棉中的小苞叶品种或翻卷苞叶品种，有油腺品种，棉毒素含量高的品种，发病轻。

铃龄 10d 内的幼铃发病较少，随着铃龄的增长，铃病明显加重，尤其在棉铃接近吐絮前 10～15d 发病最重，铃龄约 50d 后铃病率相对减少。侵染力强的病菌多在开花后 3 周左右诱发棉铃发病，侵染力弱的病菌则多在铃龄 45d 左右导致烂铃。

晚施、过量施用氮肥造成棉株叶徒长，通风透光不良，铃壳变厚，开裂迟缓，增加病菌侵染机会。不及时整枝、打顶、摘叶的棉株，营养生长过分茂盛，棉田环境郁闭潮湿，铃病发生也重。

棉田积水，排水不良，大水漫灌或泼浇的棉田，田间湿度大，有利于病菌的繁殖和侵染，不利于棉株的根系生长，棉株生长发育不良，抗病力弱。

（四）防治措施

采取以加强栽培管理为主，棉种处理与药剂防治为辅的综合防治措施。

1. 加强植物检疫

不从病区调种；建立无病良种繁育基地，做到种子自育、自选、自繁。选用抗病品种。如中棉 12、86-4 号、86-3 号、辽棉 5 号及陕 1155。

2. 农业防治

（1）实行轮作倒茬　一般与禾本科作物轮作可减轻病害的发生，北方棉区与禾本科作物

3～4年轮作，南方棉区采用水旱轮作。水旱轮作由于棉田淹水造成土壤缺氧，促进微菌核死亡，减轻发病。深耕将病残体翻入土壤中，加速其分解，可减少越冬基数。

（2）播种前做到“一选二晒三消毒” 选用品种纯度高、净度高、发芽率高的种子，晒种2～3d后进行种子处理，可提高出苗率且幼苗长势好。

（3）适时播种、育苗和移栽 在5cm土温稳定在12℃以上时播种。选择地势高、排水良好的田块作苗床。播种覆土后，撒薄层草木灰，再覆盖地膜以保证快出苗、苗齐、苗壮，提高棉苗抗病力。营养钵育苗防病效果更好，钵土宜使用无病土或稻茬土。

（4）合理施肥 增施有机肥，施足基肥，早施、轻施苗肥，重施花铃肥，氮、磷、钾肥平衡施用，促进棉株生长健壮，增强抗倒伏、抗病能力。

（5）加强田间管理 出苗后及时中耕，提高土温、降低土壤湿度，提高土壤通气性，有利于棉苗根系生长发育，抑制根病。雨量大时及时排水。及时间苗和处理病苗、死苗，减少病害的再传染。及时排除田间积水降低田间湿度。采用沟灌减轻铃病发生。合理密植，对生长过旺的棉株，应及时打顶、整枝和摘老叶，降低田间郁闭程度，减轻铃病的发生。加强苗期病害的防治，减轻铃期浸染棉铃。加强棉铃害虫防治，减少虫伤。铃病流行季节，抢摘病铃和开口铃，减少损失。对枯萎病来说轻病区拔除零星病株，就地烧毁，然后进行土壤消毒。

3. 药剂防治

（1）种子处理 可选用棉籽重量0.5%的40%拌种双可湿性粉剂拌种，或棉籽重量的0.5%～0.8%的50%多菌灵可湿性粉剂拌种后，密闭半个月左右播种；也可选用0.3%多菌灵胶悬剂浸种14h、或“402”抗菌剂2000倍液，在55～60℃下浸闷30min，晾干后播种。温汤浸种的方法是在55～60℃温水中浸种30min后立即转入冷水中冷却，捞出晾至绒毛发白，再用一定量的拌种剂和草木灰配成药灰搓种，现搓现播。

（2）土壤消毒 病株处的病土进行药剂消毒处理。用50%的棉隆可湿性粉，每平方米病土施原药70g，进行深30～40cm的药剂拌土，表面覆盖一层净土或用棉隆140g溶于45kg水，灌入围埂$1m^2$的病土内。还可用氯化苦、二溴乙烷、强氯精或沼液对病穴及其周围土壤消毒。

（3）药剂防治 在出苗80%时进行叶面喷雾，以后视病情决定是否继续施药。可选用如下方法：①0.25%～0.5%等量式波尔多液，首次使用浓度为0.25%，以后可采用0.5%。也可选用50%多菌灵可湿性粉剂800～1000倍液或65%代森锰锌500～800倍液。②在棉花移植前5d，浇灌$7.5kg/m^2$强氯精300倍药液，防治效果可达70%左右，对棉花还有增产效果。或用50%沼液5000～7750kg/hm^2分次浇灌，连续3年防效为70%左右。③及时喷药保护裂开的棉铃。可选用1∶1∶100倍的波尔多液、25%代森锰锌可湿性粉剂500～800倍液、50%多菌灵可湿性粉剂或50%硫菌灵可湿性粉剂800～1000倍液和14%络氨铜500倍液等。

第五节 油菜主要病虫害防治技术

一、油菜害虫防治技术

（一）种类、发生及危害

参见彩图3-32，彩图3-33。

1. 油菜潜叶蝇

油菜潜叶蝇 *Phytomyza horticola* Goureau 属双翅目，潜蝇科。我国除西藏外，各省（市、区）都有发生。油菜潜叶蝇寄主植物有 21 科 137 种。主要取食油菜等十字花科植物和豌豆、蚕豆等作物。幼虫在叶片上下表皮之间潜食叶肉。被害叶上出现灰白色弯曲的潜道，潜道内留有黑色虫粪，严重时，一张叶片常有几头至十几头幼虫，吃光叶肉，仅剩上下表皮，造成叶片枯萎、脱落。

油菜潜叶蝇在华北地区每年发生 5 代，广东发生 18 代。在淮河以北发生区以蛹越冬；在长江以南至南岭以北地区，以蛹越冬为主，少数幼虫和成虫也能越冬；在华南地区终年繁殖。成虫活跃，爬行和飞行速度较快，白天在植株间活动，吸食花蜜和叶片汁液、交尾、产卵，夜间和阴雨天潜伏在植株上或其它隐蔽处，但晴天夜晚气温在 15～20℃之间时，仍可活动。雌成虫在嫩叶背面的边缘用产卵器刺破表皮，将卵产在叶组织内，产卵处呈灰白色点状斑痕。1 头雌成虫可产卵 45～90 粒。成虫寿命 7～20d。成虫寿命与幼虫期取食的寄主种类有关，还与成虫期补充营养有关，因此十字花科、豆科作物种植面积大，常发生严重。卵期 5～11d。幼虫孵化后蛀食叶肉，虫道随幼虫取食和长大而加宽加长。幼虫分 3 龄，幼虫期 5～15d。幼虫老熟后在虫道末端咬破叶片表皮形成羽化孔，然后在虫道内化蛹。蛹期 8～16d。最适发育温度为 20℃左右，超过 32℃大量死亡，高温是抑制油菜潜叶蝇在夏季危害的主要因素。寄生幼虫和蛹的天敌有茧蜂科和小蜂科的多种寄生蜂。

2. 菜粉蝶

菜粉蝶 *Pieris rapae* L. 属鳞翅目，粉蝶科。全国各地都有分布，危害严重。已知菜粉蝶寄主植物有 9 科 35 种。喜欢取食十字花科植物，油菜苗期受害严重。幼虫主要取食叶片，2 龄以前啃食叶肉，留下透明的表皮；3 龄以后将油菜叶片吃成缺刻或孔洞，严重时将叶片吃光仅剩叶柄。同时菜青虫还是传播油菜软腐病的重要媒介。

菜粉蝶每年发生 3～9 代，世代重叠。以蛹在寄主地块附近的墙壁、篱笆、杂草、落叶及土缝中越冬。蛹的颜色因附着物不同而有差异。次年羽化为成虫。成虫有补充营养习性，蜜源植物多的地区有利于菜粉蝶发生。成虫寿命 2～5 周，卵散产，气温高时多产在叶片背面，气温低时多产在叶片正面，有时也产在叶柄上。与油菜苗期生育期相遇的世代发生普遍，危害严重。幼虫分 5 龄。幼虫行动迟缓，不活跃，炎热天气多在叶背取食，夜间及气温偏低天气，可在叶面取食。菜粉蝶发生的适宜气温为 16～30℃，相对湿度 76%左右，每周降雨 7.5～12.5mm。当温度超过 32℃，幼虫大量死亡。暴雨冲刷会造成低龄幼虫死亡。所以在高温、多雨的夏季发生较轻，春秋两季发生严重。蜜源植物面积大，菜粉蝶发生量大；天敌数量增加，菜粉蝶数量下降；在十字花科蔬菜地块附近栽培的油菜和早播的油菜发生重。

（二）防治措施

1. 农业防治

早春及时清除杂草和摘除油菜老叶，减少虫源基数。

2. 诱杀成虫

用 3%红糖液或煮甘薯、胡萝卜的汁液，加 0.5%的 90%晶体敌百虫制成毒糖液喷在少量油菜植株上，诱杀成虫。

3. 生物防治

可选用 BT 乳剂 600 倍液、或 25%灭幼脲 3 号悬浮剂 500～1000 倍液；人工释放广赤眼蜂、绒茧蜂等。

4. 药剂防治

可选用90%晶体敌百虫或40%乐果乳油1000倍液，也可选用1.8%爱福丁乳油或10%氯氰菊酯乳油2000倍液等喷雾。还可选用50%辛硫磷乳油或48%乐斯本乳油1000～1500倍喷雾。

二、油菜病害防治技术

（一）发病规律

1. 油菜病毒病

油菜病毒病（参见彩图3-34）由芜菁花叶病毒（TuMV）、黄瓜花叶病毒（CMV）等引起。病株中86%以上由芜菁花叶病毒所侵染，是为害油菜最主要的病毒。冬油菜区病毒在十字花科蔬菜、自生油菜和杂草上越夏，秋季通过蚜虫先传播至较油菜早播的十字花科蔬菜如萝卜、大白菜、小白菜上，再传至油菜地。子叶期至抽薹期均可感病，子叶至5叶期为易感期。潜育期7～30d，日均温20～25℃时为7～10d，5℃以下或30℃以上，潜育期延长，有时甚至呈隐症现象。油菜出苗后1个月左右出现病苗。冬季病毒在病株体内越冬，春季旬均温10℃以上时，病毒增殖迅速，终花期前后为发病高峰。传毒蚜虫主要有萝卜蚜、桃蚜和甘蓝蚜等。蚜虫在感染芜菁花叶病毒植株上，吸毒5～20s即可传毒，在健株上吸汁不到1min即可传病，但一次吸毒后，经20～30min，传毒力即消失。成株期病害的流行决定于油菜品种、播种期、传毒蚜虫、苗期气候条件和毒源作物等综合因素。品种抗性在病害病流行年份差异十分显著；冬油菜区油菜发病率随播种期延迟而下降，这与8～12月份气温下降速度有关，15～20℃气温期为蚜虫迁飞盛期，苗期蚜虫传病期越长，迁飞蚜虫数量越多，发病越重；苗期降雨量影响蚜虫迁飞传毒，是决定病害流行的重要因素；毒源作物面积大小、发病高低以及与油菜田的距离，均影响油菜的发病程度。油菜栽培区秋季和春季干燥少雨、气温高，利于蚜虫大发生和有翅蚜迁飞，该病易发生和流行。秋季早播或移栽的油菜、春季迟播的油菜易发病。白菜型油菜、芥菜型油菜较甘蓝型油菜发病重。

2. 油菜菌核病

油菜菌核病（参见彩图3-34）是油菜生产中的重要病害之一，我国冬、春油菜栽培区均有发生，长江流域、东南沿海冬油菜受害重。常年株发病率高达10%～30%，严重的达80%以上；病株一般减产100%～70%。病菌主要以菌核混在土壤中或附着在采种株上、混杂在种子间越冬或越夏。我国南方冬播油菜区10～12月份有少数菌核萌发，使幼苗发病，绝大多数菌核在翌年3～4月间萌发，产生子囊盘。我国北方油菜区则在3～5月间萌发。子囊孢子成熟后从子囊里弹出，借气流传播，侵染衰老的叶片和花瓣，长出菌丝体，使寄主组织腐烂变色。病菌从叶片扩展到叶柄，再侵入茎秆，也可通过病、健组织接触或沾附进行重复侵染。生长后期又形成菌核越冬或越夏。菌丝生长发育和菌核形成适温0～30℃，最适温度20℃，最适相对湿度85%以上。菌核在5～20℃及较高的土壤湿度即可萌发，其中以15℃最适。在潮湿土壤中菌核能存活1年，干燥土中可存活3年。子囊孢子0～35℃均可萌发，但以5～10℃为适，萌发经48h完成。生产上在菌核数量大时，病害发生流行取决于油菜开花期的降雨量，旬降雨量超过50mm发病重，小于30mm则发病轻，低于10mm难于发病。此外连作地或施用未充分腐熟有机肥、播种过密、偏施过施氮肥易发病。地势低洼、排水不良或湿气滞留、植株倒伏、早春寒流侵袭频繁或遭受冻害发病重。

3. 油菜霜霉病

油菜霜霉病（参见彩图3-35）是我国各油菜区重要病害之一，长江流域、东南沿海受害重。春油菜区发病少且轻。冬油菜区，病菌以卵孢子随病残体在土壤中、粪肥里和种子内越夏，秋季萌发后侵染幼苗，病斑上产生孢子囊进行再侵染。冬季病害扩展不快，并以菌丝在病叶中越冬，翌春气温升高，又产生孢子囊借风雨传播再次侵染叶、茎及角果，油菜进入成熟期，病部又产生卵孢子，可多次再侵染。远距离传播主要靠混在种子中的卵孢子。近距离传播，除混在种子、粪肥中的卵孢子直接传到病田外，主要靠气流和灌溉水或雨水传播，孢子囊由于孢囊梗干缩扭曲，则从小梗顶端放射至空中随气流传到健株上，传播距离 8～9m，土中残体上卵孢子通过水流流动，萌发后产生的孢子囊随雨水溅射到健康幼苗上。孢子囊形成适温 8～21℃，侵染适温 8～14℃，相对湿度为 90%～95%。生产上低温多雨、高湿、日照少利于病害发生。长江流域油菜区冬季气温低，雨水少发病轻，春季气温上升，雨水多，田间湿度大易发病或引致薹花期该病流行。连作地、播种早、偏施过施氮肥或缺钾地块及密度大、田间湿气滞留地块易发病。低洼地、排水不良、种植白菜型或芥菜型油菜发病重。

4. 油菜白锈病

油菜白锈病（参见彩图 3-35）在云南、西南、江苏、浙江、上海等油菜区发生严重。该病菌以卵孢子在“龙头”、病残株、土壤中和种子上越夏和越冬。秋播油菜出苗后，卵孢子萌发产生游动孢子，随雨水溅至叶面，萌发长出芽管，从气孔侵入，引起初次侵染。病斑上长出孢子囊后，随风雨传播，反复进行再侵染。冬季以卵孢子（或菌丝）在病株体内越冬。高温干旱不利于病害发生与蔓延，在湖南省，每年 3～4 月份油菜抽薹开花时，平均温度已达 11～17℃，如遇春雨连绵，病害扩展蔓延快，为害最重。

（二）防治措施

1. 农业防治

① 实行稻油轮作或旱地油菜与禾本科作物进行两年以上轮作可减少菌源。

② 选用抗、耐病品种。如秦油 2 号、中双 4 号、蓉油 3 号、江盐 1 号、豫油 2 号、甘油 5 号、湘油 10 号、皖油 12 号、皖油 13 号、核杂 2 号、赣油 13、赣油 14 号、油研 7 号、黔油双低 2 号、青油 14 号、中油 821、81004、东辐 1 号、花叶油菜、宁油 7 号、胜利青梗、两优 586、白油 1 号、沪油 3 号、新油 8 号、新油 9 号、蓉油 3 号、江盐 1 号等。

③ 播种前进行种子处理，用 10%盐水选种，汰除浮起来的病种子及小菌核，选好的种子晾干后播种。

④ 每年 9 月选好苗床，培育矮壮苗，适时换茬移栽，做到合理密植，杂交油菜每亩栽植 10000～12000 株。

⑤ 多雨地区推行窄厢深沟栽培法，利于春季沥水防渍，雨后及时排水，防止湿气滞留。

⑥采用配方施肥技术，苗床与本田应施足基肥、及时追肥、施用硼肥、控制氮肥用量；提倡施用酵素菌沤制的堆肥或腐熟有机肥，避免偏施氮肥，配施磷、钾肥及硼锰等微量元素，防止开花结荚期徒长、倒伏或脱肥早衰，及时中耕或清沟培土，盛花期及时摘除黄叶、老叶，防止病菌蔓延，改善株间通风透光条件，减轻发病。

2. 药剂防治

① 病毒病防治如遇秋旱，油菜长出两片子叶后即需喷药防治，并注意防治周围作物蚜虫。40%菌核净可湿性粉剂 1000～1500 倍液，每亩喷液 100kg；50%抗蚜威可湿性粉剂 5000～6000 倍液，喷药液 75～100kg/亩；40%乐果乳油 60mL/亩，兑水 60kg；40%氧化乐果乳油 30～40mL/亩，兑水 60kg 喷雾；80%敌敌畏乳油 60mL/亩，兑水 60mL 喷雾；50%马拉硫磷乳油 30～40mL/亩，兑水 60kg 喷雾。

② 菌核病防治。稻油栽培区重点抓两次防治。一是子囊盘萌发盛期在稻茬油菜田四周田埂上喷药杀灭菌核萌发长出的子囊盘和子囊孢子；二是在 3 月上、中旬油菜盛花期一、二

类油菜田喷80%多菌灵超微粉1000倍液或40%多硫悬浮剂400倍液，7d后进行第二次防治。此外还可选用12.5%治萎灵水剂500倍液或40%治萎灵粉剂1000倍液、50%复方菌核净可湿性粉剂1000倍液、50%速克灵可湿性粉剂2000倍液、50%扑海因可湿性粉剂1500倍液、50%农利灵可湿性粉剂1000倍液、50%甲基硫菌灵500倍液、20%甲基立枯磷乳油1000倍液。也可用菜丰宁100g兑水15～20L，把油菜的根在药水中浸蘸一下后定植。也可在油菜盛花初期喷洒20%防霉宝缓释微胶囊剂每亩用药40g等。

③ 霜霉病和白锈病防治。用种子重量1%的35%瑞毒霉或甲霜灵拌种。旱地栽培重点防治的白菜型油菜，一般在3月上旬抽薹期，调查病情扩展情况，当病株率达20%以上时，开始喷洒40%霜疫灵可湿性粉剂150～200倍液或75%百菌清可湿性粉剂500倍液、72.2%普力克水剂600～800倍液、64%杀毒矾可湿性粉剂500倍液、36%露克星悬浮剂600～700倍液、58%甲霜灵·锰锌可湿性粉剂500倍液、70%乙膦·锰锌可湿性粉剂500倍液、40%百菌清悬乳剂600倍液、90%三乙膦酸铝可湿性粉剂400倍液加50%扑海因可湿性粉剂1000倍液，每亩喷兑好的药液60～70L，隔7～10d喷一次，连续防治2～3次。

3. 生物防治

用盾壳霉（*Coniothyrium minitans*）和木霉（*Trichoderma viride* 及 *T. harzianum*）等生物制剂施入土壤中，效果较好。

第六节　储粮害虫防治技术

一、种类与危害

1. 玉米象

玉米象（参见彩图3-36）*Sitophilus zeamais* Motschulsky 属鞘翅目，象甲科。成虫主要取食禾谷种子及其加工品，还取食花生仁、豆类、干果等。重要的初期害虫。贮藏的粮食被取食而造成碎粒及粉屑，并引起粮食发热、水分增高及微生物繁殖。易引起后期性害虫发生。

2. 印度谷螟

印度谷螟（参见彩图3-36）*Plodia interpunctella*（Hübner） 属鳞翅目，螟蛾科。幼虫几乎取食所有的植物性仓库储藏物。因幼虫结网封闭粮面，被连缀的粮食变成块状，排出的粪便污染粮食，造成储藏期的粮食损失。

3. 麦蛾

麦蛾（参见彩图3-36）*Sitotroga cerealella*（Olivier）属鳞翅目，麦蛾科。幼虫多在禾本科作物种子内取食，将粮粒蛀空，是典型的初期性储粮害虫。

4. 豆象

豆象（参见彩图3-36）主要有蚕豆象 *Bruchus rufimanus* Boheman、豌豆象 *Bruchus pisorum* L. 和绿豆象 *Cvallosobruchus chinensis*（L.），属鞘翅目，豆象科。幼虫取食各种豆类。

二、发生规律

1. 玉米象

玉米象每年发生1～7代，主要以成虫在仓库内黑暗潮湿的各种缝隙中越冬。少数幼虫在粮食籽粒内越冬。春季转暖，在仓库外越冬的成虫飞回仓库的粮堆内繁殖危害。成虫多分布在粮堆的上层。雌成虫产卵时，先从粮食籽粒的一端用口器咬出与喙等长的窝，然后在窝内产1粒卵，并分泌黏液封闭。产卵一般集中在离粮面7cm以内的上层。幼虫孵化后，继续在产卵窝内，逐渐向籽粒内部蛀入危害。幼虫老熟后，在粮粒内化蛹。成虫羽化后在粮粒内停留大约5d，钻出粮粒。成虫善于爬行，有向上爬、假死、趋温、趋湿、畏光等习性。遇光则向暗处聚集。玉米象生长发育的适宜温度24～30℃、相对湿度90%～100%，粮食含水量15%～20%。当温度低于7.2℃或高于35℃时，不能产卵。成虫随温度变化而在粮堆内移动。当气温上升到15℃时，越冬成虫大部分在离粮堆面30cm以内的上层或向阳面粮温较高的部位活动。环境温度达30℃以上，粮堆上层及向阳面的粮温超过成虫的适宜温度时，向粮堆下层以及阴面或其它通风凉爽的地方移动。

2. 印度谷螟

印度谷螟每年发生3～8代，世代重叠。幼虫老熟后，离开粮堆爬向墙壁、梁柱、天花板、包装物等缝隙处，或者在背风角落里吐丝结茧越冬或化蛹，少数在粮堆中吐丝连缀粮粒的小团中越冬或化蛹。成虫多在粮粒上产卵，产卵期1～8d。每头雌成虫平均产卵152粒。初孵幼虫先蛀食粮粒的胚部，再剥食种皮，常蛀入玉米胚内取食。幼虫常在粮面上吐丝结网，封住粮面，或吐丝连缀粮粒成小团，潜伏其中取食。印度谷螟生长发育的适宜温度范围为24～30℃。

3. 麦蛾

麦蛾每年发生2～12代，以老熟幼虫在粮粒内越冬，极少数以蛹及初龄幼虫在粮粒内越冬。越冬幼虫于次年化蛹，羽化后一部分成虫仍在仓库内粮堆表层产卵，主要集中在表层20cm以内。大部分飞到田间在小麦穗上产卵。幼虫孵化后，钻蛀到小麦籽粒内取食，老熟后在籽粒内化蛹，随同收获的小麦带进仓库内，在仓库内羽化1代成虫。1代成虫大部分在仓库内小麦堆内产卵，繁殖几代后越冬，一部分飞到田间禾本科作物和杂草上产卵繁殖，幼虫孵化后钻蛀到谷粒内取食，收获时又随谷粒带进仓库内越冬。麦蛾发育适宜温度范围为21～35℃。

4. 绿豆象

绿豆象每年发生4～5代，以幼虫在豆粒内越冬，越冬幼虫次年春天在豆粒中化蛹和羽化，成虫羽化后不久钻出豆粒。成虫交尾后在仓库内的豆粒上产卵，幼虫孵化后继续蛀食豆粒。田间绿豆快成熟时，成虫从仓库内飞到田间，在豆荚上产卵。在田间繁殖数代后，又随同收获的绿豆粒进入仓库继续危害，部分成虫可直接飞回仓库繁殖，直到越冬。当温度下降到10℃以下或上升到37℃以上时，绿豆象停止发育；环境温度在31℃左右、相对湿度68%～79%的条件下发育最快。

5. 蚕豆象和豌豆象

蚕豆象和豌豆象每年都发生1代。均以成虫在豆粒内、仓库角落、包装物缝隙、田间及晒场内的作物残体、杂草或砖石下越冬。蚕豆开花时，蚕豆象越冬成虫大量飞往田间活动、取食蚕豆花粉和花瓣后才能产下成熟的卵。在蚕豆植株中、下部的嫩荚上产卵，单产，每荚2～6粒。幼虫孵化后从卵壳下钻入荚内，再钻到豆粒内取食。蚕豆收获后，幼虫随蚕豆粒带入仓库继续危害。蚕豆粒被蛀后，表面留有小黑点。老熟幼虫在豆粒内化蛹。羽化的成虫寻找适当越冬场所越冬。成虫飞翔力较强，行动迅速；耐饥力较强，4～5个月不取食，仍可成活；有假死性。豌豆象成虫飞翔能力强，春天先飞到麦田、油菜田活动，豌豆开花时，再飞到豌豆田取食花粉、交尾、产卵。卵期8d。幼虫孵化后，从卵壳下蛀入荚内，再蛀入豌豆粒中，并在豆粒中化蛹。豆粒受害后被蛀空，表面多皱纹，呈淡红色。部分成虫羽化后钻出豆粒，但有一部分成虫留在豆粒内越冬。

三、防治措施

采取综合防治措施控制储粮害虫，以保证粮食安全。

1. 植物检疫

把好检验、检疫关，杜绝储粮害虫随粮食和粮食包装物进入仓库。

2. 粮食仓库的清洁卫生

(1) 仓库防潮防鼠　门、窗、仓库能防雨雪，地面、墙壁光滑无缝隙。

(2) 仓库要整洁干净　存放粮食的场所无垃圾、灰尘、碎屑、蜘蛛网和剩余杂粮，要经常打扫，保持清洁。附近无杂草、垃圾、污水等。厂房、机器设备、包装物、工具等都要保持清洁。

(3) 消灭在仓库中栖息的害虫　用药剂和物理方法灭虫。空仓库可用敌百虫、敌敌畏、辛硫磷等杀虫剂喷雾。加工厂可结合机械检修，彻底清扫后，用熏蒸剂熏蒸。各种器材可用暴晒、冷冻、蒸汽、敲打等方法，也可用50%敌敌畏乳油加水10倍喷在麻袋等器材表面。

(4) 做好隔离工作　严格做到有虫粮与无虫粮、原粮与成品粮、成品粮与糠麸、商品粮与种子、含水量不同的粮食分开储藏。及时处理有虫粮，虫粮未处理前做好隔离工作，防止害虫蔓延。检查粮食时，应先检查无虫粮再检查有虫粮，应将衣、帽、鞋、袜及检查工具清理后，再进入下一个仓库。每年秋天气温下降到13℃时或春天气温上升到10℃以上时，在仓库、厂房四周用药剂喷撒防虫隔离带。

3. 物理机械防治

(1) 筛网除虫　利用筛网等机械或人工设备清除粮食中的杂质和害虫，降低粮食含水量和温度，防止害虫发生及直接消灭害虫。也可借助风力。清除的杂质和害虫应及时处理。

(2) 高温杀虫　利用高温处理除大米、花生仁、豆类、粉类之外的粮食，如曝晒、烘干杀虫。用热水烫死绿豆、蚕豆、豌豆籽粒内的豆象。利用高温蒸汽处理仓储工具和包装器材中的害虫。用红外线加温防治面粉或其它食品厂加工机器内的害虫。

(3) 低温灭虫　利用冬季的低温或由人工产生的冷气降低温度防治害虫。如机械通风、机械制冷、地下仓库等。

(4) 缺氧保管　是经济有效保管粮食和消灭害虫的好方法。有密封自行缺氧、微生物辅助缺氧、真空、充氮、充二氧化碳等方法。

4. 药剂防治

(1) 仓外施药　适宜时期在有虫粮食外围或仓库四周喷施防虫带，防止害虫扩散。可选用1%的马拉硫磷粉剂50g/m^2，喷成宽约30cm的药带。

(2) 粮食用药　可选用粮虫净、仓虫净、粮宝等谷物保护剂。

(3) 药剂熏蒸　在密封良好的仓库，散装粮用磷化铝3～5片/t，空仓用0.2～0.4片/t。在密封条件一般的仓库，散装粮用磷化铝5～7片/t，空仓用0.3～0.5片/t。密封5昼夜或延长到半月。每个投药点不超过200g，投药点均匀设在粮面上，将报纸、搪瓷盘或铁皮板放在一层旧麻袋上，把药片放在报纸上，药片不能互相接触。熏蒸结束，通风后再清除药渣。

第七节　地下害虫防治技术

地下害虫是指在土中生活危害植物根部、近土表主茎及其它部位的害虫，主要有蝼蛄、蛴螬、地老虎和金针虫等。这类害虫种类繁多，危害寄主广，它们主要取食作物的种子、根、茎、块根、块茎、幼苗、嫩叶及生长点等，常常造成缺苗、断垄或植株生长不良。其中对作物危害性较大的有蝼蛄、蛴螬、地老虎、金针虫等，都以幼虫危害。由于它们分布广，食性杂，危害严重且隐蔽，并混合发生，若疏忽大意，将会造成严重损失。

一、种类、危害特点与发生规律

1. 蝼蛄

蝼蛄（参见彩图 3-37）俗称"土狗子"，以成虫和若虫在土壤中开掘隧道，咬食幼苗根和茎，使幼苗干枯死亡。食性杂，能危害多种作物。

蝼蛄以成虫或若虫在地下越冬，深度为地下水位以上和冻土层以下。3 月下旬至 4 月上旬，蝼蛄逐渐苏醒，随着地温升高，蝼蛄开始活动，当平均气温达到 11.5℃左右时，开始出现蝼蛄拱出的虚土隧道。日平均气温达 18℃左右时，危害猖獗。在酷暑时，蝼蛄潜入土中越夏，只是在新播种地稍有危害。8 月底至 10 月初，又是一个危害高峰，10 月中旬后，陆续入土越冬。蝼蛄昼伏夜出，以夜间 9～11 点活动最旺盛，多在表土层或地下活动，特别是在高温、高湿、闷热、雨后的夜晚活动最频繁。

刚孵出的幼虫喜群集、怕风、怕光、怕水。非洲蝼蛄孵化后群集时间为 3～6d，华北蝼蛄群集时间稍长，而台湾蝼蛄群集时间最长，达 5～11d，以后分散潜入地中危害。因此，在 6～8 月份如发现向下的洞中有虚土或杂草堵塞，往往是蝼蛄的卵室或幼虫的群集地，顺着洞下切取土，可找到蝼蛄的卵块或幼虫，或下挖可找到成虫。蝼蛄喜欢在潮湿的地域中生活，对马粪等未腐熟的有机质特别感兴趣，成虫有很强的趋光性。

2. 蛴螬

蛴螬（参见彩图 3-38）是各种金龟子幼虫的总称，俗称"土蚕"。专门取食植物根茎部，引起植株萎蔫而死。而其成虫金龟子则食性很杂，花、叶和果实均是其取食对象。金龟子属鞘翅目金龟子总科，下分为 22 个科。全世界已知约有 2.8 万种金龟子，国内已知约有 1300 种，其中植食性的占 60%以上，大多属于鳃金龟科、丽金龟科、犀金龟科（独角仙）和花金龟科等。每年发生 1 代，以幼虫越冬。危害盛期为 6 月下旬至 7 月中旬，7 月中旬出现新一代幼虫，成虫通常昼伏夜出，趋光性很强，对黑光灯尤为敏感。幼虫取食植株的根系，多集中在春、秋两季危害，特别是 4、5 月危害严重。成虫 6～7 月发生，取食植物的地上部分，一般具趋光性及假死性。幼虫分三龄，三个龄期达 314d，以三龄幼虫在 60～70cm 土中越冬。次年 4 月份，幼虫上迁进入耕犁层危害。后在土深 5cm 处化蛹，预蛹期 7～8d。蛹历期一般 14.5d，温度高时，蛹期缩短。成虫活动适温为 26.9℃，相对湿度 75.8%，土深 10cm，地温为 28.2℃。根据该虫的习性，防治上应注意 4～5 月份幼虫浅土层的危害及 6～7 月份成虫期的危害。

3. 地老虎

地老虎（参见彩图 3-37）俗称地蚕、切根虫，幼虫 3 龄前昼夜活动，多群集于叶片和茎上，危害极大。3 龄后分散活动，白天潜伏于土表，夜间出土危害，咬断幼苗根茎或咬食未出土的幼苗。食性杂。小地老虎全国均有分布，主要危害植株的根、茎，造成大量死亡。国内发生的有小地老虎、大地老虎、黄地老虎、八字纹地老虎、显纹地老虎及警纹地老虎，其中以小地老虎为最多，危害最重。小地老虎一年发生 3～4 代，以卵、蛹或老熟幼虫在土中越冬。翌年 3 月份出现成虫，成虫具趋光性和趋化性，喜吸食酸、甜、酒味等芳香性物质。成虫羽化后经 3～5d，开始产卵，卵多散产于低矮叶密的草上，少数产于枯叶及土隙下。每头产卵 800～1000 粒，最多达 2000 粒。幼虫共分 6 龄，个别 7～8 龄。1～2 龄幼虫群集于幼苗的顶心嫩叶处，昼夜取食危害。3 龄以后，开始扩散，白天潜伏于杂草、幼苗根部附近表土的干、湿层之间，尤以黎明前露水多时更甚，把咬断的幼苗嫩茎拖入穴内供食。在食料不足或环境不适时，则发生迁移，多在夜间，也有在白天迁移危害的。幼虫有假死性，受到惊扰即蜷缩成团。幼虫老熟后多潜伏于 5cm 左右深的土中筑土室化蛹，蛹期约 15d。地老虎幼虫 3 龄以前群集于杂草或幼苗上，抗药力小，是防治的关键时期。

4. 金针虫

金针虫（参见彩图 3-38）的生活史很长，细胸金针虫 2～3 年、沟金针虫和褐纹金针虫 3 年、宽背金针虫 4～5 年完成 1 代。四种金针虫均以幼虫和成虫在土壤中越冬，入土深度因地区和虫态而异，约 20～85cm。3 月中旬至 4 月上旬为沟金针虫越冬成虫出土活动高峰期。4～6 月为产卵期，卵历期平均为 42d，5 月上旬为卵孵化盛期。孵化幼虫危害至 6 月底潜伏越夏，到 9 月中下旬又上升到表土层活动，危害秋播作物幼苗，11 月上中旬钻入深土层越冬。第二年春、秋上升为害，冬、夏季休眠，直至第三年 8～9 月份老熟入土化蛹，幼虫期长达 1150d 左右。9 月份成虫羽化后不出土，到第四年春季方才出土、交配、产卵。成虫昼伏夜出，雄虫善飞有趋光性，雌虫只能在地面或麦苗上爬行。卵散产于 3～7cm 表土层，单雌平均产卵量 200 余粒。细胸金针虫成虫亦昼伏夜出、喜食麦叶，有假死性，3～4 月份活动产卵，幼虫 4～5 月份危害。褐纹金针虫和宽背金针虫的越冬成虫 5、6 月份出土，均在白天活动，前者善叩头弹跳，后者善于飞翔。

二、影响地下害虫危害的因素

地下害虫的发生与土壤的质地、含水量、酸碱度、苗圃地的前作和周围的作物等情况有密切关系。例如，地老虎喜欢较湿润的黏质土壤。金龟子的幼虫（蛴螬）适生于中性或微酸性的土壤，若前作为豆科植物，又加施未经腐熟的厩肥，则蛴螬必然较多。蝼蛄多发生在轻盐碱地、黏沙壤、湿润、松软而多腐殖质的荒地及河渠附近。地下害虫危害多集中在春秋两季。

三、防治措施

1. 农业防治

（1）翻耙整地　精耕细作，破坏其生活环境，翻松土面深至 25～30cm 左右，使地下害虫（卵）裸露地表，冻死或被天敌啄食而降低数量。特别是金针虫的卵和初孵幼虫，分布于土壤表层，对不良环境抵抗能力较弱。翻耕曝晒土壤，中耕除草，均可使之死亡。

（2）合理施肥　增施腐熟的有机肥能改良土壤透水、透气性能，有利于土壤微生物的活动，从而使根系发育快，苗齐苗壮，增强抗虫性。忌施未腐熟的有机肥。同时，合理施用碳酸氢铵、腐殖酸铵、氨水或氨化过磷酸钙等化学肥料，对地下害虫具有一定的驱避作用。

（3）减少虫源　铲除杂草，清洁田园，消灭杂草上的卵和幼虫，可清除地下害虫产卵的发生场所，切断幼虫早期的食料，减少虫源。

（4）人工捕捉幼虫、成虫　当害虫的数量小时，可根据地下害虫的各自特点进行捕杀。幼虫期可将萎蔫的草根扒开捕杀蛴螬。傍晚放置新鲜的泡桐叶、南瓜叶片（叶面向下）于小地老虎的危害处，清晨掀起捕杀幼虫。清晨在断苗周围或沿着残留在洞口的被害枝叶，拨动表土 3～6cm，可找到金龟子、地老虎的幼虫。晚上可利用金龟子的假死性，进行人工捕捉，杀死成虫。检查地面，发现隧道，进行灌水，可迫使蝼蛄爬出洞穴，再将其杀死。

2. 诱杀

（1）灯光诱杀　黑光灯诱杀。金龟子、蝼蛄、地老虎等的成虫对黑光灯有强烈的趋向性，根据当地实际情况，在可能的情况下，于成虫盛发期置一些黑光灯进行诱杀。灯光诱杀成虫，晴朗无风闷热天气诱集量最多。

(2) 利用食性诱杀　利用蝼蛄趋向马粪的习性在圃地内挖垂直坑放入鲜马粪诱杀，还可在圃地栽蓖麻诱集金龟子成虫。

(3) 化学物质诱杀　糖醋液诱杀在春季用糖、醋、水按1∶3∶10的比例配成糖浆，将0.01份的50%甲胺磷或0.5份的90%的敌百虫溶液放入盘中，于晴天的傍晚放在草坪内的不同位置诱杀（注意液体一定要有专人负责，以免造成其它伤害），在每200m^{2}幼苗地放置一盘，次日取回，可有效诱杀金龟子和地老虎。

(4) 毒饵诱杀　每亩用碾碎炒香的米糠或麦麸5kg，加入90%的敌百虫50g及少量水拌匀；或用50%辛硫磷乳油60g混匀，傍晚撒于花木幼苗旁，对蝼蛄、地老虎的防治效果很好。一般在傍晚无雨天，在田间挖坑，施放毒饵，次日清晨收拾被诱害虫，并集中处理。

(5) 毒草诱杀　当小地老虎达高龄幼虫期（4龄期）时，将鲜嫩草切碎，用90%敌百虫或50%辛硫磷500倍液喷洒后，每亩用毒草10～15kg，于傍晚分成小堆放置田间附近，进行诱杀，对减轻花木幼苗受害有很好的效果。为了减少蒸发，在毒草上盖枯草，并早晚适当浇水保鲜。

(6) 毒叶（枝）诱杀　育苗地用90%晶体敌百虫150倍液喷洒泡桐树叶后，每亩均匀放置70～80片，在早晨和晚上9点前各捕杀一次，可诱杀小地老虎幼虫。用5～10枝/亩杨树枝，放进40%氧化乐果500倍液中浸泡20min，于傍晚插入花圃里，可很好地诱杀金龟子。

3. 生物防治

引进地下害虫天敌，并为其提供良好的生存环境，多栽植蜜源植物，多使用生物制剂（如BT乳剂）和对人、植物、天敌安全、不污染环境的药剂（如灭幼脲），控制植物病虫害，从而增加益鸟、寄生蜂等天敌和其它有益生物的数量。

金龟子捕食性天敌有鸟、鸡、猫、刺猬和屁步甲。捕食蛴螬的天敌有食虫虻幼虫。寄生蛴螬的天敌有寄生蜂、寄生螨、寄生蝇。目前，对蛴螬防治有效的病原微生物主要有绿僵菌，它的防治效果达90%。应用乳状杆菌，可使某些种类蛴螬感染乳臭病而致死。

4. 药物防治

化学药物防治是防治地下害虫最有效、最经济、最直接的措施。化学防治具有高效、持效和经济方便的优越性，在危害严重时（虫口密度达1头/m^2）应为主要手段。防治地下害虫的药剂必须有触杀和胃毒作用，持效期较长，且有多种品种和剂型轮换使用，以减缓害虫的抗药性。可用90%敌百虫晶体或80%敌敌畏乳剂或50%辛硫磷乳油1000倍液喷雾或灌根。

第八节　柑橘病虫害防治技术

柑橘病虫害主要有害螨、蚜虫、蚧类、天牛、吉丁虫、恶性叶甲、潜叶蛾、花蕾蛆、大实蝇、柑橘溃疡病、柑橘疮痂病、柑橘炭疽病、柑橘树脂病和贮藏期病害等，对柑橘生产影响很大。

一、柑橘害螨防治技术

(一) 种类、发生及危害

参见彩图3-39。

1. 柑橘全爪螨

柑橘全爪螨 *Panonychus citri* McGregor 又名柑橘红蜘蛛、瘤皮红蜘蛛。是我国柑橘害虫中发生普遍，危害最严重的害螨。其寄主有柑橘、桑、梨、桃、葡萄等30科40多种植物。柑橘苗木、幼树和大树均受其害，以苗木和幼树受害最烈。成螨、若螨和幼螨刺吸柑橘叶片呈现许多灰白色小点，失去光泽，严重时全叶苍白，引起大量落叶、落果和枯梢，削弱树势。严重减产。

柑橘全爪螨在南方大部分橘区每年发生12～13代，部分橘区发生16～17代，华南发生18～24代，世代重叠；主要以卵和成螨在柑橘叶背和枝条裂缝中，特别是在潜叶蛾危害的僵叶上越冬。秋梢上的越冬密度常比夏、春梢上的大数倍；冬季温暖地区无明显越冬休眠现象。早春和初秋只在个别树上数量较多，形成中心螨株。在成龄橘园，一般2～7月份为发生期，3～6月份，为高峰期，开花前后常造成大量落叶，7～8月份高温季节数量很少；部分橘区在9～11月份发生亦多，有的年份在秋末和冬季大发生，造成大量落叶和成熟果实严重被害。以化防为主的橘园，由于失去钝绥螨等多种有效天敌的控制作用，其发生危害高峰期长达10个月左右。危害苗木和幼树，常在春末盛夏和秋末冬初盛发，出现两个高峰期。

2. 柑橘锈螨

柑橘锈螨 *phyllocoptruta oleivora*（Ashmead）通称柑橘锈壁虱，又名柑橘锈瘿螨，被害果实俗称火烧柑、火烧它、牛皮柑、黑皮果、油柑子、乌番、铜病等。只危害柑橘类。该螨群集在柑橘绿色部分危害，但主要在果面和叶背刺破表皮细胞，吸食汁液。油胞被破后，所含芳香油溢出经空气氧化后使果皮出现褐色至黑褐色不定形大斑块，以致全果变为污黑至黑色，果皮粗糙无光泽，果小、皮厚、味酸，降低品质和产量。被害叶片背面变为黄褐色至褐色，逐渐枯黄脱落，影响树势和结果。

柑橘锈螨在大部分橘区一年发生18～20代，南部橘区可发生24～30代以上，世代重叠。以成螨在柑橘腋芽缝隙和害虫卷叶内越冬，在广东常在秋梢叶片上越冬，越冬死亡率很高。次年3～4月份平均温度达15℃左右时开始活动产卵，成螨孤雌生殖，每一雌螨通常产卵10～20粒，可多至30～40粒。卵多数散产在叶背中脉两侧及果实凹陷处，叶面较少，虫口密度大时可产在枝梢上，成螨和幼、若螨均能蠕动爬行，性喜荫蔽，畏阳光直射，常先从树冠内部和下部的叶片及果实上开始危害，逐渐向树冠外部和上部蔓延扩展。果实上先从果蒂周围蔓延到背阴部分，而后遍及全果，当被害果面变为黑褐色至黑色时，则已转移为害。锈螨微小，易由风力、昆虫、鸟雀、苗木、农具等传播。在发生季节刮大风，常随风向迅速传播，蔓延危害。有的年份在4月中旬即大发生，严重危害当年生春梢叶片。5～6月份蔓延到果实和夏梢嫩叶上危害，常在6月下旬以后迅速繁殖。在日平均温度20℃以上锈螨繁殖迅速，以在旬平均温度28℃左右和相对湿度70%～80%之间最适宜。因而在7～9月份高温干旱季节常猖獗成灾。果面和叶背布满螨体和蜕皮壳，犹如一薄层尘埃。有的地区在6月份即严重危害果实，直至10月份危害仍重。8月份以后部分虫口转移到当年生秋梢叶片上危害。在冬季温暖地区，直至11月份和次年1月中旬，在叶片和果实上仍可见其取食危害。冬季严寒冰冻，可引起锈螨大量死亡。夏、秋季节长期干旱后又突然降雨，湿度增加，虫口数量激增。大风雨对锈螨的发生有显著的暂时抑制作用，雨后不久虫口又会大量增加。栽培管理粗放，土壤瘠薄干旱，树势衰弱和虫口基数大的橘园，锈螨发生早而多，受害常重。锈螨的天敌有近10种，主要是汤普森多毛菌、钝绥螨、长须螨、肉食性蓟马和食螨瘿蚊等。汤普森多毛菌在高温阴雨季节繁殖快，寄生率很高，是控制锈螨发生的一个重要因素，特别是在锈螨发生高峰期，虫口数量突然下降，是汤普森多毛菌寄生流行的象征。

（二）防治措施

1. 农业防治

结合整枝修剪，剪除过密枝条和病虫卷叶，使树冠通风透光，减少越冬虫源。种植覆盖植物，干旱季节及时灌水，必要时还要树冠喷水，保证橘园有充足的水分和湿度，有利于寄生菌，捕食螨等天敌的发生和流行，造成对害螨不利的生态环境，减轻危害。施足基肥，增施饼肥。若因防治失时引起新梢叶片褪色，可在药液中加入0.5%的尿素作根外追肥，迅速恢复树势，促使叶片转绿。

2. 生物防治

除了切实做到化学防治与生物防治的协调，借以保护和充分发挥天敌对害螨的控制作用以外，还应利用钝绥螨等有效捕食性天敌，积极开展生物防治。3～5月份和9～10月份间，在害螨平均每叶2头以下的柑橘树上，每株释放钝绥螨等捕食螨200～400头，或卵300～500粒，也可隔行隔株释放，一个半月后即可控制害螨危害。释放园严禁喷用毒性大，残效期长的广谱性农药。害螨较多的橘园，释放前喷用洗衣粉、油乳剂等毒性低，残效期短的选择性农药，压低害螨数量，3～4d后再释放捕食螨。当捕食螨和全爪螨达到1∶78后10d左右，或达1∶25左右时，若无喷药伤害，便可将害螨控制在半年以上。在释放园或有自然捕食螨的园内，应当保留或套种藿香蓟（白花草）、苏麻、紫苏、芝麻、豆类、绿肥等覆盖植物，保持园内湿润和夏季较低温度，园边种植丝瓜、蓖麻等捕食螨的桥梁寄主植物，创造有利于捕食螨发育繁殖的生态环境，并提供花粉作为替换食料，使其种群相对持久地稳定下来，以增进对害螨的控制作用。有条件的地区可利用多毛菌防治锈螨，在叶上初发生或果实上虫口密度偏低时，于傍晚喷用每克含3.5×10^5个菌落数的菌粉500倍液，加1%的糖蜜作营养剂和黏着剂，或直接喷用培养的菌丝碎片或孢子。在此期间避免喷用对多毛菌有抑杀作用的药剂。若遇虫口密度高，可先喷一次农药压低虫口基数。在气温较高和湿度大的条件下，喷菌10～20d后虫口大量下降，防治效果可持续2个月左右，但喷菌当天或2～3d内遇到降雨，则会降低防治效果。波尔多液能杀死锈螨的寄生天敌汤普森多毛菌，并刺激锈螨的生长，诱致锈螨的猖獗，在锈螨盛发季节应当避免施用波尔多液防病。

3. 药剂防治

柑橘全爪螨重点是保护好春梢，在柑橘开花前防治，将全爪螨控制在每叶1头以下，后期一般不全园施药，尤其在5月以后不可轻易施用广谱性农药，以免杀伤天敌。但在南部橘区还应保护好秋梢。在春梢芽长3～5cm时的冬卵盛孵期，根据虫情测报，中部和北部橘区平均每叶有害螨3～5头，百叶天敌不足8头，南部橘区每叶有害螨5～10头，每叶有害螨3～5头，百叶天敌不足8头，南部橘区每叶有害螨5～10头。百叶天敌在10头以下，挑治中心螨株。若遇气候条件适合全爪螨大发生，在开花前又达到上述防治指标时，再补治或防治虫口多的树。在秋梢抽发后，有30%以上的树达到防治指标，应及时防治。大多数橘区一般冬季可不必喷药，而在冬季气温较高和冬春干旱的地区，则应在采果后立即喷药防治。柑橘锈螨在中部橘区平均每视野有螨2头，南部和北部橘区平均每视野有螨3～5头时，即喷药防治。个别树上部分梢叶发生多且活螨数又多，或黑皮果初见时，平均每视野有螨2头以上，应进行挑治。采果后也应喷药1次，喷药必须周密细致。

有效药剂种类，在开花前温度较低（20℃以下）和冬季低温时，应选用20%哒螨酮可湿性粉剂3000～4000倍液；20%螨死净（阿波罗）胶悬剂3000倍液；95%机油乳剂200～300倍液；5%尼索朗乳油或可湿性粉剂3000～5000倍液；0.5～0.8°Bé（冬季）或0.3～0.5°Bé（春季）石硫合剂；40%乐果乳油或80%敌敌畏乳油1000～2000倍液；50%马拉硫磷乳油1000～1500倍液等。但在全爪螨主要以卵越冬的地区，冬季不宜施用石硫合剂。开花后可选用73%克螨特乳油或50%托尔克可湿性粉剂或5%尼索朗3000～5000倍液，25%三唑锡可湿性粉剂1000～2000倍液，50%三环锡可湿性粉剂3000～4000倍液，5%霸螨灵悬浮剂1500～2000溶液，95%机油乳剂200～300倍液，0.2～0.4°Bé石硫合剂，洗衣粉200～300倍液等。

二、柑橘害虫防治技术

（一）柑橘蚧虫

参见彩图3-41。

1. 种类、发生及危害

柑橘蚧虫属于同翅目、蚧总科。当前柑橘上普遍或局部危害成灾的主要有盾蚧科的矢尖蚧、糠片蚧、黑点蚧、褐圆蚧，蜡蚧科的红蜡蚧、多角绵蚧、橘绿绵蚧，硕蚧科的吹绵蚧，粉蚧科的堆蜡粉蚧等。

（1）矢尖蚧 *Unaspis yanonensis*（Kuwana） 又名矢尖盾蚧、箭头蚧等。遍布各柑橘产区，是当前普遍严重成灾的害虫。寄生于柑橘、龙眼、茶、山茶等多种植物。若虫和雌成虫固着在叶片、果实和嫩梢上吸食汁液，被害处形成黄斑，诱生煤病。严重时叶片干枯卷缩，枝条枯死，果实变黄，不能充分成熟，果味变酸，严重削弱树势，影响产量和果实品质。矢尖蚧在我国大多数橘区每年发生2～3代，南方温暖地区发生3～4代，世代重叠。在2～3代地区，主要以受精未产卵雌成虫、少数以产卵雌成虫及二龄若虫在枝叶上越冬；雄蚧主要以二龄若虫、部分以蛹越冬。越冬雌成虫一般在5月上中旬产卵，第一代若虫在5月中下旬出现，多在老叶上寄生危害，成虫于6月下旬～7月上旬出现；第二代若虫在7月中旬出现，大部分寄生在新叶上，一部分在果实上危害，成虫于8月下旬出现；第三代若虫在9月上中旬出现，成虫于10月下旬出现。第一代一龄若虫常有两个发生高峰期，虫口集中在前主峰，约出现在叶上若虫初见日之后11～16d，后次峰约出现在初见日之后的35～42d，两个虫口高峰之间的峰谷约出现在初见日之后的21d，上述日期是预测喷药防治适期的依据。矢尖蚧的发育历期第一代60多天，第二代70余天，第三代230d。第一代若虫期35d左右，其中一龄若虫约20d，二龄若虫约16d，成虫寿命约76d，产卵前期29d，产卵期46d，卵期极短，仅1h左右。两性生殖。卵产于介壳下母体后端，每一雌虫平均第一代产卵148粒，第二代39粒，第三代165粒，卵的孵化率很高。初孵若虫行动活泼，四处爬行，寻找适当部位后即固定吸食，不再活动。2～3d后分泌蜡质逐渐覆盖体后部，二龄后形成介壳。雌蚧分散寄生危害。雄蚧绝大部分群集在叶背危害。大多先在树冠下部和内层荫蔽部分呈星点状发生，以后逐渐向上部和外层枝叶蔓延。在荫蔽的橘园，或树冠大，不通风透光，常危害严重。一、二龄雌若虫和一龄雄若虫及雄成虫对药剂敏感。二龄雄若虫有介壳覆盖而不易杀伤，雌成虫抗药力最强。

（2）糠片蚧 *Parlatoria pergandii* Comstock 又名糠片盾蚧。分布普遍、寄主很多、以柑橘、茶等受害严重。柑橘枝叶、果实和苗木主干均可受害，形成黄斑或枯黄干缩，造成枝叶和苗木枯死。糠片蚧在南方一年发生3～4代，世代重叠，主要雌成虫和卵在柑橘枝叶和苗木主干上越冬。湖南长沙各代若虫发生期分别在4月中旬～6月下旬，7月下旬～8月中旬，8月下旬～10月中旬和11月上中旬以后，而5月下旬～6月上旬，7月下旬～8月上旬和9月上中旬为全年初孵若虫3个相对高峰期，7月下旬～10月是发生量最大的时期，其中以9月为全年最高峰，9月份以后则逐月下降。各代产卵雌成虫的发生高峰期比下一代初孵若虫高峰期约早10d左右出现，这一相关性可作为预报发生和指导防治的依据。雌成虫寿命4个月以上，雄成虫仅1～2d。雌成虫能行孤雌生殖，产卵期长达80多天，造成世代重叠。每一雌虫可产卵30～80多粒，平均50～60粒。若虫孵化后在枝梢、果实上爬行选择适宜部位、1～2h后即固定吸食汁液，亦可在母体介壳下固定危害，致使群集成堆，固定后第二天开始分泌蜡质覆盖虫体。第一代主要固定在枝叶上危害，第二代以后主要上果危害。糠片蚧喜寄生在荫蔽或光线不足的枝叶上，尤其在有蜘蛛网或植株下部多尘土积集的枝叶上，常聚叠成堆。叶片上主要集中在中脉附近或凹陷处，叶面虫数常为叶背的2～3倍。果实上多定居在油胞凹陷处，尤其在果蒂附近为多。一般成年树较幼树发生严重。

柑橘蚧类的天敌，我国发现有10多种瓢虫，如澳洲瓢虫、大红瓢虫、红点唇瓢虫、细缘唇瓢虫；40多种寄生蜂，如盾蚧长缨蚜小蜂、黄金蚜小蜂和岭南黄金蚜小蜂等，草蛉，日本方头甲和多种寄生菌如红霉菌等对蚧类有一定的抑制作用。

2. 防治措施

(1) 实行检疫　苗木和接穗必须进行检疫。有蚧虫寄生的苗木，用溴甲烷（36～40g/m^3）熏蒸4h，能杀死其上的蚧虫及卵，而不影响苗木的生活力。

(2) 农业防治　结合修剪，在蚧虫卵孵化之前剪除虫枝，集中烧毁。在寄生蜂活动季节，可先将剪下的虫枝集中放在橘园外的空地上，经一星期后再烧毁，以便保护寄生蜂羽化外出。剪除过密的衰弱枝和干枯枝，使树冠通风透光，增强树势；加强橘园肥水管理，促使抽发新梢，更新树冠，恢复树势；均可减轻危害。

(3) 生物防治　在吹绵蚧危害严重的橘园，可于4～9月份引种释放澳洲瓢虫或大红瓢虫。放虫时间早的每500株被害树，一般放200～500头成虫，不得少于50～100头，放虫期较晚的必须增加放虫量。放虫前半个月内和放虫期间，橘园内严禁喷施有机磷剂等对瓢虫杀伤力大的农药。在冬季天敌休眠期施药，如果非喷药不可，应将瓢虫收集，或转移到其它橘园，或采用挑治的办法。做到药剂防治和生物防治的协调，借以保护天敌。

(4) 药剂防治　着重在冬季和早春柑橘发芽前喷药防治，以免杀伤天敌。若在冬春防治后发生仍严重，天敌又不足以控制危害的橘园，则应根据虫情测报或虫情调查，对危害严重的树，在第一代若虫盛孵期及时喷药挑治1次，7～15d后再挑治1次；发生数量少的树，在冬季喷药防治。①防治若虫效果较好的药剂有：松脂合剂或茶籽饼松脂合剂15～20倍液（干旱天气不宜施用，或在早晚气温较低时施用）；25%优乐得可湿性粉剂1500～2000倍液；95%机油乳剂100～200倍液；40%杀扑磷乳油1000～2000倍液；25%喹硫磷乳油1000～1500液；40%乐果乳油或50%马拉硫磷乳油或50%杀螟硫磷乳油800～1000倍液；上述有机磷剂之一：机油乳剂：水为1：(50～70)：(2500～3500)的混合液，防治效果极佳，并可降解对天敌的残留毒性。②防治成虫效果较好的药剂有：95%机油乳剂20～30倍液（防治矢尖蚧越冬雌成虫的效果较差）；有机磷剂：机油乳剂：水为1：50：2500的混合液；松脂合剂或茶籽饼松脂合剂8～10倍液；40%杀扑磷乳油800～1000倍液等。

（二）恶性叶甲

参见彩图3-40。

1. 危害特点

恶性叶甲 *Clitea metallica* Chen 又名恶性叶虫，属于鞘翅目、叶甲科。分布普遍。危害柑橘类。成虫咬食新芽、嫩叶、花蕾、幼果和嫩茎；幼虫常群集在嫩梢上食害芽、叶和花蕾，并分泌黏液和排出粪便污染嫩叶，使其焦黑枯落。被害芽、叶残缺枯萎，花蕾干枯坠落，幼果常被咬成很大孔洞，以致变黑脱落。曾经是春梢期为害极严重的害虫，使开花结果减少，甚至造成满园枯梢，不能结果，或只开花不结果。目前在一些管理不善的零星橘园仍发生严重危害。

2. 发生规律

在多数柑橘区该虫每年发生3～4代，广东可发生6～7代，均以成虫在树干裂缝霉桩、卷叶中，地衣、苔藓下，或地面杂草、松土中越冬。各地以越冬后的成虫和第一代幼虫为害春梢最严重，以后各代发生量很少，夏、秋梢受害轻微。成虫善跳能飞，过度惊扰先行跳跃，然后假死，平时不大活动，常群居一处，夏季高温期越夏休眠。成虫寿命2个月左右，羽化后2～3d开始取食。雌虫产卵期平均20d左右。卵多产在嫩叶背面或正面的叶尖及叶缘处，极少数产在叶柄、嫩梢及花蕾上，产卵前咬破表皮成一小穴，绝大多数产卵2粒并列于穴内，并分泌胶质涂布卵面。每一雌虫平均产卵100余粒，但据广东潮阳室内饲养，平均产卵780粒左右，最多可达1760余粒。卵期第一代8～14d，第二、三代4～6d。幼虫孵化后先取食嫩叶叶肉而留表皮，约经1d分泌黏液和排泄粪便，黏附体背，并污染嫩叶。有群集性，常数十头聚集在一个嫩枝上。二、三龄幼虫食叶成孔洞，或沿叶缘向内啮食。幼虫有三龄，幼虫期一般第一代平均约22d，第二、三代各13d左右。成熟后甚为活动，沿枝干下爬，寻找适当处所化蛹。大多在树干皮层裂缝处、地衣苔藓下或枯枝、霉桩、树穴中化蛹。若树干光滑，则爬至树干附近1～2cm深的松土中，作椭圆形土室化蛹。蛹期一般第一代6～7d，第二代3～7d，第三代5～9d。恶性叶甲在管理不善，树上有地衣、苔藓、枯枝、霉桩等的橘园，发生数量常较多。第一代蛹期正值多雨季节，常被一种白色霉菌寄生而大量死亡，致使第二代幼虫的发生数量骤减。

3. 防治措施

（1）加强橘园管理　清除树上的地衣、苔藓、枯枝、霉桩和卷叶，堵塞树干孔隙和涂封裂缝以及中耕松土灭蛹，消除越冬和化蛹场所。消灭地衣和苔藓，可结合防治蚧类在春季发芽前喷用松碱合剂10倍液，秋季喷用18～20倍液。剪除霉桩后用新鲜牛粪拌和黏土（1∶1混合）涂封保护伤口。

（2）诱杀幼虫　在幼虫化蛹前，无地衣、苔藓、裂缝、孔隙、霉桩等的树，可在树干、枝杈上束稻草，诱集幼虫潜入化蛹，并在羽化前及时解除烧毁。

（3）药剂防治　在卵孵化达50%左右时，选喷80%敌敌畏乳油、90%敌百虫晶体、40%乐果乳油、50%马拉硫磷乳油、25%喹硫磷乳油等的1000倍液1～2次，即可消灭幼虫危害。

（三）柑橘潜叶蛾

参见彩图3-40。

1. 危害特点

柑橘潜叶蛾 *Phyllocnistis citrella* Stainton又称橘叶潜蛾，俗称绘图虫、绣花虫等，属于鳞翅目、叶潜蛾科。遍布各柑橘产区。危害柑橘类，是柑橘嫩梢期的重要害虫。幼虫潜入嫩叶表皮下蛀食，虫口密度大时还蛀食嫩梢皮层，形成银白色弯曲蛀道。被害叶片卷缩硬化，影响光合作用和易于脱落，新梢生长缓慢，甚至停止生长，影响树冠形成，延迟苗木出圃和幼树结果，成年树的树势和产量亦受影响。在溃疡病区，造成的伤口易为病菌所侵入，诱致溃疡病的大发生。被害卷叶又常成为全爪螨、始叶螨、卷叶虫等多种害螨和害虫的聚居和越冬场所，增加了越冬防治上的困难。

2. 发生规律

柑橘潜叶蛾在多数橘区每年发生9～10代，广东、广西和福建可发生12～15代，世代重叠，多数以蛹在叶缘卷褶内、少数以成熟幼虫在蛀道中越冬。但在华南全年均可发生危害，无真正的休眠期。通常在次年4～5月份幼虫开始危害春梢，一般受害轻，以7～9月份夏、秋梢抽发盛期危害最烈，尤其是在8月下旬至9月下旬虫口密度最大，晚秋梢受害最重。在华南橘区，次年1～2月份幼虫开始为害，3～4月份为害春梢，以6～7月份为害夏梢最烈，9～10月份为害秋梢亦重。在广东每年有四个发生高峰期和三个低峰期，高峰期分别在4月下旬至5月中旬，6月中旬至7月上旬，8月中旬至9月中旬和10月中旬至11月上旬；低峰期在5月下旬至6月上旬，7月中旬至8月上旬和11月下旬至次年4月份。夏季低峰期为10d左右，秋季低峰期可达15d左右，冬季低峰期则可一直持续到春梢老熟。潜叶蛾在夏、秋季完成一代需13～15d，卵期2d，幼虫期5～6d，蛹期5～8d，成虫寿命5～10d。成虫多在清晨羽化，飞翔敏捷，趋光性弱。白天栖息在叶背及杂草中，傍晚开始活动和交配产卵，以晚上6～9h活动和产卵最盛，白天极少产卵。卵多散产在嫩叶背面中脉附近或嫩梢上，以1～3cm长的嫩叶上产卵为多，超过以上长度的叶片极少产卵，一片叶上可产卵数粒，多的可达20多粒。一只雌蛾一般产卵20～80粒，不经交配的不产卵，在新梢不多时，可在嫩叶上高密度产卵。幼虫孵化后，即从卵壳底面潜入表皮下蛀食，边食边前进，逐渐食成银白色弯曲蛀道，排出的虫粪在蛀道中央形成一条黑色粪线。第三龄幼虫暴食为害，但在食物不足时具有高度的适应能力，一片叶上可多头幼虫并存，不影响其存活，并能正常化蛹和羽化为成虫。幼虫从孵出至成熟，均在被有表皮薄膜的蛀道内活动，薄膜破裂虫体暴露于空气中，即行死亡。幼虫成熟后不再取食，大多蛀至叶缘附近，吐丝将叶缘折卷，包围虫体，变为前蛹，结茧化蛹其中。潜叶蛾在日平均温度20℃时开始发生，26～28℃生长发育快，超过29℃受到抑制，20℃以下生长缓慢，降至11℃以下则停止生长。在多数橘区，冬、春季低温，幼虫死亡率高和发育缓慢，是影响潜叶蛾春季发生数量的主导因素。在广东等橘区，冬季干旱则是影响潜叶蛾幼虫死亡的重要因素。7～8月份或7～9月份的高温，幼虫死亡率较高，导致种群数量下降。春季多雨，特别是大雨，会使越冬后的潜叶蛾成虫数量减少，推迟第一次高峰期出现的时间。夏、秋高温季节降雨，可适当降低温度，则有利于潜叶蛾的发生。潜叶蛾成虫的发生和产卵高峰期，若与柑橘大量抽发夏、秋梢的时间相吻合，危害往往严重，通过抹芽控梢，可以避过成虫的产卵高峰期，是一项最有效的防治措施。苗木和幼年树，由于抽梢多而不整齐，适合成虫不断产卵和提供幼虫食料，比成年树受害重；夏、秋梢抽发多的成年树，又较抽发少的成年树重。叶嫩多汁的品种，受害也较重。在华南橘区，食物对潜叶蛾年周期数量变动的影响以冬季最为重要。冬季的干旱气候使幼虫的死亡率很高，如果柑橘冬梢抽发少或人工摘除冬梢，潜叶蛾越冬虫源就更为稀少，也就必然影响到来年的发生期和发生量。橘园水肥管理不当，促使夏、秋梢抽发不整齐，潜叶蛾危害常重。在福建发现有5种寄生蜂寄生幼虫，4种寄生蜂寄生蛹，其中白星姬小蜂是幼虫寄生蜂的优势种，自然控制效果显著。在广州发现有寄生幼虫的4种寄生蜂，捕食性天敌主要是草蛉和蚂蚁，在6月中旬至8月下旬的潜叶蛾世代中，天敌对其种群的变动起着关键的作用。如果在6～7月份的世代中天敌较多，发挥的作用较大，使潜叶蛾种群数量明显下降，秋梢期出现的潜叶蛾发生高峰推迟15d左右，有利于秋梢在8月中旬安全抽发，无需用药防治。

3. 防治措施

（1）农业防治　结合栽培管理，在夏、秋季进行抹芽控梢，摘除抽发不整齐的嫩梢和产卵危害高峰期抽发的新梢，掌握在成虫发生低峰期统一放梢，以及控制肥、水的施用等措施，可以使夏、秋梢抽发整齐健壮，缩短新梢嫩叶时期，错开产卵盛期和夏，秋梢大量抽发的时期，减少潜叶蛾的食料和虫源，降低虫口密度。抹芽应及时全部抹除不到2cm长的零星抽发的夏、秋梢嫩芽，每隔5d左右连续抹芽数次。放梢时间随当地气候、柑橘品种和树龄以及成虫发生低峰期不同而异。应根据虫情预报，进行抹芽摘梢和统一放梢。例如在广东橘区，若能在5～6月份的发生低峰期放夏梢，7月下旬至8月上旬低峰期放秋梢（壮旺的树最适放梢时间是8月中旬）。在四川重庆和福建橘区于6月上旬和7月下旬至8月上旬放夏、秋梢，叶片受害率可控制在10%以下，可减少甚至不用药防治。湖南橘区一般在8月上旬"立秋"前后一个星期左右放秋梢，比较安全。

（2）药剂防治　根据苗木、幼树和成年树的不同抽梢习性和成虫发生及产卵期，确定防治对象园或品种及喷药保梢的时间。并掌握先防治苗木和幼年树，后防治夏、秋梢抽发多的成年树，重点保护夏、秋梢的原则，在促使抽梢整齐一致的基础上，在防治适期喷药一次，必要时再喷一次。亦可根据不同药剂种类适时喷药，如菊酯类药剂一般掌握在新梢长度4cm左右时喷药一次，10d后再喷一次；有机磷剂等常用农药可在夏、秋新梢不超过3cm，或新叶受害率达5%左右开始喷药，以后每隔7d左右喷1次，连续2～3次。并着重防治成虫和初孵及低龄幼虫；防治成虫应在傍晚、幼虫宜在晴天午后高温时喷药。菊酯类药剂有很好的防治效果，对人畜和天敌亦较安全，但应注意交替施用，以免迅速产生抗药性，已产生抗药性的地区则应替换其它有效药剂。常用药剂如下。①菊酯类药剂：2.5%溴氰菊酯乳油6000～8000倍液；20%杀灭菊酯乳油4000～6000倍液；5%顺式氰戊菊酯（来福灵）乳油5000～8000倍液；20%甲氰菊酯（灭扫利）乳油6000～8000倍液；2.5%三氟氯氰菊酯（功夫）乳油6000～8000倍液；10%氯氰菊酯乳油4000～6000倍液；10%顺式氯氰菊酯乳油10000～20000倍液；10%联苯菊酯（虫螨灵、天王星）乳油3000～5000倍液等。②有机磷剂：25%喹硫磷乳油600～750倍液加25%杀虫双水剂700倍液；50%稻丰散乳油500～600倍液；40.7%乐斯本乳油1000～2000倍液；50%杀螟硫磷乳油2000～3000倍液；40%乐果乳油1000倍液；25%亚胺硫磷乳油500～800倍液。③有机氮及其它杀虫剂：25%杀虫双水剂600～800倍液；50%杀虫环可湿性粉剂1500～2000倍液；50%杀螟丹可湿性粉剂1000倍液；5%农梦特乳油1000～2000倍液；25%西维因可湿性粉剂600～800倍液；20%叶蝉散乳油500～800倍液；25%稻飞散乳油500～600倍液等。

（3）保护天敌　合理施用农药，选用对潜叶蛾高效而对寄生蜂低毒的杀虫双、菊酯类等农药，尽量避免施用或少用有机磷剂等广谱性农药。

（四）柑橘天牛

参见彩图3-42。

1. 种类及危害

危害柑橘的天牛有20多种，其中主要有橘褐天牛、星天牛和橘光绿天牛3种，均属于鞘翅目、天牛科。橘褐天牛和星天牛分布广、危害重，橘光绿天牛在华南和西南各地发生危害较普遍，都是钻蛀柑橘枝干的重要害虫。

橘褐天牛 *Nadezhdiella cantori*（Hope）又称褐天牛，俗称黑牯牛、老木虫、蛀木虫等。主要危害柑橘类果树。幼虫蛀害主干和主枝，一般在距地面30cm以上的主干和主枝内蛀害，造成纵横蛀道和孔洞，使树势衰弱，甚至整枝或整株枯死。

星天牛 *Anoplophora chinensis*（Förster）俗称花牯牛、盘根虫、围头虫等。除柑橘外，还蛀害苹果、梨、桃、无花果、枇杷、柳、白杨、苦楝、法国梧桐等多种果树和林木。幼虫在树干根颈部和根部蛀食皮层和木质部，阻碍养分和水分的输送，常易造成幼年果园死树毁园。

橘光绿天牛 *Chelidonium argentatum*（Dalman）又称光盾绿天牛、光绿天牛，俗称吹箫虫、枝天牛。危害柑橘类果树。幼虫主要蛀害枝条，每隔一段距离向外蛀一排粪孔，状如箫孔，故称吹箫虫。被害枝条的叶片黄化，生长衰弱，发生多时严重影响树势，枝条易被风吹折。

2. 发生规律

（1）橘褐天牛　在南方橘区一般两年完成一代，少数三年一代，以成虫、当年生幼虫和二年生幼虫在树干蛀道内越冬。4～9月均有成虫外出活动和产卵，以4～6月份外出活动最多，5～9月份产卵，5～7月份产卵数占全年的70%～80%，尤以5～6月份产卵最盛，幼虫多在5～7月份间孵化。成虫羽化后，一般在蛹室内经10多天至30余天，越冬的须经6～7个月，才从羽化孔钻出活动。白天潜伏在蛀洞内或蛀洞口，以晚上8～9h出洞最盛，尤以闷热的夜晚出洞最多。卵产在树干伤口或洞口边缘、裂缝及表皮凹陷处，每处一粒。从树干距地面30cm至主侧枝3m高处均可产卵，以主干分叉处产卵最多。每一雌虫可产卵数10粒至100余粒，成虫出洞后寿命3～4个月，产卵期持续3个月左右。卵期在5月间为12～15d，6月间为7～10d。初龄幼虫在树皮下横向蛀食10～20d后蛀入木质部，树皮表面有黄色胶液流出。在木质部先横向蛀食3cm左右，再向上蛀食，如遇坚硬木质或老蛀道，便改变方向，因而造成若干岔道。蛀道每隔一定距离向外开一气孔，与外界相通，夜晚幼虫爬至气孔处呼吸新鲜空气，并由气孔排出锯木屑状虫粪散落地面。幼虫有17龄，由夏卵孵出的幼虫期15～17个月，秋卵孵出的20个月左右。幼虫成熟后将树皮咬一椭圆形羽化孔，外面仍留一层咬有蜂窝状小孔的树皮未咬穿，再在蛀道内造成长椭圆形蛹室，即化蛹其中，蛹期20～30d。

(2) 星天牛　在南方一年发生1代，以幼虫在树干基部或主根内越冬。多数地区在次年4月份化蛹，4月下旬～5月上旬成虫外出活动，5～6月份为活动盛期，至8月下旬仍有成虫在外活动。5月～8月上旬产卵，以5月中旬～6月中旬产卵最盛，6～7月份孵化为幼虫。成虫羽化后在蛹室内停留5～8d才出洞，飞至树冠枝梢上，咬食嫩枝皮层，或食叶成缺刻。一般在晴天上午和傍晚活动，交配产卵大多在黄昏前后，午后高温多停息在枝梢上，夜晚停止活动，成虫寿命1～2个月，产卵期达1个月，卵产在直径6～7cm以上的树干基部，以树干距地面3～6cm范围内产卵最多。产卵前将树皮咬成横向船形裂口，再产卵1粒于其中，被产卵处皮层隆起呈“L”形或“⊥”形。每一雌虫可产卵20～80粒，卵期7～14d。幼虫孵化后在树干皮层向下蛀食，树皮上有白色泡沫状胶液流出。在皮层向下蛀至地面以下时，再向树干周围皮层迂回蛀食，常因数头幼虫环绕树皮下蛀食成一圈，可使整枝枯死。向下蛀食的范围，一般在地面下16～17cm以内的皮层，若遇主根则沿根而下可达30cm以上。幼虫一般不为害基砧，当幼虫蛀至基砧接口处时，便横向围绕树干皮层蛀食。在皮层蛀食的虫粪不排出树外，故不易察觉幼虫在内危害。幼虫在皮层下蛀食3～4个月后才蛀入木质部。一部分产卵部位较高，仅在树干内蛀食的幼虫，在皮层下只蛀食1～2个月。在木质部横蛀至一定深度即转向上蛀，一条幼虫通常只蛀成一条与树干或主根平行的直道，较易钩杀幼虫。11～12月幼虫开始越冬。幼虫期约10个月。次年春季在蛀道上端作宽大蛹室化蛹。蛹期短的18～20d，长的30余天。

(3) 橘光绿天牛　在华南一年发生1代，以幼虫在枝条内越冬。次年4月份化蛹，4月份至5月初成虫开始出现，5月下旬～6月中下旬成虫盛发，幼虫在5月中下旬开始孵化，6月中旬～7月份为盛孵期。成虫较活跃，行动敏捷，尤以中午为甚，阴雨天大都静止不活动，平时多栖息在枝间。寿命15～30d，产卵期约6d，卵大多产在树龄较大、分枝丛密的枝梢嫩绿细枝分杈处，每处1粒。卵期18～19d。幼虫孵化后6～7d才蛀入小枝，先向上蛀食，被害小枝枯死，再向下由小枝蛀入大枝，蛀道沿枝而下每隔一定距离向外蛀一个排粪通气孔，状如箫孔。孔洞的大小和距离随幼虫的成长而渐增，最下一个孔洞下方不远的蛀道，即为幼虫潜居场所，据此可以追索幼虫的所在部位。幼虫畏光，行动迅速，稍受惊动即向蛀道上方逃逸。幼虫期290～320d。末龄幼虫在蛀道末端的上方6～10cm处蛀一椭圆形羽化孔，外有皮层掩盖，固在羽化孔上方10cm左右处的蛀道中作蛹室化蛹。前蛹期3～5d，蛹期23～25d。

3. 防治措施

(1) 加强栽培管理　橘园应加强栽培管理，促使植株生长旺盛，保持树干光滑，以减少褐天牛产卵的机会。清园修剪时剪除枯枝残桩，务必使断面光滑整齐，以期愈合良好，树干上的孔洞用黏土堵塞，均可避免褐天牛产卵。定植过深不现嫁接口的树，或树干基部堆放杂草、碎石掩没嫁接口的树，应在春梢萌发前和8～9月份将基部的土或杂草、碎石扒开，亮出砧木接口，便于认真检查是否被星天牛为害。星天牛产卵之前在树干基部培上厚土，检查幼虫危害时扒去泥土，检查卵粒和被孵幼虫后又培土覆盖，可提高星天牛的产卵部位，便于清除卵粒。6～7月份光绿天牛幼虫盛发期，认真检查和及时剪除被害枝梢，消灭幼虫，避免蛀入大枝危害，是防治光绿天牛的关键措施。及时砍除褐天牛和星天牛虫口密度大的衰老树，减少虫源。

(2) 捕捉成虫　根据当地虫情，掌握在成虫外出活动盛期捕捉成虫。一般可在4～6月份闷热的夜晚在树干上捕捉褐天牛；5～6月份晴天中午及午后在枝梢及枝叶茂密处，或傍晚在树干基部捕捉星天牛；5～6月份晴天早晨气温低时或阴雨天，在枝杈间觅捕光绿天牛。

(3) 毒杀成虫和阻止成虫产卵　在褐天牛未出洞前，掏净洞内虫粪，用烂布条沾上80%敌敌畏乳油或40%乐果乳油5倍液或原液塞入洞内筑紧，并用黏泥涂封洞口，毒杀成虫，可消灭成虫于出洞产卵之前。在星天牛活动盛期，用80%敌敌畏乳油或40%乐果乳油等，掺和适量水和黄泥，搅成稀糊状，涂刷在树干基部，可毒杀在树干上爬行及咬破树皮的成虫，或在成虫产卵前将树干基部的泥土扒开，喷洒80%敌敌畏乳油200倍液于根际周围，然后覆土，可防止成虫产卵。

(4) 刮除卵粒和初孵幼虫　在褐天牛和星天牛产卵及卵孵化期间，经常检查树干易被产卵处，发现是否有卵粒和泡沫状黄色胶液流出。当树干基部有产卵裂口和流出泡沫状胶液时，即用利刀刮除卵粒和初孵幼虫。

(5) 毒杀幼虫　褐天牛危害的树干，蛀道不多，且为互不相通的单一蛀道内的幼虫，或发现树干基部地面有星天牛危害的成堆虫粪时，可先掏空洞内虫粪，用56%磷化铝片剂，分成6～8小片，每一蛀洞内塞入一片，亦可用烂布条沾上80%敌敌畏乳油或40%乐果乳油5～10倍液塞入洞内筑紧，再用黏泥涂封洞口，勿使漏气，均可收到良好的杀虫效果。光绿天牛幼虫除用上述药剂毒杀外，对有一定斜度的蛀害枝，可用棉球沾上氯化苦原液，从枝上最下一个孔洞塞入，再用黏泥严密封闭其上的孔洞，因氯化苦比空气重，气体往下沉而毒杀幼虫，效果很理想。

(6) 钩杀幼虫　8～9月间根据褐天牛排出的虫粪，确定虫龄大小和有无虫及虫态后，进行钩杀。星天牛幼虫尚在根颈部皮层下蛀食，或蛀入木质部不深时，及时进行钩杀。在光绿天牛危害枝条的最下第二孔洞小心地用小枝梗塞住，使幼虫不能往上移动，然后钩杀。

(五) 柑橘吉丁虫

参见彩图3-42。

1. 种类与危害

危害柑橘的吉丁虫主要有柑橘爆皮虫和柑橘溜皮虫，在少数地区，六星吉丁虫亦危害柑橘，均属于鞘翅目，吉丁虫科。幼虫蛀害柑橘主干或枝条的皮层和木质部，导致树势衰弱，甚至枯死，是柑橘枝干的重要害虫。

柑橘爆皮虫 *Agrilus auriventris* Saunders 又名柑橘小吉虫、柑橘锈皮虫等。分布普遍，危害柑橘枝干，可使树皮爆裂，大枝干枯，甚至整株枯死。在管理不善的橘园，一旦蔓延危害，往往成为一种毁灭性害虫。

柑橘溜皮虫 Agrilus spp. 又名柑橘缠皮虫。分布于浙江、福建、湖南、广东、广西、四川等省（区）。危害柑橘类。幼虫缠绕枝条皮下蛀食，使枝条枯死。

2. 发生规律

(1) 柑橘爆皮虫　每年发生1代，大多以成熟幼虫在枝干木质部、少数以三龄或二龄幼虫在枝干皮层越冬。由于越冬幼虫龄期不一，致使次年发生很不整齐。在浙江、江西和湖南，次年2月中、下旬皮层越冬的幼虫开始活动为害；木质部越冬的幼虫准备化蛹，一般在3月中、下旬开始化蛹，4月中、下旬为化蛹盛期和成虫开始羽化，4月下旬至5月上旬为羽化盛期，5月上、中旬开始出洞，5月中、下旬为出洞盛期。这是首批出洞的成虫，其数量多，危害性大。5月中、下旬成虫开始产卵，6月中、下旬为产卵盛期，6月上、中旬开始孵化为幼虫，6月下旬至7月中旬盛孵，8月中、下旬幼虫开始蛀入木质部，9～10月份大部分已蛀入木质部。在皮层越冬的幼虫，成为次年零星羽化的后期成虫，一直延迟到7～8月份，最迟到10月下旬才出洞，但出洞的时期比较集中，一般第二批在7月上、中旬，第三批在8月中，下旬出洞。由于成虫先后出洞，陆续产卵，从而在被害树中终年可见到幼虫。福建和四川的发生期较早，在福州3月中旬开始化蛹，4月上旬为化蛹盛期，4月中旬开始羽化为成虫，4月下旬为羽化盛期和部分成虫开始出洞，5月中旬为出洞盛期，随后开始产卵，6月上、中旬产卵最盛，5月下旬开始有新幼虫孵出，6月中、下旬为盛孵期。在广西和广东的发生期更早，广西在3～4月份化蛹，4月上旬开始羽化为成虫，4月中、下旬为羽化盛期，5月上、中旬产卵最盛，5～6月份孵化为幼虫危害。在广东2～3月间化蛹，3月下旬开始出现成虫，幼虫在9～10月份蛀入木质部。成虫羽化后常在蛹室内匿居7～10d才咬孔外出，在树皮上出现许多小孔。一般在日平均温度19℃左右开始出洞，温度升高，出洞增多。大多在闷热无风的晴天出洞，尤以雨后初晴出洞最多。成虫出洞后即能飞行，有假死性，晴朗天气多在树冠上咬食嫩叶，形成小缺刻，阴雨后多静伏在树冠下部枝叶上或树干周围草丛中和间作物上，不食不动。出洞后产卵前期6～8d。卵大多产在树干离地面1m以内的树皮细小裂缝中或与主枝交叉处。卵常散产。每一雌虫可产卵20～45粒。卵期一般10～20d。初孵若虫在树皮浅处蛀害，常有油点状褐色透明胶质流出，削开表皮可见虫体。后逐层向内蛀入，蛀至形成层后即向上或向下蛀食成较细的不规则蛀道，蛀道内充满虫粪，使树皮和木质部分离，树皮干枯爆裂。幼虫成熟后蛀入木质部约5mm深处，蛀成蛹室越冬。幼虫期一般10个月，次年春季在蛹室内化蛹。前蛹期20d左右，蛹期14～32d。在皮层越冬的幼虫，次年发育至成熟后蛀入木质部甚浅处化蛹，有的不入木质部也能化蛹。柑橘爆皮虫以树龄老、树皮粗糙、裂缝多和管理不善、树势衰弱的树发生较重。

(2) 柑橘溜皮虫　每年发生1代，以幼虫在枝条木质部越冬。在浙江黄岩越冬幼虫于次年4月中旬开始化蛹，5月上旬开始羽化为成虫，5月下旬成虫开始出洞，6月上旬为出洞盛期，迟的至7月份才出洞。由于成虫出洞时期极不整齐，以致产卵、孵化和幼虫蛀入木质部的时间也不一致。早出洞的成虫，多在6月上旬产卵，6月下旬幼虫开始孵化，6月下旬至7月上旬为孵化盛期，为害甚烈，俗称夏溜。7月下旬前后蛀入木质部，至次年5～6月份羽化为成虫。迟出洞的成虫，一般在7～8月份产卵，幼虫孵化危害期也较迟，俗称秋溜。8月上旬起陆续蛀入木质部，至次年6～7月份羽化为成虫。成虫羽化后，在蛹室中停息12～15d才从D字形羽化孔外出。成虫寿命17～28d，出洞后5～6d开始交配，交配后1～2d开始产卵。卵常黏附在枝条表面，每处1粒，外常有绿褐色保护物覆盖着。每一雌虫产卵2～7粒。6月份卵期15～24d。幼虫喜在小枝内蛀食为害，初孵幼虫先在枝条皮层蛀食，被害枝外表出现泡沫状流胶，以后在皮层与木质部之间自上而下蛀食形成层，可蛀成长达30mm左右的蛀道，一个枝条通常只有1条蛀道。夏季孵化的幼虫，危害时间长，蛀道长而大，形状复杂，常出现2～3个螺旋状弯曲；秋季孵化的幼虫，危害时间短，蛀道简单短小，常仅呈钩状。枝条被蛀害处的皮层剥裂，泡沫状胶质逐渐消失，上部枯死，外表可见树皮沿蛀道愈合的痕迹，幼虫成熟后，常在最后一个螺旋状蛀道处蛀入木质部越冬，外常留有月牙形蛀入孔。蛀入孔（进口）与幼虫在木质部的潜伏部位约成45°的角度，两者之间的距离大多为10～11mm。幼虫期约10个月，其中危害期仅20多天。

3. 防治措施

（1）加强栽培管理　做好橘园抗旱、施肥、修剪、防冻、防日灼以及防治其它病虫危害等工作，促使柑橘生长健壮，提高抗虫性。

（2）消灭虫源　被害的死树和枯枝中，潜存大量幼虫和蛹，应在冬、春季成虫出洞前清除烧毁。

（3）阻隔成虫　春季成虫出洞前，将去年受害严重的树，用稻草从树干基部自下而上边搓边捆，紧密捆扎，并涂刷泥浆，使不留缝隙，阻隔成虫出洞。这样既有助于树干伤口愈合，亦可减少成虫产卵的机会。

（4）毒杀成虫　掌握成虫羽化盛期，在其即将出洞时，刮除树干被害部分的翘皮，再涂刷40%乐果乳油5倍液，或80%敌敌畏乳油3倍液，或用80%敌敌畏乳油加10～20倍黏土兑水调成糊状涂封，可使羽化后的成虫在咬穿树皮时中毒死亡；毒杀溜皮虫成虫应涂刷在枝条木质部幼虫蛀入孔周围1.5mm范围内。亦可在成虫出洞高峰期，选用90%敌百虫晶体或80%敌敌畏乳油1000～1500倍液，40%乐果乳油1000倍液，50%马拉硫磷乳油1500倍液，50%杀螟硫磷乳油800～1000倍液等，进行树冠喷药，消灭漏网的成虫。

（5）杀灭幼虫　6～7月份幼虫盛孵期；根据被害部流出胶质的标志，用小刀刮除初孵幼虫，伤口处涂上保护剂。或先刮去流胶被害处一层薄树皮，再涂刷80%敌敌畏乳油3倍液等（若涂刷面小，可用有机磷剂加等量的煤油或轻柴油，增强渗透力；涂刷面大，易灼坏树皮），触杀皮层内的幼虫。刮杀溜皮虫幼虫，可在6月下旬至7月上旬幼虫盛孵期，检查枝条发现有泡沫状胶液时，用小刀刮杀初孵幼虫，再在伤口处涂上保护剂。已蛀入木质部的幼虫，可在蛀道最后一个螺旋处的木质部寻找幼虫蛀入孔（进口孔），孔外有虫粪的表示幼虫存活着，顺螺旋纹转45°角度，距进口孔1cm左右处，用小尖钻刺入，或以枝条为纵轴，沿进口孔虚划纵横坐标，自进口孔向螺旋纹内方虚划一45°的分角线，用小尖钻在此线上距进口孔约1cm处刺入，即可刺杀木质部内的成熟幼虫。

（六）柑橘花蕾蛆

参见彩图3-43。

1. 发生及危害

柑橘花蕾蛆 *Contarinia citri* Barnes 属双翅目，瘿纹科。别名　橘蕾瘿纹、花蛆。分布江苏、浙江、江西、福建、台湾、湖北、湖南、广西、广东、四川、贵州、云南等地。寄主为柑橘类。幼虫于花蕾内蛀食，被害花蕾膨大呈灯笼状，花瓣多有绿点，不能开花而脱落。年发生1代，少数2代，均以老熟幼虫在土中结茧越冬，在树冠周围30cm内外、6cm土层内虫口密度最大。3月越冬幼虫脱茧上移至表层，重新做茧化蛹，3～4月份羽化出土，雨后最盛。花蕾露白时成虫大量出现并产卵于花蕾内，散产或数粒排列成堆，每雌可产卵60～70粒。卵期3～4d。幼虫在花蕾内为害10余天老熟脱蕾入土结茧，年生1代者即越冬。年生2代者在晚橘现蕾期羽化，花蕾露白时产卵于蕾内，第2代幼虫老熟后脱蕾入土结茧越冬。阴雨天脱蕾入土最多。成虫多于早、晚活动，以傍晚最盛，飞行力弱，羽化后1～2d即可交配产卵。一般阴湿低洼橘园发生较多，壤土、沙壤土利于幼虫存活故发生较多，3～4月份多阴雨有利于成虫发生，幼虫脱蕾期多雨有利于幼虫入土。

2. 防治措施

（1）农业防治　冬季深翻或春季浅耕树冠周围土壤有一定效果。及时摘除被害花蕾集中处理。

(2) 药剂防治　①成虫出土前地面施药毒杀成虫效果很好，可用4%地亚农粉剂、5%倍硫磷粉剂地面喷粉，1次施药即可。幼虫脱蕾入土前也可地面撒药毒杀幼虫。②现蕾期树冠喷药毒杀成虫，可喷洒75%灭蝇胺（潜克）可湿性粉剂5000倍液或90%晶体敌百虫、50%杀螟松乳油1000倍液、40%乐果乳油1000倍液，以及菊酯类及其复配剂常用浓度。

（七）柑橘大实蝇

参见彩图3-44。

1. 发生及危害

柑橘大实蝇 *Tetradacus citri*（Chen）俗称“柑蛆”，又名橘大实蝇，柑橘大果蝇。被害果称“蛆果”、“蛆柑”，是国际国内植物检疫性有害生物。主要分布于四川、贵州、云南、广西、湖南、湖北、陕西等省（区），仅危害柑橘类，以酸橙和甜橙受害严重，柚子红橘次之，偶尔也危害柠檬、香橼、佛手。柑橘大实蝇幼虫在果实内部穿食瓤瓣，常使果实未熟先黄，黄中带红，且被害果实严重腐烂。使果实完全失去食用价值，并提早脱落，严重影响产量和品质。柑橘大实蝇每年发生一代，以蛹在土中越冬。从4月下旬开始羽化，5月上、中旬为羽化盛期，最迟可延至7月上、中旬才羽化为成虫出土。7～9月份孵化幼虫，蛀果为害。受害果9月下旬脱落，10月中下旬最盛，幼虫随果落地，后脱果入土化蛹。极少数发生较迟的幼虫，能随果实运输留在果内越冬，至次年1～2月份幼虫方成熟脱果入土化蛹。成虫多在晴天上午9～12时羽化出土，以雨后初晴气温较高时羽化最盛，阴天很少羽化，雨天极少羽化或不羽化。初羽化出土的成虫先在土面或杂草上爬行，待翅伸展后方能飞行。多在叶背栖息，飞行距离不远，但行动敏捷。出土后一周内大都不取食，常栖息在橘园附近的竹林、树林内，甚至在交配产卵前也很少飞到橘园活动。多在下午活动取食，以傍晚最盛。喜食糖、蜜等汁液，对糖、酒、醋的混合液亦有趋食性。成虫寿命可长达40多天，大多在羽化后20余天性器官才逐渐成熟，开始交配，一生可交配多次，交配后一般要半个月才开始产卵，卵成堆产在幼果瓤瓣中心部位。每一雌虫平均产卵50粒左右，多的100余粒。一个幼果上大多只有一个产卵孔，也有2～4个或更多的。一个产卵孔内一般有卵10～20粒，最多可达40余粒。产卵部位和产卵被害状随柑橘种类而异：在甜橙和酸橙上大都产在果脐和果腰之间，被产卵处呈乳头状突起，中央下陷，呈黄褐色或黑褐色小点，被害果常出现未熟先黄，黄中带红的现象；在红橘和朱橘上多产在脐部，被产卵处不大明显，多为较平的黑圆点，也有未熟先黄，黄中带红现象；在柚子上则多产在果蒂处，被产卵处为圆形或椭圆形特别下陷的褐色小孔。幼虫孵化后常群集在一个瓤瓣内取食，一般食害3～5瓣经三龄成熟。主要取食瓤瓣汁液，破坏果肉组织使其容易溃烂，亦能食害种子。在被害后期果柄处产生离层，使果实提早脱落。一个被害果内有幼虫数头至数十头，最多近100头。幼虫成熟后大多随果实落地入土化蛹，少数在果实未落前即穿孔爬出落地化蛹。化蛹深度随土壤疏松程度不同而异，一般以树冠下3cm内的表土中最多。一般在温度较高、土壤湿润的情况下，成虫羽化出土早，长期干旱对羽化不利。表土温度达15℃以上时越冬蛹开始变化，19～20℃时开始羽化出土，羽化最适宜土温为22℃左右。土壤含水量低于10%或超过15%时都能引起越冬蛹死亡，或已羽化的成虫不能出土而大量死亡，因而春旱年份常发生较少。6～7月平均气温超过30℃，成虫提早死亡，活动期缩短；若在6～7月份多雨，温度较低，则活动期延长。日照较短的阴山橘园，蚜虫、蚧类或柑橘本身分泌的蜜汁多，有利于成虫产卵前的栖息取食，加之土壤水分蒸发较少，含水适中，便于化蛹和羽化，其发生危害较严重。柑橘大实蝇的传播途径，除成虫的迁飞活动可达数百米的距离，少量虫蛹混在种子中，或带土苗木传播外，最主要是通过虫果的人为携带和运输而传至外地，或虫果随江河、沟渠水流而传播到下流地区，蔓延危害。

2. 防治措施

(1) 植物检疫　严禁从大实蝇危害的疫区调运果实、种子和带土苗木到无虫的橘区。特别是对成熟期早的品种或果实在后期受害的情况下，幼虫在果内还未成熟脱出即随果实调运，有可能在新区脱果落地而成活下来，导致新的分布和危害。在受害橘树下及其附近，亦严禁育苗。

(2) 断绝虫源

① 摘除青果：在柑橘树比较分散，柑橘大实蝇发生危害严重的地方，在7～8月将所有的柑橘、红橘、柚子、枳壳类的青果全部摘光，使果实中的幼虫不能发育成熟，达到断代的目的。

② 砍树断代：对柑橘种植十分分散、品种老化、品质低劣的区域，可以采取砍一株老树补栽一株良种柑橘苗的办法进行换代。在摘除青果和砍树断代的地方，不需要用药液诱杀成虫。

③ 摘除蛆果，杀死幼虫。从9月下旬至11月中旬止，摘除未熟先黄、黄中带红的蛆果，拾净地上所有的落地果进行煮沸处理、集中深埋处理，达到杀死幼虫，断绝虫源的目的。

④ 冬季清园翻耕，消灭越冬蛹。结合冬季修剪清园、翻耕施肥，消灭地表10～15cm耕作层的部分越冬蛹。

(3) 药剂防治　利用柑橘大实蝇成虫产卵前有取食补充营养（趋糖性）的生活习性，可用糖酒醋敌百虫液或敌百虫糖液制成诱剂诱杀成虫。具体方法有喷雾法和挂罐法。

① 喷雾：于成虫盛发期（5月中下旬至6月下旬）用90%晶体敌百虫100g＋红糖1.5kg＋水50kg的比例配制成500～800倍药液，在上午9时成虫开始取食前，大雾滴喷于柑橘果园中枝叶茂密、结果较多的柑橘树叶背。全园喷1/3的树，每树喷1/3的树冠，隔5～7d改变方位喷雾一次，连续喷4～5次。

② 挂罐：用红糖5kg、酒1kg、醋0.5kg、晶体敌百虫0.2kg、水100kg的比例配制成药液，盛于15cm以上口径的平底容器内（如可乐瓶、挂篮盆、罐等），药液深度以3～4cm为宜，罐中放几节干树枝便于成虫站在上面取食，然后挂于树枝上诱杀成虫。一般每3～5株树挂一个罐。从5月下旬开始挂罐到6月下旬结束，每5～7d更换一次药液。

(4) 注意事项

① 以上方法任选一种。药液必须现配现用，防止敌百虫农药失效。同时要按标准配药液，不得随便加大或减少晶体敌百虫的用量，以免降低诱杀效果。

② 兑好的药液要妥善保管，不要让人畜特别是小孩误服，以免造成人畜中毒。

③ 要在柑橘园比较醒目的地方插上“树上罐内有毒，不得误服”或“剧毒，不得触摸!”的字样予以警示。

④ 容器口面要大，设置防雨界面，药液表面要放漂浮物，为成虫取食提供栖息地。

⑤ 不能用白糖代替红糖，红糖浓度越高，诱杀效果越好。

三、柑橘病害防治技术

(一) 柑橘溃疡病

参见彩图3-45。

1. 发病规律

柑橘溃疡病 *Xanthomonas campestris* pv. *citri* (Hasse) Dye［异名 *Xanthomonas citri*

(Hasse) Dowson] 是一种重要的细菌病害，为国内外植物检疫对象。病菌潜伏在病组织（病叶、病梢、病果）内越冬，尤其是秋梢上的病斑为其主要越冬场所。第二年春天在适宜的温湿条件下，病斑处溢出菌脓，借风雨、昆虫和枝叶接触传播到嫩梢、嫩叶及幼果上，若这些幼嫩组织上有水分，病菌便能从气孔、皮孔或伤口侵入植物体内的细胞内。潜育期长短取决于柑橘品种、组织的老熟程度及温度，一般为 3～10d。高温多雨季节有利于病菌的繁殖和传播，病害发生严重。在广州地区，从 3 月下旬至 12 月份病害均可发生，一年可发生 3 个高峰期。春梢发病高峰期在 5 月上旬，夏梢发病高峰期在 6 月下旬，秋梢发病高峰期在 9 月下旬。尤以夏梢最为严重，若遇干旱季节，虽处于嫩梢期，温度亦适宜，但缺少雨水，温度低，病害就不会发生或发生很轻。不合理的施肥，会扰乱柑橘的营养生长，一般若施氮肥过量，会促进病害的发生，而增施钾肥，可减轻发病。凡摘除夏梢控制秋梢生长的果园，溃疡病显著减少。留夏梢的果园，溃疡病发生常较严重。凡潜叶蛾、恶性叶虫等害虫严重的果园。由于虫害造成大量伤口，利于病菌侵入，溃疡病常发生较严重。柑橘不同种类和品种对溃疡病感病性的差异很大，一般是橙类（尤其是冰糖橙）、沙田柚、柠檬最易感病，柑类的蕉柑、温州蜜柑等感病较轻，橘类如年橘、朱红橘较抗病。金柑、南丰蜜橘最抗病。感病的品种，其单位面积气孔数目较多，孔口通过开张较大。抗病品种单位面积气孔数较少，孔口通过开张较小。幼苗和幼龄树更易感病，树龄愈大发病愈轻。因为幼苗及幼龄树的夏、秋梢多，抽梢的次数多，有利于病菌侵入。溃疡病菌一般只侵入一定发育阶段的幼嫩组织，对刚抽出来的嫩梢、嫩叶、刚谢花后的幼果以及老熟了的组织不侵染或很少侵染。因为很幼嫩的组织的气孔尚未形成，病菌无法侵入。而老熟了的组织，原有气孔多数处于老化，中隙极小或闭合，病菌侵入困难。据在甜橙上观察，当新梢的梢约 2cm 长时（萌发后 20～30d）才开始感病，以后随着新梢的成长，发病率增高。当梢已老熟时，基本是不感病。幼果在横径 9mm 时（落花后 30d 左右）开始发病，发病率随果的长大而增高，至果实大部分转黄时则不感病。

2. 防治措施

（1）严格检疫　禁止从病区输入柑橘苗木、接穗、砧木、种子、果实等。若必须从病区引进柑橘的繁殖材料，则应在隔离区试种。经 1～2 年，证实无溃疡病后方可在无病区种植。一旦发现病情，应立即加以扑灭。对外来的柑橘苗木和接穗等繁殖材料也要经过严格检疫和消毒。

（2）建立无病苗圃　无病区内要种植柑橘，最可靠是建立无病苗圃。自行培育无病苗木。苗圃应设在无病区内或周围 1km 以上无柑橘类的植物。砧木种子应采自无病果实，接穗采自无病区或无病果园。砧木及接穗都要经过消毒才能进入无病苗圃。砧木种子消毒方法：先将种子装入纱布袋或铁丝笼内，放入 50～52℃热水中预热 5min，后转入 55～56℃恒温热水中浸 50min，晾干后播种。接穗消毒是把接穗在每毫升含 700 单位硫酸链霉素和 1% 乙醇的混合液中浸 30min，取出静置 20～30min，清水冲洗、晾干，用清洁草纸包装保温贮藏或嫁接。育苗期间发现病株应及时烧毁，并喷药保护附近的健苗，出圃的苗木要经严格检疫，确证无病后，才允许出圃。

（3）清理果园　冬季做好清园工作，每年收果后，收集落叶、落果和枯枝，加以烧毁。早春结合修剪，除去病虫枝、病叶、徒长枝、弱枝等，以减少病害侵染来源。喷 1～2 次 0.5°Bé 的石硫合剂。平时也要注意做好清园工作。尤其在春、秋梢期的新梢抽出前，先把病枝、病叶尽量清除，病斑很多的大枝条也要剪除，集中烧毁。坚持做到先清园，才放新梢。

（4）加强管理　柑橘抽夏梢时正值是高温高湿的季节，溃疡病容易大发生。因此，要通过合理的水肥管理，控制夏梢生长。对幼龄树，要使其抽梢统一整齐，以利于喷药保护。对结果树要通过合理的肥水管理，培育春梢及秋梢。控制夏梢的抽梢，可通过人工或药物把夏梢去除。同时，在每次抽梢期应及时做好潜叶蛾的防治。若发现有病株应及时挖除、烧毁，并喷药保护周围的健苗，再用无病苗补种。

(5) 喷药保护　应按幼龄树和结果树不同而区别对待。苗木及幼龄树以保梢为主。结果树以保护幼果为主，保梢为辅。保护新梢应在萌芽后20～30d(梢长1.5～3cm)时，喷第一次药，叶片转绿期（萌芽后50～60d）喷第二次药。保护幼果在谢花后20d、35d和50d各喷药一次。台风雨来临前后应及时喷药，以保护幼果及嫩梢。常用药剂有：每1mL含700单位链霉素＋1%酒精；40%氧氯化铜600倍液；铜皂液（硫酸铜0.5kg，松脂合剂2kg，水200kg）；铜氨合剂（硫酸铜1份，石灰2份，碳酸氢铵3份，水6份），混合密封5d后方可使用，使用时，再加水稀释200倍；50%退菌特可湿性粉剂800～1000倍液；47%加瑞农1000倍；50%代森铵水剂500～800倍液；川化018，500倍液；0.5%等量式波尔多液（硫酸铜0.5kg，石灰0.5kg，水100kg，但使用波尔多液后，常会引起柑橘害螨发生，故不可多用，用后须喷一次杀螨剂）。喷施77%可杀得可湿性粉剂400～600倍液亦有较好的防效。

（二）柑橘疮痂病

参见彩图3-46。

1. 发病规律

柑橘疮痂病以菌丝体在病梢等被害部越冬，翌春温度（15℃以上）和湿度适宜时，病菌分生孢子盘产生分生孢子，借风雨传播，直接入侵嫩茎幼叶，经约10d的潜育期后显症。以后又以分生孢子进行再侵染，病害得以蔓延扩大。病菌发育最适温度为20～24℃，当气温达到28℃以上就很少发病。温带地区发生重，越向南则越轻；高海拔山区果园发病重，平原地区果园发病轻；春梢、晚秋梢和冬梢抽发期，如遇阴雨连绵或雾大露重的天气，有利发病。夏梢期气温高，或秋梢期遇干旱，一般不利于发病。病菌只侵染幼嫩组织，以刚抽出来尚未展开的嫩叶、嫩梢、幼果最易感病。果实以5～6月份的幼果期易发病。橘类最易感病，柑类、柚类等次之，甜橙类抗病力强。苗木和幼树发病重，成年树次之，老龄树病很轻。肥水管理不善或通透性差郁闭的园圃发病重。

2. 防治措施

(1) 农业方法

① 新建果园应选用无病苗木。

② 加强栽培管理，结合春季发芽前的修剪，剪去病梢和病叶，并清除园内落叶，一并烧毁，保持树冠通风透光，合理施肥。

(2) 药剂防治

① 严格检查外来苗木、接穗，来自病区的苗木和接穗，可用50%苯来特800倍液浸30min。

② 及时喷药保护新梢、幼果。苗木、幼树于各次抽梢芽长1～2mm时喷第一次药，隔10～15d喷第二次药；结果树在春芽1～2mm时喷第一次药，花落2/3时喷第二次药。药剂有：75%百菌清可湿性粉剂500～800倍液；50%托布津（硫菌灵）可湿性粉剂500～600倍液；70%甲基托布津1000～1200倍液；0.5%波尔多液；50%多菌灵可湿性粉剂800～1000倍液。65%硫菌霉威可湿粉1000～1500倍液，或43%大生富悬浮剂1000倍液，或50%退菌特可湿粉500倍液，或50%施保功可湿粉1000倍液。

（三）柑橘炭疽病

参见彩图3-47。

1. **发病规律**

柑橘炭疽病以菌丝体和分生孢子在病枝、病叶、病果上越冬。第二年春季，当温、湿度适宜时，病组织上产生分生孢子，或越冬的分生孢子，借风雨或昆虫传播到新梢、嫩叶或幼果上，在适宜条件下，孢子萌发形成芽管，从伤口、气孔或直接侵入寄主引起发病。该病菌是属于一种典型的潜伏侵染菌。病菌在嫩叶及幼果期就已经侵入到柑橘组织内部。病菌的第二个特性就是寄生性较弱，即树势健壮的不发生或少发生炭疽病，若树势生长弱，抵抗力下降就会发病严重。其实，那些外表完全无症状，生长浓绿的叶片、幼果的组织内都可能已潜伏着病菌。炭疽病是否发生决定于外界的环境条件和树体本身的抗病能力。在管理条件好，树势健壮的情况下，处于潜伏状态的炭疽病菌不易繁殖扩展，病害就不会出现。若遇上自然灾害或管理上某一个环节影响树体的抵抗力下降，潜伏的病菌就会大量繁殖、蔓延，在短时间就会造成病害大发生。这是急性炭疽病发生的主要原因。如干旱或水分过多，缺肥、虫害、冻害、机械损伤、药害或因施肥不当根系受伤等都会削弱树势，使病情加重，气象条件则以高温多雨季节易发生炭疽病。

2. **防治措施**

(1) 加强栽培管理　橘园深耕改土，增施有机肥料，勿偏施氮肥，适当施磷、钾肥，及时排水、灌溉，作好防冻防虫工作，增强树势以提高抗病能力。是防治炭疽病的关键性措施。

(2) 减少菌源　冬季清园，剪除病枝与枯枝、衰老枝、交叉枝与过密枝，清除地面落叶、病果与病枯枝，集中烧毁，并全面喷 0.8～1°Bé 石硫合剂一次，可减少菌源，使树冠通风透光，保持树势健壮，提高抗病力。

(3) 喷药保护　防止炭疽病菌潜伏侵染的一个关键性措施是在春、夏、秋梢的嫩梢期，各喷药一次，在落花后 1 个月内，喷药 2～3 次，每隔 10d 喷一次，以防止炭疽病菌侵入幼果。药剂可用 40%灭病威 500 倍液，65%代森锌可湿性粉剂 600 倍液，50%代森铵水剂 800～1000 倍液，80%炭疽福美可湿性粉剂 500 倍液，70%甲基托布津可湿性粉剂 800～1000 倍液，50%多菌灵 800 倍液，50%退菌特可湿性粉剂 500～800 倍液等均有一定效果。

(四) 柑橘树脂病

参见彩图 3-48。

1. **发病规律**

柑橘树脂病主要以菌丝体和分生孢子器在树干病部及枯枝上越冬。虽然子囊壳也可越冬，并引起初次侵染，但由于数量少，重要性不大。越冬后的分生孢子器，在多雨潮湿时能产生大量分生孢子，经风雨（特别是暴风雨）和昆虫等媒介而传播。散落至枝干、叶片和果实上，于适宜的温湿条件下发芽侵入柑橘组织。病菌必须在寄主生长衰弱或受伤的情况下，才能侵入为害，这是柑橘遭受冻害后容易发病的主要原因。病菌借分生孢子在果园内辗转传播。橘园管理粗放，缺肥或施肥不当，土壤保水排水力差，病虫危害严重，冬季进行重修剪的橘园，都使柑橘生长衰弱，容易遭受冻害，加重发病。在病害流行年份，湖南 5～6 月份和 9～10 月份出现两个发病高峰。在贮藏运输期间，常由于高温、多湿促使附在果皮外特别是果蒂上的病菌孢子萌发侵入，而引起严重的蒂腐病。

2. **防治措施**

(1) 农业防治　冬季在气温下降前要做好防寒工作：树干刷白、冬季培土，在柑橘采收后施一次有机肥，有保暖防寒的作用。结合修剪，去除病虫枝、枯枝及徒长枝，使橘树通风透光良好，减轻发病。果实适当早收，并剔除病、伤果实，然后包装入箱贮藏来防止果实贮藏期腐烂。

(2) 药剂防治

① 刮治病部或直接涂药　对已发病的树，可在春季彻底挖除病组织，并用75%酒精消毒伤口，再用1%硫酸铜或1%抗菌剂或50%多菌灵可湿性粉剂100倍液或50%托布津可湿性粉剂50～100倍液或10%氟硅酸乳剂50～100倍液涂抹伤口。全年涂药分别于4～5月和8～9月进行，每隔一星期一次，共涂药3～4次。不易愈合的大伤口，再外涂伤口保护剂。保护剂可用70%新鲜牛粪、50%黄泥、适量的毛发拌和均匀制成。在伤口保护剂中加上药剂效果更好。刮除病部花工很大，如刮得不彻底，老疤还会复发。

② 喷药保护　为预防叶片和果实的发病，也可结合疮痂病的防治，喷洒0.5%波尔多液，50%退菌特500～600倍液，或65%代森锌500倍等药液。

(五) 柑橘贮藏期病害

参见彩图3-49。

柑橘贮藏期病害的种类有20多种，其中发生普遍危害较大的有青霉病、绿霉病、炭疽病、蒂腐病和黑腐病等。而引起柑橘贮藏病害的病原菌，大多数属于寄生性较弱的真菌，这些病菌侵入果实，一般须通过果皮上的各种伤口，因此，在采收、运输及贮藏过程中，如措施不当，使果实受伤会增加发病机会。因此，要减少贮运期间病害的发生，必须做好下列的防治措施。

1. 把好采前关

果实采收前10d左右对树冠果实喷药，以减少果实带病。可喷70%甲基托布津可湿性粉剂1200～1500倍液或50%多菌灵可湿性粉剂1000倍液。

2. 适时采果

适当提早采收能预防多种贮藏病害的发生。果实成熟度掌握在八成左右。过早或过晚采收均不利于贮藏。在下雨时、雨后、重雾或露水未干时不要采果。选择晴天采果。

3. 把好果实采摘关

柑橘果实采收时必须坚持"采收四大注意"(即霜、露、雨水未干果实不采收；选黄留青、分批采摘；果蒂剪平，防剪刀伤；伤果、落地果、粘泥果及病虫果必须分开堆放等)。两剪采果法：一剪下树，二剪平蒂，以果蒂不刮脸为度。在采收、装运及贮藏过程中都要轻采、轻放、轻装、轻卸，尽量避免造成机械伤口，减少病菌侵染机会。装果的容器要填上报纸、麻袋等，防止擦伤果皮。剔除病果、虫果、裂果、烂果、伤果、脱蒂果、畸形果等。杜绝病菌从伤口侵入、降低发病率。

4. 科学选择使用防腐保鲜剂

果实采收后24h内，及时用防腐保鲜剂处理。以下配方任选一种：①40%百可得1500倍+25%咪鲜胺750倍+2.4-D200mg/kg[即百可得1包(5g)+施保克(保鲜克、保禾利、使百克、真绿色)1包(10mL)+2.4-D 2包(2g)+水7.5kg]；②50%万利得1500倍+2,4-D200mg/kg[即万利得1包(5mL)+2.4-D 2包(2g)+水7.5kg]；③25%施保克(何鲜克、保禾利、使百克、真绿色)500倍或45%扑霉灵1000倍+2.4-D 200mg/kg[即施保克2包(20mL)或扑霉灵1支(10mL)+2.4-D 3包(3g)+水10kg]；④25%戴挫霉750倍+2.4-D 200mg/kg[即戴挫霉1包(10mL)+2.4-D 2包(2g)+水7.5kg]。

5. 预贮

浸果之后，要放在通风库房预贮。一般预贮5～7d，如遇雨天，可延长到10～12d或更长，以果皮晾干、果实失重3%～5%为度。预贮后的柑橘可用聚乙烯薄膜袋单果包装贮藏，也可裸果贮藏，贮果用具可用木条箱、竹筐或藤篓等。要是没有充分凉干就套袋会引起严重烂果。

6. 严格库房消毒

彻底清洁库房，堵塞鼠洞；柑橘入库前一周进行库房消毒，选择药剂有：70%甲基托布津500倍液、45%扑霉灵1000倍液等；柑橘入库前2d库房通风；注意盛装柑橘的容器也要进行消毒处理，可在防腐保鲜药液中浸泡1～2min。

7. 正确的贮藏方式

最好单果包装贮藏，单果包装可减少水分蒸发，保持果实鲜硬和防止病害传染；最好用木条箱、竹筐或藤篓等容器贮藏，按“品”字型码放。最好不要裸果就地堆藏。若条件所限无法按上述方法贮藏，可在地上先铺上草木灰，然后再铺上松针，分层堆放。要留有足够的通道，便于操作和管理。

8. 加强库房管理

贮藏果实入库后，前期应打开窗、门，10～15d后白天开窗，晚上关。20d后昼夜均关门窗。根据外界与库房温度、湿度，用门、窗的开、关调节库房内的温湿与库房内气体成分。库房内温度最好保持：甜橙3～5℃，温州蜜柑、椪柑7～12℃；空气湿度控制在80%～85%为好。贮藏初期，库房内易出现高温高湿，缩短柑橘贮藏寿命，这时要加强通风，尽快降低库房温湿度。当外界气温低于4℃时，要及时关闭门窗，堵塞通风口，加强室内防寒保暖，午间气温较高时应通风换气。贮藏后期，当外界气温上升至20℃时，要关闭门窗，早晚换气，或温度低于16℃时通风换气。当库房内相对湿度降到80%时，箱藏柑橘应覆盖塑料薄膜保湿，薄膜离地25～30cm，切勿密闭；堆藏柑橘可覆盖干净稻草保湿。也可用地面洒水或盆中放水等方法提高空气湿度。柑橘贮藏期间要定期检查，随时剔除浮面烂果，但尽量不要翻动。

第九节 梨树病虫害防治技术

梨树病虫害主要有梨二叉蚜、梨茎蜂、梨大食心虫、梨小食心虫、梨眼天牛、金缘吉丁虫、梨黑星病、梨轮纹病、梨黑斑病、梨褐斑病等；有桧柏类树木的梨区，梨锈病发生严重。管理粗放的梨园，梨网蝽、梨星毛虫、梨虎象、梨瘿华蛾、刺蛾、蓑蛾等危害严重；反之，管理好的梨园这些害虫和食心虫类较为少见。其它如梨实蜂、梨圆蚧、梨黄粉蚜、梨铁象、麻皮蝽、蚱蝉和梨白粉病等在局部梨区危害严重。山区新辟梨园常受金龟甲和吸果夜蛾的严重危害。

一、梨树害虫的危害状

1. 梨二叉蚜

梨二叉蚜又名梨蚜，属于同翅目、蚜科。发生很普遍，是梨树新梢嫩叶的主要害虫。成虫和若虫群集在芽、叶和嫩梢上吸食汁液，春季梨树展叶后先从叶面主脉附近开始危害，使叶片向正面纵卷成筒状，皱缩脆硬。以新梢顶端嫩叶受害最重，常造成早期大量落叶，影响产量和花芽分化甚大。

2. 梨黄粉蚜

梨黄粉蚜参见彩图3-53。又名梨黄粉虫，属于同翅目、根瘤蚜科。在部分梨区危害严重。只发现危害梨。成虫和若虫群集在果实萼洼、旧果台和枝干裂缝等处吸食危害。被害果皮表面初呈黄色稍凹陷的小斑，以后渐变黑色，向四周扩大，可使萼洼形成龟裂的大黑疤，俗称“黑屁股”。受害严重的果实逐渐腐烂甚至脱落，严重影响品质和产量。

3. 梨木虱

梨木虱参见彩图3-54。属于同翅目、木虱科。以成、若虫刺吸芽、叶、嫩枝梢汁液进行直接为害，分泌黏液，招致杂菌，使叶片造成间接为害、出现褐斑而造成早期落叶，同时污染果实，影响品质。

4. 梨实蜂

梨实蜂参见彩图3-52。属于膜翅目、叶蜂科。是专害梨花和幼果的重要害虫，以早花品种受害较重。幼虫蛀食花和幼果，被害果实早期干枯脱落，危害严重时可使全树果实脱落殆尽。

5. 梨茎蜂

梨茎蜂参见彩图3-57。又名梨梢茎蜂，属于膜翅目，茎蜂科。分布普遍，是梨树新梢的严重害虫。主要危害梨，也危害苹果、海棠和杜梨。成虫锯断新梢产卵，不久枝梢枯萎断落。幼虫在被害梢锯口下蛀食，使其变黑干枯，受害严重的梨园断梢累累，影响树势及产量和幼树整形。不久断梢枯萎下垂，被风吹落，成为光秃断梢。一般管理粗放的梨园和幼年树受害重，树冠上部长果枝较多的比长果枝少的、抽梢快的比抽梢慢的以及抽梢期与成虫羽化高峰期相吻合的品种受害亦重。

6. 梨大食心虫

梨大食心虫参见彩图3-50。又名梨斑螟蛾，属于鳞翅目，螟蛾科。是危害梨的一种严重害虫。主要危害梨，偶尔也危害苹果和桃等果树。幼虫主要蛀害花芽和幼果，一般越冬幼虫出蛰后蛀害幼果最烈。被害的花芽鳞片不落，花丛枯萎；幼果变黑干枯，终久不落；后期果实局部变黑腐烂易落；严重影响产量和果实品质。

7. 梨小食心虫

梨小食心虫参见彩图3-51。又名东方蛀果蛾、桃折心虫，属于鳞翅目、卷蛾科。发生极普遍，是最常见的一种果树食心虫和南方梨、桃的重要害虫，在四川等地危害苹果亦重，尤以桃、梨或苹果混栽的果园受害严重。危害梨、桃、苹果等多种果树，但主要危害梨、桃、苹果的果实和桃梢。幼虫蛀害果实和新梢。果实蛀孔周围变黑腐烂，虫果常因腐烂不堪食用，严重影响品质和产量。被害桃梢顶端枯萎下垂，影响桃树生长。

8. 梨叶斑蛾

梨叶斑蛾参见彩图3-53。又名梨星毛虫，包饺子虫，属于鳞翅目、斑蛾科。分布普遍，在管理粗放的梨园危害常较严重．主要危害梨，亦加害苹果等果树。幼虫食害芽、花、蕾和叶片，亦可咬食幼果。展叶后吐丝缀叶成饺子状，居中食害叶肉，使叶片变黑枯落，以致树势衰弱，生长不良。发生严重时全树皆苞，无一完叶，一年受害，几年不能结果。

9. 梨瘿华蛾

梨瘿华蛾参见彩图3-56。又名梨瘤蛾、梨枝瘿蛾，属于鳞翅目、华蛾科。发生较普遍，尤以管理粗放的幼树梨园发生相当严重，是梨树嫩梢的一种重要害虫。幼虫蛀害嫩梢，使蛀孔附近一片叶变为枯黄色，后则被害部膨大形成虫瘤，一个枝梢上常有好几个虫瘤相连成串，形似“糖葫芦”串，影响枝梢发育和树冠的成形。受害严重的几乎全树枝梢都是虫瘤，使枝梢干枯，树势衰弱，不能结果。虫瘤上部结的果实，极易被风吹落。

10. 梨虎象

梨虎象又名梨象虫、梨虎、朝鲜梨象甲等，属于鞘翅目、象甲科。分布普遍，以在山地、半山地和黄土丘陵地梨区危害严重，曾经造成巨大损失，是南方危害梨果最严重的害虫，目前在上述梨区一些管理粗放的老梨园危害仍为严重。主要危害梨，亦危害苹果、桃、李等果树。成虫咬食嫩芽、花苞和幼果，并咬伤果柄产卵于果内。幼虫蛀食幼果，被害果皱缩成畸形而易掉落，受害严重的梨树，可使全部果实落光。

11. 梨圆蚧

梨圆蚧参见彩图 3-58。属于同翅目、盾蚧科。分布甚广，常在局部地区、局部果园点片发生，一般以管理粗放的老果树发生为重。寄主植物很多，主要是果树和林木，果树中以梨、苹果、枣及部分核果类为主。雌成虫和若虫群集在枝干、叶背、叶柄和果实上刺吸汁液，尤以寄生在枝干上为多。被害处围绕虫体出现紫红色小圆圈或斑点，在果实上尤为明显，降低果品价值；受害梨果发生黑褐色斑点，虫体密布时青硬不长，有的果实龟裂，不堪食用。被害叶片灰黄，可引起落叶。枝干被害后，其上虫体重叠满布，往往使枝干枯死亡。

12. 梨网蝽

梨网蝽参见彩图 3-55。又名梨花网蝽、梨军配虫等，属于半翅目、网蝽科。分布很普遍，在管理粗放和山地果园发生严重，是梨和苹果的一种重要害虫。主要危害梨和苹果，亦加害桃、李、樱桃等多种果树。成虫和若虫群集在较嫩叶背吸食汁液，被害叶面呈现苍白色斑点，叶背布满黑褐色虫粪和分泌物。受害严重时叶面一片苍白，叶背锈褐色，使叶片很快干枯早落，造成秋季开花，影响树势和产量甚大，尤以苗木和幼树受害更重。

13. 梨眼天牛

梨眼天牛参见彩图 3-56。又名梨绿天牛，属于鞘翅目、天牛科。分布普遍，是蛀害果树枝干的重要害虫，尤以幼年树受害更重。危害多种果树，但主要蛀害梨和苹果。成虫咬食少量叶背主脉或主脉基部的侧脉，呈 2cm 左右长的褐色伤痕，也可咬食叶柄、叶缘和嫩枝外皮。幼虫蛀食枝干，被害处树皮破裂，充满烟丝状木屑，被害枝条易被风吹折，影响树势和结果。

二、梨树害虫发生规律

梨树主要害虫发生规律（表 13-2）。

表 13-2　梨树主要害虫发生规律

种　类	代　数	越冬虫态和场所	发生高峰期	发生特点
梨二叉蚜	20 多代	产卵在梨树芽腋及枝条裂缝中越冬，一般在一年生枝条的顶芽和芽腋上产卵较多	4 月中旬至 5 月上旬	有夏季转主寄主气温达 16～19℃
梨黄粉蚜	6～10 代	产卵在果台、枝干裂缝和晚秋梢芽鳞内越冬	5～9 月份	17.5～24.7℃、相对湿度 50%～70%时
梨实蜂	1 代	以成熟幼虫在树冠下土中结茧越冬	4 月上、中旬至 5 月上、中旬	成虫有假死性。入土深度为 3～10cm
梨木虱	3～7 代	以成虫在落叶、杂草、土石缝隙及树皮缝内越冬	6～7 月份	若虫多群集为害，有分泌胶液的习性，在梨落花 95% 左右，即第 1 代若虫较集中孵化期，也就是梨木虱防治的最关键时期
梨茎蜂	1 代	以末龄幼虫或前蛹在二年生被害枝内结薄茧越冬	3 月中下旬成虫羽化盛期；4 月中旬～6 月中旬幼虫孵化	成虫晴天很活跃

续表

种 类	代 数	越冬虫态和场所	发生高峰期	发生特点
梨大食心虫	2～3代	以低龄幼虫在花芽、少数在叶芽内结灰白色薄茧越冬	3～4月份转害花芽，转果危害在4～5月份	雨水多、湿度大
梨小食心虫	5～7代	以末龄幼虫主要在桃、梨、苹果等果树的枝干树皮裂缝中结茧越冬，也可在树干基部近土面处和土、石缝中结茧越冬，或以蛹在树皮裂缝中越冬	4～6月份一、二代幼虫主要蛀害桃梢，三、四代幼虫危害梨果最烈的时期在6月下旬～8月上中旬	对糖醋液、果汁、黑光灯和性诱剂有强烈趋性，有转移寄主危害的习性
梨星毛虫	1～2代	以幼龄幼虫在树干及主枝粗树皮裂缝中结白色薄茧越冬，幼树因树皮光滑，幼虫多在树干附近土中结茧越冬	3月～4月下旬；7月中下旬	成虫无趋光性，清晨气温较低易被振落
梨瘿华蛾	1代	以蛹在被害虫瘤中越冬	新梢抽发期也正是幼虫蛀入危害期	成虫在花芽开绽前为羽化盛期
梨虎象	1代或二年1代	以初羽化的成虫在树干附近土中3～7cm深处的蛹室内越冬；第一年以低龄幼虫在土中越冬，次年9月化蛹，再以成虫越冬，第三年才出土	4月下旬～5月中下旬产卵危害最烈；5月下旬～6月中旬大量落果（幼虫）	梨树落花后气温达18℃以上，如遇上大雨和降雨早，表土湿透，雨后放晴就有大量成虫集中和提早出土，而且每降一次雨，形成一次出土高峰。怕风雨，畏阳光，不善飞翔，有假死性
梨圆蚧	3～4代	以二龄若虫及少数受精雌成虫附着在果树枝条上越冬	4月末～5月下旬初，8月上旬～8月下旬及10月初～11月上旬	借助于风力、鸟类和大型昆虫传带。远距离传播则通过苗木、接穗和果品的调运。天敌较多有一定的制约作用
梨网蝽	5～6代	以成虫在枝干翘皮裂缝、地面枯枝落叶、杂草及土、石缝中越冬	5月下旬、6月下旬、7月中旬、8月中旬、8月中旬～9月上旬和9月中下旬，7、8月是高峰	高温干旱，成虫遇惊纷纷迁飞，有随风迁飞的习性；畏阳光，白天多栖于树冠背阳面的叶背，清晨、黄昏和夜晚才有极少数成虫在叶面活动；有趋光性，活动最适温度为25～30℃
梨眼天牛	1代	大多以四龄以上幼虫在枝条蛀道内越冬	4月下旬～5月上旬外出盛期	假死性。选择直径15～25mm大小的枝条产卵，以东南面向阳的枝条上产卵最多

三、梨树害虫防治方法

1. 加强检疫

严禁从有黄粉蚜、梨圆蚧的梨区引进苗木和接穗。

2. 冬季清园

防治梨蚜：在冬季或早春刮除枝干翘皮，扫除落叶，剪除晚秋梢和枯枝，及时烧毁，树干刷白，消灭越冬虫卵。防治梨实蜂：秋冬季深翻园土，可更换幼虫在土中的位置，以增加越冬死亡率，减少明年的危害。防治梨茎蜂：结合冬季修剪，剪除被害枝梢烧毁。亦可剪除成虫产过卵的幼树或苗木被害新梢，可基本上控制次年的发生。防治梨大食心虫结合修剪，剪除越冬虫芽，尤以枝梢顶部的虫芽最多，更应注意剪除。早春再检查梨芽，将未剪除的虫芽摘除。防治梨小食心虫早春发芽前，刮除有越冬幼虫的果树枝干粗皮烧毁。亦可在春季越冬代成虫羽化前，涂泥封闭树干和主枝，窒息越冬幼虫，阻止成虫羽化。或在越冬幼虫脱果前，主枝和树干基部束草，诱杀脱果越冬的幼虫。防治梨星毛虫：早春梨树发芽前，刮除老树的翘皮集中烧毁，对幼树进行树干周围压土或培土，均能有效地消灭越冬幼虫。防治梨圆蚧：果树发芽前，结合修剪，将被害严重的枝梢剪除，或人工刷除越冬若、成虫，再选用3～5°Bé石硫合剂，95%机油乳剂50～60倍液，松碱合剂10～15倍液等，周密喷一次，效果均很好；也可用洗衣粉200倍液淋洗式喷1～2次。防治梨金缘吉丁虫：冬季锯掉被害的死树枯枝，集中烧毁，消灭其中越冬的幼虫。

3. 避免果树混栽

建立新果园时尽量避免桃、李和梨、苹果等果树混栽或栽植很近。已经混栽的果园，应加强其主要寄主的防治工作。

4. 人工捕杀

摘除虫叶、捕杀成虫、束草诱集、震杀成虫、捡拾虫果、剪除虫瘤、诱杀成虫、拾毁落果、剪除被害枝梢、枝干涂白、刺杀幼虫。

5. 保护天敌

常见的天敌有多种瓢虫、草蛉、食蚜蝇、蚜茧蜂等，在梨二叉蚜初发期有一定的控制作用。可以选喷抗蚜威等对这些天敌无伤害或少伤害的药剂，能有效地延长对蚜虫的控制期。为了保护天敌，可将被害果集中在纱网笼内，悬挂梨树上，使寄生蜂羽化后飞出。

6. 药剂防治

常用的药剂有40%乐果乳油或50%马拉硫磷乳油1500～2000倍液，20%杀灭菊酯乳油2000～4000倍液，2.5%溴氰菊酯乳油4000～6000倍液，50%抗蚜威可湿性粉剂3000～4000倍液，27%水胺氰1200～1500倍液，20%螨克（双甲脒）1200～1500倍液，10%高渗双甲脒1500倍液，10%吡虫啉4000～6000倍液，1.8%阿维虫清（齐螨素）2000～3000倍液，35%赛丹1500～2000倍液，40%水胺硫磷1500倍液，50%辛硫磷乳油400～500倍液，90%敌百虫晶体、80%敌敌畏乳油1000倍液，50%杀螟硫磷乳油1000倍液，40%乙酰甲胺磷乳油1000～1500倍液，20%甲氰菊酯（灭扫利）乳油2000～3000倍液，50%西维因可湿性粉剂400倍液等药剂和浓度喷雾。毒杀出土成虫方法如下。成虫将近羽化出土时，在梨园地面撒施4%敌马粉剂（敌百虫＋马拉硫磷）或2.5%敌百虫粉剂，每株树下用粉剂0.25～0.4kg，0.5～0.75kg/亩，着重均匀施于树冠下范围内，施后浅锄，使与表土拌和，触杀羽化出土的成虫，80%敌敌畏乳油300～500倍液，熏杀成虫。成虫出土初期，雨后在树冠下地面施药一次，10d后再施一次。药剂可选用2.5%辛硫磷微胶囊剂100倍液，每株施药水5kg，90%敌百虫晶体100倍液，每株施药水1kg，2.5%敌百虫粉剂0.4kg加25kg细沙或细土，拌匀后撒于树冠下，触杀出土成虫。防治成虫出洞方法如下。一般在4月间成虫羽化尚未出洞时，用90%敌百虫晶体或50%喹硫磷乳油1份，加20～25倍黏土和100倍水，调成糊状，涂刷枝干，封闭成虫不使爬出，或触及药泥死亡，为防治此虫的重要措施。亦可在成虫出洞之前，用泥浆涂封羽化孔，堵塞成虫外出，或用白涂剂涂刷枝干，防止成虫产卵。

四、梨树病害

（一）梨锈病

参见彩图3-60。

梨锈病又名赤星病，是梨的主要病害之一。在栽种有桧柏类树木的梨区均有发生。尤以梨园附近桧柏多和距离近的发病严重，往往造成早期大量落叶，影响产量甚大。

1. 发生规律

梨锈病需要在梨和桧柏、龙柏、欧洲刺柏等桧柏类树木上转主寄生，方能完成其生活史。以多年生菌丝体在桧柏类树木的病组织中越冬，一般在春季2～3月份梨树发芽前后形成冬孢子角，雨后成熟的冬孢子角吸水胶化膨大，冬孢子萌发形成担孢子，担孢子寿命不长，传播距离一般为3～5km，一年中只有担孢子侵染梨树一次。在梨树发芽展叶至花落、幼果形成这段时间内，担孢子随风飞散落到嫩叶、新梢或幼果上，萌发从表皮细胞或气孔侵入，在梨树展叶后20d内的叶片易被侵染，展叶25d以上的叶片一般不再受侵染。病菌侵入后经6～10d的潜育期即出现病斑，7～15d形成性孢子器和产生性孢子，由昆虫传带与异性受精丝结合，发育成双核菌丝体向叶背扩展，20多天后形成锈孢子器和锈孢子。锈孢子不再侵染梨树，又随风吹回桧柏类树木上，侵染后进行越夏、越冬。

梨锈病的发生决定于梨园附近有无桧柏类树木，此类树木多，距离近，发病往往严重。但病害的流行与否，还受气象因素，特别湿度的影响很大。冬孢子角胶化和冬孢子萌发以及担孢子的侵染，都需要有一定的雨量和持续2d的高湿度。早春冬孢子萌发的最适温度为17～20℃，担孢子萌发的适温为15～23℃。一般在早春气温高，冬孢子成熟早，若在成熟后梨树尚未发芽，当时雨水虽多，梨树却极少感病。梨树在发芽前如果天气干旱，成熟的冬孢子角和冬孢子不能胶化膨大和萌发，若在发芽展叶后雨水多，冬孢子则能大量萌发侵染，病害会发生严重。因而梨树发芽展叶前气温的高低和发芽展叶后雨水的多少，是影响当年梨锈病发生轻重的重要因素，发病的早晚则在很大程度上决定于发芽展叶后降雨的迟早。在降雨、湿度和适宜温度的配合下，梨树展叶后可发生多至2～3批侵染，主要视当时雨水的多少而定，此时若阴雨连绵或时晴时雨、发病必重。此外，冬孢子萌发后风力的强弱和风向，都可影响担孢子的传播和发病。

2. 防治方法

（1）砍除转主寄主　砍除梨园附近5km范围内的病菌转主寄主桧柏类树木是防治梨锈病最彻底有效的措施。在新建梨园时，附近如有零星桧柏类树木，即应彻底砍除；如果此类树木较多、则不可新建梨园。

（2）喷药保护　风景或绿化区附近的梨园，不宜砍除桧柏类树木时，则需在梨树上喷药保护或在桧柏类树木上喷药，抑制冬孢子萌发产生担孢子。桧柏类树上应在冬孢子角形成后下雨之前，选喷3～5°Bé石硫合剂，0.3%五氯酚钠，或用0.3%五氯酚钠加1°Bé石硫合剂混合液，则效果更好。梨树上应掌握在发芽期至展叶后25d内喷药保护，一般在发芽后展叶前或开花前喷第一次药，花刚落后喷第二次，隔10d左右再喷第三次，雨水多的年份还应适当增加喷药次数，并以雨前喷药效果为好。药剂可选用20%粉锈宁乳油2000倍液，20%萎锈灵乳油400倍液，50%退菌特可湿性粉剂1000倍液，70%代森锰锌500倍液等，为了防止药液被雨水淋失，可加用展着剂。

（二）梨黑星病

参见彩图3-59。

又名疮痂病，是梨树的重要病害。近年在南方某些梨区有逐渐加重发病的趋势。发病后常引起早期大量落叶，削弱树势；果实变畸形，不能正常长大，常易早落，影响品质和产量甚大。

1. 发生规律

梨黑星病主要以分生孢子或菌丝体在病落叶上越冬；冬季温暖多雨，病落叶上可形成未成熟的假囊壳越冬。次春梨树发芽时，越冬残存的和病部新形成的分生孢子，或成熟假囊壳释出的子囊孢子，即可传播进行初侵染。通常在新梢基部最先发病，形成"中心病梢"产生分生孢子由风雨传播到附近叶片和果实上，当环境条件适宜时引起再侵染。一般经过14～25d的潜育期出现症状，以后又产生分生孢子陆续进行多次再侵染。病害的发生要求较低的温度，最适宜病害流行的温度为11～20℃，超过28℃则受到抑制，停止发病。病菌孢子萌发和侵染最少需要一次降雨量在5mm以上，并持续48h的阴雨天，所需相对湿度为70%以上，以在80%以上萌发率最高，低于50%则不萌发。在梨树生长季节，除夏季高温外，温度一般能够满足病害发生的要求，因而影响发病和流行的主导因素是降雨和湿度。如果雨季早而持续期长，尤其是在4～6月份或5～7月份雨水特多，日照不足，空气湿度大，病菌可发生4～5次侵染，造成病害的流行。在长江流域梨区，黑星病大多在4月上中旬开始发生，5～6月份梅雨季节进入发病盛期，7～8月份高温少雨，病害停止发展，9月份气温渐低，如果秋雨多，又可继续发病。在云南和华南梨区，一般在3月下旬～4月上旬开始发病，6～7月份为盛发期。

地势低洼、树冠郁闭，通风透光不良，湿度较大的梨园以及树势衰弱的梨树，均易发病。果园清园工作的好坏和彻底与否，直接影响来年菌源的多寡，亦密切影响发病的轻重。

2. 防治方法

(1) 消灭菌源　秋末冬初扫除落叶落果；早春发芽前结合修剪，剪除病梢，及时烧毁，再喷一次0.3%五氯酚钠3～5°Bé石硫合剂混合液，或3～5°Bé石硫合剂。亦可在梨芽萌动时，树上及树下地面喷硫酸铵或尿素10～20倍液，对铲除越冬病菌，减少新梢发病具有明显效果。在发病初期，还应及时摘除病梢或病花丛烧毁，消灭侵染和传播中心，防止病害蔓延。

(2) 加强梨园管理　增施磷、钾肥和有机肥，可提高抗病力。注意果园排水，修剪过密枝叶，降低湿度，可减轻发病。在常发病区，新建梨园特别是大型梨园时，应注意适当压缩感病品种，增大抗病品种的种植比例。

(3) 喷药保护一般掌握在梨树接近开花、花落70%左右、幼果期和果实成长期各喷药一次，在多雨年份，果实成长期还应增加喷药次数。花前、花后两次喷药的相隔时间以尽量靠近为宜，以后喷药根据降雨情况每隔15～20d一次。第一次喷1∶2∶240波尔多液，以后各次改喷1∶2∶(180～200）波尔多液；亦可选喷或对波尔多液敏感容易产生药害的品种可改喷50%多菌灵或托布津可湿性粉剂500～800倍液，或50%退菌特可湿性粉剂600～800倍液等。如在当地多菌灵或托布津已连续使用多年，病菌已产生抗药性时，可用45%代森铵水剂1000倍液代替，但使用浓度不能低于1000倍，并避免在炎热的中午喷药，防止产生药害。

(三) 梨轮纹病

参见彩图3-61。

1. 发生规律

梨轮纹病又名瘤皮病、粗皮病。该病菌在枝干病瘤中越冬的菌丝体、分生孢子器和子囊壳是次年发病的主要初侵染来源，地面病叶、病果中的病菌大都不能成为初侵染来源。枝干病部的菌丝体可存活4～5年，在南方梨区一般于次年3月间恢复活动，老病斑开始扩展，以4～5月份扩展速度较快，此时并可产生子囊壳，释放出子囊孢子传播侵染，7月下半月～8月份病斑基本停止扩展，9～10月份又继续扩展，直至11月份才停止。越冬后的分生孢子器一般在次年2～3月份开始形成分生孢子，3～4月份形成能力迅速递增和普遍散播，以5月份～7月上半月形成和散播的数量最多。分生孢子由雨水飞溅传播到一般10m范围内或随大风传播到20m远的梨树上，在适宜条件下，孢子萌发从皮孔、气孔或伤口侵入枝干、果实和叶片，引起初侵染，在枝干和叶片上约经15d的潜育期才出现新病斑。枝干在4～10月份都可出现新病斑，以5～7月份出现最多，一般以6年生枝发病最重，其次是7年生枝条，随着枝龄的递减，其发病程度有减轻的趋势。枝干上当年新病斑很少产生分生孢子器，要到第二、三年才大量产生和不断散播分生孢子进行侵染，第四年产生分生孢子的能力又减弱，13年以上的病枝干上不再产生分生孢子。叶片通常从5月份开始发病，以7～9月份发病最多，但一般发病轻。果实在整个生长期间均可感病，通常在5～6月份幼果期大多已被侵染感病。由于幼果含酚类化合物浓度高，病菌侵入后受到抑制，潜存于果皮下侵染点，外表不表现症状，直至果实成熟期所含抗性物质浓度降低，菌丝才蔓延扩展，不断出现病斑。但树上病果不易形成分生孢子器和分生孢子，一般极少成为再侵染来源。5～6月份梅雨季节，气温在20℃以上，相对湿度在75%以上或降雨量达10mm时，或连续降雨3～4d，分生孢子大量散播，病害传播最快和发病严重。因此，在温度适宜情况下，降雨量和降雨天数与病害流行的关系极为密切。在果园中分生孢子大量散出期间，喷药保护枝干和果实是十分重要的。果实感病以在32～36℃时腐烂最快，5d后即全果腐烂。枝干害虫多、肥水管理不良、树势衰弱的果园发病常重。

2. 防治方法

(1) 加强栽培管理　采果后增施肥料，促使树势生产健壮，提高抗病力。及时做好枝干、果实治虫工作，特别是防治吉丁虫和吸果夜蛾，以减少伤口、防止发病。结合冬季清园，剪除病枯枝收集烧毁，减少菌源。

(2) 刮治枝干病瘤　大枝干发病初期及时刮除病瘤，然后用80%抗菌剂“402”的50～100倍液或40%福美砷可湿性粉剂50倍液等消毒伤口。病瘤最好在早春刮治，亦可在生长期随时进行，但刮治要早和彻底，否则病瘤多而深，刮治不易彻底。如刮治对树势损失大和费工多，则可每隔约5mm用刀纵划病瘤，深达木质部，并划到病瘤外1～2cm处，再涂刷药剂，每隔10～15d涂一次，共涂刷2～3次。

(3) 喷药保护　梨树发芽前喷布3～5°Bé石硫合剂与0.3%五氯酚钠混合液，或40%福美砷可湿性粉剂100倍液一次，可以铲除部分越冬病菌。5～7月份孢子大量散播期间，可结合防治其它病害，每隔10～15d，选喷50%多菌灵可湿性粉剂100倍液，50%退菌特可湿性粉剂600～800倍液，70%甲基托布津可湿性粉剂1500倍液，70%百菌清可湿性粉剂600倍液或1∶2∶200波尔多液等一次，共喷3～4次，保护枝干、果实和叶片。5～6月份雨水甚多时，还应酌情增加喷药次数，并抓紧在雨前喷药；退菌特在果实采收前20d停止使用。在历年发病严重的果园，应从落花后15d左右开始喷药保护。

(4) 选栽抗病品种　重病区新建梨园时，应考虑选栽抗病力强的品种。

(5) 建立无病苗圃和苗木检疫　苗圃应距离梨园较远，苗木生长期间经常喷药保护，防止发病。在苗木出圃和新建梨园时，苗木必须严格检验，发现有少数病瘤可用刀纵划病部，再涂抹药剂。

(四) 褐斑病

梨树褐斑病（参见彩图3-61）又称斑枯病、白星病，各地梨区都有少量发生，仅为害叶片，一般不成灾。但南方梨区发病较重，严重发病的果园，引起大量早期落叶造成减产。

1. 发病规律

病菌在落叶的病斑上越冬，翌年春天梨树发芽后借风雨传播并沾附在新叶上，待条件适宜时，孢子发芽侵入叶片，引起初次侵染。孢子可进行再侵染。在雨水多的年份和月份发病严重，北方7月上旬进入雨季后，发病盛期，落叶最多。不同的品种对褐斑病的抵抗力不同，一般来说，以西洋梨品种最易感病，日本梨次之，中国梨大部分品种抗此病能力较强，少数品种也易感该病。

2. 防治方法

(1) 做好清园工作。秋冬季认真扫除落叶，集中烧毁或深埋土中，以减少病源。

(2) 加强栽培管理，增施有机肥，合理整枝修剪，促使树体健壮，提高抗病力。

(3) 药剂防治。梨树萌芽前喷1∶2∶(160～200) 波尔多液，谢花后如遇雨立即喷一遍50％退菌特500倍液及石灰倍量式波尔多液，7～8月份结合防治其它病害，每隔20d喷一遍石灰等量式波尔多液，但采收前20d停用，以免影响果实外观。

第十节　桃树病虫害防治技术

一、桃树害虫防治技术

(一) 桃树主要害虫发生情况

1. 桃蛀螟

桃蛀螟 (参见彩图3-62) *Dichocrocis punctiferalis* (Guenee) 又名桃斑螟，俗称桃蛀心虫、桃蛀野螟。属昆虫纲，鳞翅目，螟蛾科。寄主有高粱、玉米、粟、向日葵、蓖麻、姜、棉花、桃、柿、核桃、板栗、无花果、松树等。初孵幼虫先于果梗、果蒂基部、花芽内吐丝蛀食，蜕皮后蛀入果肉为害。在长江流域一年发生4～5代，均以老熟幼虫在干僵果内、树干枝杈、树洞、翘皮下、贮果场、土块下及玉米、高粱、秸秆、玉米棒、向日葵花盘、蓖麻等残株内处结厚茧越冬。翌年越冬幼虫于4月初化蛹，4月下旬进入化蛹盛期，4月底～5月下旬羽化。第一代幼虫主要危害桃果，少数危害李、梨、苹果等果实。第二代幼虫大部分危害桃果，部分转移危害玉米、向日葵等作物。成虫白天静伏于枝叶稠密处的叶背、杂草丛中，夜晚飞出活动，羽化、交尾、产卵、取食花蜜、露水以补充营养，对黑光灯有较强趋性，对糖醋液也有趋性。卵多散产在果实萼筒内，其次为两果相靠处及枝叶遮盖的果面或梗洼上。发生期长，世代重叠严重。初孵幼虫啃食花丝或果皮，随即蛀入果内，食掉果内子粒及隔膜，同时排出黑褐色粒状粪便，堆集或悬挂于蛀孔部位，遇雨从虫孔渗出黄褐色汁液，引起果实腐烂。幼虫一般从花或果的萼筒、果与果、果与叶、果与枝的接触处钻入。卵、幼虫发生盛期一般与石榴花、幼果盛期基本一致，第一代卵盛期在6月上旬，幼虫盛期6月上、中旬，第二代卵盛期在7月上、中旬，第三代卵盛期在8月上旬，幼虫盛期在8月上中旬。第四代卵盛期在8月下旬，幼虫盛期在9月上中旬。多雨年份发生重。天敌有黄眶离缘姬蜂、广大腿小蜂。

2. 桃蚜

桃蚜 *Myzus persicae* (Sulzer)，属同翅目 Homoptera，蚜科 Aphididae。别名腻虫、烟蚜、桃赤蚜。食性广，寄主植物约有74科285种。桃蚜营转主寄生生活周期，其中冬寄主(原生寄主) 植物主要有梨、桃、李、梅、樱桃等蔷薇科果树等；夏寄主 (次生寄主) 作物主要有白菜、甘蓝、萝卜、芥菜、芸薹、芜菁、甜椒、辣椒、菠菜等多种作物。又是多种植物病毒的主要传播媒介。

桃蚜一般营全周期生活。早春，越冬卵孵化为干母，在冬寄主上营孤雌胎生，繁殖数代皆为干雌。当断霜以后，产生有翅胎生雌蚜，迁飞到十字花科、茄科作物等侨居寄主上为害，并不断营孤雌胎生繁殖出无翅胎生雌蚜，继续进行为害。直至晚秋当夏寄主衰老，不利于桃蚜生活时，才产生有翅母蚜，迁飞到冬寄主上，生出无翅卵生雌蚜和有翅雄蚜，雌雄交配后，在冬寄主植物上产卵越冬。越冬卵抗寒力很强，即使在北方高寒地区也能安全越冬。桃蚜也可以一直营孤雌生殖的不全周期生活，比如在北方地区的冬季，仍可在温室内的茄果类蔬菜上继续繁殖为害。

桃蚜的繁殖很快，华北地区一年可发生10余代，长江流域一年发生20～30代。春季气温达6℃以上开始活动，在越冬寄主上繁殖2～3代，于4月底产生有翅蚜迁飞到露地蔬菜上，繁殖为害，直到秋末冬初又产生有翅蚜迁飞到保护地内。早春晚秋19～20d完成一代，夏秋高温时期，4～5d繁殖一代。一只无翅胎生蚜可产出60～70只若蚜，产期持续20余天。桃蚜在不同年份发生量不同，主要受雨量、气温等气候因子所影响。一般气温适中(16～22℃)，降雨是蚜虫发生的限制因素。桃蚜的天敌有瓢虫、食蚜蝇、草蛉、烟蚜茧蜂、菜蚜茧蜂、蜘蛛、寄生菌等。

3. 桃瘤蚜

又叫桃瘤头蚜。分布遍及全国，除为害桃外，还为害李、杏、梅、樱桃、梨等，夏秋寄主为艾蒿及禾本科植物。桃瘤蚜以成、若虫群集叶背吸食汁液。受害叶的边缘向背后纵向卷曲，卷曲处组织肥厚，凸凹不平，初呈现淡绿色，后变红色，严重时整叶卷成细绳状，最后干枯脱落。危害严重的桃园，有的一大枝或整株表现症状，可一直持续到7月份。发生规律：每年发生10代，以卵在桃、樱桃等枝条的腋芽处越冬，翌年春当桃芽萌动后，卵开始孵化。成、若蚜群集叶背面繁殖、为害。南方果区3月份始见蚜虫危害，4～5月份大发生。北方果区5月份始见蚜虫危害，6～7月份大发生，并产生有翅胎生雌蚜迁飞到艾草上，晚秋10月又迁飞到桃、樱桃等果树上，产生有性蚜，产卵越冬。

4. 桃一点叶蝉

桃一点叶蝉（参见彩图3-63）*Erythroneura sudra* D. 又名一点叶蝉、桃一点斑叶蝉。属同翅目，叶蝉科。为害花桃、桂花、梅花、桃、月季、蔷薇、海棠、苹果、山茶、山杏、海桐、李等。成虫和幼虫在叶片上吸食汁液，被害叶片出现黄白色小点；严重时整叶、甚至全树叶片呈苍白色，提早脱落，以致树势衰弱，秋季开花，严重影响当年结果和次年花芽的形成。在长江流域及其以南地区一年发生4～6代，以成虫在桃园附近的杂草丛、落叶层下和常绿树上等处越冬。翌年桃树等花木萌芽后，越冬成虫迁飞到花木上为害与繁殖。卵多散产在叶背主脉组织内，若虫孵化后留下褐色长形裂口。前期为害花和嫩芽，花落后转移到叶片上为害。若虫喜欢群居在叶背，受惊时横行爬动或跳跃。4代发生为害期在4～9月份，以7～8月份严重。江西、福建地区1年发生6代，为害期在3～11月份，以8～9月份发生严重。

5. 桑盾蚧

桑盾蚧（参见彩图3-63）*Pseudaulacaspis pentagona*（Targioni-Tozzetti）别名桑白蚧、桑介壳虫、桃介壳虫、桑白盾蚧。属同翅目，盾蚧科。主要寄主是桑树、茶叶、棉，也可为害桃、李、杏、樱桃、苹果、梨、葡萄、核桃、梅、柿、枇杷、醋栗、柑橘等。若虫和雌成虫刺吸枝干汁液，枝条上似挂一层棉絮。偶有为害果、叶者，削弱树势，重者枯死。在南方一年可发生3～5代，受精雌虫于枝条上越冬。寄主萌动时开始吸食，虫体迅速膨大，4月下旬开始产卵，5月上中旬为盛期，卵期9～15d，5月间孵化，中下旬为盛期，初孵若虫多分散到2～5年生枝上固着取食，以分权处和阴面较多，6～7d开始分泌绵毛状蜡丝，渐形成介壳。第1代若虫期40～50d，6月下旬开始羽化，盛期为7月上中旬。卵期10d左右，第二代若虫8月上旬盛发，若虫期30～40d，9月间羽化交配后雄虫死亡，雌虫为害至9月下旬开始越冬。3代区，第1代若虫发生期为5月份至6月中旬；第2代为6月下旬至7月中旬；第三代为8月下旬至9月中旬。以受精雌成虫越冬。

6. 桃红颈天牛

桃红颈天牛（参见彩图 3-63）*Aromia bungii* Fald. 的幼虫在树干中由上而下蛀食，蛀成弯曲无规则的孔道。蛀道可到达主干地面下 6～9cm。幼虫一生钻蛀隧道全长 50～60cm。在树干的蛀孔外及地面上常大量堆积有排出的红褐色粪屑。受害严重的树干中空，树势衰弱，以致枯死。此虫一般二年（少数三年）发生 1 代，以幼龄幼虫（第 1 年）和老熟幼虫（第 2 年）越冬。成虫于 5～8 月间出现；各地成虫出现期自南至北依次推迟。福建和南方各省于 5 月下旬成虫盛见；湖北于 6 月上中旬成虫出现最多；成虫终见期在 7 月上旬。河北成虫于 7 月上中旬盛见；山东成虫于 7 月上旬至 8 月中旬出现；北京 7 月中旬至 8 月中旬为成虫出现盛期。成虫羽化后在树干蛀道中停留 3～5d 后外出活动。雌成虫遇惊扰即行飞逃，雄成虫则爬走躲避或掉落树下。2～3d 后开始交尾产卵。常见成虫于午间在枝条上栖息或交尾。卵产在枝干树皮缝隙中。幼壮树仅主干上有裂缝，老树主干和主枝基部都有裂缝可以产卵。一般近土面 35cm 以内树干产卵最多，产卵期 5～7d。产卵后不久成虫便死去。卵经过 7～8d 孵化为幼虫，幼虫孵出后向下蛀食韧皮部，当年生长至 6～10mm，就在此皮层中越冬。次年春天幼虫恢复活动，继续向下由皮层逐渐蛀食至木质部表层，先形成短浅的椭圆形蛀道，中部凹陷；至夏天体长 30mm 左右时，由蛀道中部蛀入木质部深处，蛀道不规则，入冬成长的幼虫即在此蛀道中越冬。第 3 年春继续蛀害，4～6 月份幼虫老熟时用分泌物黏结木屑在蛀道内作室化蛹。幼虫期历时约一年又 11 个月。蛹室在蛀道的末端，成长幼虫越冬前就做好了通向外界的羽化孔，未羽化外出前，孔外树皮仍保持完好。

（二）防治措施

1. 农业防治

清理果园，减少虫源。秋冬季结合修剪，剪去虫害重的衰弱枝，其余枝条可采用硬毛刷或钢丝刷刷掉枝条上的越冬雌虫。采果后至萌芽前，清除园内干僵果，病虫果及玉米、高粱秸秆、向日葵花盘等，集中深埋或烧毁。刮除老翘皮、朽木，药泥堵树洞，减少越冬基数，生长期随时拣拾落果，摘除虫果、消灭果内幼虫。

2. 物理防治

诱杀桃蛀螟成虫。利用成虫趋性，在园内设置黑光灯、糖醋液、性诱剂等诱杀成虫。桃红颈天牛幼虫孵化后，经常检查枝干，发现虫粪时，即将皮下的小幼虫用铁丝钩杀，或用接枝刀在幼虫为害部位顺树干纵划 2、3 道杀死幼虫。夏季成虫出现期，捕捉成虫。

3. 生物防治

保护利用天敌。天敌有日本方头甲、褐黄蚜小蜂、多种瓢虫等应加以保护。

4. 化学防治

① 桃蛀螟在成虫产卵盛期适时喷药，防止幼虫蛀果，药剂可选用 20％杀灭菊酯 2500 倍，2.5％功夫 3000 倍，50％辛硫磷 1000 倍，爱福丁 1 号 6000 倍，25％灭幼脲 1500～2500 倍。苏云金杆菌 75～150 倍液或青虫菌液 100～200 倍液。

② 桃蚜应掌握在春季花未开放而卵已全部孵化，但尚未大量繁殖和卷叶以前喷药。花后至初夏，根据虫情再喷药 1～2 次。秋后迁返桃树的虫口数量大时，也可喷药。常有药剂有 80％敌敌畏乳油 1500 倍液，40％乐果乳油 1000 倍液，50％杀螟硫磷乳油 1000 倍液，40％乙酰甲胺磷乳油 1000 倍液，25％喹硫磷乳油 1000 倍液，25％亚胺硫磷乳油 800 倍液，50％辟蚜雾可溶性粉剂 2000 倍液，2.5％溴氰菊酯乳油 3000 倍液，20％杀灭菊酯乳油 4000 倍液，10％多来宝悬浮剂 2500 倍液，50％灭蚜松乳油 1500 倍液，21％菊马合剂乳油 4000 倍液等。

③ 桃一点叶蝉在成、若虫危害期喷药毒杀。喷杀成虫以越冬成虫出蛰产卵前为重点；喷杀若虫，以若虫孵化盛期为适时。药剂可用20%扑虱灵可湿粉2000倍液，或20%高卫士(噁虫威）可湿粉1500～2000倍液；或10%溴氰菊酯乳油1000～2000倍液；或2.5%功夫乳油3000倍液，交替连喷2～3次，隔7～15d喷一次，喷匀喷足。

④ 桑盾蚧的防治在人工刮除越冬雌虫之后喷洒5%矿物油乳剂或机油乳剂（苏州产商品名蚧螨灵)。早春桃树发芽以前喷5°Bé石硫合剂。在介壳尚未形成的初孵若虫阶段，用10%柴油和肥皂水混合后，喷雾或涂抹，也可用80%敌敌畏乳油500～900倍液、50%马拉硫磷乳油1000倍液、40%速扑杀乳油700～1000倍液、3%年丰乳油1500倍液、90%万灵可湿性粉剂2000～3000倍液、25%阿克泰水分散粒剂8000～10000倍液喷雾。在桑白蚧低龄若虫期用20倍的石油乳剂加0.1%的上述杀虫剂一种喷洒或涂抹。

⑤ 桃红颈天牛幼虫蛀入木质部新鲜虫粪排出蛀孔外时，清洁一下排粪孔，将1粒磷化铝（0.6g片剂的1/8～1/4）塞入虫孔内，然后取黏泥团压紧压实虫孔。成虫发生前，在树干和主枝上涂白涂剂（生石灰10份，硫黄1份，食盐0.2份，兽油0.2份，水40份），防止成虫产卵。

二、桃树病害防治技术

（一）发病规律

1. 桃褐腐病

桃褐腐病（参见彩图3-64）在僵果或病枝上越冬。翌年产生大量孢子，借气流、雨水传播。花开时遇低温阴雨，易发生花腐。后期多雨多雾，成熟果腐烂脱落。虫伤常给病菌造成侵入的机会。晚秋侵染枝干形成溃疡斑。树势衰弱，管理不善和地势低洼或枝叶过于茂密，通风透光较差的果园，发病都较重。凡果皮薄、果肉柔嫩多汁的品种较易感病。果实贮运中如遇高温高湿（最适温度22～24℃)，则有利病害发展。

2. 桃炭疽病

桃炭疽病以菌丝体和分孢盘在病株和病残体上存活越冬，特别是病枝和僵果为主要初侵染源。翌春分孢盘产生分生孢子，借风雨传播，从伤口侵入致病。降雨频繁多湿的年份和季节易发病。位于水网地带或地下水位高的果园，或管理粗放、树势衰弱的果园发病较重。早中熟品种较晚熟品种通常发病较重。

3. 桃疮痂病

桃疮痂病（参见彩图3～65）以菌丝在枝梢病组织内越冬，翌年4～5月产生分生孢子，传播侵染。枝梢病斑在10℃以上开始形成分生孢子，20～28℃为最适宜。分生孢子随风雨传播，萌发温度10～32℃，最适萌发温度20～27℃，萌发后产生芽管直接穿透表皮角质层侵入寄主。病菌侵染的潜育期在果实上为40～70d，在枝梢上为25～45d，潜育期长是此病特点之一。所以，在早熟品种上果实尚未表现症状就被采收，往往被误认为是抗病品种，而晚熟品种发病重，往往被认为是不抗病。在北方桃产区，果实发病时期从6月份开始，7～8月份发病最多；南方从5～6月份进入发病盛期。春季和初夏降雨和湿度与病害流行有密切关系，凡这时多雨潮湿的年份或地区发病均较重。地势低洼或栽植过密而较郁闭的果园发病较多。

4. 桃缩叶病

桃缩叶病（参见彩图3-66）以子囊孢子或芽孢子在桃芽鳞片外表或芽鳞间隙中越冬。到第二年春天，当桃芽展开时，孢子萌发侵害嫩叶或新梢。子囊孢子能直接产生侵染丝侵入寄主，芽孢子还有接合作用，接合后再产生侵染丝侵入寄主。病菌侵入后能刺激叶片中细胞大量分裂，同时细胞壁加厚，造成病叶膨大和皱缩。以后在病叶角质层及上表皮细胞间形成产囊细胞，发育成子囊，再产生子囊孢子及芽孢子。子囊孢子及芽孢子，不作再次侵染，就在芽鳞外表或芽鳞间隙中越夏越冬。所以，桃缩叶病一年只有一次侵染。春季桃树萌芽期气温低，桃缩叶病常严重发生。一般气温在10～16℃时，桃树最易发病，而温度在21℃以上时，发病较少。这主要是由于气温低，桃幼叶生长慢，寄主组织不易成熟，有利于病菌侵入。反之，气温高，桃叶生长较快，就减少了染病的机会。另外，湿度高的地区，有利于病害的发生，早春（桃树萌芽展叶期）低温多雨的年份或地区，桃缩叶病发生严重；如早春温暖干燥，则发病轻。从品种上看，以早熟桃发病较重，晚熟桃发病轻。

5. 桃穿孔病

桃穿孔病（参见彩图3-66）在枝梢上的溃疡是病害初次侵染的主要来源。到第二年春季，细菌大量繁殖，形成溃疡，并溢出菌脓，这时新的枝叶已抽生，易被感染，故春季溃疡是初侵染的主要来源。夏季溃疡中的细菌，一般不能越冬。病害一般在5月上、中旬开始发生，6月份梅雨期蔓延最快。夏季高温干旱天气，病害发展受到抑制，至秋雨期又有一次扩展过程。温暖多雨的气候，有利于发病，大风和重雾，能促进病害的盛发。树势衰弱和排水通风不良的桃园，发病较严重。细菌通过风雨传播，有时也可由昆虫传播，从叶上的气孔和枝梢、果实上的皮孔侵入。侵入后的潜育期，一般为1～2星期，气温较低时，可延长至20～25d。

6. 桃树流胶病

桃树流胶病（参见彩图3-65）是当前桃树上普遍发生的病害，而且发病严重，特别是管理粗放和树势衰弱的桃园，发病株率可达90%以上，此病严重削弱树势，影响产量、品质，重者导致死枝死树，威胁着桃树的生产和发展。桃流胶病的发病原因有两种。一种是非侵染性的病原，如机械损伤、病虫害伤、霜害、冻害等伤口引起的流胶或管理粗放、修剪过重、结果过多、排水不良、灌溉不适当、施肥不当、土壤黏重、土壤盐碱化或酸化、土壤缺镁、空气硫害、氨害等引起的树体生理失调发生的流胶和砧木与品种的亲和性不良，如用毛樱桃砧、杏砧接桃容易发生流胶。另一种是侵染性的病原，由真菌引起的。侵染性流胶病以菌丝体、分生孢子器在病枝里越冬，次年3月下旬至4月中旬散发生分生孢子，随风雨传播，主要经伤口侵入，也可从皮孔及侧芽侵入。特别是雨天从病部溢出大量病菌，顺枝干流下或溅附在新梢上，从皮孔、伤口侵入，成为新梢初次感病的主要菌源，枝干内潜伏病菌的活动与温度有关。当气温在15℃左右时，病部即可渗出胶液，随着气温上升，树体流胶点增多，病情加重。侵染性流胶病1年有两个发病高峰，第一次在5月上旬至6月上旬，第二次在8月上旬至9月上旬，以后就不再侵染危害，病菌侵入的最有利时机是枝条皮层细胞逐渐木栓化，皮孔形成以后。因此防治此病以新梢生长期为好。

（二）防治方法

1. 农业防治

重病区注意选用抗耐病高产良种。避免在低洼积水地段建园，栽植不要过密。结合修剪做好清园工作，彻底清除僵果、病枝，集中烧毁，同时进行深翻，将地面病残体深埋地下。加强栽培管理，增强树势，提高桃树的抗病能力。对病树多施有机肥，适量增施磷、钾肥，中后期控制氮肥。合理修剪，合理负载，协调生长与结果的矛盾，保持稳定的树势。雨季做好排水，降低桃园湿度。有条件套袋的果园，可在5月上中旬进行套袋。适时夏剪，改善透风透光条件，同时防治好其它病虫，特别是桃树的枝干害虫，减少病虫伤口和机械伤口。落叶后，树干、大枝涂白，防止日灼、冻害，兼杀菌治虫。涂白剂配制方法：生石灰12kg，食盐2～1.5kg，大豆汁0.5kg，水36kg。先把优质生石灰用水化开，再加入大豆汁和食盐，搅拌成糊状即可。在最冷的12月份至1月份进行清园消毒，刮除流胶硬块及其下部的腐烂皮层及木质，集中起来烧毁。桃树不宜与李、杏、樱桃等易感病的果树混栽，避免互相传染。李树对细菌性穿孔病的感病性很强，往往成为果园内的发病中心，然后传染到桃树上。因此，在以桃树为主的果园，应将李、杏、樱桃等果树栽植到距离较远的地方。

2. 及时防治害虫

如桃蛀螟、桃象虫、桃食心虫、桃椿象等，应及时喷药防治。

3. 喷药保护

桃树发芽前细致喷洒5°Bé石硫合剂+100倍五氯酚钠药液，或45%晶体石硫合剂30倍液，消灭越冬病菌。于春芽萌动前结合修剪清园喷1次预防药（1∶2∶120式波尔多液）。落花后10d左右喷洒65%代森锌可湿性粉剂500倍液，70%代森锰锌可湿性粉剂800倍液，或75%百菌清可湿性粉剂800倍液，或0.3～0.4°Bé石硫合剂，50%多菌灵1000倍液，或70%甲基托布津800～1000倍液。花褐腐病发生多的地区，在初花期（花开约20%时）需要加喷一次，这次喷用药剂以代森锌或托布津为宜。也可在花前、花后各喷1次50%速克灵可湿性粉剂2000倍液或50%苯菌灵可湿性粉剂1500倍液。不套袋的果实，在第二次喷药后，间隔10～15d再喷1～2次，直至果实成熟前一个月左右再喷一次药，50%扑海因可湿性粉剂1000～2000倍液，或喷50%多霉灵（乙霉威）可湿性粉剂1500倍液，或70%甲基托布津可湿性粉剂1000倍液。炭疽病在桃树生长季节可及时喷洒“天达-2116”1000倍液+10%世高1000倍液（或+80%炭疽福美800倍液，或25%阿米西达3000倍液，或72%杜邦克露800倍液）等药液保护叶片和果实。从幼果期开始每隔半个月左右交替喷施50%混杀硫，或50%复方硫菌灵，或50%炭疽福美，或40%多硫悬浮剂，或70%托布津+75%百菌清（1∶1）1000倍液，3～4次。防治流胶病在每次高峰期前夕，每隔7～10d喷1次1000倍液菌毒杀或菌毒清、菌立灭等，交替连喷2～3次，把病害消灭在萌芽状态，根据病情尽量减少喷药次数。生石灰粉防治法：将生石灰粉涂抹于流胶处即可，涂抹后5～7d全部停止流胶，症状消失，不再复发。涂粉的最适期为树液开始流动时即3月底，此时正是流胶的始发期，发生株数少流胶范围小，便于防治，减少树体养分消耗。以后随发现随发动人力涂粉防治，阴雨天防治最好，此时树皮流出的胶液黏度大，容易沾上生石灰粉。流胶严重的果树或衰老树用刀刮去干胶和老翘皮，露出嫩皮后，涂粉效果更好。

第十一节 葡萄病虫害防治技术

一、葡萄害虫防治技术

（一）葡萄害虫发生情况

1. 葡萄透翅蛾

葡萄透翅蛾（参见彩图3-68）*Parathrene regalis* Butler又称透羽蛾。属于鳞翅目，透翅蛾科。是葡萄产区主要害虫之一。该虫主要为害葡萄枝蔓。幼虫蛀食新梢和老蔓，一般多从叶柄基部蛀入。叶片变黄脱落，枝蔓容易折断枯死。被害处逐渐膨大，蛀入孔有褐色虫粪，是该虫为害标志。幼虫蛀入枝蔓内后，向嫩蔓方向取食，严重时，被害植物株上部枝叶枯死。该虫一年发生1代，以幼虫在葡萄枝蔓中越冬。在南方第二年春季葡萄萌芽时，越冬幼虫开始活动，在枝蔓内继续蛀食为害，3月底4月上旬开始化蛹。4月底～5月初羽化，成虫白天隐蔽、夜间活动，并有趋光性。卵产于新梢叶腋芽眼处。初孵幼虫从新梢叶柄基部蛀入嫩茎内，为害髓部，形成蛀食孔道。在蛀口附近常堆有大量虫粪，受害枝蔓节间肿大，上部叶片枯黄。幼虫从7～9月份为害最重，11月份后在枝蔓内越冬。

2. 葡萄根瘤蚜

葡萄根瘤蚜（参见彩图3-67）*Phylloxera vitifoliae* 属于同翅目，瘤蚜科。在辽宁、山东、陕西、台湾等地的局部葡萄园发生，其它地区尚未发现。葡萄园一旦发生，为害严重，所以已被列为国内外主要检疫对象。葡萄根瘤蚜对美洲品种为害严重，既能为害根部又能为害叶片，对欧亚品种和欧美杂种，主要危害根部。根部受害，须根端部膨大，出现小米粒大小、呈菱形的瘤状结，在主根上形成较大的瘤状突起。叶上受害，叶背形成许多粒状虫瘿。因此，葡萄根瘤蚜有根瘤型和叶瘿型之分。雨季根瘤常发生腐烂，使皮层裂开脱落，维管束遭到破坏，从而影响根对养分、水分的吸收和运送。同时，受害根部容易受病菌感染，导致根部腐烂，使树势衰弱，叶片变小变黄，甚至落叶而影响产量，严重时全株死亡。

3. 十星叶甲

十星叶甲（参见彩图3-70）*Oides decempunctata*（Billberg），又称金花虫。属于鞘翅目，叶甲科。分布河北、河南、山东、陕西、辽宁、湖南、浙江、广东、福建等省。寄主植物除葡萄外，还有野葡萄、爬墙虎（福建）、黄荆树（湖南）。以成虫和幼虫咬食植株嫩芽、叶片。叶片常被咬成孔洞，严重时将全部叶片食尽，残留叶脉；幼芽被食害，致使植株生长发育受阻，影响产量较大，是葡萄产区的重要害虫之一。该虫在长江以北每年发生1代，江西2代，少数1代，四川2代，均以卵在根系附近土中和落地下越冬；南方温暖地方有以成虫于各种缝隙中越冬的。1代区5月下旬开始孵化，6月上旬为盛期。幼虫多沿树干基部上爬，先群集为害附近芽叶，逐渐向上转移为害。多在早晨和傍晚于叶面上取食，白天潜伏隐蔽处，有假死性。6月底陆续老熟入土，多于3～7cm深处做土茧化蛹。蛹期10d左右。7月上、中旬开始羽化，成虫羽化后在蛹室内停留1d才出土，多为6～10h。成虫白天活动，受触动即分泌黄色具有恶臭味的黏液，并假死落地。羽化后经6～8d开始交尾，交尾后8～9d开始产卵。8月上旬～9月中旬为产卵期。卵呈块，多产在距植株35cm范围内的土面上，尤以葡萄枝干接近地面处最多。每雌可产卵700～1000粒。成虫寿命60～100d，直到9月下旬陆续死亡。2代区各虫态开始发生期为：越冬卵4月中旬孵化，5月下旬化蛹，6月中旬羽化，8月上旬产卵；8月中旬至9月中旬二代卵孵化，9月上旬至10月中旬化蛹，9月下旬至10月下旬羽化，并产卵越冬，11月成虫陆续死去，以成虫越冬的于3月下旬至4月上旬开始出蛰活动，交尾产卵。

4. 葡萄虎天牛

葡萄虎天牛（参见彩图3-70）*Xylotrechus pyrrhoderus* Bates，属鞘翅目，天牛科。寄主为葡萄。幼虫为害一年生枝，有时也为害多年生枝蔓。因横向切蛀，形成了一极易折断的地方，每年5～6月间会大量出现新梢凋萎的断蔓现象。对葡萄生产影响较大。该虫每年发生1代，以初龄幼虫在葡萄枝蔓内越冬。翌年5～6月份开始活动，继续在枝内为害，有时幼虫将枝横行啮切，使枝条折断。7月份幼虫老熟在枝条的咬折处化蛹。8月份羽化为成虫，将卵产于新梢基部芽腋间或芽的附近。卵散产，每处产卵1粒，卵期约5d，幼虫孵化后，即蛀入新梢木质部内纵向为害，虫粪充满蛀道，不排出枝外，故从外表看不到堆粪情况，这是与葡萄透翅蛾的主要区别。落叶后，被害处的表皮变为黑色，易于辨别。

5. 葡萄天蛾

葡萄天蛾（参见彩图3-69）别名葡萄轮纹天蛾，属鳞翅目，天蛾科。除危害葡萄外，尚危害爬山虎、猕猴桃等花木。以幼虫蚕食叶片，呈不规则状。如在幼龄期不加注意，到老熟暴食期能将整枝、整株树叶吃尽，只残留叶柄和枝条，而严重影响产果。该虫每年发生1～2代，以蛹在土中越冬；翌年5月下旬至6月上旬羽化为成虫；成虫白天潜伏，晚间活动，有趋光性，交尾后产卵在枝叶上，均单粒散产在叶背，每头雌蛾可产卵400～500粒，成虫寿命7～10d；卵期7d左右；幼虫6月上、中旬出现，一般晚上活动取食，受惊时，常头、胸部左右摇动，口流绿水，幼虫活动迟缓，一枝叶片食光后再转移邻近枝。幼虫历期40～50d；蛹期10多天；第二代幼虫9月下旬起陆续入土，化蛹越冬。

（二）防治措施

1. 加强检疫

葡萄根瘤蚜唯一传播途径是苗木，在检疫苗木时要特别注意根系所带泥土有无蚜卵、若虫和成虫，一旦发现，立即进行药剂处理。其方法是：将苗木和枝条用50%辛硫磷1500倍液或80%敌敌畏乳剂1000～1500倍液，或40%乐果乳油1000倍液浸泡1～2min，取出阴干，严重者可立即就地销毁。

2. 土壤处理

对有根瘤蚜的葡萄园或苗圃，可用二硫化碳灌注。方法：在葡萄茎周围距茎25cm处，打孔8～9个/m^2，深10～15cm，春季每孔注入药液6～8g，夏季每孔注入4～6g，效果较好。但在花期和采收期不能使用，以免生产药害。还可以用50%辛硫磷500g拌入50kg细土，每亩用药土25kg，于下午3～4时施药，随即翻入土内。也可用50%抗蚜威灌根。

3. 选用抗根瘤蚜的砧木

我国已引入和谐、自由、更津1号对根瘤蚜有较强抗性的砧木，可以选用。只有把欧洲葡萄嫁接在美国土生抗蚜品种上才免遭毁灭。也可用杂交法和熏蒸剂来防治。

4. 农业防治

秋末及时清除葡萄园枯枝落叶和杂草，及时烧毁或深埋，消灭十星叶甲越冬卵；初孵化幼虫集中在下部叶片上为害时，可摘除有虫叶片，集中处理；在化蛹期及时进行中耕灭蛹；利用成虫和幼虫的假死性，以容器盛草木灰或石灰接在植株下方，震动茎叶，使成虫落入容器中，集中处理。结合冬季修剪，将被害枝蔓剪除，集中烧毁，以消灭葡萄透翅蛾和虎天牛的越冬幼虫。葡萄生长期，根据出现的枯萎新梢，在折断处附近寻杀幼虫。6月至8月剪除被害枯梢和膨大嫩枝进行处理。

5. 化学防治

防治葡萄害虫常用的药剂有50%三硫磷1500倍液，50%敌敌畏乳油1500倍液，2.5%敌杀死乳油2000倍液，20%速灭杀丁乳油2000倍液，5%来福灵乳油2000倍液，50%杀螟松乳油1000倍液，50%亚硫磷乳油1000倍液，25%喹硫磷乳油1500倍液，20%氯马乳油2000倍液，5%氯氰菊酯乳油3000倍液，2.5%功夫乳油3000倍液，30%桃小灵乳油2500倍液，10%天王星乳油6000～8000倍液或20%杀灭菊酯乳油3000倍液＋害立平1000倍液等喷雾。对蛀入大枝内的害虫可用50%敌敌畏乳剂200倍液，或敌杀死1000倍液蘸药棉塞入蛀孔，然后用黄泥封闭，杀死幼虫。

二、葡萄病害防治技术

（一）葡萄病害发病规律

1. 葡萄黑痘病

葡萄黑痘病（参见彩图3-71）在露地栽培条件下，主要以菌丝体在病残体的溃疡斑内越冬，翌年5月份条件适宜时产生分生孢子，借风雨传播到植株的幼嫩部位，此时如有12h的游离水，孢子即可萌发进行侵染。该病发病的最适宜温度为24～26℃和较高的空气湿度。该病菌主要寄生植株的幼嫩部位，组织木质化程度越高抗病性能越强。葡萄品种之间抗逆性差异很大，一般东方品种抗病性差，西欧品种较抗病，欧美杂交种很少感病。果园地势低洼，排水不良，通风透光性能差，田间小气候空气湿度高的果园发病重；管理粗放，树势衰弱者发病重；肥力不足或使用氮肥多，植株徒长者发病重，尤其清理果园不彻底者发病更重。

2. **葡萄白腐病**

葡萄白腐病（参见彩图 3-72）以分生孢子器及菌丝体在病组织上越冬，散落在土壤中的病残体成为翌年初侵染的主要来源。病核以辐射到表土上最多。土壤中的分生孢子器可存活 2～3 年，并可不断地释放大量的分生孢子。第二年初夏遇雨水后，分生孢子借助雨溅、风吹和昆虫等传播到当年生枝蔓和果实上，遇有水湿时分生孢子即可萌发，通过伤口或自然孔口侵入组织内部，进行初侵染。以后病斑上又产生分生孢子器并散射出分生孢子，反复进行再侵染。进入着色期和成熟期小果梗间由于蜜腺集中易积水，有利于孢子的萌发侵入，因此小果梗和穗轴易感病，且发病重。发病时间因年份和各地气候条件不同而有早晚。初夏时降雨的早晚和降雨量的大小决定了当年白腐病发生的早晚和轻重。发病程度以降雨次数及降雨量为转移，降雨次数越多，降雨量越大，病菌萌发侵染的机会就越多，发病率也越高。暴风雨、雹害过后常导致大流行。病菌发育最适宜的温度为 25～30℃，分生孢子萌发的温度范围为 13～40℃。在温度 24～27℃ 的环境下，分生孢子萌发并迅速侵染。温度在 28～34℃，相对湿度在 92%以上时病斑扩展最快。病害的潜育期在适温范围内一般为 5～6d。无论开始发病或出现发病高峰期，都与前 5～7d 有 1 次大、中雨，或阴雨连绵，特别是易引起果穗受伤的暴风雨密切相关。因此，高温、高湿是白腐病发生和流行有主要因素。清园不彻底，越冬菌累积量大，或管理不善，通风透光差；或土质黏重，地下水位高；或地势低洼，排水不良；或结果部位很低，50cm 以下架面留果穗多的果园发病均重，反之发病则轻；酸性土壤较碱性土壤易感病。品种间抗病性也有差异，一般欧亚种易感病，欧美杂交种较抗病。

3. **葡萄炭疽病**

葡萄炭疽病（参见彩图 3-73）又名葡萄晚腐病，除危害葡萄外，还能为害苹果、梨、桃、枣、山楂、柿子、草莓、无花果等多种果树及部分蔬菜、花卉、林木等植物。该病主要以菌丝体在树体上潜伏于皮层内越冬，枝蔓节部周围最多。翌年 5、6 月份后，气温回升至 20℃以上时，带菌枝蔓经雨水淋湿后，形成大量孢子。形成孢子的最适宜温度为 25～28℃，12℃以下，36℃以上则不形成孢子。病菌孢子借风雨传播，萌发侵染，病菌通过果皮上的小孔侵入幼果表皮细胞，经过 10～20d 的潜育期便可出现病斑，此为初次侵染。有部分品种病菌侵入幼果后，直至果粒开始成熟时才表现出症状。病菌也可侵入叶片、新梢、卷须等组织内，但不表现病斑，外观看不出异常表现，此为潜伏侵染，这种带菌的新梢将成为下一年的侵染源。葡萄近成熟时，遇到多雨天气进入发病盛期。病果可不断地释放分生孢子，反复进行再次侵染，引起病害的流行。故多雨高湿，温度适宜是该病流行的主要原因。地势低洼、排水不良、地下水埋深浅、土壤黏重的果园发病较重。发病也与栽培技术有关，管理粗放，清扫果园不彻底，架面上病残体多的果园发病重；株行距过密，留枝量过大，通风透光较差，田间小气候湿度大的果园发病重。发病还与品种有关，一般欧亚种感病重，欧美杂交种较抗病。

4. **葡萄霜霉病**

葡萄霜霉病（参见彩图 3-74）为专性寄生菌，只危害葡萄。主要以卵孢子在落叶中越冬，在暖冬地区，附着在芽上和挂在树上的叶片内的菌丝体也能越冬。其卵孢子随腐烂叶片在土壤中能存活 2 年左右。翌年春天，气温达 11℃时，卵孢子在小水滴中萌发，产生芽管，形成孢子囊，孢子囊萌发产生游动孢子，借风雨传播到寄主的绿色组织上，由气孔、水孔侵入，经7～12d的潜育期，又产生孢子囊，进行再侵染。孢子囊通常在晚间生成，清晨有露水时进行侵染，没能侵染的孢子囊暴露在阳光下数小时即失去生活力。孢子囊形成的适宜温度范围为13～28℃，最适宜温度为15℃；孢子囊萌发的温度范围为5～21℃，最适宜温度为10～15℃；游动孢子萌发的适宜温度范围为18～24℃。孢子囊的形成、萌发和游动孢子的萌发侵染均需有雨水或露水时才能进行。空气高湿与土壤湿度大，利于霜霉病的发生。降雨是引起该病流行的主要因子。不同品种对霜霉病的感病程度不同，欧亚品种群的葡萄易感病，欧美杂交品种较抗病，美洲品种较少感病。果园地势低洼、排水不良，利于发病；氮肥施用过多，树势过旺，通风透光不良也利于发病。

5. 葡萄白粉病

葡萄白粉病（参见彩图3-75）以菌丝体在被害组织或芽的鳞片内越冬，次年形成分生孢子，由风雨传播。分生孢子飞落到寄主表面后，如条件适合，即萌发并直接穿透寄主表皮而侵入。一般开花前后即有少数叶片发病，以后新梢和果实相继发病。发病的轻重与气候关系密切，当气温在29～35℃时病害发展最快。在干旱的年份及干热的夏季，有利于本病发生。病害一般在7月上、中旬至9～10月份均可发生。栽培管理措施与发病轻重也有密切关系。如栽培过密、氮肥过多、留枝过密、摘心抹副梢不及时，造成通风透光不良时，也能促使病害的发展。品种之间抗病性有一定差异，欧亚种如黑罕、洋红蜜、金后、白玫瑰香等最易感染，新玫瑰、巨峰也易发病，其它欧美杂交种如尼加拉、康拜尔早生、白香蕉、玫瑰露等几乎不受侵染。

（二）防治方法

1. 农业防治

（1）因地制宜选用抗病品种　如黑虎香、尼克斯、白亚白利、克沙巴、早洲、安故、蓓蕾等。此外红玫瑰香、黄玫瑰香、龙眼等轻度感病。佳酿、马福尔多、黑塞白利不抗病应因地制宜选用。

（2）做好清园工作，减少初次侵染源　生长季节摘除病果、病蔓、病叶，冬剪时把病组织剪除干净。搞好排水工作降低园内湿度，尽量减少不必要的伤口，减少病菌侵染的机会。冬季结合修剪彻底剪除病枝蔓和挂在枝蔓上的干病穗，扫净地面的枯枝落叶，集中烧毁或深埋，减少第二年的侵染源。铺地膜。春天浇透水后，于葡萄植株两侧铺地膜，以隔离土壤中的病菌，减少侵染机会，同时起到保温、保水、保肥和灭草的作用。

（3）加强栽培管理　增施有机肥料，增强树势，提高树体抗病力；提高结果部位，第一道铁丝距地50cm，以下不留果穗，以减少病菌侵染的机会；合理调节负载量，充分利用架面，并使新梢间距不小于5cm，防止负载量过大影响树体发育、削弱抗病性；生长期及时摘心、绑蔓、剪除过密枝叶或副梢和中耕除草，改善架向及架式，以利田间通风透光。注意雨后及时排水，降低田间湿度，减轻病害的发生；园地低洼处，设法改良土壤，加强排水；花后对果穗进行套袋，以保护果实，避免病菌侵入。用旧报纸袋成本低，效果也不错。

2. 药剂防治

（1）土壤消毒　对重病果园要在发病前用50%福美双粉剂、硫黄粉1份、碳酸钙1份三药混匀后撒在葡萄园地面上，每亩撒1～2kg，或200倍五氯酚钠、福美砷、退菌特，喷洒地面，可减轻发病。

（2）生长期的喷药保护　开花前后以波尔多液、科博类保护剂为主，必须在发病前1周左右开始喷第一次药，以后每隔10～15d喷1次，多雨季节防治3～4次。所用药剂有：50%苯菌灵可湿性粉剂1500倍液或70%甲基硫菌灵超微可湿性粉剂1000倍液、1：0.5：

200倍式波尔多液、75%百菌清可湿性粉剂600～800倍液、80%喷克可湿性粉剂800倍液、80%甲基托布津可湿性粉剂1000倍液、70%克露可湿性粉剂700～800倍液、40%多硫悬浮剂500倍液、50%退菌特600～800倍液、80%炭疽福美可湿性粉剂600倍液、20%银果可湿性粉剂600倍液、50%福美双600～800倍液、70%代森锰锌700倍液、64%杀毒矾700倍液、77%可杀得600～800倍液、25%粉锈宁500倍液、25%三唑酮可湿性粉剂1000倍液、30%特富灵可湿性粉剂1000倍液，均有良好的防治效果。防治霜霉病可采用27.12%铜高尚悬浮剂300～400倍液、或30%绿得宝可湿性粉剂300倍液、或绿乳铜800倍液等。以上药液应与80%乙磷铝可湿性粉剂500倍液、25%瑞毒霉可湿性粉剂500倍液、64%杀毒矾可湿性粉剂500倍液、78%科博可湿性粉剂500倍液、72.2%普力克700倍液、72%霜露速净600倍液等药液交替使用；或与克露发烟弹、克霜灵发烟弹、百菌清烟熏剂等交替使用。注意药品使用时，不可用同一品种药品连续使用，以免产生抗药性。为提高葡萄的抗逆性与防治效果、增加产量，喷洒非碱性农药时，可掺加600倍“天达-2116”或旱涝收1000倍液。

第十二节　蔬菜病虫害防治技术

一、蔬菜害虫防治技术

（一）猿叶虫

猿叶虫（参见彩图3-76）包括大猿叶虫 *Colaphellus bowringi* Baly 和小猿叶虫 *Phaedon brassicae* Baly 两种，成虫俗称乌壳虫；幼虫俗称癞虫、弯腰虫，分类上均属鞘翅目、叶甲科。

1. 寄主及危害

猿叶虫主要危害十字花科的白菜、菜心、芥兰、黄芽白、芥菜、萝卜、西洋菜等蔬菜。以成、幼虫食叶危害，致叶片呈孔洞或缺刻，严重时食叶成网状，仅留叶脉及虫粪污染，不能食用，造成叶菜减产。

2. 生活习性

大猿叶虫年发生世代，北方一年发生2代，长江流域一年发生2～3代，以成虫在枯叶、土隙、菜叶下越冬，4～5月份和9～11月份为危害盛期，6～8月份潜入土中越夏，成虫平均寿命3个月，多产卵于菜根附近及植株心叶上，堆产（每卵块20余粒）；成、幼虫日夜取食，均具假死性。小猿叶虫在南方与大猿叶虫混杂发生，在长江流域年发生3代，高温期亦蛰伏越夏，成虫寿命更长（平均2年），产卵习性与大猿叶虫不同，卵散产于叶柄或叶脉上，先咬一孔，在孔内产卵。其它习性与大猿叶虫相同。

3. 防治方法

(1) 清洁田园　结合积肥，清除杂草、残株落叶，恶化成虫越冬条件，或在田间堆放菜叶、杂草进行诱杀。

(2) 人工捕杀　利用成、幼虫假死性，以盛有泥浆或药液的广口容器在叶下承接，击落集中杀死之。

(3) 药剂防治　掌握成、幼虫盛发期喷施或淋施25%农梦特，或卡死克或抑太保3000～4000倍液，或21%灭杀毙5000～6000倍液，或40%菊杀乳油2000～3000倍液，或50%辛硫磷乳油，或90%巴丹可湿粉1000～1500倍液，或50%敌敌畏乳油，或90%敌百虫结晶1000倍液，每虫期施药1～2次，交替施用，喷匀淋足。

（二）黄曲条跳甲

1. 寄主与危害

黄曲条跳甲（参见彩图 3-76）*Phyllotreta striolata*（Fabricius）又叫菜蚤子，土跳蚤，黄跳蚤，狗虱虫。主要危害甘蓝、花椰菜、白菜、菜薹、萝卜、芜菁、油菜等十字花科蔬菜，也为害茄果类、瓜类、豆类蔬菜。成虫咬食叶片形成许多小孔，以幼苗受害最重，幼苗子叶被吃后或咬坏生长点可整株死亡；在留种地主要为害花蕾和嫩荚。幼虫危害菜根，将菜根皮蛀成许多环状弯曲虫道或咬断须根，使叶片萎蔫枯死。萝卜被害呈许多黑斑，最后整个变黑腐烂；白菜受害叶片变黑死亡，并传播软腐病。

2. 生活习性

一年发生 2 代。以成虫在落叶、杂草中潜伏越冬。成虫善跳跃，高温时能飞翔，有趋光性，寿命长，卵散产于植株周围湿润的土隙中或细根上。幼虫孵化后在 3～5cm 的表土层啃食根皮，共 3 龄，老熟幼虫在 3～7cm 深的土中化蛹。春、秋两季发生严重，秋季重于春季，湿度高的菜田重于湿度低的菜田。

3. 防治措施

（1）农业防治　清除菜园残株落叶，铲除杂草。收获后或播前及时翻耕晒土，消灭部分蛹。十字花科蔬菜与其它菜类轮作。加强苗期水肥管理。移栽时选用无虫苗，设黑光灯诱杀成虫。

（2）化学防治　播种前用 5%辛硫磷颗粒剂 3kg/亩或米乐尔 1.5kg/亩撒施。如发现根部有虫，可用 2.5%鱼藤乳油 800 倍液浸根，也可用 48%乐斯本乳油或 48%天达毒死蜱 1000 倍液、48%地蛆灵乳油 1000 倍液、50%辛硫磷乳油 1000 倍液等药剂灌根。在成虫活动盛期，宜在早晨和傍晚喷药。可选用下列药剂：2.5%敌杀死乳油 2000 倍液、2.5%功夫水乳剂 1500 倍液、20%灭扫利乳油 1500 倍液、2.5%菜喜乳油 2000 倍液、10%除尽悬浮剂 1500 倍液、10%高效灭百可乳油 1500 倍液、5%抑太保乳油 4000 倍液、5%卡死克乳油 4000 倍液、5%农梦特乳油 4000 倍液、40%菊杀乳油 2000～3000 倍液、40%菊马乳油 2000～3000 倍液、20%氰戊菊酯 2000～4000 倍液或茴蒿素杀虫剂 500 倍液等。

（三）黄守瓜

1. 寄主与危害

黄守瓜（参见彩图 3-77）*Aulacophora indica* 食性广泛，可为害 19 科 69 种植物。几乎为害各种瓜类，受害最烈的是西瓜、南瓜、甜瓜、黄瓜等，也为害十字花科、茄科、豆科、向日葵、柑橘、桃、梨、苹果、朴树和桑树等。

黄守瓜成虫、幼虫都能为害。成虫喜食瓜叶和花瓣，还可为害南瓜幼苗皮层，咬断嫩茎和食害幼果。叶片被食后形成圆形缺刻，影响光合作用，瓜苗被害后，常带来毁灭性灾害；幼虫在地下专食瓜类根部，重者使植株萎蔫而死，也蛀入瓜的贴地部分，引起腐烂，丧失食用价值。

2. 发生规律

黄守瓜每年发生代数因地而异。我国北方每年发生 1 代；南京、武汉 1 代为主，部分 2 代；广东、广西 2～4 代；台湾 3～4 代。各地均以成虫越冬，常十几头或数十头群居在避风向阳的田埂土缝、杂草落叶或树皮缝隙内越冬。翌年春季温度达 6℃时开始活动，10℃时全部出蛰，瓜苗出土前，先在其它寄主上取食，待瓜苗生出 3～4 片真叶后就转移到瓜苗上为害。各地为害时间：江西为 4 月中、下旬（幼虫 5 月中、下旬为害瓜根）；江苏、湖北武汉为 4 月下旬至 5 月上旬；华北约为 5 月中旬。在湖南 1 年 2 代区，越冬代成虫 4 月下旬至 5

月上旬转移到瓜田为害，7月上旬第1代成虫羽化，7月中、下旬产卵，第2代成虫于10月份进入越冬期。

成虫喜在温暖的晴天活动，一般以上午10时至下午3时活动最烈，阴雨天很少活动或不活动，取食叶片时，常以身体为半径旋转咬食，使叶片留下半环形的食痕或圆洞，成虫受惊后即飞离逃逸或假死，耐饥力很强，取食期可绝食10d而不死亡，有趋黄习性。雌虫交尾后1～2d开始产卵，常堆产或散产在靠近寄主根部或瓜下的土壤缝隙中。产卵时对土壤有一定的选择性，最喜产在湿润的壤土中，黏土次之，干燥沙土中不产卵。产卵多少与温湿度有关，20℃以上开始产卵，24℃为产卵盛期，此时，湿度愈高，产卵愈多，因此，雨后常出现产卵量激增。幼虫共3龄。初孵幼虫先为害寄主的支根、主根及茎基，3龄以后可钻入主根或根茎内蛀食，也能钻入贴近地面的瓜果皮层和瓜肉内为害，引起腐烂。幼虫一般在6～9cm表土中活动，耐饥力较强。据记载，初龄幼虫能耐4d，2龄耐8d，3龄耐11d。幼虫老熟后，大多在根际附近作椭圆形土茧化蛹。

越冬成虫寿命长，在北方可达1年左右，活动期5～6个月，但越冬前取食未满1个月者，则在越冬期就会死亡。卵的历期因温度而异，日平均气温15℃为28d，35℃只有8.5d。幼虫期19～38d。蛹期10d左右。

成虫活动最适温度为24℃左右，能耐热，在41℃下处理1h，死亡率不到18%，但不耐寒，在零下－8℃以下，12h后即全部死亡。卵的抗逆性强，浸水144h后还有75%孵化，在高温45℃下受热1h，孵化率可达44%。幼虫孵化需要高湿，在温度25℃，相对湿度75%时不能孵化，90%时孵化率仅15%，100%时能全部孵化。幼虫和蛹不耐水浸，若浸水24h就会死亡。

凡早春气温上升早，成虫产卵期雨水多，发生为害期提前，当年为害可能就重。黏土或壤土由于保水性能好，适于成虫产卵和幼虫生长发育，受害也较沙土为重。连片早播早出土的瓜苗较迟播晚出土的受害重。

3. 防治方法

防治黄守瓜首先要抓住成虫期，可利用趋黄习性，用黄盆诱集，以便掌握发生期，及时进行防治；防治幼虫掌握在瓜苗初见萎蔫时及早施药，以尽快杀死幼虫。苗期受害影响较成株大，应列为重点防治时期。

(1) 农业防治　春季将瓜类秧苗间种在冬作物行间，能减轻为害。合理安排播种期，以避过越冬成虫为害高峰期。

(2) 化学防治　瓜苗生长到4～5片真叶时，视虫情及时施药。防治越冬成虫可用90%晶体敌百虫1000倍、50%敌敌畏乳油1000～1200倍；喷粉可用2%～5%敌百虫每亩1.5～2kg。幼苗初见萎蔫时，用50%敌敌畏乳油1000倍或90%晶体敌百虫1000～2000倍液灌根，杀灭根部幼虫。

(四) 斜纹夜蛾

1. 危害特点

斜纹夜蛾（参见彩图3-77）*Prodenia litura* Fabr. 在国内各地都有发生，是一种暴食性害虫。食性杂，在蔬菜中对白菜、甘蓝、芥菜、马铃薯、茄子、番茄、辣椒、南瓜、丝瓜、冬瓜以及藜科、百合科等多种作物都能进行为害。主要以幼虫为害全株、低龄时群集叶背啃食。3龄后分散为害叶片、嫩茎、老龄幼虫可蛀食果实。其食性既杂又危害各器官，老龄时形成暴食，是一种危害性很大的害虫。

2. 活动习性

斜纹夜蛾每年发生4～5代，以蛹在土下3～5cm处越冬。长江流域多在7～8月大发生，黄河流域则多在8～9月份大发生。卵的孵化适温是24℃左右，幼虫在气温25℃时，历经14～20d，化蛹的适合土壤湿度是土壤含水量在20%左右，蛹期为11～18d。成虫白天潜伏在叶背或土缝等阴暗处，夜间出来活动，飞翔力较强，有强烈的趋光性和趋化性，黑光灯的效果比普通灯的诱蛾效果明显，另外对糖、醋、酒味很敏感。每只雌蛾能产卵3～5块，每块约有卵位100～200个，卵多产于叶背的叶脉分叉处，以茂密、浓绿的作物产卵较多，堆产，卵块常覆有鳞毛而易被发现。经5～6d就能孵出幼虫，初孵幼虫具有群集危害习性，3龄以后则开始分散，老龄幼虫有昼伏性和假死性，白天多潜伏在土缝处，傍晚爬出取食，遇惊就会落地蜷缩作假死状。当食料不足或不当时，幼虫可成群迁移至附近田块危害，故又有"行军虫"的俗称。斜纹夜蛾发育适温为29～30℃，一般高温年份和季节有利其发育、繁殖，低温则易引致虫蛹大量死亡。该虫食性虽杂，但食料情况，包括不同的寄主，甚至同一寄主不同发育阶段或器官，以及食料的丰缺，对其生育繁殖都有明显的影响。间种、复种指数高或过度密植的田块有利其发生。天敌有寄生幼虫的小茧蜂和多角体病毒等。

3. 防治措施

(1) 农业防治

① 清除杂草，收获后翻耕晒土或灌水，以破坏或恶化其化蛹场所，有助于减少虫源。

② 结合管理随手摘除卵块和群集危害的初孵幼虫，以减少虫源。

(2) 物理防治

① 点灯诱蛾。利用成虫趋光性，于盛发期点黑光灯诱杀。

② 糖醋诱杀。利用成虫趋化性配糖醋液（糖：醋：酒：水＝3：4：1：2）加少量敌百虫诱蛾。

③ 柳枝蘸洒500倍敌百虫诱杀蛾子。

(3) 化学防治。挑治或全面治交替喷施21%灭杀毙乳油6000～8000倍液，或50%氰戊菊酯乳油4000～6000倍液，或20%氰马或菊马乳油2000～3000倍液，或2.5%功夫、2.5%天王星乳油4000～5000倍液，或20%灭扫利乳油3000倍液，或80%敌敌畏、或2.5%灭幼脲、或25%马拉硫磷1000倍液，或5%卡死克、或5%农梦特2000～3000倍液，2～3次，隔7～10d喷一次，喷匀喷足。

（五）豆荚螟

豆荚螟（参见彩图3-78）*Etiella zinckenella*（Treitschke）为世界性分布的豆类害虫，我国各地均有该虫分布。是南方豆类的主要害虫。

1. 危害特点

豆荚螟以幼虫在豆荚内蛀食豆粒，被害籽粒重则蛀空，仅剩种子柄；轻则蛀成缺刻，几乎都不能作种子；被害籽粒还充满虫粪，变褐以致霉烂。一般豆荚螟从荚中部蛀入。

2. 生活习性

豆荚螟随地区和气候条件的不同一年可发生2～8代。越冬代成虫在豌豆、绿豆或冬季豆科绿肥上产卵发育为害；第二代幼虫为害春播大豆或绿豆等其它豆科植物；第三代为害晚播春大豆、早播夏大豆及夏播豆科绿肥；第四代为害夏播大豆和早播秋大豆；第五代为害晚播夏大豆和秋大豆。各地主要以老熟幼虫在寄主植物附近土表下5～6cm深处结茧越冬，也有少数地区以蛹越冬，也可在晒场周围表土下结茧越冬。

成虫昼伏夜出，白天多躲在豆株叶背、茎上或杂草上，傍晚开始活动，趋光性不强。成虫羽化后当日即能交尾，隔天就可产卵。每荚一般只产1粒卵，少数2粒以上。其产卵部位大多在荚上的细毛间和萼片下面，少数可产在叶柄等处。在大豆上尤其喜产在有毛的豆荚上；在绿肥和豌豆上产卵时多产花苞和残留的雄蕊内部而不产在荚面。初孵幼虫先在荚面爬行1～3h，再在荚面吐丝结一白色薄茧（丝囊）躲藏其中，经6～8h，咬穿荚面蛀入荚内。幼虫进入荚内后，即蛀入豆粒内为害，3龄后才转移到豆粒间取食，4～5龄后食量增加，每天可取食1/3～1/2粒豆，1头幼虫平均可吃豆3～5粒。在一荚内食料不足或环境不适，可以转荚为害，每一幼虫可转荚为害1～3次。豆荚螟为害先在植株上部，渐至下部，一般以上部幼虫分布最多。幼虫在豆荚籽粒开始膨大到荚壳变黄绿色前侵入时，存活显著减少。幼虫除为害豆荚外，还能蛀入豆茎内为害。老熟的幼虫，咬破荚壳，入土作茧化蛹，茧外粘有土粒，称土茧。

豇荚螟喜干燥，在适温条件下，湿度对其发生的轻重有很大影响，雨量多湿度大则虫口少，雨量少湿度低则虫口大；地势高的豆田，土壤湿度低的地块比地势低、湿度大的地块受害重。结荚期长的品种较结荚期短的品种受害重，荚毛多的品种较荚毛少的品种受害重，豆科植物连作田受害重。豆荚螟的天敌有豆荚螟甲腹茧蜂、小茧蜂、豆荚螟白点姬蜂、赤眼蜂等，以及一些寄生性微生物。

3. 防治措施

（1）农业防治

① 合理轮作，避免豆科植物连作，可采用大豆与水稻等轮作，或玉米与大豆间作的方式，减轻豆荚螟的为害。

② 灌溉灭虫，在水源方便的地区，可在秋、冬灌水数次，提高越冬幼虫的死亡率，在夏大豆开花结荚期，灌水1～2次，可增加入土幼虫的死亡率，增加大豆产量。

③ 选种抗虫品种。种植大豆时，选早熟丰产，结荚期短，豆荚毛少或无毛品种种植，可减少豆荚螟的产卵。

④ 豆科绿肥在结荚前翻耕沤肥，种子绿肥及时收割，尽早运出本田，减少本田越冬幼虫的量。

（2）生物防治　于产卵始盛期释放赤眼蜂，对豆荚螟的防治效果可达80%以上；老熟幼虫入土前，田间湿度高时，可施用白僵菌粉剂，减少化蛹幼虫的数量。

（3）药剂防治　地面施药，老熟幼虫脱荚期，毒杀入土幼虫，以粉剂为佳，主要有：2%杀螟松粉剂，2%倍硫磷粉剂等每亩1.5～2kg。晒场处理，在大豆堆垛地及周围1～2m范围内，撒施上述药剂、低浓度粉剂或含药毒土，可使脱荚幼虫死亡90%以上。此外，90%晶体敌百虫700～1000倍液，或50%倍硫磷乳油1000～1500倍液，或40%氧化乐果1000～1500倍液，或50%杀螟松乳油1000倍液，或2.5%溴氰菊酯4000倍液，也有较佳效果。

（六）美洲斑潜蝇

1. 分布情况

美洲斑潜蝇（参见彩图3-80）*Liriomyza sativae* 在北美洲、中美洲和加勒比地区、南美洲、大洋洲、非洲、亚洲的许多国家和地区都有分布。近20多年来，该虫已在美国、巴西、加拿大、巴拿马、墨西哥、智利、古巴等30多个国家和地区严重发生，造成巨大的经济损失，并有继续扩大蔓延的趋势，许多国家已将其列为最危险的检疫害虫。我国于1993年12月在海南省三亚市首次发现，1994年列为国内检疫对象，现已分布20多个省、自治区、直辖市。1995年美洲斑潜蝇在我国21个省（市、自治区）的蔬菜产区暴发为害，受害面积达$1.488\times10^6hm^2$，减产30%～40%。

2. 危害特点

寄主植物达110余种，其中以葫芦科、茄科和豆科植物受害最重。它对叶片的危害率可达10%～80%，常造成瓜菜减产、品质下降，严重时甚至绝收。该种不易发现。我国的斑潜蝇近似种多，由于其虫体都很小，往往难以区别。对农药抗性产生快。

危害症状：美洲斑潜蝇以幼虫取食叶片正面叶肉，形成先细后宽的蛇形弯曲或蛇形盘绕虫道，其内有交替排列整齐的黑色虫粪，老虫道后期呈棕色的干斑块区，一般1虫1道，1头老熟幼虫1d可潜食3cm左右。成虫在叶片正面取食和产卵，刺伤叶片细胞，形成针尖大小的近圆形刺伤“孔”，造成危害。“孔”初期呈浅绿色，后变白，肉眼可见。幼虫和成虫的危害可导致幼苗全株死亡，造成缺苗断垄；成株受害，可加速叶片脱落，引起果实日灼，造成减产。幼虫和成虫通过取食还可传播病害，特别是传播某些病毒病，降低叶菜类食用价值。

3. 生活习性

该虫在广东1年可发生14～17代。世代随温度变化而变化：15℃时约54d，20℃时约16d；30℃时约12d。成虫具有较强的趋光性，有一定飞翔能力。成虫吸取植株叶片汁液；卵产于叶肉中；初孵幼虫潜食叶肉，并形成隧道，隧道端部略膨大，老龄幼虫咬破隧道的上表皮爬出道外化蛹。成虫有一定飞翔能力，主要随寄主植物的叶片、茎蔓、甚至鲜切花的调运而传播。

4. 防治措施

(1) 植物检疫　在种子和农产品调运中做好检疫工作。

(2) 农业防治

① 考虑蔬菜布局，把斑潜蝇嗜好的瓜类、茄果类、豆类与其不为害的作物进行套种。

② 适当疏植，增加田间通透性。

③ 及时清洁田园，蔬菜收获后，及时把被斑潜蝇为害作物的残体集中深埋、沤肥或烧毁。将有蛹表层土壤深翻到20cm以下，以降低蛹的羽化率。适当疏植，提高通风透光率，压低虫口密率。在害虫发生高峰时，摘除带虫叶片销毁。

(3) 物理防治　采用灭蝇纸诱杀成虫。在成虫始盛期至盛末期，每亩设置15个诱杀点，每个点放置1张诱蝇纸诱杀成虫，3～4d更换一次。依据其趋黄习性，利用黄板诱杀。

(4) 生物防治　利用寄生蜂防治，在不用药的情况下，寄生蜂天敌寄生率可达50%以上。(姬小蜂 *Diglyphus* spp.、反颌茧蜂 *Dacnusin* spp.、潜蝇茧蜂 *Opius* spp. 这三种寄生蜂对斑潜蝇寄生率较高。)

(5) 科学用药　在受害作物某叶片有幼虫5头时，掌握在幼虫2龄前（虫道很小时），喷洒98%巴丹原粉1500～2000倍或1.8%爱福丁乳油3000～4000倍液、1%增效7051生物杀虫素2000倍液、48%乐斯本乳油1000倍液、25%杀虫双水剂500倍液、98%杀虫单可溶性粉剂800倍液、50%蝇蛆净粉剂2000倍液、40%绿菜保乳油1000～1500倍液、1.5%阿巴丁乳油3000倍液、5%抑太保乳油2000倍液、5%卡死克乳油2000倍液。

(七) 茶黄螨

1. 危害特点

茶黄螨（参见彩图3-79）*Polyphagotarsonemus latus*（Banks）属蜱螨目、跗线螨科，全国分布。又名侧多食跗线螨、嫩叶螨、白蜘蛛，杂食性，可为害30科70多种作物。主要为害茄果类、瓜类、豆类及苋菜、芥蓝、西芹、蕹菜、落葵、茼蒿、樱桃萝卜、白菜等名特优稀蔬菜。一般减产10%～30%，严重时可达80%～100%。

成、幼螨集中在寄主幼嫩部位刺吸汁液，尤其是尚未展开的芽、叶和花器。被害叶片增厚僵直，变小变窄，叶背呈黄褐色或灰褐色，带油状光泽，叶缘向背面卷曲，变硬发脆。幼茎受害后呈黄褐色至灰褐色，扭曲，节间缩短，严重时顶部枯死，形成秃顶。花器受害，花蕾畸形，严重时不能开花。幼果或嫩荚受害，被害处停止生长，表皮呈黄褐色，粗糙，果实僵硬，膨大后表皮龟裂，种子裸露，味苦不能食用，果柄和萼片呈灰褐色。

2. 生活习性

南方茶黄螨年发生25～30代，有世代重叠现象，以成螨在土缝、蔬菜及杂草根际越冬，温暖地区和有温室的菜区茶黄螨可终年发生。螨靠爬行、风力和人、工具及菜苗传带扩散蔓延，开始发生时有明显点片阶段。4～5月间螨数量较少，6～10月上旬大量发生。保护地内立冬后至12月中旬数量显著下降。北京、天津地区茶黄螨在露地不能越冬，主要在加温温室和日光温室及苗棚内继续繁殖为害，春季通过菜苗移栽传播。5月上中旬，大棚蔬菜可见到明显的被害状，5月底至6月初可出现严重受害田块。一般7～9月为盛发期，10月以后随气温下降数量随之减少。茶黄螨繁殖快，喜温暖潮湿，要求温度更严格，15～30℃发育繁殖正常，25℃时完成一代平均历期12.8d，数量增长31倍，30℃时历期为10.5d，数量增长13.5倍。35℃以上卵孵化率降低，幼螨和成螨死亡率极高，雌螨生育力显著下降。成螨对湿度要求不严格，相对湿度40%仍可正常生殖。适于卵孵化和幼螨生长发育需80%以上相对湿度，低于80%则大量死亡。保护地温暖潮湿对茶黄螨生长发育和繁殖有利。因而冬季温室生产喜温名特优稀蔬菜仍可发生为害，但保护地以秋棚为害严重。成螨十分活跃，且雄螨背负雌螨向植株幼嫩部转移。1头雌螨可产卵百余粒，卵多产在嫩叶背面、果实凹陷处及嫩芽上，卵期2～3d。雌雄以两性生殖为主，其后代雌螨多于雄螨。也可营孤雌生殖，但卵的孵化率低，后代为雄性。

3. 防治方法

(1) 搞好冬季苗房和生产温室的防治工作，铲除棚、室周围的杂草，收获后及时彻底清除枯枝落叶，消灭越冬虫源。

(2) 培育无虫苗　移栽前用药剂对菜苗全面防治。

(3) 药剂防治　由于茶黄螨虫体极小，不易发现，早期调查需根据被害植株进行判断。保护地蔬菜在定植缓苗后要加强调查，发现个别植株出现受害症状时及时挑治，防止进一步扩展蔓延。春秋茶黄螨盛发期需间隔7～10d定期施药防治。喷药重点主要是植株上部嫩叶、嫩茎、花器和嫩果，并注意轮换用药。可选用1.8%虫螨克乳油4000～5000倍液，或5%尼索朗乳油1500～2000倍液，或25%倍乐霸可湿性粉剂1000～1500倍液，或50%阿波罗悬浮剂2000～4000倍液，或5%卡死克乳油1000～1500倍液，或20%速螨酮可湿性粉剂3000～4000倍液或5.5%爱诺南螨清乳油1000～1500倍液喷雾防治。每隔10d一次，连续喷3次进行防治。

（八）茄二十八星瓢虫

1. 危害特点

茄二十八星瓢虫（参见彩图3-77）*Henosepilachna vigintioctopunctata*（Fabricius）主要为害茄果类蔬菜中的茄子和马铃薯，有时豆类、瓜类以及白菜也被其为害。成虫和幼虫都能进行为害，咬食叶肉，严重时仅留下叶脉，使植株死亡，有时还能为害果实和嫩茎，取食花瓣、萼片，使果实变硬、味苦，品质降低。

2. 生活习性

茄二十八星瓢虫分布我国东部地区，但以长江以南发生为多。在广东年发生5代，无越冬现象。每年以5月份发生数量最多，为害最重。成虫白天活动，有假死性和自残性。雌成虫将卵块产于叶背。初孵幼虫群集为害，稍大分散为害。老熟幼虫在原处或枯叶中化蛹。卵期5～6d，幼虫期15～25d，幼虫共4龄，初孵化的幼虫开始是不活动的，数小时后才活动取食，2龄以前多群集在叶背为害，2龄后逐渐分散活动为害；蛹期4～15d，成虫寿命25～60d。成虫和幼虫都有假死性，有时还自食其卵。发生适温是22～28℃，相对湿度

76%～84%。

3. 防治措施

（1）捕杀成虫　在成虫发生期间，利用其有假死性的习性。进行药水盆捕杀（方法详见大猿叶虫防治法），中午时间效果较好。

（2）采卵块　鉴于瓢虫的卵呈块状，每块数十粒，所以及时进行人工采卵是一种有效的防治方法。

（3）整地与处理残株　作物收获后，在残株上有瓢虫潜伏，结合处理残株并进行耕地，可消灭趋于缝隙中的虫体。

（4）药剂防治　在越冬代成虫发生期和1代幼虫孵化盛期防治效果较好，可选用4000倍液的杀灭菊酯，1000倍液的敌敌畏（低温期）或常用的1000～1500倍液马拉硫磷喷雾。2.5%功夫乳油4000倍液；21%灭杀毙乳油5000倍液；50%辛硫磷乳油1000倍液。注意重点喷叶背面。

（九）茄黄斑螟

1. 危害特点

茄黄斑螟（参见彩图3-80）*Leucinodes orbonalis* Guenée 别名茄螟、茄白翅野螟，为害茄子、龙葵、马铃薯、豆类等植物。以幼虫为害蕾、花并蛀食嫩茎、嫩梢及果实，引起枝梢枯萎、落花、落果及果实腐烂。秋季多蛀害茄果，一个茄子内可有3～5头幼虫；夏季茄果虽受害轻，但花蕾、嫩梢受害重，可造成早期减产。

2. 发生规律

在武汉年发生5代，以幼虫越冬。5月份开始出现幼虫为害，7～9月为害最重，尤以8月中下旬为害秋茄最烈。成虫夜间活动，但趋光性不强。25℃下每雌可产卵200粒以上，散产于茄株的上、中部嫩叶背面。卵发育历期20～25℃为8～13d，30℃为5～7d，35℃以上2～3d。在武汉7～8月份，幼虫历期10～15d，预蛹期2～3d，蛹期8～12d。夏季老熟幼虫多在茄株中上部缀合叶片化蛹，秋季多在枯枝落叶、杂草、土缝内化蛹。

3. 防治措施

茄子收获后，要清洁菜园，及时处理残株败叶，以减少虫源。在幼虫发生期，可采用化学药剂防治，如20%杀灭菊酯2000倍液，灭杀毙（21%增效氰·马乳油）3000倍液，10%菊·马乳油1500倍液，25%增效喹硫磷乳油1000倍液，5.7%百树得2000倍、4.5%高效氯氰菊酯2000倍液、1.8%阿维菌素2000～3000倍液防治等。

二、蔬菜病害防治技术

（一）大白菜软腐病

1. 发病规律

大白菜软腐病（参见彩图3-81）主要在病株和病残体组织中越冬。田间发病的植株、春天带病的采种株、土壤中、堆肥里以及菜窖附近的病残体上都有存有大量病菌，是重要的侵染来源。病菌主要通过昆虫、雨水和灌溉水传染，从伤口侵入寄主。由于病菌的寄主范围广，所以能从春到秋在田间各种蔬菜上传染繁殖，不断为害，最后传到白菜、甘蓝、萝卜等秋菜上。软腐病多发生在白菜包心期以后，其重要原因之一是白菜不同生育期的愈伤能力不同。试验证明，白菜幼苗期受伤，伤口3h即开始木栓化，经24h木栓化的，即可达到病菌不易侵入的程度。白菜包心以后多雨往往发病严重。昆虫在白菜上造成伤口，有利于软腐病菌侵入；有的昆虫体内外携带病菌，直接起了传染和接种的作用。栽培措施与发病规律的关系如下。①高畦与平畦：高畦土壤中氧气充足，土壤中不易积水，有利于寄主的伤愈组织形成，减少病菌侵染的机会，故发病轻；平畦则反之。②间作与轮作：白菜与大麦、小麦、豆类等轮作，发病轻；与茄科和瓜类等蔬菜轮作，发病重。③播种期：播种期早，白菜包心早，感病期也提早，发病一般都较重。但与当年雨水有关，在雨水多、雨水早的年份，这种影响更为明显。白菜品种间也存在抗病性的差异。疏心直筒的品种由于外叶直立，垄间不荫蔽，通风良好，在田间发病比外叶贴地的球形、牛心形的品种发病轻。多数柔嫩多汁的白帮品种，抗病性都不如青帮品种。抗病毒和霜霉病的品种，也抗软腐病。

2. 防治措施

防治软腐病应以加强栽培管理、防治害虫、利用抗病品种为主，再结合药剂防治，才能收到较好的效果。

(1) 农业防治　避免将白菜、甘蓝、萝卜等秋菜种在低洼、黏重的地块上。提早耕翻整地，可以改进土壤性状，提高肥力、地温，促进病残体腐解，减少病菌来源和减少害虫。选择抗病品种，适期播种。增施底肥，及时追肥。高畦栽培或起垄栽培。这种方法排水良好、空气流通，能降低株间的湿度，有利于伤口愈合。雨后要及时排水，不能使地里有积水。灌水要勤灌、均衡灌，改大水漫灌为浅灌；改通灌、串灌为长垄短灌。每次灌水前仔细检查一下，发现软腐病株要连根挖出深埋。拔后的株穴撒石灰后覆土踏实，然后再灌水。灌水尤其是沟灌时，水里的软腐细菌不容易接触到白菜叶基部，从而避免侵染，并有利于促进白菜根系发育，提高大白菜的抗病能力。减少伤口产生和促进伤口愈合。白菜的伤口经常有机械伤、裂伤、烧伤、病伤、虫伤等。这些伤口是软腐病细菌侵入的良好途径。所以要尽量减少或避免伤口的发生。因此，在白菜封垄后要尽量减少不必要的田间作业或田间走动，避免机械碰伤同时做好前期病毒病、霜霉病、白斑病等病害的防治，减少病斑伤口。追施化肥时要注意离根系有一定的距离，以免烧伤根系。保持供水均衡，避免土壤暴干暴湿，造成菜叶生理裂口；从苗期起就要及时防治地老虎、菜青虫、甘蓝夜蛾等害虫，特别要消灭地蛆的为害。白菜伤口愈合与否和愈合速度快慢，与温度、湿度、空气流通（主要是氧气供给）情况有关。创造高温、低温、空气流通的条件，就可加速伤口愈合。

(2) 治虫防病　早期应注意防治地下害虫。从幼苗期起就应防治黄条跳甲、菜青虫、小菜蛾、猿叶虫、地蛆和甘蓝夜蛾等。及时用乐果 800～1000 倍液或敌百虫 1000 倍液，灌根 1～2 次，消灭地蛆为害。对防治白菜、萝卜的软腐病效果非常显著。

(3) 化学防治　在发病前或发病初期可以喷下列药剂，防止病害蔓延。喷药应以轻病株及其周围的植株为重点，注意喷在接近地表的叶柄及茎基部。常用药剂有：硫酸链霉素或农用链霉素 1000～1300 倍液；或新植霉素 1300 倍液进行喷雾；也可用 50%代森铵水剂 100 倍液；或 70%敌克松可湿性粉剂 800～1000 倍液；或 60%百菌通可湿性粉剂 500～600 倍液；或 40%细菌灵（CT 杀菌剂）1 片（0.5g）加水 4kg；或抗菌剂“401”500 倍液；氯霉素 200～400mg/kg 等；农用链霉素 200mg/kg。

(二) 辣（甜）椒疫病

1. 发病规律

辣（甜）椒疫病（参见彩图 3-82）以卵孢子在土壤中或病残体中越冬，借风、雨、灌水及其它农事活动传播。发病后可产生新的孢子囊，形成游动孢子进行再侵染。病菌生育温度范围为 10～37℃，最适宜温度为 20～30℃。空气相对湿度达 90%以上时发病迅速；重茬、低洼地、排水不良，氮肥使用偏多、密度过大、植株衰弱均有利于该病的发生和蔓延。

2. 防治措施

(1) 农业防治

① 实行轮作、深翻改土，结合深翻，土壤喷施“免深耕”调理剂，增施有机肥料、磷钾肥和微肥，适量施用氮肥，改善土壤结构，提高保肥保水性能，促进根系发达，植株健壮。

② 选用抗病品种毛粉802、L402、佳粉15等；种子严格消毒，培育无菌壮苗；定植前7d和当天，分别细致喷洒两次杀菌保护剂，做到净苗入室，减少病害发生。

③ 栽植前实行火烧土壤、高温焖室，铲除室内残留病菌，栽植以后，严格实行封闭型管理，防止外来病菌侵入和互相传播病害。

④ 结合根外追肥和防治其它病虫害，每10～15d喷施一次600～1000倍“天达-2116”，连续喷洒4～6次，提高番茄植株自身的适应性和抗逆性，提高光合效率，促进植株健壮。

⑤ 增施二氧化碳气肥，搞好肥水管理，调控好植株营养生长与生殖生长的关系，促进植株健壮长势，提高营养水平，增强抗病能力。

⑥ 全面覆盖地膜，加强通气，调节好温室的温度与空气相对湿度，使温度白天维持在25～30℃，夜晚维持在14～18℃，空气相对湿度控制在70%以下，以利于番茄正常的生长发育，不利于病害的侵染发展，达到防治病害之目的。

⑦ 注意观察，发现少量发病叶果，立即摘除深埋，发现茎干发病，立即用200倍70%代森锰锌药液涂抹病斑，铲除病原。

(2) 化学防治 定植前要搞好土壤消毒，结合翻耕，每亩喷洒3000倍96%天达恶霉灵药液50kg，或撒施70%敌克松可湿性粉剂2.5kg，或70%的甲霜灵锰锌2.5kg，杀灭土壤中残留病菌。

定植后，每10～15d喷洒一次1∶1∶200倍等量式波尔多液，进行保护，防止发病（注意！不要喷洒开放的花蕾和生长点）。每两次喷洒波尔多液之间，喷1次600～1000倍瓜茄果专业型“天达-2116”（或5000倍康凯、或5000倍芸薹素内酯），与波尔多液交替喷洒。

如果已经开始发病可选用以下药剂：72.2%普力克800倍液，72%克露700～800倍；70%甲霜灵锰锌或70%乙磷铝锰锌500倍液，25%瑞毒霉600倍+85%乙磷铝500倍液，64%杀毒矾500倍+85%乙磷铝500倍液，天达裕丰1000倍液，70%新万生或大生的600倍液，特立克600～800倍液，70%代森锰锌500倍+85%乙磷铝500倍液，75%百菌清800倍液等。以上药液需交替使用，每5～7d一次，连续2～3次，每10～15d掺加1次600倍“天达-2116”，以便提高药效，增强植株的抗逆性能，提高防治效果。阴雨天气，改用百菌清粉尘剂喷粉，用药800～1000g/亩；或用克露烟雾剂熏烟防治，用药300～400g/亩。

（三）辣椒炭疽病

1. 发病情况

辣椒炭疽病（参见彩图3-83），病菌以分生孢子附着在种子表面、或以菌丝体潜伏在种子内越冬，也可以菌丝体、分生孢子或分生孢子盘在病残体或土壤中越冬，条件适宜时，借风雨、灌水、昆虫及农事活动传播，种子可以直接传播。病菌发育温度范围为12～33℃，最适温度为27℃，空气相对湿度达95%以上时，最适宜发病和侵染，空气相对湿度在70%以下时，难以发病。地势低洼、排水不良、密度过大、氮肥使用过多、虫害严重时都会加重病害的侵染与流行。

2. 防治措施

病害控制措施：辣椒炭疽病主要以越冬病残体和种子上携带的病菌为初侵染源。因此，搞好种子处理、彻底清除病残体、合理轮作是控制病害发生的有效措施。

(1) 农业防治 种植抗病品种：开发利用抗病资源，从无病果实采收种子，作为播种材料；培育抗病高产的新品种；一般辣味强的品种较抗病，可因地制宜选用。加强栽培管理：

合理密植，使辣椒封行后行间不郁蔽，果实不暴露；避免连作，发病严重地区应与瓜类和豆类蔬菜轮作2～3年；适当增施磷、钾肥，促使植株生长健壮，提高抗病力；低湿地种植要做好开沟排水工作，防止田间积水，以减轻发病；及时采果，椒炭疽病菌为弱寄生菌，成熟衰老的、受伤的果实易发病，及时采果可避病。清洁田园：果实采收后，清除田间遗留的病果及病残体，集中烧毁或深埋，并进行一次深耕，将表层带菌土壤翻至深层，促使病菌死亡。可减少初侵染源、控制病害的流行。

(2) 化学防治　种子处理：如种子有带菌嫌疑，可用55℃温水浸种10min，或用浓度为1000mg/kg的70%代森锰锌或50%多菌灵药液浸泡2h，进行种子处理。定植前要搞好土壤消毒，结合翻耕，每亩喷洒3000倍96%天达恶霉灵药液50kg，或撒施70%敌克松可湿性粉剂2.5kg，或70%的甲霜灵锰锌2.5kg，杀灭土壤中残留病菌。定植后，每10～15d喷洒一次1∶1∶200倍等量式波尔多液，进行保护，防止发病（注意：不要喷洒开放的花蕾和生长点）。每两次喷波尔多液之间，喷1次600～1000倍瓜茄果专业型“天达-2116”（或5000倍康凯、或5000倍芸薹素内酯），与波尔多液交替喷洒。

（四）甜（辣）椒病毒病

甜（辣）椒病毒病（参见彩图3-81）在全国各地普遍发生，危害极为严重，轻者减产20%～30%，严重时损失50%～60%，是甜（辣）椒栽培中的重要病害。

1. 发病规律

甜（辣）椒病毒病主要由黄瓜花叶病毒和烟草花叶病毒引起。黄瓜花叶病毒的寄主很广泛，其中包括许多蔬菜作物，主要由蚜虫（桦赤蚜等）传播。烟草花叶病毒可在干燥的病株残枝内长期生存，也可由种子带毒，经由汁液接触传播侵染。通常高温干旱，蚜虫严重危害时黄瓜花叶病毒危害也严重，多年连作，低洼地，缺肥或施用未腐熟的有机肥，均可加重烟草花叶病毒的危害。

2. 防治方法

(1) 农业防治　选用中椒2号、甜杂2号、双丰、中椒4号、早丰1号、苏椒2号、苏椒3号、农发等抗病品种；清洁田园，避免重茬，可与葱蒜类、豆科和十字花科蔬菜进行3～4年轮作；培育壮苗，覆盖地膜，适时定植，加强水肥管理，增强植株抗病能力。

(2) 治虫防病　利用银灰色膜避蚜、黄板诱蚜。前期要着重治蚜，减少传毒媒介。

(3) 化学防治

① 毒克星，又名病毒A或20%盐酸吗啉胍铜可湿性粉剂，用来防治番茄、辣椒等作物多种病毒病，用400～600倍液每7d喷洒一次，连喷3～4次。高浓度条件下易产生药害，一般浓度不高于300倍液。

② 每亩用15%植病灵60～120mL加水喷雾，每7d喷一次，共喷3～4次。

③ 83增抗剂，用于防治多种蔬菜病毒病。辣椒定植前和定植后，每亩用83增抗剂600～1000mL加水喷雾，每7d喷一次，共喷3～4次，防病、促进早熟和增产效果好。

（五）番茄青枯病

1. 发病规律

番茄青枯病（参见彩图3-84）病菌可以同病株残体一同进入土壤。长期生存形成侵染源。土壤水分对其在土壤中的生存影响极大。在湿度大的冲积土中，可以生存长达2～3年，而在干燥的土壤中，只能生存几天。青枯病菌，在土壤中并非以休眠状态生存，而是在上述发病植株或某种杂草的根际进行繁殖。生存在土壤中的青枯病菌，主要是由作业过程中造成的伤口或者是由根瘤线虫、蓝光丽金龟幼虫等根部害虫造成的伤口侵染植株，在茎的导管部位和根部发病。有时也会由无伤口细根侵入植株内发病。青枯病菌在10～41℃下生存，在

35～37℃生育最为旺盛。一般从气温达到20℃时开始发病，地温超过20℃时十分严重。在高温高湿、重茬连作、地洼土黏、田间积水、土壤偏酸、偏施氮肥等情况下，该病容易发生。生长中后期中耕过深，损伤根系或线虫为害造成伤口时也利于发病。

2. 防治措施

(1) 农业防治 应及时消毒和更换床土，并且有计划地进行轮作，可把西红柿与非茄科作物葱、蒜、瓜类、十字花科蔬菜或水稻等实行4～5年以上轮作，能有效降低土壤含菌量，减轻病害发生；同时，可采用嫁接技术控制，嫁接可用野生西红柿作砧木；改良土壤，结合整地施基肥，施熟石灰粉100kg/亩，使土壤呈中性或微酸性，可较好抑制细菌的生长繁殖，调节土壤酸碱度；然后深耕或增施草木灰、硫酸钾等钾肥。同时，施肥上改氨态氮肥为硝酸钙；选用抗青枯病的品种，如新世纪908、长征906、合作903、抗青19、丹粉1号、丰宝、洪抗1号等；优化栽培方式，采用高垄或半高垄栽培方式，配套田间沟系，降低田间湿度，选择排水良好的无病地块育苗和定植，及时中耕除草，西红柿苗生长早期，中耕可以深些，以后浅些，到西红柿生长旺盛期，停止中耕同时避免践踏畦面，以防伤根；同时增施磷、钙、钾肥料，促进作物生长健壮，抗病能力提高，能减轻青枯病发生；采用营养钵、肥团、温床育苗，培育矮壮苗，以增强作物抗病、耐病能力，做到适期播种，幼苗要求节间短而粗；适当提早定植，避开夏季高温；定植时多带土减少伤根；施肥上，注意氮、磷、钾肥的配施，施足基肥，勤施追肥，增施有机肥及微肥，不施用西红柿、辣椒等茄科植物沤制的肥料。适当增施氮肥和钾肥，或根外追肥，喷施微肥可促进植株维管束生长发育，提高植株抗耐病能力。从花期开始，每次每亩用多元素混合型高效硼肥100g加水40kg喷雾，或者用0.1%～0.2%的硼酸、硫酸锰混合液50～60kg喷雾，隔10～20d喷1次，共喷2～3次。为避免植株体内酸性物质增加，可在喷施硼、锰微肥的间隔期间喷施1～2次0.5%碳酸氢钠溶液。若田间发现病株，应立即拔除烧毁，清洁田园，并在拔除部位撒施生石灰粉或草木灰或在病穴灌注2%福尔马林液或20%石灰水。

(2) 化学防治 在茄科蔬菜种植前或采收后，每亩用20%土菌狂杀可湿性粉剂1000～2000g拌湿润细土撒施，混在表土层内，可有效杀灭土壤中的病原菌。发病初期，每亩用农链霉素液50～60kg对植株喷雾，隔7～10d喷1次，共喷2～3次。也可以在发生青枯病时，用20%土菌狂杀可湿性粉剂700～800倍液灌根或喷雾，隔7～10d喷1次，共施药2～3次。或选用72%农用硫酸链霉素可溶性粉剂4000倍液、农抗“401”500倍液、25%络氨铜水剂500倍液、77%可杀得可湿性粉剂400～500倍液、50%百菌通可湿性粉剂400倍液或新植霉素4000倍液等药剂灌根，每株灌药液300～500mL，每隔10d灌一次，连续灌2～3次。

(六) 茄绵疫病

1. 发病规律

茄绵疫病（参见彩图3-84）又名掉蛋、烂茄、水烂，是茄子重要的病害之一。发病后蔓延很快，常引进茄果大量腐烂脱落，给生产造成很大损失。此病除危害茄子外，还危害番茄、辣椒等蔬菜，也可造成严重损失。该病主要以卵孢子在土壤中的病残体上越冬，卵孢子越冬后，经雨水冲刷到靠近地面的茄果上，萌发产生芽管，当芽管与寄主表皮接触时，形成压力胞，再在压力胞后部产生侵入丝，直接穿过表皮侵入寄主，引起初侵染。以后在病斑上产生大量的孢子囊。孢子囊或孢子囊萌发产生的游动孢子在植株生长期间又经风、雨和流水传播，进行再侵染，使病害在田间扩大蔓延。在茄子生长末期，又在病组织内形成卵孢子。

湿度和降雨量是病害发生早晚和轻重的决定性因素。一般在温度25～30℃和相对湿度80%以上时，病害发展得很快。高温高湿的气候条件，有利于病害的流行。如在28～32℃条件下人工接种感病品种的茄果时，经24h后即出现水渍状的淡褐色病斑。64h后长出白色霉状物。如果从伤口接种，其潜育期更短。在茄子生育期间，我国大部分地区的温度条件容易满足病害发生条件，因此病害与雨季有直接关系。果实的发病高峰往往紧接在雨量高峰之后。田间一般在大雨后2～3d，即大量出现烂果。连作地发病早而重。地势低洼、排水不良、土质黏重、过密，定植过迟，偏氮，重茬，雨后积水或渠旁漏水的地块发病重。田间管理不及时，杂草多或叶螨危害严重的地块，发病也重。过度密植或偏施氮肥使生长繁茂，田间郁闭而通风不良时，也有利于病害的发生和蔓延。据试验证明：加大行距，缩小株距，或加大穴距，一穴双株，既能保证每亩株数，又增强了行间通风透光，降低了田间湿度，有明显的防病增产效果。一般长茄型比圆茄型品种发病重，含水量高的比含水量低的品种发病重，晚熟品种比早熟品种发病重。

2. 防治措施

(1) 农业防治　选用绿茄、紫长茄等较抗病的品种种植；避免与茄科、葫芦科蔬菜轮作，重病地要实行2年以上的轮作。同时搞好田园卫生，及时清除病果与病叶，深埋或销毁，减少菌源；选择地势较高、排水良好的地块种植，低洼地则要采用高垄或半高垄栽培，防止雨后或灌水时积水；增施底肥，适时追肥，施用磷钾肥，促进健壮，提高抗病力；实行宽行密植，适当整枝，及时打掉下部老叶以利通风透光；夏季天气炎热或中午暴雨后，要立即小灌清凉井水，并注意排水，避免造成适于发病的湿热小气候；降雨后必定有一次雨滴反溅造成的侵染茄果机会，因此要及时采收，可减少田间损失；要做好中耕除草，适时追肥等工作，使茄子生长健壮，增强抗病力；覆盖地膜或在行间铺盖黑色塑料布，可防止或减少土壤中病原菌对茄果的反溅传播，使用地膜还有提高茄子生育前期的地温和防止杂草生长的作用。

(2) 化学防治　雨季来临之间喷药，以后根据病情，每隔7～10d喷1次，连续2次。可选用1：1：200波尔多液，25%瑞毒霉可湿性粉剂1000～2000倍液，70%甲基托布津可湿性粉剂1000～1500倍液，75%百菌清可湿性粉剂500～800倍液，25%甲霜灵800倍液，64%杀毒矾400倍液或20%惠多丰1000倍液等药剂。

(七) 茄子黄萎病

1. 发病规律

茄子黄萎病（参见彩图3-84）以菌丝体、厚垣孢子和微菌核随病残体在土壤中越冬，可存活6～7年，可随耕作栽培活动及调种传播蔓延。病菌从根部伤口或根尖直接侵入，进入导管内向上扩展至全株，引致系统发病。发病适温为19～24℃。降水多、温度低于15℃且持续时间长，或久旱后灌水不当、地温下降、田间湿度大，或连作重茬病害发生重。

2. 防治措施

(1) 农业防治　选用抗病品种，如长茄1号、黑又亮、长野郎、冈山早茄等；从无病株上留种；实行轮作3～4年；无病土育苗；施足腐熟有机底肥，增施磷钾肥；发现病株及时拔除，收获后彻底清除田间病残体烧毁。

(2) 化学防治　种子处理用50%多菌灵500倍液浸种1～2h后直接播种。苗期用50%多菌灵500倍液加96%硫酸铜1000倍液灌根后带药移栽，或定植时用50%多菌灵药土（每亩用1kg药加40～60kg细干土拌匀）穴施。

(八) 西瓜枯萎病

1. 发病规律

西瓜枯萎病（参见彩图3-85）的病菌在土壤中和未腐熟的带菌肥料中越冬，在离开寄主的情况下，能存活5～6年，部分病菌可存活10年以上。西瓜枯萎病菌主要通过根部伤口或根毛顶端细胞间隙侵入，先在寄主管壁细胞间和细胞内生长，然后进入维管束，在导管内发育，病菌分泌果胶酶和纤维素酶，分解破坏细胞，使导管内积累果胶类物质，堵塞导管，影响水分运输，引起植株萎蔫。该病主要靠含菌土壤传播，重茬种植，土壤中病菌多，病株率可达70%左右，病残体及病粪、种子亦可传病。西瓜生长各个时期均可发生，以结果期发病最重。其病菌适宜温度在25～30℃，土温低于23℃，高于34℃，发病则轻，土壤含水量高，湿度大时发病重。

2. 防治措施

防治西瓜枯萎病最有效的方法是嫁接换根，用葫芦或新土佐等高抗枯萎病的葫芦科作物做砧木嫁接西瓜品种，只要注意彻底断掉西瓜根，苗子栽植时，不使嫁接口部位与土壤接触，就会有效地防止西瓜枯萎病的发生。对没有嫁接的自根苗西瓜，要坚持“以防为主、综合防治”的植保方针，认真抓好农业防治、化学防治等综合防治措施。

（1）农业防治　选用高抗病品种。实行6～8年的轮作。注意不施用含有西瓜秧蔓、叶片、瓜皮的圈肥，防止肥料传菌；增施钾肥、微肥和有机肥料，减少速效氮肥使用量，防止瓜秧旺长，促秧健壮。

（2）化学防治　播种前用1000倍天达恶霉灵＋200倍“天达-2116”（壮苗专用）药液浸泡种子20min，严格消毒杀菌，防止种子传染；瓜苗定植后，及时穴浇3000倍96%天达恶霉灵＋600倍“天达-2116”（壮苗专用）药液，或浇灌600倍“天达-2116”（壮苗专用）＋800倍75%甲基托布津药液，或＋500倍40%超微多菌灵液，或＋1000倍扑海因等药液，每株200～250mL，10～15d浇1次，连续浇灌2～3次。结合防治炭疽病等用药，注意掺加1000倍“天达-2116”，每10～15d掺加1次，连续3～5次，提高植株的适应性和抗病性能。西瓜坐瓜以后，要注意观察，一旦发现初发病株，立即扒开根际土壤，开穴至粗根显露，土穴直径达20cm以上，穴内灌满1000倍“天达-2116”＋500倍超微多菌灵药液，或1000倍“天达-2116”＋500倍甲霜灵锰锌等药液，可停止发病，恢复植株健壮，保证西瓜长成。

（九）西瓜炭疽病

1. 发病规律

西瓜炭疽病（参见彩图3-86）发病的最适温度为22～27℃，10℃以下、30℃以上病斑停止生长。病菌在残株或土里越冬，第二年温度湿度适宜，越冬病菌产生孢子，开始初次侵染。附着在种子上的病菌可以直接侵入子叶，引起幼苗发病。病菌在适宜条件下，再产生孢子盘或分生孢子，进行再次侵染。分生孢子主要通过流水、风雨及人们生产活动进行传播。摘瓜时，果实表面若带有分生孢子，贮藏运输过程中也可以侵染发病。炭疽病的发生和湿度关系较大，在适温下，相对湿度越高，发病越重。相对湿度在87%～95%时，其病菌潜伏期只有3d，湿度越低，潜伏期越长，相对湿度降至54%以下时，则不发病。此外，过多用氮肥，排水不良，通风不好，密度过大，植株衰弱和重茬种植，发病严重。

2. 防治方法

（1）农业防治　选用齐红、齐露、开杂2号、开杂5号、京欣、兴蜜等抗病品种；种子消毒，培育无病壮苗；实行轮作，合理施肥，减少氮素化肥用量，增施钾肥和有机肥料；地面全面覆地膜并要加强通风调气，降低空气湿度至70%以下；合理密植，科学整枝，防止密度过大，以降低田间小气候湿度。

（2）化学防治　苗期：用“天达-2116”（壮苗专用）600倍＋3000倍96%天达恶霉灵或1000倍天达裕丰，500倍多菌灵或800倍甲基托布津或500倍甲霜灵锰锌或600倍炭疽福美，细致喷洒，10d左右喷1次；伸蔓以后，用1∶1∶240倍等量式波尔多液或600倍铜高尚细致喷洒，10d左右喷1次；结果后用1∶2∶200倍倍量式波尔多液或600倍铜高尚喷酒，10d左右喷1次，连续1～2次。此外70%代森锰锌500倍、72.2%普力克800倍、特立克600倍、64%杀毒矾500倍、77%可杀得500倍对其也有很好的防效。

（十）西瓜蔓枯病

1. 发病规律

西瓜蔓枯病（参见彩图3-87）以分生孢子器或子囊在病残体上越冬，由气流或浇水传播，种子也可带菌，病菌发育适温20～30℃，最高生长温度35℃，最低生长温度5℃。高温利于发病，西瓜生长期降雨较多，或保护地内高温高湿，光照较弱，植株生长不良等容易发病。

2. 防治措施

无病瓜采种，无病土育苗，种子消毒可用55℃温水浸种15min，或50%多菌灵浸种1h。与非瓜类作物实行2～3年轮作。高畦铺地膜栽培，不使用前茬的架材。拉秧后彻底清除病残落叶，适当增施有机底肥，适时追肥。露地防止大水漫灌，水面不过畦面。雨季加强防涝，发病后适当控制浇水。及时压蔓、整枝、防止疯长，提高瓜田通风透光；发现病株，及时拔除深埋或烧毁。发病初期削除病部病斑，其上涂抹25%多菌灵10倍液，或用大生600倍、百菌清800倍、世高1500倍或甲霜灵锰锌500倍喷雾处理。保护地可使用烟剂。

（十一）黄瓜霜霉病

1. 发病规律

黄瓜霜霉病（参见彩图3-88）主要靠气流和雨水传播。在温室中，人们的生产活动是霜霉病的主要传染源。黄瓜霜霉病最适宜发病温度为16～24℃，低于10℃或高于28℃，较难发病，低于5℃或高于30℃，基本不发病。适宜的发病湿度为85%以上，特别在叶片有水膜时，最易受侵染发病。湿度低于70%，病菌孢子难以发芽侵染，低于60%，病菌孢子不能产生。

2. 防治措施

防治黄瓜霜霉病，必须认真执行“预防为主、综合防治”的植保方针，在全面搞好节能温室蔬菜栽培无公害病虫害综合防治的各项防治措施的基础上，着重抓好生态防治和化学防治。

首先要调控好温室内的温湿度，要利用温室封闭的特点，创造一个高温、低湿的生态环境条件，控制霜霉病的发生与发展。

温室内，夜间空气相对湿度多高于90%，清晨拉苫后，要随即开启通风口，通风排湿，降低室内湿度，并以较低温度控制病害发展。9点后室内温度上升加速时，关闭通风口，使室内温度快速提升至34℃，并要尽力维持在33～34℃，以高温降低室内空气湿度和控制该病发生。下午3点后逐渐加大通风口，加速排湿。覆盖草苫前，只要室温不低于16℃要尽量加大风口，若温度低于16℃，须及时关闭风口进行保温。放苫后，可于22点前后，再次从草苫的下面开启风口（通风口开启的大小，以清晨室内温度不低于10℃为限），通风排湿，降低室内空气湿度，使环境条件不利于黄瓜霜霉病孢子囊的形成和萌发浸染。

如果黄瓜霜霉病已经发生并蔓延开了，可进行高温灭菌处理。在晴天的清晨先通风浇水、落秧，使黄瓜瓜秧生长点处于同一高度。10点时，关闭风口，封闭温室，进行提温。注意观察温度（从顶风口均匀分散吊放2～3个温度计，吊放高度于生长点同），当温度达到42℃时，开始记录时间，维持42～44℃达2h，后逐渐通风，缓慢降温至30℃。可比较彻底的杀灭黄瓜霜霉病菌与孢子囊。

第二要注意实行轮作，增施有机肥料，合理肥水，调控平衡营养生长与生殖生长的关系，促进瓜秧健壮；要坚持连续、多次喷洒“天达-2116”等药液，提高黄瓜植株的抗病能力。只要能坚持始终，不但黄瓜霜霉病很少发生或不发生，其它病害也会很少发生。

第三要注意及时喷药保护和防治，注意每次灌水之前，必须事先细致喷洒防病药液保护植株不受病菌侵染。平时，在发病以前，每10～15d喷洒1次1∶0.7∶(200～240)倍波尔多液。如果已经开始发病可采用下列药液交替使用，细致喷洒植株：72%杜邦克露800倍＋80%乙磷铝500倍液，72.2%普力克700倍液，天达裕丰2000倍液，72%霜疫力克600～800倍液，96%天达恶霉灵3000～6000倍液，80%乙磷铝500倍＋64%杀毒矾500倍液，70%甲霜灵锰锌或乙磷铝锰锌500倍液，绿乳铜800倍液，特立克800倍液，克霜氰600倍液，ND-901制剂600倍液，75%百菌清800倍液，铜高尚600倍液，1∶4∶600倍液铜皂液等每5～7d喷施1次。注意每10～14d须掺加1次600倍“天达-2116”，提高植株的抗病性能和防治效果。

(十二) 瓜类白粉病

1. 发病规律

瓜类白粉病（参见彩图3-88）南方温暖地区常年种植黄瓜或其它瓜类作物，白粉病终年不断发生。病菌不存在越冬问题。北方，病菌以闭囊壳及子囊孢子随病残体在地上越冬；冬季有保护栽培的地区病菌以分生孢子和菌丝体在温室或大棚内病株上越冬，不断进行侵染。分生孢子主要通过气流传播，在适宜环境条件下，潜育期很短，再侵染频繁。气温上升至14℃时开始发病，孢子萌发适温20～25℃，低于10℃或高于40℃都不利。连续阴天和闷热天气病害发展很快。通常空气湿度45%～75%发病快，超过95%明显受抑制。雨量偏少的年份发病较重。通风及排水不良地块、氮肥施用过多或缺肥、缺水、生长不良等均使病情加重。

2. 防治措施

(1) 农业防治　选用抗病品种，一般抗霜霉病的品种也抗白粉病。如津研、大连8162号、京旭、唐山秋瓜及津杂系列品种等；加强田间管理，注意通风透光，施足底肥及时追肥，如增施磷钾底肥，生长期间避免多施氮肥；合理浇水，防止植株徒长和早衰。

(2) 化学防治　大棚、温室等保护地瓜类定植前，先用硫黄粉或百菌清烟剂灭菌。每50m^3棚室用硫黄粉120g，加锯末250g，盛于花盆内，分放几点，傍晚密闭棚室，暗火点燃锯末熏一夜；或使用百菌清烟剂熏蒸；生长期用5%三唑酮（粉锈宁）可湿性粉剂1500倍液，或50%多硫胶悬剂300～400倍液，或45%敌唑酮可湿性粉剂3000～4000倍液，或农抗“120”150倍液，或武夷菌素150倍液于发病初期喷雾，每7～10d喷1次，视病情连续防治2～3次。

第十四章　作物病虫害防治实训

实训一　水稻病虫害防治

1. 实训目的

掌握水稻病虫害防治过程中的主要环节的关键技术。

2. 实训所需条件

水稻田间实物标本、农药、量筒、喷雾器等。

3. 考核内容

见表 14-1。

表 14-1　水稻病虫害防治项目考核

项目编号	实训项目名称	考核内容	考核标准	标准分值	实际得分	综合评价	考核教师
一	水稻病虫害防治	水稻害虫田间调查	主要害虫的调查方法，诱虫装置中的害虫调查，表格设计，数据整理统计	30			
		水稻病害田间调查	主要病害的调查方法和调查资料的整理	20			
		防治技术	农药的正确使用，喷雾器的正确使用，清理，防治前后的调查	40			
		实训报告	能够根据操作方法及步骤写出实训报告	10			
合计				100			

说明：

① 实训考核时间较长；

② 学生分组进行操作；

③ 考核对象是每位学生，考核同时进行评分；

④ 考核的具体时间安排，要随着水稻生长情况分段进行。

实训二　旱粮病虫害防治

1. 实训目的

掌握旱粮病虫害防治过程中的主要环节的关键技术。

2. 实训所需条件

玉米、小麦田间实物标本、农药、量筒、喷雾器等。

3. 考核内容

见表 14-2。

表 14-2 旱粮病虫害防治项目考核

项目编号	实训项目名称	考核内容	考核标准	标准分值	实际得分	综合评价	考核教师
二	旱粮病虫害防治	玉米害虫防治技术	玉米螟的调查方法和施药技术	25			
		玉米病害防治技术	主要病害的调查方法和施药技术	20			
		小麦害虫防治技术	麦蚜被害率的调查和施药技术	20			
		小麦病害防治技术	主要病害的调查方法和施药技术	25			
		实训报告	能够根据操作方法及步骤写出实训报告	10			
合计				100			

说明：

① 实训考核时间较长；

② 学生分组进行操作；

③ 考核对象是每位学生，考核同时进行评分；

④ 考核的具体时间安排，要随着作物生长情况分段进行。

实训三 经济作物病虫害防治

1. 实训目的

掌握经济作物病虫害防治过程中的主要环节的关键技术。

2. 实训所需条件

棉花、油菜田间实物标本，农药、量筒、喷雾器等。

3. 考核内容

见表 14-3。

表 14-3 经济作物病虫害防治项目考核

项目编号	实训项目名称	考核内容	考核标准	标准分值	实际得分	综合评价	考核教师
三	经济作物病虫害防治	棉花害虫防治技术	苗期害虫、蕾铃期害虫的调查方法和施药技术	30			
		棉花病害防治技术	苗期、蕾铃期病害的调查方法和施药技术	30			
		油菜病虫害防治技术	油菜病虫害的调查方法和施药技术	30			
		实训报告	能够根据操作方法及步骤写出实训报告	10			
合计				100			

说明：

① 实训考核时间较长；

② 学生分组进行操作；

③ 考核对象是每位学生，考核同时进行评分；

④ 考核的具体时间安排，要随着作物生长情况分段进行。

实训四 果树病虫害防治

1. 实训目的

掌握果树病虫害防治过程中的主要环节的关键技术。

2. 实训所需条件

柑橘、梨树、桃树、葡萄等果树田间实物标本、农药、量筒、喷雾器等。

3. 考核内容

见表 14-4。

表 14-4 果树病虫害防治项目考核

项目编号	实训项目名称	考核内容	考核标准	标准分值	实际得分	综合评价	考核教师
四	果树病虫害防治	柑橘病虫害防治技术	主要病虫的调查方法和施药技术	20			
		梨树病虫害防治技术	主要病虫的调查方法和施药技术	20			
		桃树病虫害防治技术	主要病虫的调查方法和施药技术	20			
		葡萄病虫害防治技术	主要病虫的调查方法和施药技术	20			
		实训报告	能够根据操作方法及步骤写出实训报告	20			
合计				100			

说明：

① 实训考核时间较长；

② 学生分组进行操作；

③ 考核对象是每位学生，考核同时进行评分；

④ 考核的具体时间安排，要随着作物生长情况分段进行。

实训五 蔬菜病虫害防治

1. 实训目的

掌握蔬菜病虫害防治过程中的主要环节的关键技术。

2. 实训所需条件

白菜、辣椒、番茄、茄子、瓜类等蔬菜田间实物标本，农药、量筒、喷雾器等。

3. 考核内容

见表 14-5。

表 14-5 蔬菜病虫害防治项目考核

项目编号	实训项目名称	考核内容	考核标准	标准分值	实际得分	综合评价	考核教师
五	蔬菜病虫害防治	白菜病虫害防治技术	主要病虫的调查方法和施药技术	15			
		辣椒病虫害防治技术	主要病虫的调查方法和施药技术	15			
		番茄病虫害防治技术	主要病虫的调查方法和施药技术	15			
		茄子病虫害防治技术	主要病虫的调查方法和施药技术	15			
		豆类病虫害防治技术	主要病虫的调查方法和施药技术	15			
		瓜类病虫害防治技术	主要病虫的调查方法和施药技术	15			
		实训报告	能够根据操作方法及步骤写出实训报告	10			
合计				100			

说明：

① 实训考核时间较长；

② 学生分组进行操作；

③ 考核对象是每位学生，考核同时进行评分；

④ 考核的具体时间安排，要随着作物生长情况分段进行。

参 考 文 献

[1] 黄少彬．园林植物病虫害防治．北京：高等教育出版社，2006.
[2] 张学哲．作物病虫害防治．北京：高等教育出版社，2005.
[3] 赖传雅．农业植物病理学（华南本）．北京：科学出版社，2004.
[4] 王运兵，吕印谱．无公害农药实用手册．郑州：河南科学技术出版社，2004.
[5] 蔡平，祝树德．园林植物昆虫学．北京：中国农业出版社，2003.
[6] 朱天辉．园林植物病理学．北京：中国农业出版社，2003.
[7] 雷朝亮，荣秀兰．普通昆虫学．北京：中国农业出版社，2003.
[8] 赵善欢．植物化学保护．北京：中国农业出版社，2003.
[9] 徐公天，庞建军，戴秋惠．园林绿色植保技术．北京：中国农业出版社，2003.
[10] 仵均祥．农业昆虫学（北方本）．北京：中国农业出版社，2002.
[11] 叶钟音．现代农药应用技术全书．北京：中国农业出版社，2002.
[12] 丁锦华，苏建华．农业昆虫学（南方本）．北京：中国农业出版社，2002.
[13] 宗光锋，康振生．植物病理学原理．北京：中国农业出版社，2002.
[14] 李清西，钱学聪．植物保护．北京：中国农业出版社，2002.
[15] 陈岭伟．园林植物病虫害防治．北京：高等教育出版社，2002.
[16] 陈利锋，徐敬友．农业植物病理学（南方本）．北京：中国农业出版社，2001.
[17] 董金．农业植物病理学（北方本）．北京：中国农业出版社，2001.
[18] 张随榜．园林植物保护．北京：中国农业出版社，2001.
[19] 袁峰．农业昆虫学．第3版．北京：中国农业出版社，2001.
[20] 田世尧．新农药使用技术问答．广州：广东科技出版社，2000.
[21] 仵均祥．农业昆虫学（北方本）．西安：世界地图出版社，1999.
[22] 周继汤．新编农药使用手册．哈尔滨：黑龙江科学技术出版社，1999.
[23] 吴郁魂，彭素琼，周建华等．作物保护．成都：天地出版社，1998.
[24] 林达．植物保护学总论．北京：中国农业出版社，1997.
[25] 许志刚．普通植物病理学．北京：中国农业出版社，1997.
[26] 赵怀谦等．园林病虫害防治．北京：中国建设出版社，1997.
[27] 方中达．中国农业植物病害．北京：中国农业出版社，1996.
[28] 本书编写组．植物病虫草鼠防治大全．合肥：安徽科学出版社，1996.
[29] 广西壮族自治区农业学校．植物保护学总论．北京：中国农业出版社，1996.
[30] 河北保定农业学校．植物病理学．北京：中国农业出版社，1996.
[31] 管致和，秦玉川，由振国等．植物保护概论．北京：北京农业大学出版社，1995.
[32] 张文吉．新农药应用指南．北京：中国林业出版社，1995.
[33] 吴坤福，郭书普．农林病虫草害防治百科．北京：中国商业出版社，1994.
[34] 湖南省教育委员会．果树病虫害防治学（南方本）．长沙：湖南教育出版社，1994.
[35] 陕西省汉中农业学校．农业昆虫学．北京：农业出版社，1993.
[36] 萧刚柔．中国森林昆虫．北京：中国林业出版社，1992.
[37] 上海市园林学校．园林植物保护学：上下册．北京：中国林业出版社，1990.
[38] 徐映明等．国产农药应用手册．北京：中国农业科技出版社，1990.
[39] 农业部农药检定所．新编农药手册．北京：农业出版社，1989.
[40] 华南农学院，河北农业大学．植物病理学．北京：农业出版社，1988.
[41] 四川万县农业学校．农作物病虫害防治学各论．北京：农业出版社，1988.
[42] 王林瑶，张广学．昆虫标本技术．北京：科学出版社，1983.
[43] 北京农学院．农业植物病理学．北京：农业出版社，1982.

[44] 华南农业大学. 农业昆虫学. 北京：农业出版社，1981.
[45] 北京农业大学. 昆虫学通论：上下册. 北京：农业出版社，1981.
[46] 湖南农学院植病教研组. 湖南主要农作物病害及其防治. 长沙：湖南科学技术出版社，1980.
[47] 湖南农学院昆虫教研组. 湖南主要作物害虫及其防治. 长沙：湖南科学技术出版社，1980.
[48] 北京市农业学校，苏州农业学校. 蔬菜病虫害防治学. 北京：农业出版社，1980.
[49] 张孝羲，程遐年，耿济国. 害虫测报原理和方法. 北京：农业出版社，1979.

一、水稻病虫害彩图

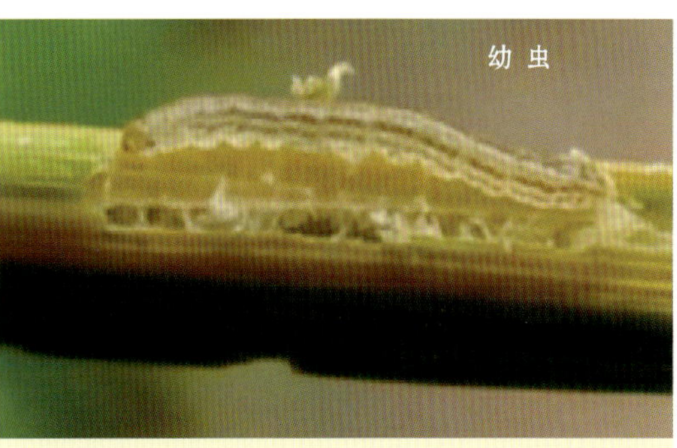

彩图3-1 二化螟

图片来自http://kepu.llas.ac.cn/gb/lives/insect/relation/rlt1105.html (中国科普博览_昆虫博物馆) 和 http://trade.aweb.com.cn/showProductList.do?area=&time=0&keyword=&page_row=334&page_now=6 (农博商务通)

彩图3-2 三化螟

图片来自http://www.xahentin.com/forum/showthread.asp-page=end&threadid=388.htm (恒田化工论坛 – 图片交流:水稻三化螟)

彩图3-3 大螟和稻纵卷叶螟

图片来自http://crop.agridata.cn/disease/01 – 水稻/0473–0475%20水稻大螟.htm (水稻大螟)和 http://www.cnipm.com/hosptial/rice/index.htm (水稻栽培–大田作物–植物保护学院,...)及http://www.191bbs.com/read.php?tid=25023 (各个阶段的稻纵卷叶螟 加 如何有效...)

彩图3-4 直纹稻弄蝶

图片来自http://www.dtchong.com/dvbbs/dv_rss.asp?s=xsl&boardid=42&id=12684 (直纹稻弄蝶-稻弄蝶 ← 节肢动物,昆...)和http://crop.agridata.cn/disease/01 – 水稻/0493–0494%20水稻直纹稻弄蝶.htm (水稻直纹稻弄蝶)

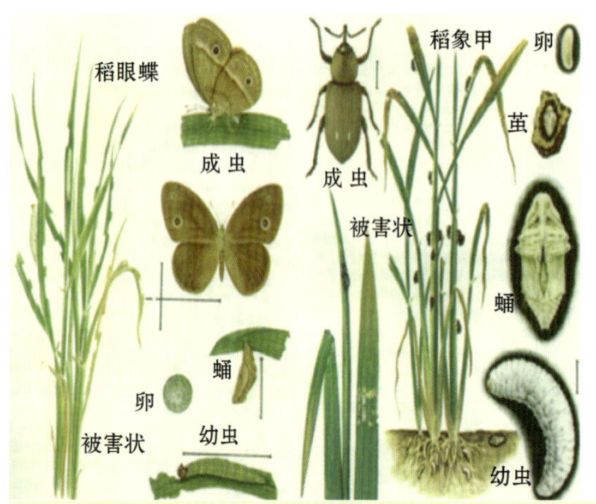

彩图3-5 稻眼蝶和稻象甲

图片来自《中国农作物病虫图谱》第一分册 水稻病虫

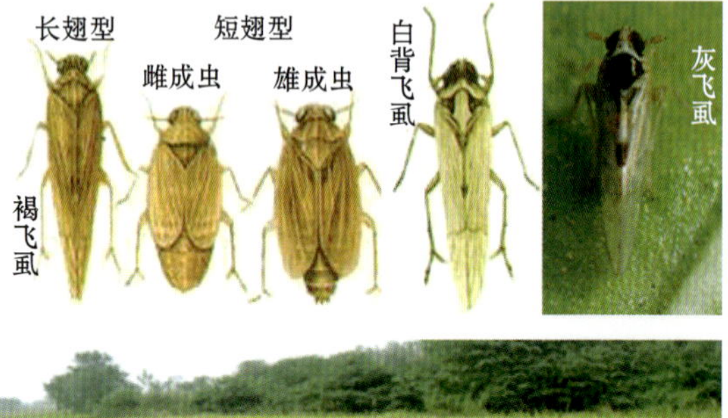

彩图3-6 稻飞虱

图片来自《中国农作物病虫图谱》第一分册 水稻病虫和http://www.tapp.cn/showart.asp?id=202 (灰飞虱识别和防治-经典教程-泰山植...) 及http://zhibao.jxagri.gov.cn/print.asp?id=20653 (江西省植保站)

彩图3-7 黑尾叶蝉和稻负泥虫

图片来自http://jpkc.swu.edu.cn/data/lykcx/nkweb/chapter/3/3.htm (untitled document)和http://www.ce.cn/cysc/agriculture/nzzx/200804/15/t20080415_15162236.shtml

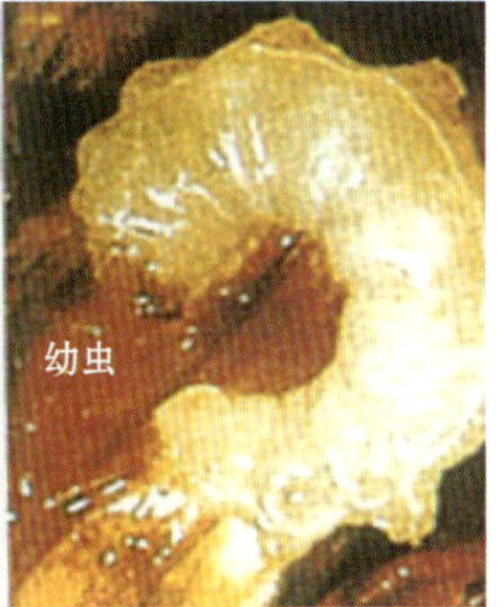

彩图3-8 稻瘿蚊和稻水象甲

图片来自http://www.8001688.com/allpindao/ny/nongye/nongye.aspx?id=44038 [水稻重要害虫稻瘿蚊(图)-中国信息网]和http://www.lrri.net.cn/plus/view.php?aid=340 (稻水象甲的防治-辽宁省稻作研究所)

彩图3-9 稻瘟病

图片来自http://www.zfa.com.cn/text/shuidao.htm (群科防治水稻稻瘟病)

彩图3-10 水稻纹枯病

图片来自http://www.99zb.net/info_Print.asp?ArticleID=286 (稻纹枯病的预防和控制)和http://www.yifengcq.com/virus_detail.php?detail_id=91 (益丰贸易 农药销售 杀虫剂 杀菌剂 ...)

彩图3-11 稻白叶枯病

图片来自http://www.natesc.net.cn/农作物病虫害知识/01 – 水稻/0051–0056–20水稻白叶枯病.htm (水稻白叶枯病)和http://www.daozuo.com/dznz_show.asp?id=492 (中国稻作农资网新版欢迎你)

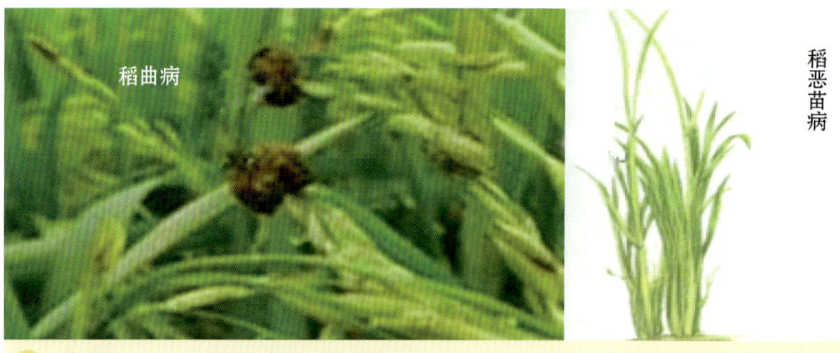

彩图3-12 稻曲病和稻恶苗病

图片来自http://zhibao.jxagri.gov.cn/print.asp?id=20927（江西省植保站）和http://www.chnzx.com/book/Farming/index3/liangshi/shuidao/binghai/03.htm（稻恶苗病）

二、麦类病虫害彩图

彩图3-13 麦长管蚜、麦二叉蚜、麦圆叶爪螨和麦岩螨

图片来自http://www.syzbz.com/kaaaaaaa/kdaaaaaa/file/kdc/2/kdcbrbca.htm
http://www.3521cn.com/News/PestDetail.aspx?id=19929
http://www.e-nong.com/znjc/wheat/webs/f/f0006.htm
http://www.hbsqxw.cn/listjishu.asp?typeid=846&id=850&infoid=865

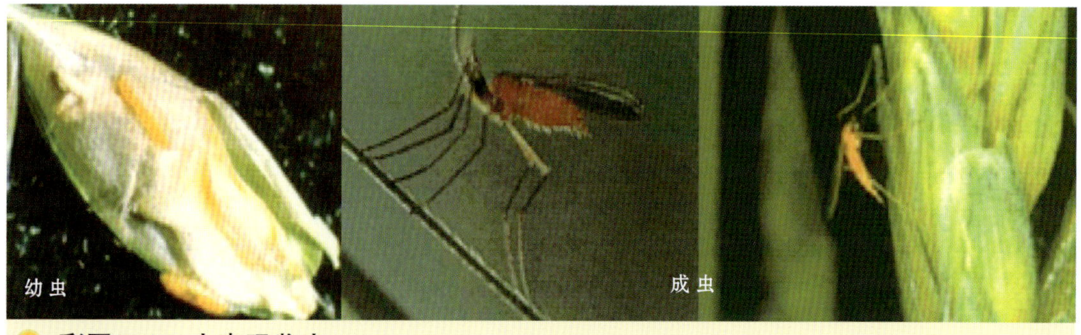

彩图3-14 小麦吸浆虫

图片来自http://www.8min.com.cn/infolib/agth-0501/0214000911.htm
http://www.cxtg.net/show_article.asp?id=436
http://www.njcct.gov.cn/kuaiyitong/newspaper/2007/2007-03/newspaper_07_03_text03.html

彩图3-15 小麦赤霉病

图片来自http://www.jinnong.cn/disease/02－麦类/0125–0126(左)%20小麦赤霉病.htm (小麦赤霉病)和http://www.shennong.net.cn/shennong/wheat/chh/005.htm (小麦专家系统)

彩图3-16 小麦白粉病

图片来自http://www.scsp.org.cn/zxxt2/wheat/webs/f/f0002.htm
http://image.baidu.com/i?ct=503316480&z=0&tn=baiduimagedetail&word=%D0%A1%C2%F3%B0%D7%B7%DB%B2%A1&in=20270&cl=2&cm=1&sc=0&lm=–1&pn=18&rn=1&di=1854220364&ln=35

彩图3-17 小麦锈病

图片来自http://www.scsp.org.cn/zxxt2/wheat/webs/f/f0005.htm

http://hi.baidu.com/sqmgdzyh/blog/item/130d62f0417039aea40f52f6.html (小麦病虫害及防治方法图谱大全_求知园)
http://www.ruralservice.com.cn/bbs/dispbbs.asp?boardID=14&ID=219 [小麦病害(中国乡村网论坛)]

彩图3-18 小麦散黑穗病

图片来自http://www.foodmate.net/4images/plant/80125.html (小麦散黑穗病–食品图库 食品图片–...)

彩图3-19 小麦腥黑穗病

图片来自http://www.ncagri.gov.cn/expert/wheat/F/f0004.htm
http://www.hebeif.com/bc/wheat1/xinghesui.htm (河北省粮食丰产科技信息网 – 病虫防治)

三、玉米病虫害彩图

彩图3-20 玉米螟

图片来自http://icgr.caas.net.cn/crop/disease/03 – 玉米/0567–0568%20欧洲玉米螟.htm (欧洲玉米螟)

彩图3-21 黏虫

图片来自http://etc.lyac.edu.cn/courseware/03_04nongyekunchongxue/chpter3/03.htm (旱作害虫)和
http://zhibao.swu.edu.cn/jpkc/nykcx/nkweb/chapter/5/2.htm (untitled document)

彩图3-22 东亚飞蝗

图片来自http://crop.agridata.cn/disease/04 – 杂粮/0634–0635%20东亚飞蝗.htm (东亚飞蝗)
http://www.cheng.china315.cn/masdmazimawjmagrmawj,15764 (沂水东亚飞蝗,蚂蚱,蝗虫养殖基地)

彩图3-23 玉米大、小斑病

图片来自http://www.chinamaize.com.cn/bcch/system2/InfRead.asp?infid=37 (玉米小斑病)
http://hi.baidu.com/lichangseed/album/item/2c909af0d46de7b3a50f5274.html (玉米病虫害图谱)

彩图3-24 玉米丝黑穗病

图片来自http://www.hnzbw.com.cn/asp/detail.asp?id=9118&typeid=204&typename=安阳市植保站

彩图3-25 玉米瘤黑粉病

图片来自http://www.chinamaize.com.cn/bcch/system2/InfList.asp?LocId=10&CropName=玉米&DigName=病害&DTimeName=成株时期&LocName=穗部 (农作物病虫害列表)
http://blog.bandao.cn/archive/28606/blogs-252630.aspx (玉米病虫害防治 农业知识网 半岛博客)

四、棉花病虫害彩图

彩图3-26 棉蚜和棉叶螨

图片来自http://www.ccain.net/bchzdcai/chdetail.asp?id=30&subid=3003&tname=马铃薯 (虫害诊断原色图谱)和http://xmenjoy.com/show_jszx.asp?id=351&pid=11 (厦门英格尔农业科技有限公司...)

彩图3-27 棉叶蝉、棉盲蝽和棉金刚钻

图片来自http://jpkc.swu.edu.cn/data/lykcx/nkweb/chapter/7/3.htm (untitled document)
http://www.zzsagri.gov.cn/Old/news/tech/zbzs/cpmc.htm (棉盲蝽)
http://jpkc.swu.edu.cn/data/lykcx/nkweb/chapter/7/3.htm

彩图3-28 棉铃虫和棉红铃虫

图片来自http://www.kingbo.com.cn/docc/jiaweiyan.asp (棉铃虫幼虫)
http://www.agrisci.com/resource/200408030064.shtml (水稻稻田棉铃虫)
http://jpkc.swu.edu.cn/data/lykcx/nkweb/chapter/7/3.htm (棉红铃虫)

彩图3-29 立枯病和炭疽病

图片来自华中农业大学植物科技学院《农业植物病理学》网络课件

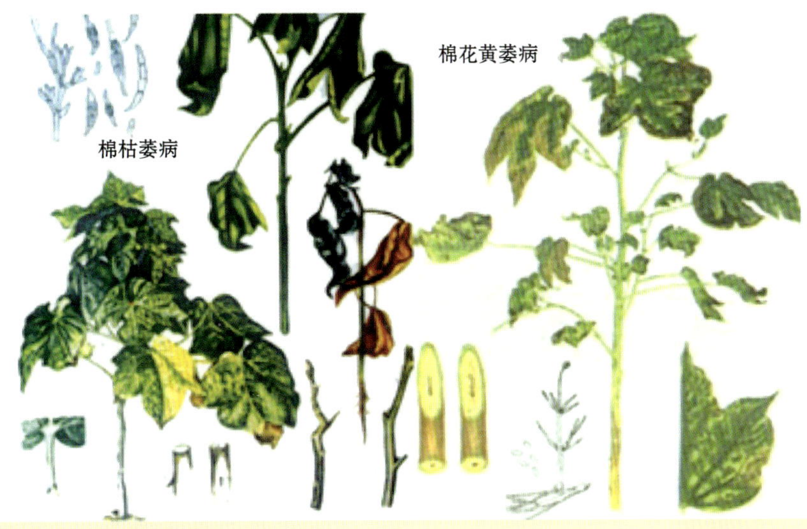

彩图3-30 棉枯萎病和棉花黄萎病

图片来自华中农业大学植物科技学院《农业植物病理学》网络课件

1.棉铃曲霉病
2.棉铃黑果病
3.棉铃疫病
4.棉铃软腐病
5.棉铃红粉病
6.棉铃红腐病
7.棉铃炭疽病

彩图3-31 棉花蕾铃期病害

图片来自华中农业大学植物科技学院《农业植物病理学》网络课件

五、油菜病虫害彩图

彩图3-32 油菜潜叶蝇

图片来自http://www.xinyipesticide.com/pp30c.htm (江苏蓝丰生物化工股份有限公司)和http://www.bcny110.net/ny110/zjxt/htdocs/nongye/shucai/tecai/tcc007.htm (new page 19)

彩图3-33 菜粉蝶

图片来自http://yy.yuanlin.com/plant/protect/2006-10-17/6274.html [菜粉蝶(图)]
http://www.nz183.com/picture/2008/0515/picture_46.html [菜青虫(菜粉蝶)-农业图谱-农资183]
http://source.kmedu.net/files_upload/mediasrc/006001002/2003_4/zip15/ (菜粉蝶)

彩图3-34 油菜病毒病和菌核病

图片来自http://crop.agridata.cn/disease/10 – 油料/0945%20油菜病毒病.htm (油菜病毒病) http://www.ruralservice.com.cn/bbs/dispbbs.asp?boardid=14&ID=288 http://www.zhejiangbase.com/bb/ycjhb.php (浙江省化工研究院农药生测研究所)

彩图3-35 油菜霜霉病和油菜白锈病

图片来自http://www.c-seed.cn/article.php?articleid=3954 (中国种业互联网 – 油菜霜霉病)
http://www.cnipm.com/hosptial/zhima/list_21_6.html (油菜栽培-油菜栽培-植保技术在线)
http://www.hzshucai.com/articles/olericulture/culture/20061218/41193.html (油菜白锈病)

六、储粮害虫

彩图3-36 豆象、麦蛾、玉米象和印度谷螟

图片来自http://www.chinabaike.com/article/396/398/2007/20070408107021.html

七、地下害虫彩图

彩图3-37 蝼蛄和小地老虎

图片来自http://www.csdyzx.com/swtd/kunchong/zhichimu/zhchm4.htm (昆虫纲—直翅目—首页)和http://etc.lyac.edu.cn/courseware/03_04nongyekunchongxue/chapter2/01.htm (地下害虫)

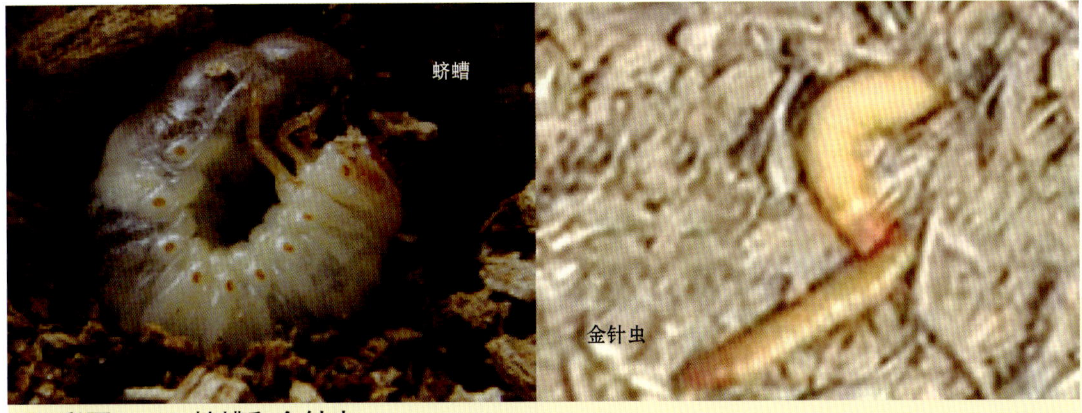

彩图3-38 蛴螬和金针虫

图片来自http://www.insect-fans.com/bbs/viewthread.php?tid=27483 http://www.hnzbw.com.cn/bbs/PrintPost.asp?ThreadID=832 (地下害虫)

八、柑橘病虫害彩图

彩图3-39 柑橘害螨

图片来自http://www.lv-nong.cn/chonghai/new_page_1346.htm (柑橘红蜘蛛)
柑橘锈螨引自四川省农牧厅、四川省教育厅挂图

彩图3-40 柑橘嫩梢害虫

图片来自http://etc.lyac.edu.cn/yyzw/chong_2/ganjuqianyee/index02.htm (柑橘潜叶蛾-生物学特性)
http://etc.lyac.edu.cn/courseware/yyzw/chong_2/ganjuqianyee/index01.htm (柑橘潜叶蛾-为害症状)
恶性叶甲引自四川省农牧厅、四川省教育厅挂图

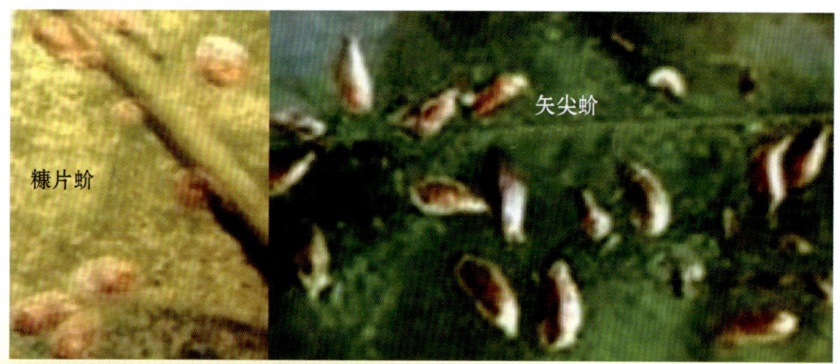

彩图3-41 柑橘蚧类

图片来自www.lp.gxsti.net.cn/xiac/kpj.htm
www.chinabaike.com/.../2007/20070407106551.html

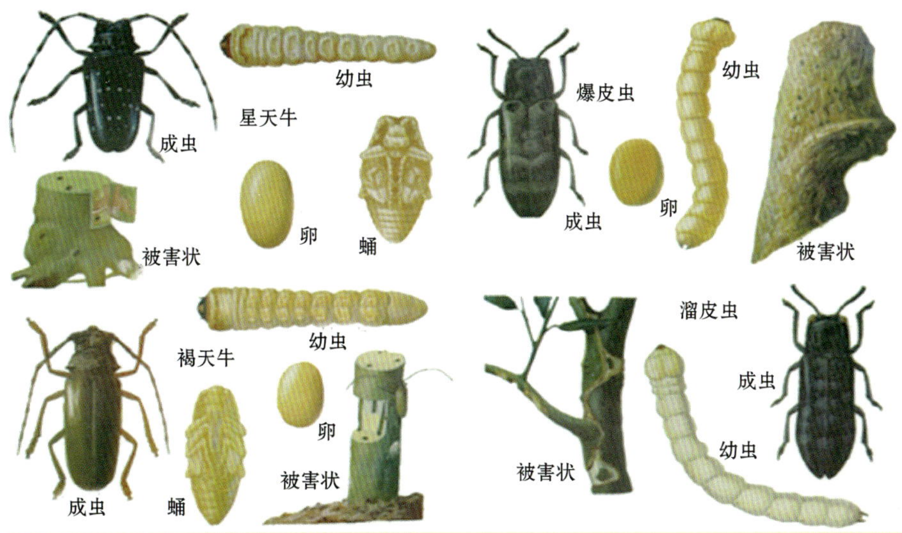

彩图3-42 柑橘枝干害虫

图片引自四川省农牧厅、四川省教育厅挂图
http://jpkc.swu.edu.cn/data/nykcx/nkweb/chapter/10/2.htm

彩图3-43 柑橘花蕾蛆

图片引自四川省农牧厅、四川省教育厅挂图
http://www.3521cn.com/Forecast/Forest.aspx?cid=384&PageIndex=5 (中国生物农药网)花蕾为害状)

彩图3-44 柑橘大实蝇

图片来自http://www.mcdvisa.com/.../20081021/ganjudashiying.html
http://hsb.hsw.cn/2007-04/25/content_6244911.htm (安康70%柑橘园遭虫害(图)_华商报网络版

彩图3-45 柑橘溃疡病

图片来自http://www.lianyesh.com/service_zswdshow.asp?id=34 (知识问答——上海联业生物技术有限公司)
http://www.gnorange.com/bchzt/bchzt2.htm (柑橘溃疡病)
http://www.qspg.cn/Article/jspx/200611/58.html (柑橘的病虫害防治——溃疡病)

彩图3-46 柑橘疮痂病

图片来自http://www.kellcn.com/Pro.asp?BigClassName=&SmallClassName=&page=13 (科利隆,科利隆生化,成都,惠州,农药...)
http://www.zwbc.net/index.php3?file=detail.php3&nowdir=1740682&kdir=1918252&dir=1740682&id=581487&detail=2 (中国植物病虫图谱网)
http://www.dj365.com.cn/photo/p.asp?id=748953 (柑橘疮痂病)

彩图3-47 柑橘炭疽病

图片来自http://www.hebwht.gov.cn/datalib/2003/VegetableIII/DL/DL-20031205165240/md_edit_form (文化共享 - 柑橘,柚子炭疽病)
http://www.jyagri.com/Article/ShowInfo.asp?ID=1311 (柑橘炭疽病 建阳市农业信息网)
http://www.nhjyz.com/read.php?tid=5029 (柑橘炭疽病|经济作物|病虫害发布...)

彩图3-48 柑橘树脂病

图片来自http://nec.gdou.edu.cn/ntc/151/yuanhx151/Test.htm

彩图3-49 柑橘储藏期病害

图片来自http://etc.lyac.edu.cn/yyzw/bing_3/ganjuqinglvmeibing/index01.htm (柑橘青绿霉病病害症状)
http://www.cnpnc.com/news_show.asp?id=4353 (中国农化服务网)
http://www.hbfruit.com/Photo/ShowHot.asp?page=2 (湖北果业网 果树技术 果树品种 果...)
http://www.jingsoft.net/Zinfo/Shuiguo/Bingc/20080104/095037.asp (柑橘炭疽病 – 中国种子拍卖网)

九、梨树病虫害

彩图3-50 梨大食心虫

图片来自中国赣州网和http://jpk.lnnzy.ln.cn/yyzwbchfz/html/6JXTP.HTM
http://etc.lyac.edu.cn/yyzw/chong_3/lidashixinchong/index02.htm

彩图3-51 梨小食心虫

图片来自http://etc.lyac.edu.cn/courseware/yyzw/chong_1/lixiaoshixinchong/index02.htm(中国赣州网)
http://www.akshfgs.com/index.asp (新疆三农服务网)

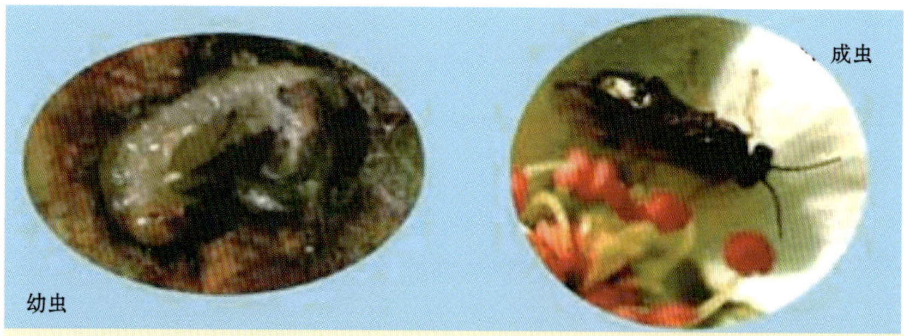

彩图3-52 梨实蜂

图片来自http://www.syzbz.com/kaaaaaaa/kdaaaaaa/file/kdf/06/kdfdubca.htm

彩图3-53 梨黄粉蚜和梨叶斑蛾

图片来自http://etc.lyac.edu.cn/courseware/yyzw/chong_2/lihuangfenya/index02.htm (梨黄粉蚜生物学特性)
http://www.lnagri.gov.cn/agriln/lszybchfz/lszybchfz18.htm (梨星毛虫)
http://www.tjylj.gov.cn/system/2005/09/07/000086631.shtml (病虫信息05-08--tjylj)

彩图3-54 梨木虱

图片来自http://etc.lyac.edu.cn/yyzw/chong_1/limushi/index02.htm (梨木虱生物学特性) http://zy.zhku.edu.cn/insect/ae_systermteach/piece_4/chapter_23/section_3/section3_3.htm (A_E农业昆虫学网站!!!)

彩图3-55 梨花网蝽

图片来自http://www.8ttt8.com/tu/search281-8.htm
http://etc.lyac.edu.cn/courseware/yyzw/chong_3/liwangchun/show.php?id=1327

彩图3-56 梨瘿华蛾和梨眼天牛

图片来自http://www.syzbz.com/kaaaaaaa/kdaaaaaa/file/kdf/03/kdfcdbca.htm
http://www.lnagri.gov.cn/agriln/agriln/lszybchfz/lszybchfz21.htm (梨瘿华蛾)
http://yy.yuanlin.com/plant/protect/2006-10-21/6345.html (梨眼天牛)

彩图3-57 梨茎蜂

图片来自中国赣州网

彩图3-58 梨圆蚧

图片来自http://cnjltm.net/zgjlnykj/apple/link/bh/zhuyaohaichong/liyuanjie.htm
http://www.lnagri.gov.cn/agriln/agriln/lszybchfz/lszybchfz23.htm (梨圆蚧)

彩图3-59 梨黑星病

图片来自http://etc.lyac.edu.cn/yyzw/bing_2/liheixingbing/index01.htm

彩图3-60 梨锈病

图片来自http://www.lv-nong.cn/binghai/new_page_1412.htm (梨锈病)

彩图3-61 梨轮纹病和梨褐斑病

图片来自http://etc.lyac.edu.cn/courseware/03_04heguoleiwugonghaibinghai/web/pear/fulan/fulan.htm
http://jpk.lnnzy.ln.cn/yyzwbchfz/html/6JXTP.HTM (一)
http://www.zwbc.net/index.php3?file=2.php3&nowdir=1918145&kdir=1918145&dir=1918145

十、桃树病虫害彩图

彩图3-62 桃蛀螟

图片来自http://www.kj99.net/nnn/223/bchhfzh/chh/gsh/taozhuming.htm

彩图3-63 桃红颈天牛、一点斑叶蝉和桑盾蚧

图片来自http://www.kepu.net.cn/gb/lives/insect/bug/bug50204.html (中国科普博览_昆虫博物馆) http://etc.lyac.edu.cn/yyzw/chong_2/taoyidianyechan/show.php?id=1292

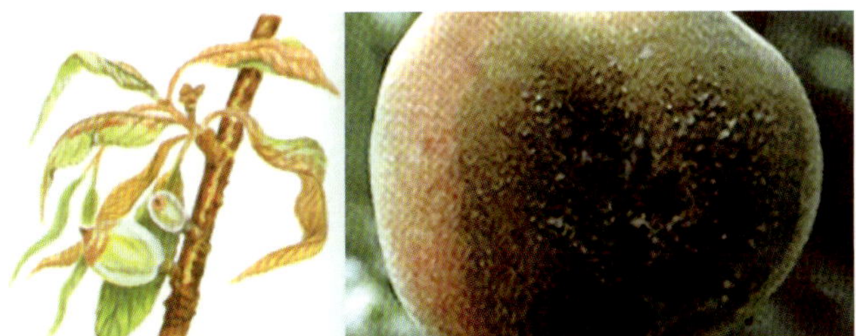

彩图3-64 桃褐腐病

图片来自http://www.hebly.gov.cn/showarticle.php?id=994 (河北林业网===林果病害39-桃褐腐病)

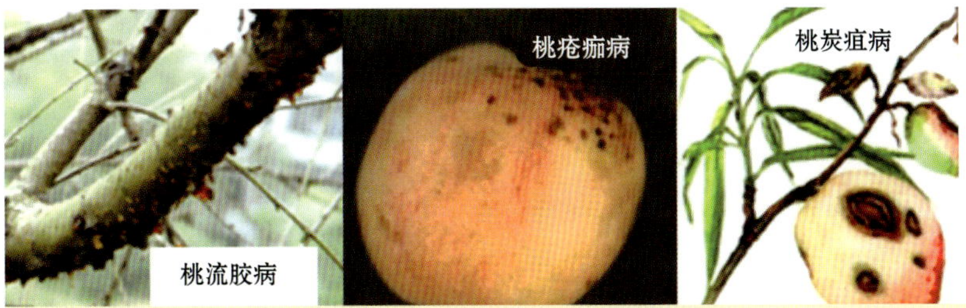

彩图3-65 桃流胶病、桃疮痂病和桃炭疽病

图片来自http://hi.baidu.com/snyz/album/item/3ebca8af780411d77dd92a1b.html
http://www.hebly.gov.cn/showarticle.php?id=959
http://www.scyy.cn/Photo/ShowClass.asp?ClassID=20

彩图3-66 桃穿孔病和桃缩叶病

图片来自http://www.hebly.gov.cn/showarticle.php?id=982 (河北林业网===林果病害31-桃褐斑穿孔病)
http://etc.lyac.edu.cn/courseware/yyzw/bing_2/taosuoyebing/ (桃缩叶病)
http://www.zwbc.net/index.php3?file=2.php3&nowdir=1918183&kdir=1918183&dir=1918183 (中国植物病虫图谱网)

十一、葡萄病虫害彩图

彩图3-67 葡萄根瘤蚜

图片来自http://www.cnipm.com/friut/2006/0923/content_4053.html
http://www.ppdsi.com/product/cpyf/47708.shtml

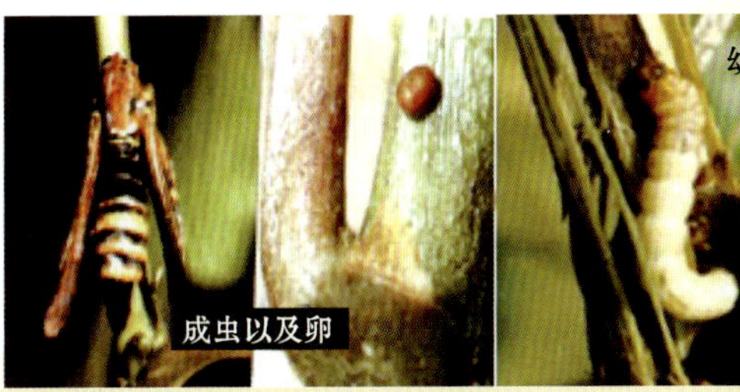

彩图3-68 葡萄透翅蛾

图片来自http://grape.shagri.gov.cn/newpt/ReadNews.asp?NewsID=277
和(中国植物病虫图谱网)

彩图3-69 葡萄天蛾

图片来自http://www.syzbz.com/kaaaaaaa/kdaaaaaa/file/kdf/06/kdfdmbca.htm

彩图3-70 葡萄十星叶甲和葡萄虎天牛

图片来自http://www.cnipm.com/friut/grape/
http://etc.lyac.edu.cn/courseware/yyzw/bing_2/putaoheidoubing/index01.htm

彩图3-71 葡萄黑痘病

图片来自http://www.cnipm.com/friut/grape/
http://etc.lyac.edu.cn/courseware/yyzw/bing_2/putaoheidoubing/index01.htm

彩图3-72 葡萄白腐病

图片来自http://www.kj99.net/nnn/223/bchhfzh/bh/blbh/putaobaifubing.htm

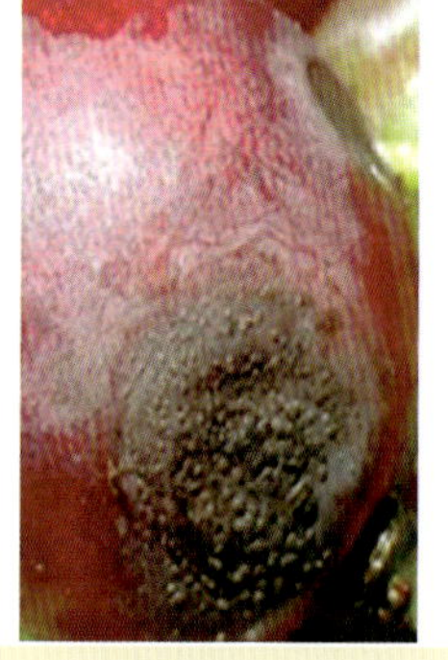

彩图3-73 葡萄炭疽病

图片来自http://www.zwbc.net/index.php3?file=2.php3&nowdir=1918158&kdir=1918158&dir=1918158

彩图3-74 葡萄霜霉病

图片来自http://www.zlw588.com/xxcs/223/bchhfzh/bh/blbh/putaoshuangmeibing.htm（葡萄霜霉病）

彩图3-75 葡萄白粉病

图片来自http://www.kj99.net/nnn/223/bchhfzh/bh/blbh/putaobaifenbing.htm

十二、蔬菜病虫害彩图

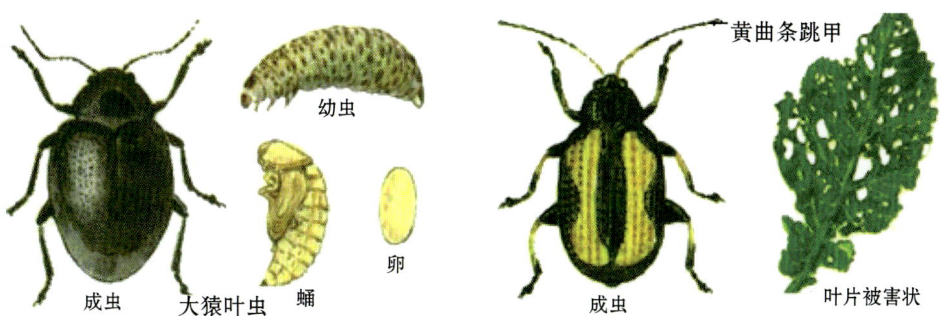

彩图3-76 猿叶虫和黄曲条跳甲

图片来自http://zhibao.swu.edu.cn/bchzx/shucai/dyyc.htm (大猿叶虫) http://zhibao.swu.edu.cn/bchzx/shucai/hqytj.htm (黄曲条跳甲)

彩图3-77 斜纹夜蛾、黄守瓜和二十八星瓢虫

图片来自http://xmenjoy.com/show_jszx.asp?id=351&pid=11
http://www.sgzb.net/otype2.asp?owen1=病虫数字标本&owen2=瓜菜病虫标本
http://www.bcny110.net/ny110/zjxt/htdocs/nongye/shucai/tecai/tcc021.htm (new page 19)

彩图3-78 豆荚螟

图片来自http://www.wxagri.cn/slsc/s/vegetableinsect/doujiamin.htm
http://www.xmenjoy.com/show_kc.asp?id=343&pid=8

彩图3-79 茶黄螨

图片来自中国植物病虫图谱网
和http://www.cnipm.com/veg/2007/0404/content_1650.html

彩图3-80 美洲斑潜蝇和茄黄斑螟

图片来自http://www.chinahighschool.net/studentwz/IV/019.htm和中国数字科技馆

彩图3-81 白菜软腐病和甜椒病毒病

图片来自http://www.sdsp.org.cn/zxyy/2002109105818.htm (星火计划网山东站——白菜软腐病症...)
http://hi.baidu.com/lichangseed/album/item/20d7bf4e2b86de17b2de05e5.html

彩图3-82 辣椒疫病

图片来自http://www.dhbc.net/datalib/2003/VegetableIII/DL/DL-20031203150044/md_edit_form (文化共享-辣椒疫病)
http://crop.agridata.cn/disease/13 - 药用植物/1526%20药用植物辣椒疫病.htm (药用植物辣椒疫病)

彩图3-83 辣椒炭疽病

图片来自http://www.zbnjtg.cn/view.asp?id=653
http://www.aeol.cn/bbs/dv_rss.asp?boardid=39&id=76965

彩图3-84 番茄青枯病、茄子绵疫病和茄子黄萎病

图片来自反季节瓜菜网

http://www.hebwht.gov.cn/datalib/2003/VegetableIll/DL/DL-20031202152447/md_edit_form?pageIndex=1 (文化共享 - 茄子绵疫病)

http://www.lv-nong.cn/binghai/new_page_869.htm (茄子黄萎病)

彩图3-85 西瓜枯萎病

图片来自http://www.ccain.net/Bchzdcai/bhdetail.asp?id=06&subid=0607 (病害诊断原色图谱)

http://www.nz666.com/news/7004.html (西瓜枯萎病的误别与防治农资新闻 ...)

彩图3-86 西瓜炭疽病

图片来自http://www.cnipm.com/hosptial/2007/0414/content_1688.htm (西瓜炭疽病防治方法-大田作物-植保在线)

http://peiliping.album.yinsha.com/kind_of_album/17/1026.htm (碧海银沙网络相册)

彩图3-87 西瓜蔓枯病

图片来自http://www.meizhou114.com/Article/Html/2006/8/20060817152655584.html (西瓜:蔓枯病 梅州商务网-梅州人自...)
http://kx.jiangmen.gov.cn/special/zhibao/yao01.htm (江门科协科普之窗)

彩图3-88 黄瓜霜霉病和黄瓜白粉病

图片来自http://www.cnipm.com/veg/2007/0312/content_1673.htm (黄瓜霜霉病防治方法-常见蔬菜-植保在线)
http://www.szpps.net/?action-viewnews-itemid-2 (黄瓜白粉病 - 植保科技苑)
http://www.cnncn.net/xinxicaoshi/222/hgbinghai/bfb.htm (14)